现代抽水蓄能电站

郑源　吴峰　周大庆　主编

中国水利水电出版社
www.waterpub.com.cn
·北京·

内 容 提 要

本书阐述了抽水蓄能电站的功能、组成、技术原理和发展。全书共分为 10 章，内容包括：绪论、抽水蓄能电站输水系统、抽水蓄能电站厂房系统、水泵水轮机、发电电动机、抽水蓄能电站电气设备、抽水蓄能电站机组工况转换、抽水蓄能电站过渡过程三维数值模拟、抽水蓄能机组振动与分析和智能抽水蓄能电站。

本书可作为高等院校水利水电类专业及其相近专业的课程教材，也可供从事或者涉及抽水蓄能电站动力部分的规划、设计、运行维护的工程技术人员和高等院校教师、研究生学习参考。

图书在版编目（ＣＩＰ）数据

现代抽水蓄能电站 / 郑源，吴峰，周大庆主编. --
北京 : 中国水利水电出版社，2021.9
ISBN 978-7-5226-0003-1

Ⅰ. ①现… Ⅱ. ①郑… ②吴… ③周… Ⅲ. ①抽水蓄
能水电站—介绍 Ⅳ. ①TV743

中国版本图书馆CIP数据核字(2021)第194043号

书　　名	**现代抽水蓄能电站** XIANDAI CHOUSHUI XUNENG DIANZHAN
作　　者	郑源　吴峰　周大庆　主编
出版发行	中国水利水电出版社 （北京市海淀区玉渊潭南路 1 号 D 座　100038） 网址：www. waterpub. com. cn E - mail：sales@ waterpub. com. cn 电话：(010) 68367658（营销中心）
经　　售	北京科水图书销售中心（零售） 电话：(010) 88383994、63202643、68545874 全国各地新华书店和相关出版物销售网点
排　　版	中国水利水电出版社微机排版中心
印　　刷	清淞永业（天津）印刷有限公司
规　　格	184mm×260mm　16 开本　20.25 印张　480 千字
版　　次	2021 年 9 月第 1 版　2021 年 9 月第 1 次印刷
印　　数	0001—3000 册
定　　价	**78.00 元**

前　言

国家能源局于 2021 年 8 月发布了《抽水蓄能中长期发展规划（2021—2035 年）》（简称《规划》），其中提出，到 2025 年，抽水蓄能投产总规模较"十三五"翻一番，达到 6200 万 kW 以上；到 2030 年，抽水蓄能投产总规模较"十四五"再翻一番，达到 1.2 亿 kW 左右。抽水蓄能电站有利于弥补新能源存在的间歇性、波动性短板，是当前技术最成熟、经济性最优、最具备大规模开发条件的电力系统灵活调节电源。目前我国已投产抽水蓄能电站总规模 3249 万 kW、在建总规模 5513 万 kW，均居世界首位；但我国抽水蓄能在电力系统中的比例仅占 1.4%，与发达国家相比仍有较大差距。按照此前一轮的规划，目前剩余抽水蓄能项目储备仅有约 3000 万 kW，难以有效满足新能源大规模高比例发展和构建以新能源为主体的新型电力系统的需要。各省（区、市）能源主管部门根据《规划》，结合本地区实际情况，统筹电力系统需求、新能源发展等，按照能核尽核、能开尽开的原则，在规划重点实施项目库内核准建设抽水蓄能电站。根据《规划》，到 2035 年，要形成满足新能源高比例大规模发展需求的，技术先进、管理优质、国际竞争力强的抽水蓄能现代化产业，培育形成一批抽水蓄能大型骨干企业。与此同时，相关人才缺乏，教材和参考书远远不能满足发展需求。

本书阐述了抽水蓄能电站的功能和主要组成部分，全书共分为 10 章，第 1 章介绍了抽水蓄能电站原理及其发展，主要由吴峰老师撰写；第 2 章介绍了抽水蓄能电站输水系统，主要由郑源老师撰写；第 3 章介绍了抽水蓄能电站厂房系统，主要由阚阚老师撰写；第 4 章介绍了水泵水轮机，主要由杨春霞老师撰写；第 5 章介绍了发电电动机，主要由陈浈斐老师撰写；第 6 章介绍了抽水蓄能电站电气设备，主要由史林军老师撰写；第 7 章介绍了抽水蓄能电站机组工况转换，主要由于安老师撰写；第 8 章介绍了抽水蓄能电站过渡过程三维数值模拟，主要由周大庆老师撰写；第 9 章介绍了抽水蓄能机组振动与分析，主要由潘虹老师撰写；第 10 章介绍了智能抽水蓄能电站，主要由李杨老师、刘惠文老师撰写。中电建华东勘测设计院何中伟参与了部分章节编写。全书由郑源、吴峰和周大庆统稿。

　　本书可作为高等院校水利水电类、能源动力类以及相近专业的课程教材，亦可供从事或者涉及抽水蓄能电站动力部分规划、设计、运行维护的工程技术人员和高等院校的教师及研究生参考。

作者

2021 年 8 月

目 录

第1章 绪 论

世界上第一座抽水蓄能电站是苏黎世蓄能电站，建成于 1882 年，其容量仅为 515kW，抽水扬程为 153.00m，是一座季节型抽水蓄能电站。自此之后，抽水蓄能电站数量逐年增加。早期的抽水蓄能电站主要以蓄水为目标，大多在汛期抽水蓄存在上水库中供枯水期发电用。自 20 世纪 50 年代开始，随着电力系统的快速发展，电力负荷峰谷差持续加大，需要有调节能力很强的设备，在电力有剩余的时候把能量贮存起来，在电力不足时把能量释放出来，发挥调峰和调频的作用，抽水蓄能机组正好具有这种功能，因此，在这之后抽水蓄能电站在世界范围内有了快速的发展。

我国发电资源和负荷中心逆向分布，主要的发电资源位于西部，而负荷中心位于东部沿海，发电资源匮乏，随着经济的快速发展，电网负荷的峰谷差进一步加大，需要大容量的抽水蓄能电站参与调峰调频，以保障电力系统运行的安全性和电力供应的可靠性。我国抽水蓄能电站的研究和开发始于 20 世纪 60 年代，最早在河北省岗南水电站引进了 1 台日本 11MW 抽水蓄能机组，70 年代又有 2 台 22MW 抽水蓄能机组安装于密云水电站，这些机组都是低水头、小容量、常规机组和抽水蓄能机组相结合的水电站。

1978 年以后，国民经济快速发展，电力需求急剧增加，东部负荷中心以火电为主要电源，其调节能力越来越不能满足电力系统的调峰需求，因此，在负荷中心附近修建抽水蓄能电站的必要性日益为人们所认识，抽水蓄能电站规划选点和建设工作的进程大大加快，开创了抽水蓄能电站建设的新局面。近年来，我国的新能源发电快速发展，由于其出力的随机性和间歇性，对电网电力平衡提出了更高的要求，进一步推动了抽水蓄能电站的发展。几十年来，已经建成了以天荒坪抽水蓄能电站（6×30 万 kW）、白莲河抽水蓄能电站（6×30 万 kW）、广州抽水蓄能电站（8×30 万 kW）、惠州抽水蓄能电站（8×30 万 kW）等为代表的一大批抽水蓄能电站，截至 2020 年年底，我国在运在建的抽水蓄能电站总装机容量超过 7000 万 kW。

1.1 抽水蓄能电站工作原理和特性

1.1.1 工作原理

抽水蓄能电站是先用其他能源发出的电能，把水从下面的湖泊抽到"位于高处"的水库中储存起来，然后供此种水电厂在适当的时候发电。它是根据一天之中用户对电量需求变化不定的特点来运行，在用电低谷时，一般是在后半夜几个小时内用核电站或火电站过剩的电力将水从下水库抽到高位水库，待到第二天用电高峰时，把上水库的水放下来发电，用来补充用电高峰所需的部分电能。它是间接储存电能的一种方式，被誉为国家的"电力粮库"。

抽水蓄能电站主要由上水库、下水库、压力管道、地下厂房等九个部分组成，抽水蓄能电站的基本组成部分如图 1-1 所示。抽水蓄能电站的机组兼具水泵和水轮机两种工作方式，在电网负荷低谷时段作水泵运行，利用火电与新能源机组发出的多余电能将下水库 5 的水抽到上水库 1 储存起来，在电网负荷高峰时段作水轮机运行，利用上水库 1 中的水发电，以达到调峰填谷、满足电网负荷需求的目的。

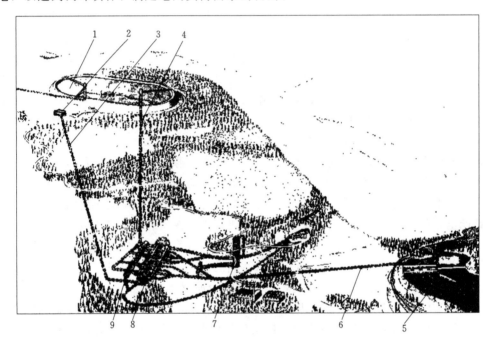

图 1-1 抽水蓄能电站的基本组成部分

1—上水库；2—地面控制室；3—出线洞；4—压力管道；5—下水库；6—尾水隧道；
7—尾水调压室；8—地下厂房；9—主阀室

1.1.2 抽水蓄能电站的工作特性

（1）抽水蓄能电站利用夜间（通常 0—5 时）电网低谷时刻的低价电能将下库的水抽至上库，在白天（10—12 时）和晚上（19—21 时）用电高峰时放水发电，起到削峰填谷的作用。在一次抽水和发电的循环运行过程中，其抽水的用电量 E_P 和发电量 E_T 可以表示为

$$E_P = \int_{t_{P1}}^{t_{P2}} P_P \mathrm{d}t = \frac{V_x H \eta_P}{367.2} \tag{1-1}$$

$$E_T = \int_{t_{T1}}^{t_{T2}} P_T \mathrm{d}t = \frac{V_s H \eta_T}{367.2} \tag{1-2}$$

式中 V_s、V_x——上水库或下水库的蓄能库容，m^3；

H——抽水工况的平均扬程或发电工况的平均水头，m；

P_P、P_T——抽水工况消耗的功率和发电工况的发电功率，kW；

η_P、η_T——抽水工况和发电工况的运行效率；

t_{P1}、t_{P2}——抽水工况的起始时间和结束时间，s；

t_{T1}、t_{T2}——发电工况的起始时间和结束时间，s；

367.2——能量单位换算系数。

由式（1-1）和式（1-2）可知，当抽水蓄能电站的发电量 E_T 一定时，上、下水库的高程差 H 越大，所需要的蓄能库容就越小，也就是说，水库和输水管道的建设投资越省。因此，抽水蓄能电站应向高水头方向发展。对于常规抽水蓄能电站来说，抽水工况消耗的功率是一直保持额定抽水功率，不可调节；而发电工况时的发电功率可根据电网调频和调峰的需求实时进行调节。近几年，随着电力电子技术的发展，新研发的基于双馈感应式电机的变速抽水蓄能机组可以同时实现抽水工况和发电工况下的功率调节，进一步提高了抽水蓄能电站运行的灵活性。

（2）抽水蓄能电站是在用电低谷时将电能转换成水的势能，在用电高峰时将水的势能转换成电能，经过了两次电能和势能之间的能量转换，在能量转换过程中必然伴随着能量的损失。显而易见，在一个循环周期内抽水的用电量 E_P 大于发电量 E_T。抽水蓄能电站的综合效率 η，又称为周期效率，主要是指抽水过程供给上水库的总水量和发电过程中从上水库的总取水量相等时，发电工况所生产的总电量 E_T 与抽水工况所消耗的总电量 E_P 之比，可表示为

$$\eta = \frac{E_T}{E_P} = \eta_T \eta_P \qquad (1-3)$$

而发电工况时的效率 η_T 等于输水管道、水轮机、发电机以及变压器等设备效率的乘积；抽水工况时的效率 η_T 等于变压器、电动机、水泵以及输水管道等设备效率的乘积。现代化中大型抽水蓄能电站的综合效率通常在 75% 左右，即平时所说的 4kW·h 电换 3kW·h 电，随着抽水蓄能电站各项相关技术的不断提高，综合效率也逐步提升。目前，有的新建抽水蓄能电站的效率可达 80% 以上。另外，虽然抽水蓄能电站的发电量低于用电量接近 1/4，但是，发出来的电量是用电高峰时的高价电量，其经济价值远高于消耗的低谷时的低价电量。因此，抽水蓄能电站运行具有很好的经济性。

（3）抽水蓄能机组和输水系统，既要发电运行，又要抽水运行，其水轮机和发电机双向旋转，输水系统内的水双向流动。在机组和输水系统的设计和建设时，必须满足不同工况的需求。

（4）抽水蓄能机组启动迅速、运行灵活、工作可靠，能够应对电网负荷的快速变化，从备用状态转入满功率发电状态通常需要 3min，由抽水状态转为发电状态通常需要 7min，其启动、运行状态转换，以及功率调节的速度远快于常规机组。因此，抽水蓄能电站适宜于承担电网的调峰、调频、事故备用等任务，对电网的安全经济运行能够发挥重要的作用。

1.1.3　抽水蓄能电站与常规水电站的特性比较

与常规水电站相比，抽水蓄能电站在结构特点和运行方式上存在着很多的共同点，同

时也具有诸多的不同之处，其独特之处具体表现为以下几个方面。

（1）设备结构复杂。由于抽水蓄能电站比常规电站增加了抽水和抽水调相等工况，因此在电气方面存在换相和水泵工况启动问题，从而增加了实现机组反转的换相设备和变频启动装置，启动母线等设备相应的二次保护和控制系统也更加复杂，同时为了适应机组双向旋转和高水头的要求，在机械方面也应做出相应的设计，因为设备的数量和复杂程度的增加，电站检修维护和运行巡检工作量也会有所增加。

（2）地形条件和结构布置特殊。抽水蓄能电站需要设置上下水库，水库之间的高程差要满足一定的需求，因此对地形有特殊的要求，水工建筑物也要比常规水电站复杂。

由于需要兼顾发电和抽水的需要，对机组水轮机的淹没深度有一定的要求，并考虑到设备的合理布局和成本的节约，主设备（机组和主变压器）大都布置在上体内，同时考虑到运行的方便，往往将中央控制室布置在地面，在日常生产过程中，机组的开停机操作主要在重要控制室内进行，而设备的巡检操作和检修维护等工作大都需要在地下厂房进行，从工作环境上看较为分散，对运行值班人员的配置和值班方式也提出了新的要求。

（3）机组运行工况多且开停机及工况转换频繁。常规水电站的机组一般只进行发电和调相运行，而抽水蓄能机组除了发电和发电调相工况外，还增加了抽水和抽水调相工况，部分抽水蓄能电站还增设了热备用、黑启动、抽水紧急转发电等特殊工况。对于电力系统来说，由于抽水蓄能机组开机时间短，响应速度快，因此，在满足负荷的快速变化、稳定电网频率等方面具有显著优势，能够提高电网运行的可靠性。

1.2 抽水蓄能电站的分类

抽水蓄能电站可按照天然径流条件、水库座数及其位置、发电厂房形式、水头高低、机组型式及水库调节规律分类。

1.2.1 按天然径流条件分类

按天然径流条件或厂房内机组组成与作用，可分为纯抽水蓄能电站和混合式抽水蓄能电站两类。

1. 纯抽水蓄能电站

纯抽水蓄能电站没有或只有少量的天然来水进入上水库（以补充蒸发、渗漏损失），而作为能量载体的水体基本保持一个定量，只是在一个周期内，在上、下水库之间往复利用；厂房内安装的全部是抽水蓄能机组，其主要功能是调峰填谷、承担系统事故备用等任务，而不承担常规发电和综合利用等任务。

2. 混合式抽水蓄能电站

其上水库具有天然径流汇入，来水流量已达到能安装常规水轮发电机组来承担系统的负荷。因而，其电站厂房内所安装的机组，一部分是常规水轮发电机组，另一部分是抽水蓄能机组。相应地，这类电站的发电量也由两部分构成：一部分为抽水蓄能发电量，另一部分为天然径流发电量。因此，这类水电站的功能，除了调峰填谷和承担系统事故备用等处，还有常规发电和满足综合利用要求等任务。

1.2.2 按水库座数及其位置分类

1. 两库式抽水蓄能电站

这类抽水蓄能电站一般由上、下两座水库组成。混合式抽水蓄能电站多采用上水库—下水池的组合形式，纯抽水蓄能电站则多采用上水池—下水库的组合。

2. 三库式抽水蓄能电站

这类抽水蓄能电站有三座水库，其中两座可以是相邻水电站梯级的两座水库，第三座水库可修建在附近较高山地上，利用水泵将上游梯级水库中的水抽入山地水库，通过蓄能机组泄放到下游梯级水库发电。有时，也可利用相邻流域的两座水电站水库和山地水库实现跨流域抽水蓄能。

3. 地下式抽水蓄能电站

这类电站通常利用地面上的湖泊为上水库，而在地下修建一个下水池，或利用废弃矿井坑道改建成下池，这种电站占地少，从环境保护的角度是可取的。这一类型电站多采用地下式厂房。

1.2.3 按发电厂房形式分类

抽水蓄能电站可按照厂房形式分为地面式、地下式和半地下式三种。

1.2.4 按水头高低分类

1. 低水头抽水蓄能电站

凡水头在100.00m以下的抽水蓄能电站归为低水头类。如我国的密云、岗南、潘家口等混合式抽水蓄能电站均为低水头电站。

2. 中水头抽水蓄能电站

水头在100.00～700.00m之间的抽水蓄能电站，属于中水头类。如我国的广州、十三陵和天荒坪抽水蓄能电站，都是中水头电站。

3. 高水头抽水蓄能电站

水头在700.00m以上者，属高水头抽水蓄能电站。电站单位千瓦造价通常随水头的增高而降低。近十几年，抽水蓄能电站正朝着高水头方向发展。

1.2.5 按机组型式分类

1. 分置式（四机式）抽水蓄能电站

在这种电站中，水轮发电机组与由电动机带动的水泵机组分开布置，而输水管路系统和输、变电设备共用，水轮机和水泵均可在高效区运行。这种布置型式因机械设备昂贵，厂房占地面积大，现已不采用。但抽水站与发电站分别设置在分水岭上池两侧的方式，仍时有采用。

2. 串联式（三机式）抽水蓄能电站

这种电站的水泵和水轮机共用一台发电电动机，水泵、发电电动机、水轮机三者置于同一轴上。水泵、水轮机分别按照要求设计，因此，能够保证各自高效率运行，同时，水泵和水轮机都向同一方向旋转，在工况转换时不需停机，增加了机组的灵活性。

3. 可逆式（两机式）抽水蓄能电站

这种电站的水泵与水轮机合为一体，与发电电动机连在同一轴，这是当前最常见的类型。两机式机组向一个方向旋转为水轮机工况，向另一个方向旋转为水泵工况，它的主要优点是结构简单、造价低。

1.2.6　按水库调节规律分类

1. 日调节抽水蓄能电站

这种电站以一日为运行周期，夜间负荷处于低谷时抽水 6～7h（中午低荷时也可短时抽水），日间峰荷时发电 5～6h，所需调节库容根据一日内的峰荷出力确定，纯抽水蓄能电站（特别是大中型）多为日调节。

2. 周调节抽水蓄能电站

这种电站运行周期为 1 周，主要利用周末的 48～60h 低荷时间抽水蓄能，所需库容比日调节电站的大些，应满足电力系统一周之内对调峰的需求。

3. 季调节抽水蓄能电站

这种电站以季为调节周期，尽可能将汛期多余水量抽蓄到上水库，供枯水期增加发电量用。季调节所需库容比日、周调节大得多。在西欧一些国家，早期抽水蓄能就是从季调节性蓄水开始的。在汛期利用多余电能把河水抽到山上的水库蓄起来，枯水季节放下来发电。

4. 年调节抽水蓄能电站

这类电站绝大多数为混合式抽水蓄能电站，它通过丰水期（如夏季）连续抽水蓄能，于高峰负荷的枯水期（如冬季）连续发电。电站上水库为能满足数月蓄水要求的年调节水库，下水库容积可根据电网调峰要求和地形条件确定，一般够蓄存几个小时的入流量即可，但其来水量应能满足连续抽水的需要。显然，高调节性能的电站，能同时进行较低性能的调节。

1.3　抽水蓄能电站的综合效益

抽水蓄能电站通过将水从较低的位置抽到较高的位置来蓄积能量，并在电力系统需要时发电。电网负荷低时将多余的电能转换为水的势能，负荷高时将水的势能转换为电能，有效地存储了电能并在时间上重新分配电能，有效地调节能源系统生产、供应和使用之间的动态平衡。它是目前电力系统中最成熟可靠、最经济实用、容量最大、寿命周期最长的储能方法。抽水蓄能作为目前最大规模的储能方式，具有削峰填谷、调频调相、提供旋转备用等功能，在改善电网运行方面发挥着重要作用，合理利用抽水蓄能电站的调节功能，还可以提高电力系统对新能源发电的消纳能力。同时，抽水蓄能电站作为一种特殊的水电站，如果与常规水电协同运行能够发挥进一步挖掘水力发电的综合效益。

1.3.1　抽水蓄能机组对改善电网运行的作用

当前阶段，抽水蓄能在电力系统中以保电网安全稳定为主要功能，同时发挥削峰填谷、提高新能源消纳能力等综合功能。

1. 保障电力系统安全稳定运行和可靠供电

抽水蓄能首要功能是为电网的安全稳定运行提供支撑。目前，我国电力系统已进入大电网运行时代，系统内电源结构持续调整优化，给电网安全运行带来了新挑战。抽水蓄能利用双向调节技术优势，平抑系统峰谷波动，提高电网运行稳定性，降低风险。同时，抽水蓄能机组启停灵活、响应迅速，通过快速跟踪适应系统负荷急剧变化，以及电网电压和频率调节需要，提供紧急事故备用、黑启动等服务，提高电力系统抵御事故、防范大面积停电的能力。

2. 改善传统燃煤机组和核电机组运行性能

随着电源结构逐步优化，西部的大规模水电、新能源发电和煤电经过特高压输电线路送入负荷中心，使得东部负荷中心区域的燃煤机组年运行小时数普遍下降、备用时间长，对燃煤机组经济效益，以及金属部件和设备损害较大。合理安排抽水蓄能机组削峰填谷，可以减少燃煤机组调峰幅度和启停次数，提高燃煤机组负荷率，降低燃料消耗和污染排放，提高设备运行寿命。核电机组调峰幅度受技术和安全制约，而且由于单机容量大，配合抽水蓄能机组运行，可以有效防范机组本身和电网安全的冲击。

3. 提高电网大规模新能源并网安全和电能消纳能力

近年来，我国新能源快速发展，风电、光伏等已成为我国新增电源装机的重要来源。风电、光伏等电源随机性和间歇性特点突出，输出功率的稳定性较差，大规模并入电网运行对功率实时平衡带来巨大压力。同时，我国新能源资源与电力负荷中心在地理分布上存在巨大差异，电源一般都远离负荷中心，必须远距离大容量输送，新能源发电集中开发和集中并网后，电网的调峰调频压力巨大，同时电力系统转动惯量降低，使得频率快速波动，加剧了电网安全隐患。抽水蓄能电站可以与新能源互补运行，既可以平滑新能源发电出力，又可以平衡新能源发电量的不均衡性、减少新能源对电网的冲击，提升电力系统消纳新能源能力。

4. 保障特高压输电送受端电网安全

建设以特高压为骨干网架、各级电网协调发展的坚强智能电网，推动电力系统向"广泛互联、智能互动、灵活柔性、安全可控、开放共享"新一代电力系统升级，是未来电力系统发展必然。利用大型抽水蓄能电站的有功功率、无功功率双向、平稳、快捷的调节特性，承担特高压电网的无功平衡和改善无功调节特性，对电力系统起到非常重要的无功电压动态支撑作用，有效防范电网发生故障的风险，防止事故扩大和系统崩溃。

1.3.2 抽水蓄能电站在提高水电效益方面的作用

1. 缓解发电与灌溉的用水矛盾

在缺雨地区水库的运用一般是以保证灌溉用水为原则，水库上虽建有水电站，却不能按电力系统的要求来发电。在灌溉季节，水电站需要连续发电，实际成为基荷电站。在非灌溉季节因水量不足而不能发电，起不了水电机组应有的调峰作用。在这样的水电站中如果装设抽水蓄能机组，则可以每天把用电高峰放下来的水抽回去，往复循环，从而避免了发电与灌溉争水，使水电机组得以发挥其调峰作用。实际上，在这种水电站中装设了抽水蓄能机组后，其他的常规水电机组也可以多发电，因而提高了全厂的调峰能力。

2. 消纳远距离输送的水电

将西部丰富的水力资源输送到东部沿海地区（西电东送）是我国电力建设的一个特点，今后将有很大的发展。长距离输电的设备投资很高，因而要连续满容量输送（如设计中的长江三峡输电系统），实际上大部分输送的是基荷电力。然而受电地区的负荷每日要随时间早晚而变化，还需要在适当地点有一个调节环节。装设抽水蓄能电站是缓和电网与长距离输电矛盾的重要手段。

3. 充分利用水力资源

抽水蓄能电站不仅对火电站有节煤效益，对常规水电站同样有充分利用水能的功能。在汛期抽水蓄能电站的调峰填谷任务会更加繁重，因为具有调峰能力的常规水电站，为了避免或减少弃水，一般都发满出力，在系统中实际担任了基荷或腰荷。在此期间电网的调峰能力大为减少。特别是小库容的常规水电站在电网处于低谷时，只能减少出力或完全停机而产生弃水。抽水蓄能电站此时正好可以利用常规水电站的弃水负荷来抽水蓄能，达到充分利用水能的目的。

第2章 抽水蓄能电站输水系统

2.1 输水系统布置

2.1.1 输水系统特点

输水系统是抽水蓄能电站的重要组成部分，其输水系统设计主要包括进/出水口、引水隧洞、高压管道、引水调压室、尾水调压室及尾水隧洞等内容。输水系统各部分建筑物在电站总体布置中分别承担和发挥各自的功能和作用，保证电站安全高质运行。

与常规水电站相比，抽水蓄能电站输水系统具有水头高、PD（P 为管道内水压力，D 为管道内径）值大、埋深大，以及双向水流的特点。

1. 输水系统水头高、PD 值大

为了发挥抽水蓄能电站的优势，电站的距高比（L/H）一般较小，输水系统高差大、承受内外水压力高。目前国内外成规模的抽水蓄能电站中的机组台数大都在 4 台及其以上，如果输水系统一管接多台机组，则单条引水管道的直径就会变大。这样水道系统大 PD 值就成为抽水蓄能电站的一个特点。

国内外部分抽水蓄能电站高压隧洞承受的静水头的统计表见表 2-1。我国国内已建成的抽水蓄能电站中高压隧洞承受的静水头最高的是天荒坪电站，其水头是 680.20m。

表 2-1　　　　国内外部分抽水蓄能电站高压隧洞承受的静水头的统计表

电 站 名 称	装机容量/MW	隧洞最大静水头/m	隧洞最大 PD 值/m²	隧洞最小埋深/m
天荒坪抽水蓄能电站	1800	680.20	4761	330
天荒坪抽水蓄能电站二期工程	2100	461.00	3227	280
广州蓄能水电厂	1200	612.00	4896	440
广州蓄能水电厂二期工程	1200	613.30	4906.4	410
仙居抽水蓄能电站	1500	560.00	3920	460
仙游抽水蓄能电站	1200	540.00	3510	405
泰安抽水蓄能电站	1000	309.50	2476	270
宝泉抽水蓄能电站	1200	640.40	4163	580
蒙特齐克抽水蓄能电站	900	400.00	2120	400
迪诺维克抽水蓄能电站	1800	584.00	5548	400

电 站 名 称	装机容量 /MW	隧洞最大静水头 /m	隧洞最大 PD 值 /m²	隧洞最小埋深 /m
赫尔姆斯抽水蓄能电站	1050	577.00	4749	350
巴斯康蒂抽水蓄能电站	2100	410.00	3567	315
金谷抽水蓄能电站	1060	540.00	3348	270

随着对地下工程结构受力原理认识的不断加深和施工水平的提高，如若地质条件许可应尽量将隧洞深埋，利用围岩承受内水压力。这样可缩短输水系统的长度，节省工程投资，减少水头损失。

利用围岩承载的高压隧洞混凝土衬砌段应满足挪威经验准则、最小地应力准则和水力渗透稳定要求。

由于抽水蓄能电站的水头往往很高，对于采用钢筋混凝土衬砌的隧洞，引水系统在平面布置时需要关注两洞间的最短距离，保持足够的水力梯度。应重视一洞有水、相邻引水隧洞放空时相邻两洞间岩壁的水力渗透稳定。

当然，如地质条件不允许，就需要采用压力钢管来防渗。目前已建抽水蓄能电站能承受内水头最大的是日本的葛野川电站，其设计内压（动水压力）为 1180m，HD（H 为设计水头，D 为管道内径）值达 4720m²。国内外已建、在建的大型钢管承受水头统计见表 2-2。

表 2-2   国内外已建、在建的大型钢管承受水头统计表

电 站 名 称	设计水头/m	HD 值/m²
十三陵抽水蓄能电站	686.00	2600
羊卓雍湖抽水蓄能电站	1000.00	2400
宜兴抽水蓄能电站	650.00	3120
西龙池抽水蓄能电站	1015.00	3552.5
张河湾抽水蓄能电站	515.00	2678
奥矢作抽水蓄能第Ⅱ级电站	604.00	3322
玉原抽水蓄能电站	817.00	3431
今市抽水蓄能电站	830.00	4565
奥美浓抽水蓄能电站	747.00	4109
奥多多良木抽水蓄能电站二期工程	641.00	3397
葛野川抽水蓄能电站	1180.00	4720
神流川抽水蓄能电站	1060.00	4238
小丸川抽水蓄能电站	878.00	3424

2. 输水系统存在双向水流的特点

抽水蓄能电站可逆机组存在发电和抽水两种基本工况，发电时水流从上库到下库，抽

水时水流从下库到上库，为减少输水系统水头损失，防止结构产生空蚀破坏，输水系统建筑物体型设计要求高，特别是上下库的进/出水口以及分岔管，须适应库水位变幅大、工况变动频繁的特点，保证进出水流平顺，水头损失尽可能小。

3. 输水系统布置须考虑电站工况转换频繁的要求

抽水蓄能电站工况多，且转换频繁。电站对电网的快速响应，要求输水系统的布置在各种工况下满足过渡过程的计算要求，并在结构设计上留有余地，如在各种工况下输水系统沿线洞顶最小压力均须保证 2m 正压，压力钢管结构设计须考虑压力脉动的影响等。

2.1.2 输水系统布置型式

输水系统是抽水蓄能电站的重要组成部分。由于电站机组吸出高度较大，要求机组安装高程低，输水系统与厂房一道，往往优先考虑采用地下工程。当然受地形地质条件的限制也有选择地面工程的，如我国西藏已经建成的羊卓雍湖电站就是采用的局部地面明钢管和地面明厂房。因此，抽水蓄能电站的输水系统布置必须要与厂房系统的布置综合考虑。

按照厂房在输水系统中的位置不同，抽水蓄能电站的开发方式可以分为首部、尾部和中部三种开发方式，相应地，输水系统的布置亦可分为这三种形式。

1. 首部开发

首部开发的地下厂房位于输水系统的上游侧，靠近上水库，高压引水道较短。低压尾水道较长，用造价较低的部分尾水道代替造价较高的部分引水道。因此有可能降低电站的造价。由于引水道较短，可采用一管一机供水，也可采用一管多机供水，前者管数虽较多，但可省去水轮机前阀门。尾水道较长，多采用多机一道的布置形式。厂房位于上水库下方，距离较近，应注意防渗和防潮。厂房的对外交通、出线、通风等多采用竖井或斜井，故首部开发多用于电站水头不太高的情况下，否则，对外交通和出线困难。首部开发应用较少，其开发方式输水系统纵剖面如图 2-1 所示。

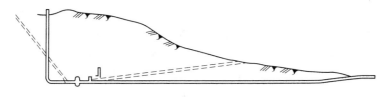

图 2-1 首部开发方式输水系统纵剖面图

2. 尾部开发

尾部开发的厂房位于输水系统的下游侧靠近下水库，厂房可以是地下式、半地下式或地面式，这种开发形式有利于厂房施工、交通和出线，故应用较多。天荒坪抽水蓄能电站属于这种开发方式，其输水系统纵剖面如图 2-2 所示。

3. 中部开发

中部开发布置的地下厂房位于输水系统的中部，上下游都有比较长的输水道，常用于输水道较长而中部地形又不太高的情况下。十三陵抽水蓄能电站属于这种开发方式，如图 2-3 所示。

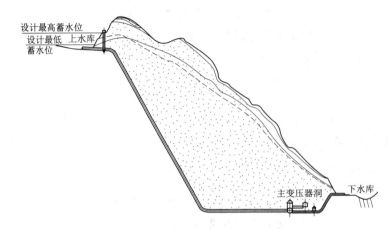

图 2-2 天荒坪抽水蓄能电站输水系统纵剖面图

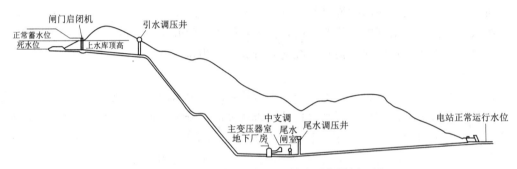

图 2-3 十三陵抽水蓄能电站输水系统纵剖面图

2.1.3 典型布置实例

1. 泰安抽水蓄能电站

泰安抽水蓄能电站输水系统布置于横岭南坡北东向山梁及山前丘陵区内，采用首部开发方式，输水系统总长度为 2065.6m，其中上游引水系统按两洞四机布置，总长 572.6m，2 条引水隧洞采用竖井式，内径 8.0m，下平洞设两个钢筋混凝土岔管。厂房下游尾水系统为四机两洞布置，总长 1493.0m，设两座尾水调压室，两条尾水隧洞以 8% 的纵坡与下水库相连接。输水道总长与平均发电水头的比值约为 8.8。泰安抽水蓄能电站输水系统总布置图如图 2-4 所示。

2. 广州抽水蓄能电站

广州抽水蓄能电站输水系统采用典型的中部开发方式，引水系统按一洞四机布置，引水隧洞长 925.77m，内径 9m，末端设有阻抗式引水调压室，压力管道长度 1066.22m，内径 8.5m，采用 50° 斜井布置，下平段设置钢筋混凝土岔管，4 条高压支管总长 620.013m；厂房下游 4 条尾水支管在分别汇合成 2 条后设置两座尾水调压室，最后通过 1 条尾水隧洞与下水库相连，尾水隧洞内径 9m，长度 1521.013m。广州抽水蓄能电站输水系统纵剖面图如图 2-5 所示。

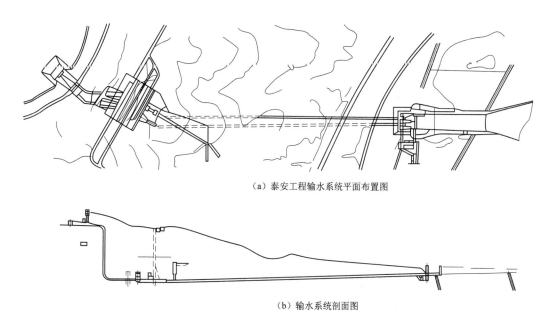

（a）泰安工程输水系统平面布置图

（b）输水系统剖面图

图 2-4 泰安抽水蓄能电站输水系统布置图

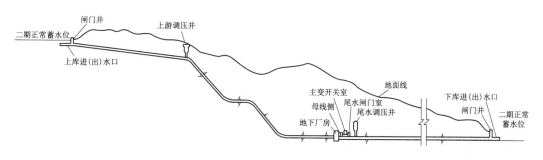

图 2-5 广州抽水蓄能电站输水系统纵剖面图

3. 天荒坪抽水蓄能电站

天荒坪抽水蓄能电站为典型的尾部式布置型式，输水系统共有两个水力单元，每个水力单元由上库进/出水口、引水主洞、分岔段、3条支管、3条尾水洞、3个下库进/出水口组成，全长平均1415m。引水主洞采用58°斜井布置，内径7.0m，分岔段采用钢筋混凝土衬砌；尾水洞单机单洞布置，内径4.4m，长度245～249m。其输水系统纵剖面如图2-2所示。

4. 巴斯康蒂抽水蓄能电站

巴斯康蒂电站采用地面封闭式厂房，输水系统为三洞六机布置，3条引水隧洞长1085～1115m，内径8.6m，末端布置有调压室，其后接高压竖井，长301m，下平洞长972～1109m，内径8.6m，末端设3个钢筋混凝土岔管，后接6条高压管道，长度262～368m，内径5.5m，均采用钢板衬砌。巴斯康蒂抽水蓄能电站输水系统纵剖面如图2-6所示。

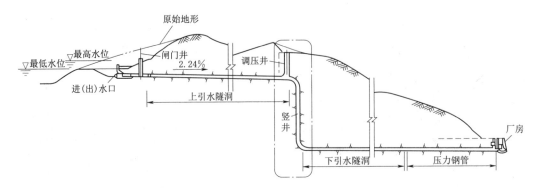

图 2-6　巴斯康蒂抽水蓄能电站输水系统纵剖面图

2.2　进／出水口

抽水蓄能电站进/出水口是建于上、下水库内用于控制水流的工程设施，其功用是根据电力系统负荷要求合理分配水力机组的发电或抽水水量，保证电站安全经济运行。由于抽水蓄能电站具有抽水（水泵工况）和发电（水轮机工况）两种运行工况，水流是双向流动的，抽水蓄能电站的进水口和出水口合二为一，对上水库在发电工况时为进水口，在抽水工况时为出水口，反之亦然，故统称为进/出水口。

2.2.1　进/出水口的特点

与常规水电站进水口相比，抽水蓄能电站进/出水口主要有以下特点：

1. 双向过流

在进水时，作为进水口，应使水流逐渐平顺地收缩；在出水时，作为出水口，又要使水流平顺扩散。水流在两个方向流动时均应保证全断面流速分布均匀，水头损失小，无脱流和回流现象，进/出水口渐变段尺寸较长。工作时水流双向流动，因此对体形轮廓的设计要求更为严格，水头损失尽可能小，否则整个系统的总效率将降低。

2. 淹没深度小

抽水蓄能电站的上库与下库有时是人工挖填而成，为了尽量减少工程量，要求尽可能地利用库容，死库容小会导致水库工作深度大，库水位变幅亦较大；当库水位较低时，进/出水口难获得足够的淹没深度，容易产生入流立轴漩涡，需要采用消涡梁、栅、板等结构措施对其进行预防及消减。

3. 过栅流速大

抽水蓄能电站单站容量常较大，水道内流速与进（出）水口平均过栅流速相比较高，出流时如体形不佳，水流扩散不均匀，局部流速过大，不仅会导致水头损失增加，而且可能会导致拦污栅振动，甚至发生破坏事故。

4. 易产生库底和库岸的冲刷

由于抽水蓄能电站库容一般较小，进/出水口流速较大，水流如不能均匀扩散，将在水库中形成环流，导致库底和库岸冲刷，并引起进/出水口流量分配不均匀和产生漩涡等

14

不良后果。

2.2.2 进/出水口主要型式和运用条件

2.2.2.1 主要型式

抽水蓄能电站因调峰运行的特点，上、下水库都需要一定的调峰库容，一般布置成有压进/出水口。进/出水口的型式取决于电站总体布置和建筑物地区的地形、地质条件。按工程布置划分，分为整体式布置进/出水口和独立布置进/出水口，整体式布置与坝体相结合，即坝式进/出水口；与厂房相结合，即厂房尾水管出口或延长。独立布置进/出水口位于水库库岸。目前常见的抽水蓄能电站进/出水口多为独立布置进/出水口，其按水库水流与引水道的关系分为侧式进/出水口和井式进/出水口。

进/出水口的布置及型式选择主要遵循以下原则：

（1）上、下水库的进/出水口，应适应抽水和发电两种工况下的双向水流运动，以及水位升降变化频繁和由此而产生的边界条件的变化。

（2）进/出水口的位置选择，应结合水道系统的位置、走线、地形、地质及施工条件等，布置在来流平顺、均匀对称，岸边不易形成有害的回流或环流的地点。

（3）进/出水口型式的选择，应根据电站布置和水道系统布置特点，地形、地质条件及运行要求等因素，经不同布置方案的技术经济比较，因地制宜选择侧式、井式或其他型式。

2.2.2.2 运用条件

1. 侧式进/出水口

侧式进/出水口引水方向接近水平，水流从水平方向进、出进/出水口，是国内常采用的形式。侧式进水口依岸而设，由于结构比较庞大，岸坡的开挖量一般较大，但对引水道的施工有一定的方便之处，适用于引水道（尾水道）接近水平方向进入水库，水库岸边地形、地质条件较好的进/出水口。侧式进/出水口又可分为侧向竖井式、侧向岸坡式和侧向岸塔式，其典型布置如图 2-7～图 2-9 所示。图中标注的尺寸单位为 cm，高程单位为 m。

2. 井式进/出水口

井式进/出水口水流的主要运动方向是垂直的，仅在进出口处为水平向，进出口的顶部可以是开敞的，也可以加盖，其中加盖的目的是消除旋涡。井式进/出水口布置紧凑，工程量较省，尤其是岸边开挖量很少，便于早进洞。但井式进/出水口出流时的流态均匀性不宜控制，流态受竖井长度影响较大，低水位条件下水流可能会对库底或库岸产生冲刷，一般只设在上库。井式进/出水口又可分为开敞井式、半开敞井式和盖板井式，其典型布置如图 2-10、图 2-11 所示。

3. 坝式进/出水口

坝式进/出水口适用于坝后式电站，挡水建筑物为混凝土坝，厂房位于坝后，进/出水口与坝结合布置。如我国的潘家口抽水蓄能电站（图 2-12）和印度纳加尔朱纳萨加尔电站。进/出水口布置和常规电站相同，由于抽水蓄能电站安装高程较低，不大可能将坝后厂房建基面挖深太低，因而要求下库的最低水位满足安装高程的要求。

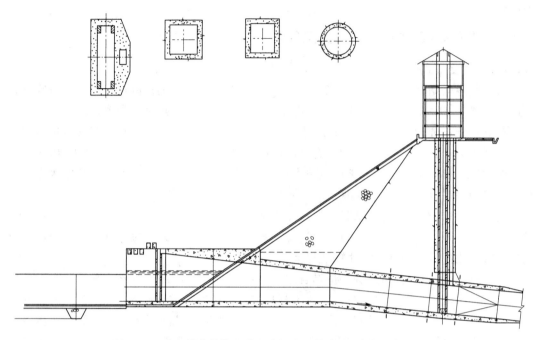

图 2-7 泰安抽水蓄能电站上库侧向竖井式进/出水口布置图

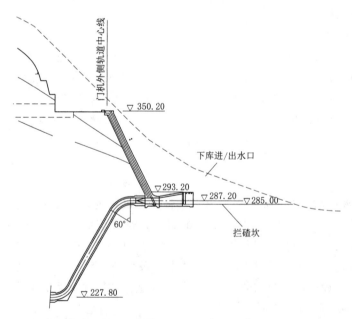

图 2-8 天荒坪抽水蓄能电站侧向岸坡式下库进/出水口布置图（单位：m）

4. 下库进/出口

下库进/出口适用于地面或竖井式地下厂房。下库进/出口为厂房的一部分，和尾水管相结合或尾水管适当延长。如无锡马山电站（图 2-13）；国外如美国的巴斯康蒂电站，

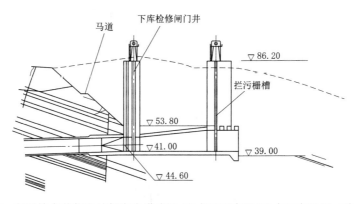

图 2-9 宜兴抽水蓄能电站侧向岸塔式进/出水口下库进/出水口布置图（单位：m）

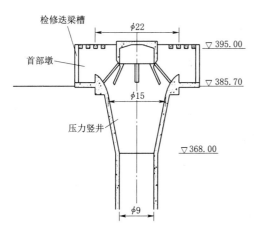

图 2-10 法国列文（Revin）电站上库
半开敞井式进/出水口布置图（单位：m）

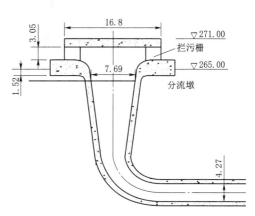

图 2-11 英国卡姆洛电站上库盖板
井式进/出水口布置图（单位：m）

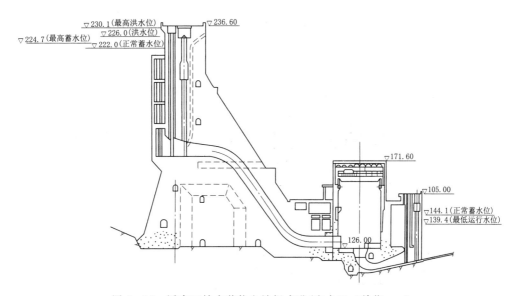

图 2-12 潘家口抽水蓄能电站坝式进/出水口（单位：m）

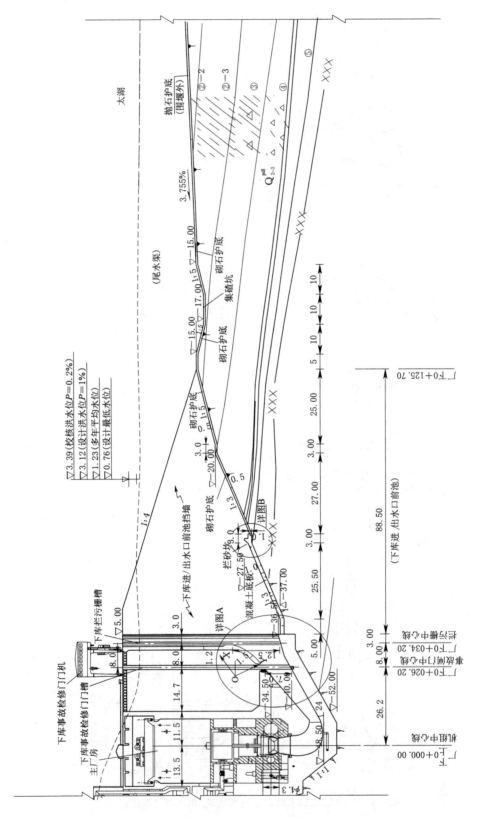

图 2 - 13 马山抽水蓄能电站下库进/出水口（单位：m）

18

卢森堡的维昂登电站，日本的新成羽电站等。由于尾水管离机组较近，发电时机组在尾水出流时紊乱，过栅流速较大，分布极不均匀，容易导致拦污栅的破坏。美国和日本早期建设的抽水蓄能电站中许多拦污栅出现过振动破坏现象。如巴斯康蒂电站，厂房为地面式，尾水管拦污栅离机组很近，发电时出口流速很大（模型试验实测额定流量时过栅流速最高达 4.7m/s，实际比试验过栅流速还大），流态不好，拦污栅曾因此发生过严重的破坏。日本新成羽混合式抽水蓄能电站尾水管拦污栅，由于离机组近，水轮机的漩流使尾水管中的流速分布不均匀，设计流速 2～4m/s，但破坏部位实测最大流速达 8m/s。

2.2.3 进/出水口的组成

侧式进/出水口一般由拦污栅及防涡段、扩散段、斜坡段、闸门井段、渐变段等组成，有时为调整水流流态在扩散段和拦污栅段之间设置调整段。侧式进/出水口组成图如图 2－14 所示。

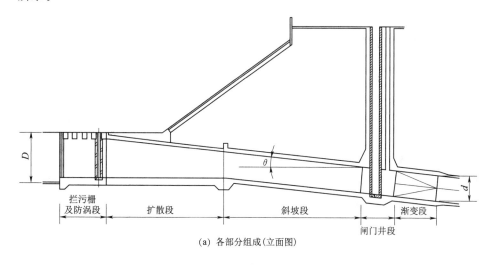

(a) 各部分组成(立面图)

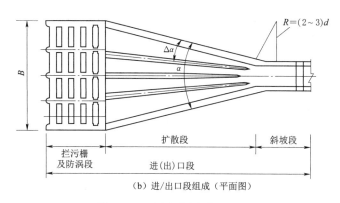

(b) 进/出口段组成（平面图）

图 2－14 侧式进/出水口组成图

井式进/出水口主要包括进/出口段与竖井段，其中竖井段在立面上依次又可分为喇叭口段、直管段、弯管段、连接扩散段，具体布置如图 2－15 所示。

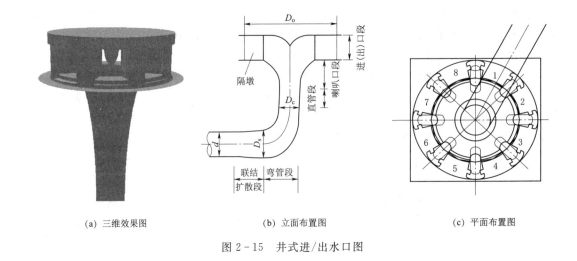

(a) 三维效果图   (b) 立面布置图   (c) 平面布置图

图 2-15 井式进/出水口图

2.2.4 进/出水口布置

2.2.4.1 位置选择

进/出水口位置根据枢纽布置、水流流态、地形地质条件、施工条件和工程造价、运行管理等方面比较后确定。

侧式进/出水口位置选择时，最好能直接从水库取水，若通过引水渠取水，引水渠不宜太长，以减少水头损失和避免不稳定流影响；尽量选择来流平顺，地形均匀对称，岸边不易形成有害的回流和环流的位置，以减小产生挟气旋涡的可能。若找不到比较对称的地形，则可适当调整进出水口的方向或深入水库的距离以达到上述要求，这需要通过水工模型试验解决。尽量选择地质条件较好的位置，避免高边坡开挖，以减少开挖量和工程处理，节省投资。

井式进/出水口位置选择时，周围地形要开阔，以利均匀进流，保证良好的水流流态。应把进水口塔体置于具有足够承载力的岩基上，保证塔体的稳定。

坝式进/出水口设在各类混凝土坝上，其位置依附于大坝，只要坝轴线确定，进/出水口位置基本确定。同样，与厂房结合布置的进/出水口只要厂房位置确定，进/出水口位置亦基本确定。

2.2.4.2 底板高程设置

抽水蓄能电站库水位在工作深度内频繁变化，死库容一般较小，水深较浅，一般都布置成有压进水口。进口高程按最低运行水位、体型及布置型式确定的进水口高度、最小淹没水深要求和泥沙淤积等因素决定。保证最低运行水位下不进入空气和不产生漏斗状吸气漩涡；保证最低运行水位下，引水道（尾水道）最小压力及闸门井最低涌浪满足规范要求；保证在淤沙高程以上，必要时可在进口设置集渣坑、拦沙坎等设施。

在多泥沙河流上修建抽水蓄能电站上、下水库时，还应采取必要的防沙措施，制定相应的水沙调度方式，进行泥沙冲淤计算，合理确定电站进、出水口断面淤积高程，提出代表年的含沙量历时曲线、颗粒级配、矿物组成，估算过机泥沙含量，制定减少泥沙影响的相应对策措施；另外，当抽水蓄能电站的上、下水库库容较小时，应针对电站发电（或抽水）挟带泥沙所造成的淤积对电站进、出水口布置及发电库容的影响，提出减少淤积措施。

2.2.4.3　拦污栅布置

抽水蓄能电站的拦污栅承受双向水流的作用。因共振破坏的拦污栅多为发电工况时的下库拦污栅。引起拦污栅共振的干扰力共有两种：一种来自栅条尾部旋涡脱落，另一种来自水轮机运行时的干扰。

栅条尾部旋涡脱落干扰频率与过栅流速和栅条尺寸有关，可用斯特罗哈公式近似计算，一般为几十赫兹。

水轮机干扰来自尾水管的压力脉动，有低频脉动和高频脉动两种。前者由尾水管中的涡带引起，频率一般为几赫兹；后者由水流与转轮叶片相互作用引起，频率一般在几十赫兹以上。

栅条的固有频率可根据其尺寸和支承情况选用有关的公式计算。一般认为，为了避免共振，栅条的固有频率应为干扰频率的 2.3～2.5 倍或更高。如不能满足要求，则可减小过栅流速。

2.2.4.4　闸门设置

抽水蓄能电站进/出水口的闸门与常规电站相比没有大的差别。但抽水蓄能电站的进/出水口要适应发电和抽水两种工况，而且工况变换频繁，因此上库进/出水口一般设置事故闸门，也可以只设检修闸门，或者将事故和检修两功能合为一体，设置事故检修闸门。国外有少数电站未设闸门。

侧式进/出水口的事故闸门多用平面钢闸门。闸门设在闸门井内，用液压启闭机启闭、视岸坡的具体地质地形条件，闸门井可在岩石中开挖而成，亦可做成单独的钢筋混凝土建筑。

井式进出水口通常远离库岸，多呈圆柱形或多边形建筑，水流由四周进入，常采用圆筒形闸门，用一个闸门控制若干个进出水口。

下库进/出水口一般只设检修闸门。进水口闸门设置位置和闸门、启闭机的形式根据进/出水口的形式和地形条件因地制宜地选择。

2.2.5　进/出水口水力设计

2.2.5.1　设计要求及原则

（1）进流时，各级运行水位下进/出水口附近不产生有害的漩涡。

（2）出流时，水流均匀扩散，避免对库底的冲刷，水头损失小。

（3）进/出水口附近库内水流流态良好，无有害的回流或环流出现，水面波动小。

（4）防止漂浮物、泥沙等进入进/出水口。

2.2.5.2　侧式进/出水口的水力设计

水力设计应遵循下列原则：

（1）连接进/出水口的压力隧洞应有足够长的直段，长度为 30～40 倍洞径。发电时，洞内最大平均流速宜小于 5m/s，抽水时宜小于 4m/s。

（2）侧式进/出水口扩散段尺寸参考值：扩散段最大断面面积一般应使平均过栅流速在0.8～1.0m/s的范围内，拦污栅孔口高度H一般不小于1.5D；扩散段平面扩散角α应根据工程规模、布置条件、地形地质条件、电站运行条件进行技术经济比较，宜在25°～45°范围内取值；设置分流墩的作用是防止扩散段水流在平面上产生分离，每孔流道平面扩张角β宜小于10°，相邻边、中孔的流量不均匀程度不宜超过10%；平面上扩散段与上游直线段应设曲线连接，半径可选用（2～3）D；立面上宜采用顶板单侧扩张式，顶板扩张角θ不宜大于10°。分流墩起点一般在扩散段后1/2D处，为减少水头损失，常将分流墩头部做成窄而尖的形状。

（3）水库最低水位下应保证进口有足够的淹没深度，同时水库最低水位应高于拦污栅顶0.5m以上。

（4）应根据具体情况选用防涡设施，防止发生吸气漩涡。常用的防涡方法有改善进流条件、设置防涡梁、设置浮排、进口上部倾斜等。

对地面或竖井式厂房布置，当下水库进/出水口与尾水管结合布置时，应参照已建工程经验，研究电站在不同运行工况下出流对拦污栅可能产生的影响。

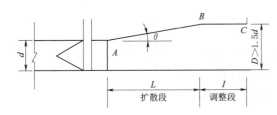

图2-16 具有调整段的侧式进/出水口

侧式进/出水口的水流属于有压缓流的扩散（或收缩）阻力问题，与一般流体阻力手册中的矩形断面渐扩管相类似，是一个三维流动问题。国内荒沟、蒲石河等抽水蓄能电站工程的进/出水口试验建议采用顶板、底板双向扩张，每侧为2.5°，但考虑到实际工程布置上的需要，当$\theta >$5°时，根据国内的研究成果，宜在扩散段末接一段平顶的调整段，其长度约相当于0.4倍的扩散段长度，如图2-16所示。十三陵抽水蓄能电站下水库进/出水口最终采用的布置为扩散段长$L = 26.16$m，调整段长$I = 10$m，顶板扩张角$\theta = 6.54°$（对应于图2-16中的AB线）。加10m长调整段之后（对应于图2-16中的BC线），实际上有效的顶板扩张角相当于AC连线与水平轴的夹角为4.74°，无负流速出现，其发电工况的水头损失系数为0.33～0.36，抽水工况时为0.22～0.20。因此，推荐采用加调整段的布置。

扩散段内流速分布的调整要从垂直和平面流速分布两方面进行，两者是相互关联的。顶板扩张角主要是调整垂直流速分布。在有分流隔墙的布置时，主要是调整平面流速分布，力求使各孔道过流量彼此接近，这是影响水头损失大小的主要因素。扩散段分流隔墙的数目，以每孔流道的平面分割扩张角$\Delta \alpha$（图2-14）小于10°为宜，分流隔墙数目可参照表2-3选用。

表2-3 分流隔墙数目

平面扩张角 α	<20°	25°～30°	30°～45°
隔墙数目 N	1～2	2～3	3～4

分流隔墙在扩散段首部的布置原则是，既要避免过分拥挤，又要有效地起到均匀分流的作用。因此，分流隔墙的头部形状以尖型或渐缩式小圆头为宜。图2-17为经过模型试

验后建议的迪诺威克抽水蓄能电站进/出水口分隔墙头部的形状。

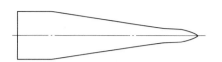

图 2-17　经过模型试验后建议的迪诺威克抽水蓄能电站进/出水口分隔墙头部形状（单位：mm）

分流隔墙间距，对于二隔墙三孔流道的布置，中间孔道宽占 30%，两边孔道占 70% 为宜；对于常见的三隔墙四孔流道的布置，以采用中间两孔占总宽的 44%，两边孔占 56% 为宜，或者说单一中间孔道宽与相邻边孔宽之比 0.785，且中间隔墙在首部较两边隔墙宜适当后退形成凹型布置，其后退距离约相当于进口宽度的 1/2 左右，如图 2-14 所示。由于扩散段内流速分布还受来流条件特别是流速分布的影响，而这与布置条件（如有无弯道、底坡、断面变化、门槽体型等）和边界层发展有关，难以做到流量在各孔流道均匀分配，故上述分流隔墙间的距离关系可作为设计的参考依据。根据对近年来国内的一些试验研究成果分析表明，当相邻孔道间的流量不均匀程度超过 10%，水头损失明显增大，因此，分流隔墙的布置，应使各孔道的过流量基本均匀，相邻边、中孔道的流量不均匀程度不超过 10% 为宜。

通常水道的进/出水口直接与上、下水库相接，但实际工程中确有进/出水口与水库之间有相当长度的明渠相连，例如琅琊山抽水蓄能电站和沙河抽水蓄能电站的下水库进/出水口与下水库之间属于此类布置。由于明渠连接段的存在，当电站机组流量变化时，明渠中将发生非恒定流动，尤其是在机组开机增负荷或甩负荷时。因此，当进/出水口与较长明渠相接时，应对不同工况下有压—无压系统的明渠非恒定流进行分析计算，所计算出的最低/最高涌浪高程，可作为校验进/出水口最小淹没深度和明渠连接段的合理堤顶高程或砌护高度的依据。

由于抽水蓄能电站发电、抽水工况转换频繁，水库水位变幅大，通常采用防涡梁来消除有害的旋涡。

2.2.5.3　井式进/出水口的水力设计

水力设计应遵循下列原则：

（1）进流时，水流由井孔四周均匀进入管道，不产生吸气漩涡，为防止发生吸气漩涡，在进口外部上方设防涡设施。

（2）出流时孔口四周水流均匀扩散，出口处流速分布均匀，且不产生反向流速，弯管之上宜有适当长度的竖直管道，其上接渐扩式喇叭口，当竖直管道较短时，宜采用减缩式肘型弯管。

（3）当有防沙要求时，应使拦污栅底槛高于周边底板适当高度。

井式进/出水口在体型上与竖井溢流道相似，但水流特性有本质区别。这种区别不仅仅是双向流动问题，更重要的是前者属有压缓流系统的扩散（或收缩）流动，尤其要力求井盖下由隔墙相间的各孔出流均匀，减小水头损失。由于弯道水流产生离心力，主流向外侧偏离，将导致井的四周流速不均，故弯道段对孔口出流是否均匀起决定作用。为使出流时水流经过弯道后不致产生严重分离，并保持上部各出口出流均匀，宜在来流管道 d 与弯道起始断面（D_s）间采用双向扩散连接段，连接段长度大于或等于 D_s，该段的单侧扩散角满足 $3°<\alpha_t<7°$；弯管宜采用肘管型，其末端断面直径 $D_e \geqslant d$，且首末端断面比

23

$A_e/A_s=0.6\sim0.7$，$v_e\leqslant5\text{m/s}$（或相应的弗劳德数 $F_r=v_e/\sqrt{gD_e}\leqslant0.6$ 为宜）。弯管末向上宜有适当长度的直管段，用以调整水流，其上部的喇叭口段应与之呈渐扩式平顺连接；当无直管段或其甚短时，则从弯管末端（或附近）开始的喇叭口，应以平缓（斜率渐变）的曲线（或直线）逐渐扩张成喇叭口段，直至所需高程；喇叭口可采用椭圆曲线或其他型式曲线，拦污栅槽可倾斜或直立布置。此外，具有顶板的井式进水口最大相对流速取决于顶板的直径、扩散开口的高度及线型，进/出水口的喇叭建议采用弧形边缘连接，井式进/出水口段的出流流速分布实测结果如图 2-18 所示。图 2-18（a）为一个较低的盖板（$h=0.4d$），原设计盖板半径为 $1.2d$，结果出现了很高的局部流速，后来盖板半径加到 $2.3d$，流速分布仍不理想。最后把盖板升高到 $h=d$，如图 2-18（b）所示，流速分布才得到改善，但靠近进水口底板处仍有少量回流存在。

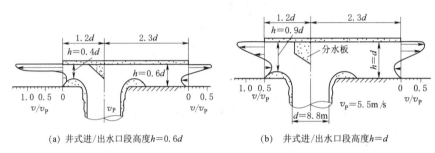

(a) 井式进/出水口段高度 $h=0.6d$ (b) 井式进/出水口段高度 $h=d$

图 2-18 井式进/出水口段的出流流速分布

2.2.5.4 进/出水口的防涡设计

进/出水口的漩涡有两种，即立轴漩涡和横轴漩涡。立轴漩涡更容易造成进气。造成漩涡和进气的原因很多，主要有进水口淹没深度、入流流速（或入流弗劳德数）、进水口环流、进水口体型和周边几何形状，其中淹没深度是主要因素。抽水蓄能电站水库死库容一般较小，水深较浅，进/出水口的高程主要受死水位的控制，进/出水口在死水位以下的淹没深度应保证在入流时不产生吸气漩涡。

最小淹没水深指进水口上游最低运行水位与进水口后接引水管道顶部高程之差，这是保证进水口有压流态所必需的。否则，忽而满流忽而脱空，进水口将发生真空，引起流量的减小以及建筑物的振动。

根据试验产生的吸气旋涡 H/d 的范围是：对于垂直的漩涡 $H/d<3$，对于水平漩涡 $H/d<2$。因此在高水位时问题不大，在低水位时需要注意。d 为闸门处的孔口高度，H 的意义如图 2-19 所示。

Gardo 根据 29 个水电站进水口的原型观测分析结果认为，最小的淹没深度 H，与引水道孔口高度 d，以及闸门处的流速 v 有关，即

$$H=Cvd^{\frac{1}{2}} \qquad (2-1)$$

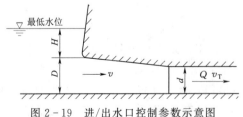

图 2-19 进/出水口控制参数示意图

式中　C——系数，当来流对称时，$C=0.55$；当来流左右不对称时，更易发生旋轴窝，C 增大为 0.73。

Pennino 等总结了 13 个侧式、井式进水口的模型试验数据，认为进水口的弗劳德数应小于 0.23。有

$$F = v / \sqrt{gH'} < 0.23 \qquad (2-2)$$

式中 g——重力加速度；

H'——进水口中心线以上的最小淹没水深。

对国内的几个抽水蓄能电站的模型试验研究表明：虽然采取相应的工程措施后，入流漩涡问题得到了明显的改善，但为了更好地消除漩涡影响，设计上应使进/出水口布置的轴线方向尽量与来流方向一致、进/出水口两侧结构应尽量对称布置，改善进流条件，设置防涡梁，板等措施。

2.2.5.5 进/出水口水力损失

进/出水口的水头损失取决于进出水流状况，主要有扩散冲击、局部分离和局部冲击，其影响参数包含顶板扩散角、扩散度、来流条件及下游淹没等因素。在有分流墩隔墙构成多通道的情况下，各通道流量分配的均匀程度是影响进/出水口水头损失更为重要的影响因素。一般情况下，进/出水口在进流时，水头损失较小，水头损失系数，一般在 0.2～0.3 之间变化。在出流情况下，水头损失约为 0.4～0.8。部分国内外抽水蓄能电站进/出水口水头损失系数见表 2－4。从表 2－4 中可以看出：侧式的进/出水口若设计得当，有较好的扩散段，其出流时的水头损失不太大；对于井式进/出水口，由于条件限制，扩散效果不如侧式，出流时的水头损失一般较大。从水头损失的绝对值来看，若出流时水道中平均流速为 4m/s，则出流时的水头损失为 0.32～0.65m。进流时，若水道中平均流速为 5m/s，则水头损失为 0.25～0.38m。

表 2－4　　　　部分国内外抽水蓄能电站进/出水口水头损失系数

电站名称	进/出水口型式	水头损失系数	
		进流	出流
巴德溪抽水蓄能电站	无盖板井式	0.20	0.5
巴德溪抽水蓄能电站	有盖板井式	0.10	0.9
约卡瑟	有盖板塔式	0.30	—
金祖抽水蓄能电站	有盖板井式	0.20	—
迪诺威克抽水蓄能电站	侧式	0.23	0.45
凯姆劳夫	侧式	0.24	0.36
北田山	侧式（含隧洞弯段）	0.60	0.40
碧敬寺抽水蓄能电站	有盖板井式	0.30	0.75
溧阳抽水蓄能电站	有盖板井式	0.29	0.45
西龙池抽水蓄能电站	有盖板井式	0.52	0.62
十三陵抽水蓄能电站	侧式	0.136	0.459

电站名称	进/出水口型式	水头损失系数	
		进流	出流
广州抽水蓄能电站	侧式	0.19	0.39
阳江抽水蓄能电站	侧式	0.33	0.36
惠州抽水蓄能电站	侧式	0.34	0.39
深圳抽水蓄能电站	侧式	0.32	0.35
天荒坪抽水蓄能电站	侧式	0.25	0.33

2.2.6 进/出水口结构设计

进/出水口建筑物的组成，一般包括拦污栅段、扩散段（或收缩段）、闸门段、渐变段和上部结构等。其建筑物级别与主体工程级别相同，结构设计内容主要包括：

（1）进水口整体稳定分析，包括各种工况下的抗滑、抗倾覆、抗浮和地基承载力分析。

（2）进水口边坡稳定分析和支护设计。

（3）竖井、平洞的围岩稳定分析，衬砌结构分析。

（4）扩散段，闸门井，启闭机房的墙、板、梁、排架等混凝土构件的结构分析和配筋计算。

（5）抗震分析。

（6）拦污栅栅体抗振分析。

进水口结构静力计算宜采用结构力学方法进行，必要时也可采用数值分析方法进行计算。抗震设计方法应视结构重要性采用拟静力法或动力分析法。

2.3 压力水道与高压岔管

2.3.1 压力水道衬砌类型、特点及适用条件

目前抽水蓄能电站的地下压力水道衬砌类型可分为钢筋混凝土衬砌、钢板衬砌、预应力钢筋混凝土衬砌和防渗薄膜复合混凝土衬砌。各种衬砌类型的特点及适用条件如下：

钢筋混凝土衬砌：隧洞采用钢筋混凝土衬砌结构，从承载与防渗的角度出发，围岩是主体，混凝土衬砌的作用主要是保护围岩表面、避免水流长期冲刷使围岩表层应力状态发生恶化掉块；减少过流糙率、降低水头损失；为隧洞高压固结灌浆提供表面封闭层。钢筋混凝土衬砌型式适用于地质条件良好，围岩透水性较小，围岩以Ⅰ、Ⅱ类为主，布置上满足围岩水力劈裂要求，同时满足"围岩上抬准则""最小地应力准则""渗透准则"的高压隧洞。

钢板衬砌：做法是在开挖好的岩洞中安装钢管，在钢管与岩壁间回填混凝土，使钢

衬、混凝土与围岩结为整体，共同承担内水压力，因此，在相同的内水压力下，可以采用比明钢管厚度薄的钢衬。钢板衬砌的管道适用于岩石不够完整且覆盖厚度不够、需要用钢衬承受部分内压和防止内水外渗的情况。在靠近地下厂房的一段压力管道一般均用钢衬，以防内水外渗影响地下厂房的围岩稳定，同时不给厂房的防渗防潮带来困难。

预应力混凝土衬砌：在管道充水之前对衬砌中施加预压应力，使管道在充水后衬砌中不出现拉应力，或只有局部很小的拉应力，按衬砌中的预应力施加形式可分为两大类：一类是压浆式预应力，另一类是机械环锚式预应力。当水工隧洞承受内水压力较高，地质条件和水道布置不能满足钢筋混凝土衬砌型式的要求时，围岩条件对防渗有一定要求，混凝土开裂引起内水外渗会危及相邻建筑物安全，可通过技术经济比较后采用预应力混凝土衬砌。

防渗薄膜复合混凝土衬砌：把防渗薄膜，如薄钢衬或者聚氯乙烯（PVC）止水材料夹在两层混凝土之间，迎水侧内层混凝土一方面保护薄膜不被破坏，另一方面承担外水压力，使防渗薄膜不因外压而破坏。其设计原理是仍将全部或大部分内水压力传给外围的围岩承担，因此隧洞围岩仍需要满足"挪威准则""最小地应力准则"的要求。国外有一些工程采用过这类衬砌，我国目前在抽水蓄能工程中还没有使用过，但是防渗薄膜复合混凝土衬砌是一种有发展前途的衬砌形式。该衬砌型式适用于围岩覆盖厚度与地应力水平基本满足围岩承载要求，但是围岩透水性较大、内水外渗可能危及相邻建筑物安全的隧洞段。

2.3.2 隧洞围岩承载设计准则及结构设计理念

根据水工隧洞设计规范计算，在Ⅱ、Ⅲ类围岩条件下，若内水压力按面力设计，隧洞40~60cm厚混凝土衬砌按限裂所能承受的内外压差一般仅为40~70m。衬砌的设计理论从把围岩当作荷载，发展到把围岩当作承载的主体，衬砌形式的选择与围岩本身的特点密不可分。

水工压力隧洞的周边围岩由于地应力场的存在，实际上是一个预应力结构体，要使其成为一个安全承载结构，就必须要有足够的岩层覆盖厚度以及相应足够的地应力量值，而且还应具有足够的抗渗性能和抗高压水侵蚀能力，使隧洞围岩有承受隧洞内水压力的能力。混凝土透水衬砌隧洞围岩承载设计准则可以归纳为围岩上抬准则、最小地应力准则、围岩渗透准则。

2.3.2.1 围岩上抬准则

围岩上抬准则要求压力隧洞的上部和侧向围岩覆盖厚度，在最大内水压力的作用下不发生上抬。国际上常用挪威准则和雪山准则，如图2-20和图2-21所示。

（1）挪威准则是经验准则，挪威准则公式为

$$L \geqslant \frac{\gamma_w H}{\gamma_r \cos\beta} F \tag{2-3}$$

式中　L——计算点到地面的最短距离，m（算至强风化岩石下限）；

　　　　β——山坡的平均坡角；

27

H——计算点的内水静水压力，m；

γ_w、γ_r——水容重、岩石容重；

F——安全系数，一般取 $F=1.3\sim1.5$。

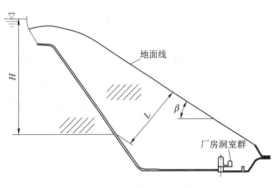

图 2-20 挪威准则示意图

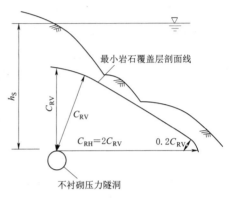

图 2-21 雪山准则示意图

在应用挪威准则时，对于两侧有深沟切割的山梁地形应进行修正，把等高线取直修去凸出地形，然后再按山梁削去后的地面线来计算覆盖厚度。

（2）雪山准则常作为补充判断，对于比较陡峭的地形，特别是山坡坡角大于 $60°$ 且隧洞高程的水平向存在临空面的地形，水平侧向覆盖厚度常常起着控制作用。雪山准则是按上抬理论，确定混凝土衬砌高压隧洞洞线铅直覆盖厚度 C_{RV}，水平向（侧向）岩体覆盖厚度要满足按铅直上覆岩体厚度的 2 倍以上，即

$$C_{RH}=2C_{RV}$$

$$C_{RV}=\frac{H\gamma_w}{\gamma_r}$$

式中　C_{RV}——铅直覆盖厚度，m；

C_{RH}——水平（侧向）覆盖厚度，m；

H——洞线上该处静水头，m；

γ_w、γ_r——水和岩石的容重。

中间用直线连接起来，山坡的地面线应在此范围之外。

2.3.2.2 最小地应力准则

最小地应力准则要求压力隧洞处围岩的最小地应力应大于洞内最大水头，防止岩体发生水力劈裂破坏，具体为

$$\sigma_3\geqslant F\gamma_w H \tag{2-4}$$

式中　σ_3——最小地应力，MPa；

γ_w——水容重，取 0.01MPa/m；

H——计算点的内水静水压力，m；

F——安全系数，一般取 $F=1.2\sim1.3$。

2.3.2.3 围岩渗透准则

由于岩体内存在节理裂隙，而裂隙中又往往有夹泥或碎屑物充填，当衬砌开裂，在高

28

压渗流水长期作用下，有可能产生渗透变形和冲蚀破坏。渗透准则判别标准一般包括两个方面内容：一是根据水工隧洞规范以及法国常用准则规定，在设计内水压力作用下隧洞沿线围岩的平均透水率 $q \leqslant 2Lu$，经灌浆后的围岩透水率 $q \leqslant 1.0Lu$；二是根据以往工程经验，Ⅱ～Ⅲ类硬质围岩长期稳定渗透水力梯度一般控制不大于10。

2.3.3 压力钢管设计

与常规引水式电站一样，抽水蓄能电站与厂房发电机组相接的压力管道也分为地下埋管和明管两种主要形式。抽水蓄能电站的压力管道除少数用明钢管外，绝大多数都采用地下管道，以便与地下厂房相配合，降低工程造价。

明钢管在一般的文献中已有较多论述，以下只介绍地下埋管。

2.3.3.1 地下埋管布置

按抽水蓄能电站地下厂房位置来划分，在厂房上游侧，与蜗壳进水阀相接的钢管为引水压力钢管；厂房下游侧，与机组尾水管相接的钢管为尾水压力钢管。一般引水压力钢管承受高内水压力，尾水钢管承担的内水压力相对较小。

1. 引水压力钢管长度的确定

钢衬长度最终的选择取决于上覆岩体厚度、地应力大小、围岩渗透性、地质构造等多方面因素，归纳埋藏式引水压力钢管的布置基本原则如下：

（1）按照充分利用围岩承载的设计思想，结合工程枢纽布置和地形地质条件，根据挪威准则、最小地应力准则和围岩渗透准则确定围岩能安全承载的极限位置，确定钢筋混凝土衬砌隧洞段的末端作为引水压力钢管的起始位置，从而确定引水压力钢管的长度。

（2）根据围岩渗透允许水力梯度，并参考国外抽水蓄能电站压力钢管长度选择的经验，引水压力钢管段长度一般不小于静水头的0.3倍。

结合地下厂房上游段围岩的结构面分布情况以及地下水开挖出露情况，取由上述两个原则确定的钢管长度最大值。

国内外若干抽水蓄能电站钢衬长度参数值见表2－5。

表 2－5 　　　　　　　　国内外若干抽水蓄能电站钢衬长度参数

电 站 名 称	国别	混凝土衬砌隧洞条数×直径/m	钢衬起点静水头 H/m	钢衬条数×直径/m	衬起点铅直上覆围岩厚度 Y/m	衬长度 X/m	Y/H	X/H
迪诺威克（Dinorwic）抽水蓄能电站	英国	主洞：1×9.5；分岔洞：6×3.8	590	6×3.3	400	40～114	0.68	0.24～0.19
赫尔姆斯（Helms）抽水蓄能电站	美国	主洞：1×8.23；分岔洞：3×3.81	576	6×3.81	350	152 120 50	0.61	0.26 0.21 0.09
腊孔山（Racoon Mountain）抽水蓄能电站	美国	主洞：1×10.67；分岔洞：4×5.34	350	4×5.34	270	30	0.77	0.09

电 站 名 称	国别	混凝土衬砌隧洞条数×直径/m	钢衬起点静水头 H/m	钢衬条数×直径/m	衬起点铅直上覆围岩厚度 Y/m	衬长度 X/m	Y/H	X/H
巴斯康蒂（Bath County）抽水蓄能电站	美国	主洞：3×8.7；分岔洞：6×5.5	407	6×5.5	315	191	0.78	0.47
蒙特齐克（Motezic）抽水蓄能电站	法国	主洞：2×5.3；分岔洞：4×3.8	430	4×2.7	400	80	0.93	0.19
广州蓄能水电厂	中国	主洞：2×8.0；分岔洞：4×3.5	542	4×3.5	465	135	0.86	0.25
天荒坪抽水蓄能电站	中国	主洞：2×7.0；分岔洞：6×3.2	680	6×3.2	460	185～233	0.68	0.27～0.34
泰安抽水蓄能电站	中国	主洞：2×8.0；分岔洞：4×4.8	310	4×4.8	270	73.6～85	0.87	0.24～0.27
桐柏抽水蓄能电站	中国	主洞：2×9.0；分岔洞：4×5.5	343	4×5.5	375	107.62～141.852	1.09	0.31～0.41
仙游抽水蓄能电站	中国	主洞：2×6.5；分岔洞：4×3.8	539.25	4×3.8	425	110～140	0.79	0.2～0.26
天荒坪抽水蓄能电站二期工程	中国	主洞：2×6.8；分岔洞：6×3.0	849.5	6×3.0	737	340～369	0.87	0.4～0.43
响水洞抽水蓄能电站	中国	4×6.4～5.3（单洞单机）	273.2	4×5.3	251	85.96	0.92	0.31
马山抽水蓄能电站	中国	主洞：2×9.6；分岔洞：4×5.6	180.22	4×5.6	113	210	0.63	1.17
宝泉抽水蓄能电站	中国	主洞：2×6.5；分岔洞：4×3.5	639	4×3.5	663	97～119.6	1.04	0.15～0.19
仙居抽水蓄能电站	中国	主洞：2×7.0；分岔洞：4×4.2	561.2	4×4.2	582	166～181	1.04	0.30～0.32

2. 尾水压力钢管长度的确定

由于与机组尾水管相接的尾水支管上方一般是由主厂房、母线道、主变洞等组成的地下洞室群，支管顶部上覆岩层厚度较小，常常不满足 3 倍支管洞径，为了防止尾水支管内水外渗影响地下厂房内机电设备的正常运行，保证发电厂房区成为一个干燥舒适的生产工作环境，一般在地下洞群区下方采用不透水钢衬，其长度根据地下洞室的外排水防渗系统布置来确定，要保证环地下厂房区防渗排水系统的封闭。

2.3.3.2 地下埋管结构计算原则

抽水蓄能电站压力钢管结构计算的一般原则如下：

（1）根据压力钢管设计规范规定，厂内明管内水压力全部由钢管承担，钢板抗力限值按明管抗力限值再降低 20％取值，以策安全。

（2）厂房上游边墙上游 3 倍钢管直径范围段钢管按明管设计，其内水压力全部由钢管承担，钢板抗力限值取明管抗力限值。

（3）厂房上游边墙上游 3 倍钢管直径处至厂房边墙上游约 20m 之间钢管段，按埋管设计，但不计围岩弹性抗力，即 $K_0 = 0$，钢板抗力限值取地下埋管抗力限值。

（4）厂房上游边墙上游 20m 以外段钢管考虑与围岩联合承载，按埋管设计，合理的选择围岩弹抗值 K_0，钢板抗力限值取地下埋管抗力限值。

（5）与施工支洞相交的压力钢管段，按埋管设计，但不计围岩弹性抗力，即 $K_0 = 0$，钢板抗力限值取地下埋管抗力限值。

（6）尾水压力钢管一般按明管设计，用明管抗力限值。

（7）钢衬壁厚以运行期的内水压力作为控制条件，以检修期的外水压力作为复核条件。

2.3.3.3 地下埋管设计荷载取值

1. 设计内水压力

引水压力钢管的设计内水压力按钢管所承受的最大静水压力，再附加机组和输水道水力过渡过程产生的水锤压力升值。钢管设计内水压力取值在参考水力过渡过程计算成果的基础上，还要考虑机组甩负荷压力脉动影响以及模型试验机与原型机特性的差别，而附加一个压力安全裕度（5%～8%）。

2. 设计外水压力

对于地下埋管而言，钢管外荷载主要是灌浆荷载以及检修期的外水压力。对于施工期灌浆荷载，因为灌浆荷载为临时荷载和点荷载，可以通过钢管内加内支撑以及合理布置灌浆塞、控制灌浆压力等措施加以解决，不作为钢管外荷载设计值。

总结国内已建抽水蓄能电站钢管检修期外水压力取值方法，建议如下：

（1）假定钢管运行期地下水位线接近极限——地表。考虑到高压管道顶部排水廊道的排水作用，排水廊道底高程至高压管道取全水头，排水廊道底高程至地面高程段的外水压力根据围岩地质条件考虑合理的折减，钢管的外水压力值为上述两值相加，总值保证不小于管道顶部覆盖厚度的 1/2，即以"即使地下水位抬升到地表，钢管的抗外压稳定安全系数仍大于 1"为原则。

（2）根据实测或类比分析确定围岩渗流损失系数，考虑到内水外渗和外水内渗两次渗流损失，钢管的外水压力值为

$$钢管的外水压力 = 最大静内水压力值 \times (1 - 围岩渗流损失系数)^2$$

（3）建立工程区的三维渗流场模型，岩体渗流模型一般采用等效连续介质分析，把工程区山体地下水位观测资料作为初始边界条件，对工程区内各层岩体、主要地质结构面的渗透特性进行尽可能真实的反演模拟，并通过渗流分析预测电站运行期的工程区渗流场特征，计算出引水钢管范围的外水压力。

综合上述三种方法最终确定合理的设计外水压力值。

2.3.4 高压灌浆设计

抽水蓄能电站隧洞承受较大的内水压力，围岩成为主要的承载结构。为了加固隧洞围岩、封闭隧洞周边岩体裂隙，提高隧洞围岩的整体性和抗变形能力，增强围岩抗渗能力和长期稳定渗透比降，从而减免内水外渗，防止相邻水工建筑物发生水力渗透破坏，使围岩成为承载和防渗的主体，对隧洞进行系统固结灌浆是非常必要的。

高压灌浆指灌浆压力大于或等于 3MPa 的水泥灌浆。对高水头、大洞径的高压管道的

固结灌浆，一般分为两步，即浅孔低压固结灌浆和深孔高压固结灌浆。浅孔低压固灌浆的目的有三点：①处理混凝土与岩石之间的接触缝隙，使之接触紧密；②加固因爆破而产生的岩石松动圈；③为深孔高压固结灌浆提供较为坚固的塞位。其压力为2~3MPa，孔深2~3m（包括混凝土衬砌厚）。浅孔固结灌浆，排间、排内不分序，但应从底拱先开灌。宜将本区段孔全部钻好才开灌，以利于排气及浆液扩散。深孔高压灌浆，一般按排间分序，排内分序，即奇数孔及偶数孔，从底拱灌到顶拱。钻孔应尽可能多的与地质结构面相交，保证良好的灌浆效果。

1. 灌浆压力的选择

最大灌浆压力宜等于或略大于高压管道静水头。通常根据高压管道承受的内水压力、围岩最小地应力和围岩类别等综合确定固结灌浆的最大压力。

国内部分抽水蓄能电站高压钢筋混凝土隧道固结灌浆压力见表2-6。

表2-6　　　　国内部分抽水蓄能电站高压钢筋混凝土隧洞固结灌浆压力参数表

序号	电站名称	最大设计内水水头/m	最大静内水水头/m	最大灌浆压力/MPa	最大灌浆压力/最大静内水水头
1	广州蓄能水电厂	725.00	610.00	6.1	1.00
2	广州蓄能水电厂	725.00	610.00	6.5	1.07
3	天荒坪抽水蓄能电站	870.00	680.00	9.0	1.30
4	泰安抽水蓄能电站	400.00	309.00	5.0	1.60
5	宝泉抽水蓄能电站	800.00	640.00	8.0	1.25
6	仙游抽水蓄能电站	650.00	541.00	6.5	1.20
7	惠州抽水蓄能电站	750.00	627.00	7.5	1.20

2. 固结灌浆孔深和间距选择

隧洞固结灌浆孔深一般深入围岩1.0~1.5倍隧洞半径。固结灌浆间排距一般为2~4m，高压隧洞一般为2~3m。

3. 灌浆浆液性能要求

为了获得耐久的灌浆效果，一般要求浆液结石设计强度应大于20MPa，浆液水灰比在0.6：1~1.5：1之间选择，或通过现场灌浆试验确定。

4. 水泥细度的选择

水泥浆液对围岩裂隙的注入能力在灌浆压力和裂隙开度不变的条件下，主要由浆液的流动性、稳定性和颗粒粒径等因素决定，其中水泥灌浆浆液中水泥细度是影响对围岩裂隙的注入能力，进而影响灌浆质量的主要因素之一。经现场灌浆试验和技术经济比选后，可以考虑选择细水泥浆，特别是在较完整围岩区域或经过前序普通水泥灌浆后的微细裂隙岩体进行的高压固结灌浆。细水泥浆的水泥勃氏比表面积一般要大于6000cm^2/g，或直径小于6μm的水泥颗粒占50%以上，最大粒径为25μm，主要有水泥厂干磨超细水泥和施工现场湿磨超细水泥两种方式。

2.3.5 地下埋管防渗和排水设计

2.3.5.1 地下埋管外排水廊道设计

为了防止与高压混凝土衬砌隧洞邻近的地下埋管积累高外水压力，降低地下水位，最可靠的措施就是在地下埋管上方开挖断面不大的排水廊道体系，在排水廊道内再布置垂直或水平的排水孔以及防渗帷幕。排水廊道的防渗排水体系的设置主要防止钢衬的外压失稳及地下厂房防潮防水。防渗排水的设计原则应该是针对被保护建筑物实施远截近排，在不产生围岩渗透水力破坏的情况下，保护引水发电建筑物的安全或工作条件。

针对地下埋管和地下厂房的防渗排水设计，其原则应该是以引水钢衬起始点对应的顶部排水廊道为界，该界线为一条关键的防渗排水分界线，其上游侧为高压水围岩承载区，应该重点承载防渗，包括水工高压隧洞内的系统固结灌浆和钢衬顶部排水廊道下挂的帷幕灌浆等。地下埋管起始点顶部的廊道一般既为排水廊道，也兼为帷幕灌浆廊道，该道帷幕灌浆是高压水围岩承载区与排水保护区的分隔帷幕，其作用是减小围岩渗透性及提高围岩的抗水力击穿能力，是渗流控制的重要组成部分。

地下埋管起始点顶部排水廊道的下游侧为排水保护区，应该重点排水保护，包括网状排水廊道系统本身以及系统排水孔，即在廊道上方设置"人"字形排水孔，排水孔间距一般为 3~6m，孔径 65~90mm。排水系统设置包括廊道底高程和位置的选择，既要起排水减压作用，同时应控制合适的水力梯度，确保排水量是长期稳定的，且渗出水不夹带出围岩内的细小颗粒，其总量对电站发电效益影响也不大。另外还可以通过设置山体地下水位长期观测孔，以监测高压水道工程区在建前及建后的地下水位变化，为评估水工高压隧洞和覆盖山体的稳定安全提供判别依据。

2.3.5.2 钢管贴壁外排水设计

对于高水头多管道抽水蓄能电站，为了在一条压力管道放空检修，相邻压力管道充水发电过程中，给放空的引水压力钢管多增加一道抗外压保护措施。一般在设置排水廊道系统的基础上，在紧邻高压混凝土衬砌隧洞段的地下埋管首部一定范围，布置钢管贴壁外排水附加措施。钢管贴壁外排水设计方案之一是在紧邻钢管外壁布置 2 根或 4 根纵向镀锌排水管，每隔一定距离设置排水孔，如天荒坪、桐柏抽蓄工程。另一方案是采用贴壁排水角钢＋工业肥皂临时封边的钢管外排水方案，如广蓄二期、泰安和宜兴等抽蓄工程。钢管贴壁外排水典型断面图如图 2-22 所示。

2.3.5.3 地下埋管与混凝土衬砌隧洞接缝处结构设计

钢筋混凝土衬砌隧洞和钢衬接缝处由于钢筋混凝土和钢衬刚度不同，在高内水压力作用下接缝容易被拉裂，可能会造成内水外渗现象，外渗水容易沿混凝土和围岩接缝、混凝土和钢衬接缝以及围岩裂隙等向厂房渗漏，威胁钢衬和厂房的安全。为尽量使混凝土衬砌和钢衬变形相容，接缝处岔管钢筋延伸入钢衬（40~50)d 长度（d 为钢筋直径），并配置双层钢筋（图 2-23）。相应将钢筋混凝土衬砌隧洞和钢衬施工分缝设置于钢衬段内（40~50)d 处，钢管首部段（40~50)d 长度回填混凝土和钢筋混凝土衬砌隧洞段混凝土一起整体浇筑，加强接缝处结构的整体性。

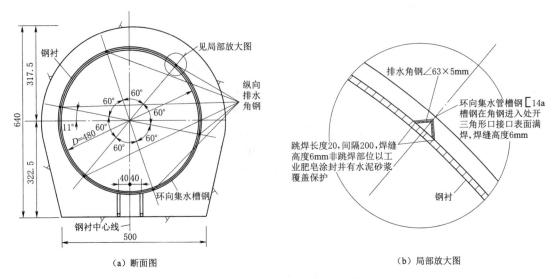

（a）断面图

（b）局部放大图

图 2-22　钢管贴壁外排水典型断面图（单位：cm）

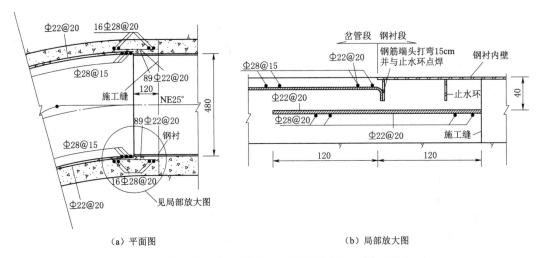

（a）平面图

（b）局部放大图

图 2-23　钢筋混凝土衬砌隧洞与地下埋管接缝平面图（单位：cm）

2.3.6　压力水道系统充排水试验

抽水蓄能电站压力水道系统充排水试验可分为上游水道充排水试验和下游水道充排水试验。

2.3.6.1　上游水道充/排水试验

当上水库有天然来水时（或上水库能提前蓄水时），上游水道可利用上库进/出水口闸门充水阀充水。当上水库不具备充水条件时，则可在厂房内设置专用多级水泵充水。

水道系统充水，尤其钢筋混凝土衬砌隧洞的初期充水，必须严格控制充水速率，并划分水头段分级进行。每级充水达到预定水位后，应稳定一定时间，待监测系统确认安全后，方可进行下一水头段的充水。钢筋混凝土衬砌水道充水速率一般可取 5～10m/h，全钢衬压力管道充水速率一般为 10～15m/h。钢筋混凝土衬砌水道每级水头宜取 80～120m，全钢衬压力管道每级水头宜取 120～150m，每级稳压时间宜取 48～72h。

对钢筋混凝土衬砌水道系统的放空，应控制最大外水压力与水道内水压力之差，小于高压隧洞设计外水压力。放空时应分水头段进行，根据国内外经验，放空速率一般控制在 2～4m/h，根据外水位的变化情况选定。对于钢衬高压管道，其放空条件应控制在钢管设计外水压力范围之内。

2.3.6.2 下游尾水道充排水试验

下游尾水道可利用下库进/出水口闸门充水阀充水，充水速率一般为 3～5m/h，分两级进行，每级稳压时间宜取 48～72h。放空速率与上游水道相同原则控制。

2.3.7 岔管

2.3.7.1 岔管的类型

根据采用材料不同，分岔管可分为钢筋混凝土岔管和钢岔管。围岩条件较好时内水压力主要由围岩承担，可采用钢筋混凝土岔管，此种岔管应用较多，如广州、天荒坪和惠州等抽水蓄能电站。当围岩地质条件较差、覆盖层不足，不适合采用钢筋混凝土岔管时，往往采用钢岔管。

高水头大容量抽水蓄能电站过去较多采用钢岔管。钢岔管的强度高，防渗性能好，但制造和施工工艺较复杂，特别是易受外压失稳。因此，从 20 世纪 70 年代开始，美、英、法等国在一些高水头大容量的抽水蓄能电站中采用地下钢筋混凝土衬砌岔管（简称钢筋混凝土岔管），如英国的迪诺威克、法国的蒙特齐克抽水蓄能电站，我国 90 年代初在广州抽水蓄能电站和天荒坪抽水蓄能电站中采用了钢筋混凝土岔管。

2.3.7.2 抽水蓄能电站岔管的特点

（1）结构复杂。钢岔管是由薄壳和刚度较大的加强部件组成的空间组合结构，应力状态复杂，在计算力学和计算机作为计算工具应用于工程之前，对这种结构只能简化成平面问题进行近似计算。某些岔管的加强梁需要锻制；卷板和焊接后，需作消除残余应力的热处理。因此，制造工艺较复杂，要求也较高。

（2）水头损失较大。岔管边界变化剧烈，水流在岔管中流动，受到边界的强烈扰动，首先在管壁和水流之间形成旋涡，继而旋涡发展到水流内部，伴随着水流紊动的加剧，水流质点之间进行强烈的动量交换，因而造成很大的能量损失。例如我国湖南镇水电站，引水隧洞全长 1200m，根据模型试验，仅一处岔管的水头损失即超过引水隧洞和进水口损失的总和。

（3）抽水蓄能电站的分岔管在发电和抽水两种工况下具有相反方向的水流，因此，对岔管体型的设计有更高的要求。

2.3.7.3 岔管的布置和体型

1. 分岔管的布置

水电站分岔管的典型布置有如下型式：

（1）卜形布置，如图 2 - 24（a）所示，当压力管道从侧面进入厂房时，采用这种布置比较方便，对水流的分配不对称，用于一个支管流量大而另一个支管流量小的不对称分布情况。

（2）Y 形布置，如图 2-24（b）所示，当压力管道从正面进入厂房时，多采用这种布置方式。

（3）三岔形布置，如图 2-24（c）所示，实际上这是前两种方式的结合，一侧支管和中间支管是不对称分岔，两侧支管构成对称分岔。

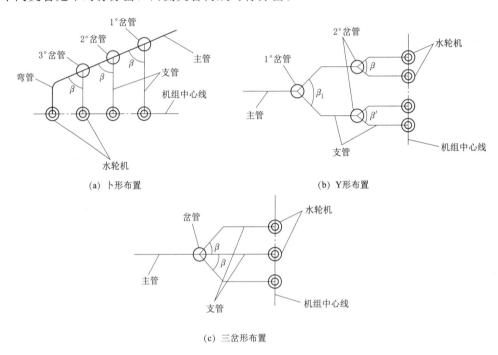

图 2-24　压力钢管的布置型式

2. 分岔管的体型

抽水蓄能电站的岔管在发电和抽水工况下的水头损失均应较小。电站在抽水时用的是基荷电能，电价较低，发电时向系统提供的峰荷电能，电价较高，减小发电工况的水头损失尤为重要。因此，抽水蓄能电站岔管的体型一般按发电工况进行设计，并适当考虑抽水工况。

对于发电工况，从水力学的观点，体型应尽量满足以下条件：

（1）水流通过岔管各断面的平均流速不变，或处于缓慢的加速状态；抽水蓄能电站岔管应符合平均流速不变的要求。否则，在发电时水流处于加速状态，在抽水时水流处于减速状态，容易引起旋涡，造成较大的水头损失。

（2）分岔角 β 较小，这对发电和抽水工况都有利，但分岔角太小会增加分岔段的长度，需要较大尺寸的加固梁，并会给制造带来麻烦，对结构不利。因此，分岔角一般为 $30°\sim75°$，较常采用 $45°\sim60°$。

（3）各支管用锥管过渡，避免用柱管直接连接。一般采用半锥角 $\alpha=5°\sim10°$。

（4）支管上侧采用较小的顺流转角 γ，以免水流脱离管壁，形成旋涡。

（5）采用较小的岔档角 θ，以利分流（发电工况）和合流（抽水工况）。

以上要求难以同时满足，岔管体型示意图如图 2-25 所示，在同样的分岔角 β 的情况下，增加半锥角 α 有助于减小顺流转角 γ，但又会增加岔档角 θ。试验表明，顺流转角 γ 对水流的影响较大。

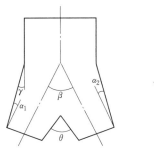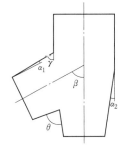

图 2-25　岔管体型示意图

2.3.7.4　钢岔管的结构型式

钢岔管按其所有加强方式或受力特点，可有以下结构型式：

（1）三梁岔管。如图 2-26 所示，在主、支管的相贯线外侧，设置 U 梁和腰梁，组成薄壳和空间梁系的组合结构。

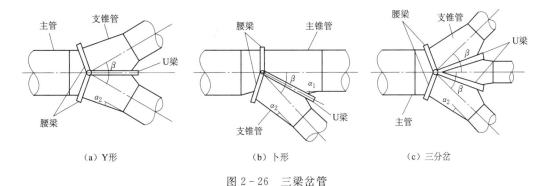

（a）Y形　　　　　　　（b）卜形　　　　　　　（c）三分岔

图 2-26　三梁岔管

（2）月牙肋岔管。如图 2-27 所示，由主管扩大段（主锥）和支管缩小段（支锥）组成一个切于同一公切球的圆锥壳，并沿支锥的相贯线，内插一月牙状的肋板，焊接在管壁上作为加强构件。

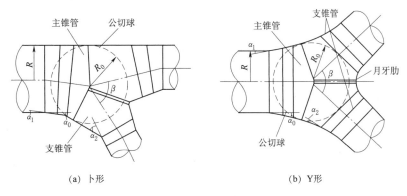

（a）卜形　　　　　　　　　　　（b）Y形

图 2-27　月牙肋岔管

（3）贴边岔管。如图 2-28 所示，由在主、支管的相贯线两侧一定范围内的内侧或外侧，设置与管壳紧密贴合的补强板而成。

37

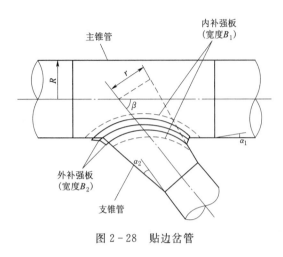

图 2-28　贴边岔管

（4）无梁岔管。如图 2-29 所示，用主管和支管逐渐扩大的锥壳与中心的球壳比较连续、平顺地连接，不设置任何加固梁。

（5）球形岔管。如图 2-30 所示，通过球面进行分岔，沿主、支管与球壳交接处的相贯线，设置圆环形加强梁，组成球壳和加强梁的组合结构。

（6）隔壁岔管。如图 2-31 所示，由扩散段、隔壁段、变形段等组成，各级皆为完整的封闭壳体，除隔壁外，无其他加强构件。

我国 20 世纪 50 年代建造的岔管，尺寸及内压不大，多为贴边岔管；60 年代由于高水头电站的出现，梁式岔管应用较多；随着钢管的规模增大，大直径、高内压的三梁岔管出现了制作安装困难较大，技术经济指标不佳的现象，逐渐采用月牙肋岔管，少数工程还采用了球形岔管和无梁岔管。隔壁岔管是国外新发展起来的适应性强、流态较优、受力条件较好而不需特大锻件的岔管。

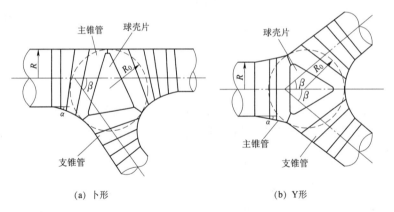

（a）卜形　　　　　　　　　　（b）Y形

图 2-29　无梁岔管

2.3.8　岔管结构设计原则

（1）岔管体形需适应双向水流的需要，为减少水头损失，对混凝土岔管，流速宜控制在 3～5m/s 范围内，钢岔管流速可适当增大。

（2）岔管分岔角一般为 40°～70°，混凝土岔管一般选用较小的分岔角，但应注意缓解尖角处应力集中现象；钢岔管出于应力和构造上的原因，有时牺牲水头而采用较大的分岔角，另外设整流板可显著减小水头损失。

（3）三梁岔管、月牙肋岔管和无梁岔管在锥管与锥管间、锥管和球壳间布置虚拟的共切球，以简化体形。

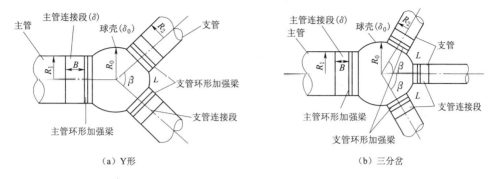

（a）Y形　　　　　　　　　　　　　　（b）三分岔

图 2-30　球形岔管

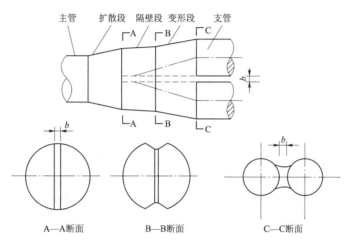

A—A断面　　　　　　B—B断面　　　　　　C—C断面

图 2-31　隔壁岔管

（4）钢岔管主管和支管的布置应满足构造要求和水流流态要求，并应尽量紧凑。

（5）大型钢岔管管壁宜设计成变厚的，相邻管节间壁厚之差不宜大于 4mm。

（6）钢岔管底部应设排水设施，混凝土岔管可设计成平底结构，有利于排水。

（7）岔管结构分析可采用结构力学法，重要岔管应采用有限元法进行结构分析。

2.4　调　压　室

2.4.1　调压室的作用和设置条件

2.4.1.1　抽水蓄能电站调压室的作用

在中高水头的抽水蓄能电站中，一般具有较长的引水道和高压管道。当运行机组突然甩掉负荷后，水轮机导叶迅速关闭，由于水流惯性作用，在水道内发生水击压力升高，水道愈长，导叶关闭时间愈短，水击压力升高值愈大。如在引水道末端设一调压室（调压塔），则可利用其扩大断面和自由水面反射水击波的压力。设置调压室，等于把压力引水系统分为两段，其上游段为低压引水道，基本上避免了水击压力的影响，其下游段为高压管道，由于长度较短，水击波的传播相对较小，因而水击压力值亦较小，从而改善了机组在过渡过程中的运行条件。

对于尾水道较长的地下式抽水蓄能电站，一般还在尾水道上设置尾水调压室，它也将尾水道分成两段，从而使尾水道避免发生液柱分离的现象。

2.4.1.2 抽水蓄能电站调压室设置条件

抽水蓄能电站是否需要设置调压室，应通过主要工况的水机电的过渡过程计算确定。在初步设计时，可以引用常规水电站调压室设置的判别准则进行粗略估计。

对于上游调压室，有

$$T_w = \frac{\sum L_i v_i}{g H_p} > 2 \sim 4\text{s} \qquad (2-5)$$

式中　L_i——输水管道、蜗壳各分段的长度，m；

　　　　v_i——各分段内相应的平均流速，m/s；

　　　　g——重力加速度，m/s²；

　　　　H_p——设计水头，m；

　　　　T_w——输水管道（机组上游侧）的水流惯性时间常数，s。

计算 T_w 时，应注意流量 Q 与水头 H 相匹配。

当电站作孤立运行，或机组容量在电力系统所占比重超过50％时，宜用小值；比重小于10％时宜用大值。也可采用水力加速时间和机组加速时间与调速性能间的关系进行判断。

对于下游调压室，以尾水道内是否发生液柱分离作为前提条件，一般控制在其真空度不超过8m水柱。

$$L_w = \frac{5 T_s}{v_{w0}} \left(8 - \frac{\nabla}{900} - \frac{v_{wj}^2}{2g} - H_s \right) \qquad (2-6)$$

式中　L_w——压力尾水道的长度，是确保尾水管内不产生液柱分离的最长距离，m；

　　　　T_s——水轮机导叶有效关闭时间，s；

　　　　v_{w0}——稳定运行时压力尾水道中的平均流速，m/s；

　　　　v_{wj}——水轮机转轮后尾水管入口处的平均流速，m/s；

　　　　H_s——吸出高度，m；

　　　　∇——机组安装高程，m。

应该指出的是：对于抽水蓄能电站，无论是按式（2-5）设置上游调压室，还是按式（2-6）设置下游调压室，其偏差比起常规水电站要大得多。其主要原因是水泵水轮机在甩负荷、导叶关闭过程中，过流量不是线性递减的，而是有两次或两次以上的起伏的，甚至出现倒流（反向流量）。而式（2-5）和式（2-6）均是按流量在导叶关闭过程中呈线性递减的假定推导的，因此调压室设置条件应该谨慎使用。

2.4.2 调压室的特点和布置型式

2.4.2.1 抽水蓄能电站调压室的特点

抽水蓄能电站调压室与常规水电站的相比，其主要特点是：

高水头、中部开发的抽水蓄能电站往往设有上下游双调压室，如广州抽水蓄能电站 B

厂，惠州抽水蓄能电站等，甚至设置上下游混联式调压室，如广州抽水蓄能电站A厂。

由于机组安装高程很低，因此调压室与压力管道之间往往采用较长的竖井连接。

调压室内通常不布置检修闸门井，便于采用圆筒型结构型式。其主要原因是抽水蓄能机组均设置有球阀，可作为事故检测闸门和检修闸门使用。

2.4.2.2 抽水蓄能电站调压室的布置型式

抽水蓄能电站调压室布置型式与常规水电站基本相同，分为上游调压室、下游调压室、上下游双调压室、上游双调压室，如图2-32所示。

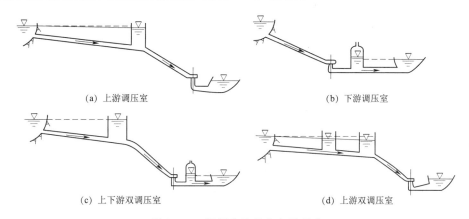

(a) 上游调压室

(b) 下游调压室

(c) 上下游双调压室

(d) 上游双调压室

图2-32 调压室的基本布置型式

（1）上游调压室（引水调压室）。调压室位于机组上游的引水道上，如图2-32（a）所示，适用于尾部式开发的抽水蓄能电站。

（2）下游调压室（尾水调压室）。调压室位于机组下游的尾水道上，适用于首部式开发的抽水蓄能电站，如图2-32（b）所示。

（3）上下游双调压室。两个调压室串联在机组上下游输水道上的系统，如图2-32（c）所示，适用于中部式开发上下游都有比较长的有压输水道的水电站，这种布置方式在抽水蓄能电站中的应用已日趋广泛，如我国的广州抽水蓄能电站和十三陵抽水蓄能电站等。

（4）上游双调压室。两个调压室串联在机组上游引水道上的系统，如图2-32（d）所示。

其他尚有并联和串、并联（混联）调压室系统等，适用于一些较为特殊的情况。

2.4.3 调压室的基本型式

1. 简单式调压室

简单式调压室又称圆筒式调压室，如图2-33（a）和图2-33（b），是自上而下断面不变和底部有直径与引水道直径相通的连接管的调压室。结构简单，反射水击波效果好。但在正常运行时，水流通过引水道与调压室连接处水头损失大，当流量变化时调压室中水位波动的振幅较大且水位波动衰减慢，所需调压室横断面面积大。一般多用于低水头或小流量抽水蓄能电站。

2. 阻抗式调压室

阻抗式调压室为底部断面小于引水道断面的孔口或连接管的调压室，如图2-33（c）

和图 2-33（d）所示。进出调压室的水流在阻抗孔口处消耗了一部分能量，因此水位波动的振幅小了，衰减加快了。它比简单式调压室体积要小些，且正常运行水头损失小。但由于阻抗的存在，水击波不能完全反射，设计时必须合理选择阻抗大小。

3. 双室式调压室

双室式调压室是由一个断面较小的竖井和上、下两个断面扩大的储水室组成的，如图 2-33（e）和图 2-33（f）所示。上室供丢弃负荷时储水用，下室的水体积供增加负荷时补充水量使用。当丢弃负荷时，竖井水位迅速上升，一旦升到断面较大的上室后立即缓慢下来，从而减少了波幅；当增加负荷时，水位很快降到下室，并由下室补充不足的水量，因而限制了水位的下降。双室式调压室适用于水头较高、水库工作深度较大的抽水蓄能电站。

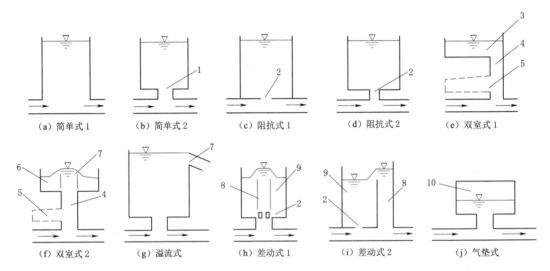

图 2-33　调压室的基本形式

1—连接管；2—阻抗孔；3—上室；4—竖井；5—下室；6—储水室；
7—溢流堰；8—升管；9—大室；10—压缩空气

4. 溢流式调压室

溢流式调压室顶部有溢流堰，如图 2-33（g）所示。当丢弃负荷时，竖井中的水位迅速上升，达到溢流堰顶后，开始溢流，限制了水位迅速大幅度上升，能加速水位波动的衰减，溢出的水量可以排至下游，也可以储存于上室，待竖井水位下降时上室的水量经溢流堰底部的孔口返回竖井。

5. 差动式调压室

差动式调压室如图 2-33（h）和图 2-33（i）所示。由两个直径不同的圆筒组成，中间的圆筒直径较小，上有溢流口，通常称为升管，其底部以阻力孔口与外面的大气相通，它综合吸取了阻抗式和溢流式调压室的优点，但结构较复杂。

6. 气垫式调压室

气垫式调压室如图 2-33（j）所示。在调压室水位变化过程中，气室内外无空气交换。其中的气压随水位升降而增减，因而能够抑制水位波动的振幅。室内气压一般高于一个大气压。故能压低调压室的稳定水位。使气垫调压室具有较小的高度，可布置在较低的位置，但需要较大的稳定断面。

从水力学条件看，差动式调压室所需容积较小，水位波动衰减较快，也能适用于抽水蓄能电站。但多了升管，使调压室结构变得较为复杂。气垫式调压室不受地形条件的限制，能靠近厂房，减小水击压力，与掘进机施工方式相结合，最适宜用于抽水蓄能电站。但气垫式调压室至今只用于中小型常规水电站，用于大型抽水蓄能电站时需要做进一步的论证和研究。

2.4.4 调压室水位波动的稳定性

2.4.4.1 单个调压室水位波动的稳定性和稳定断面积

对于单个调压室水位波动稳定性，抽水蓄能电站与常规水电站一样，可按托马假定及托马公式计算临界稳定断面积，即

$$A_{th} = \frac{LA_1}{2g\left(\alpha + \frac{1}{2g}\right)(H_0 - h_{w0} - 3h_{wm})} \tag{2-7}$$

式中　A_{th}——托马临界稳定断面面积，m^2；

　　　L——压力引水道或尾水道（水库至调压室）长度，m；

　　　A_1——压力引水道或尾水道断面积，m^2；

　　　H_0——发电最小静水头，m；

　　　α——压力引水道或尾水道的损失系数，$\alpha = h_{w0}/v^2$，包括局部水头损失与沿程水头损失；

　　　v——压力引水道或尾水道的平均流速，m/s；

　　　h_{w0}——压力引水道或尾水道水头损失，m；

　　　h_{wm}——压力管道总水头损失，m。

单个调压室稳定断面积为

$$A = KA_{th} \tag{2-8}$$

式中　K——安全系数，一般可采用 $K = 1.0 \sim 1.1$；

　　　　　选用 $K < 1.0$ 时应有可靠的论证。

即需要充分考虑水轮机、压力管道、调速器、发电机和电网等正反两方面的影响因素，对抽水蓄能电站水力—机械过渡过程进行详细分析。

2.4.4.2 上下游双调压室水位波动稳定性

依据托马假定可直接推导出上下游双调压室水位波动的稳定条件及以调压室断面的放大系数 $n_i = F_i/F_{thi}$（$i = 1, 2$）为纵横坐标的临界稳定域，如图 2-34 所示。

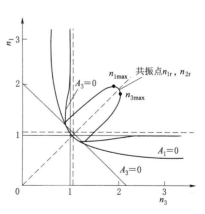

图 2-34　上下游双调压室水位
波动的临界稳定域

由图 2-34 可知，上下游调压室临界稳定域由两条渐近线和三个特征点（两个干涉点和一个共振点）组成。其基本规律如下：

（1）（1，1）点不在稳定域内，即当上下游调压室面积分别等于单独运行的托马断面时，系统的水位波动是不稳定的。

（2）理论上导出的干涉点，其 n_1、n_2 之和可以最小，但作为稳定断面，安全裕度太小，其中

$$n_1 = \frac{\left(m_* + \dfrac{1}{m_*} + 2K\right) \pm \sqrt{\left(m_* + \dfrac{1}{m_*} + 2K\right)^2 - 4(1-r_1)\left(K + \dfrac{1}{m_*}\right)(K + m_*)}}{2(1-r_1)\left(\dfrac{1}{K} + m_*\right)}$$
$$+ \frac{1 + \dfrac{K}{m_*}}{1 - r_2} \tag{2-9}$$

$$n_1 = \frac{\left(m_* + \dfrac{1}{m_*} + 2K\right) \pm \sqrt{\left(m_* + \dfrac{1}{m_*} + 2K\right)^2 - 4(1-r_1)\left(K + \dfrac{1}{m_*}\right)(K + m_*)}}{2(1-r_1)\left(K + \dfrac{1}{m_*}\right)} \tag{2-10}$$

$$m_* = T_{th1}/T_{th2}$$
$$K^2 = r_2/r_1$$
$$T_{thi} = 2\pi\sqrt{\frac{L_i F_{thi}}{g f_i}} \quad (i = 1,\ 2)$$
$$r_i = \frac{2\alpha'_i V_{i0}^2}{H'_1} \quad (i = 1,\ 2)$$

（3）理论上导出的共振点 n_{1r}、n_{2r} 分别略小于稳定边界曲线上的极值点 n_{1max} 和 n_{2max}，并且它们之间存在的近似关系为

$$n_{1max} = \frac{n_{1r}}{1 - r_2} \tag{2-11}$$

$$n_{2max} = \frac{n_{2r}}{1 - r_1} \tag{2-12}$$

（4）上下游双调压室稳定断面设计可采取的选择为

当 $m_* \geqslant 1$ 时：$n_1 = (1 \sim 1.05) n_{1max}$，$n_2 = 1.05 \sim 1.1$；

当 $m_* < 1$ 时：$n_2 = (1 \sim 1.05) n_{2max}$，$n_1 = 1.05 \sim 1.1$。

2.4.4.3　上下游混联式调压室水位波动稳定性

同样，依据托马假定可直接推导上下游混联式调压室水位波动的稳定条件及相应的临界稳定域。但常微分方程为六阶，解析计算更加复杂。

总之，对于上下游双调压室、上下游混联式调压室水位波动稳定性及稳定断面积，应通过专门论证确定。

2.4.5 调压室水位波动计算

抽水蓄能电站调压室水位波动计算通常采用数值计算方法，与机组过渡过程联合计算。其原因为抽水蓄能电站工况复杂，调压室最高、最低波动水位不仅取决于水轮机甩负荷工况、增全负荷工况，还有可能取决于水泵断电工况、导叶拒动工况，或者组合工况等。

由于抽水蓄能电站调压室通常具有较长的连接竖井，对特殊边界可采用如图 2-35 所示的两种方法处理。

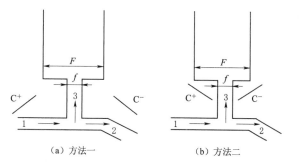

（a）方法一　　　　（b）方法二

图 2-35　特殊边界处理方法示意

1—调压室底部的进水；2—调压室底部的出水；3—流向调压室的水；F—调压室内径；f—竖井内径

1. 刚性处理模型

如图 2-36（a）所示，共有 7 个未知数 H_{P3}、H_{PT}、Q_{P1}、Q_{P2}、Q_{P3}、Q_{PT}、Z_{PT}。

调压室底部进水侧特征线方程 C^+ 和出水侧特征线方程 C^- 有

$$C^+ : Q_{P1} = QCP_1 - CQP_1 \cdot H_{P1} \tag{2-13}$$

$$C^- : Q_{P2} = QCM_2 + CQM_2 \cdot H_{P2} \tag{2-14}$$

流量连续方程为

$$Q_{P1} = Q_{P3} + Q_{P2} \tag{2-15}$$

$$Q_{P3} = Q_{PT} \tag{2-16}$$

连接竖井的动量方程为

$$\frac{L}{gf}\frac{dQ_{P3}}{dt} = H_{P3} - H_{PT} - \alpha_L \cdot Q_{P3}|Q_{P3}| \tag{2-17}$$

式中　L——连接管的长度；

　　　f——连接管的横截面积；

　　　α_L——连接管中的水头损失系数。

调压室水位变化方程为

$$Z_{PT} = H_{PT} + ZZ2 - \zeta_T \cdot Q_{PT}|Q_{PT}| \tag{2-18}$$

$$Z_{PT} = Z_T + \Delta t(Q_{PT} + Q_T)/2F \tag{2-19}$$

式中　Z_{PT}，Z_T——调压室现时段和前一时段的水位；

　　　　　F——调压室横截面的面积；

　　Q_{PT}，Q_T——现时段和前一时段流进调压室的流量；

　　　　　ζ_T——调压室孔口的阻抗系数；

　　　　$ZZ2$——基准面的高程。

2. 弹性处理模型

如图 2-35（b）所示，将连接竖井按弹性水体管道处理，共有 4 个未知数 H_{PT}、Q_{P3}、Q_{PT}、Z_{PT}，可列出的方程为

$$C_1^+ : Q_{P3} = QCP_3 - CQP_3 \cdot H_{P3} \qquad\qquad (2-20)$$

$$Q_{PT} = Q_{P3} \qquad\qquad (2-21)$$

$$Z_{PT} = H_{PT} + ZZ2 - \zeta_T \cdot Q_{PT} |Q_{PT}| \qquad\qquad (2-22)$$

$$Z_{PT} = Z_T + \Delta t (Q_{PT} + Q_T)/2F \qquad\qquad (2-23)$$

第3章　抽水蓄能电站厂房系统

3.1　厂房特点及类型

3.1.1　厂房特点

抽水蓄能电站枢纽的主要部分为发电厂房，上、下水库和输水系统等，发电厂房中安装有可逆式水轮发电机组。相比于常规水电站，抽蓄电站厂房主要的特点如下：

（1）抽蓄电站有较高的水头，需要完成在不同运行工况下的快速转换，使得机组易产生较大振动，对厂房结构的刚度和振动控制有较高的要求。

（2）可逆式水轮发电机组有较低的安装高程，机组吸出高度的绝对值远大于常规的水轮发电机组。例如我国天荒坪电站吸出高度达到－70m，日本神流川抽水蓄能电站吸出高度达到－104m。

3.1.2　厂房结构型式及其选择

抽水蓄能电站有上、下两个水库，利用上下库落差进行水力发电。在抽水蓄能电站厂房的位置布置方面需考虑具体电站运行要求、地形地质条件及上下水库位置。厂房的结构型式依据不同的位置和结构，总体上可分为地面式、地下式和半地下式（竖井式）。

3.1.2.1　地面式厂房

抽水蓄能电站地面式厂房需结合当地地质条件、电站功能等方面合理布置位置，以及在型式方面选用引水式或坝后式厂房。

1. 引水式厂房

引水式电站可利用的水头较高，由上、下游水库高度差和上库大坝共同集中。引水式厂房地面通常建设在下库附近，依据位置不同可分为库内和库外两种型式。

库内厂房布置在下库岸边，下库水压力直接作用于厂房下游。适用于低水头、水泵的吸出高度绝对值较小或下库水位波动较小、厂房埋置深度较小的蓄能电站。美国的巴斯康蒂抽水蓄能电站布置纵剖图如图 3-1 所示，厂房型式为地面式库内厂房。

库外厂房布置在下水库大坝之外，不承受下库水压力作用，但在下库外需要有合适的地形以及符合要求的地质条件。典型布置地面式库外厂房的有瑞士的奥瓦斯平抽水蓄能电站、日本的奥清津抽水蓄能电站等。

2. 坝后式厂房

坝后式厂房适用于采用混凝土坝集中水头开发的抽水蓄能电站，一般电站安装高程较低。与常规电站类似的是，厂房建设在上库大坝下游，厂房跨度较小，整体紧凑，采用单

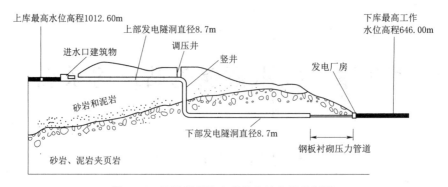

图 3-1　巴斯康蒂抽水蓄能电站布置纵剖图

机单管供水，厂内不需设置进水阀。典型布置地面坝后式厂房的抽水蓄能电站有我国的潘

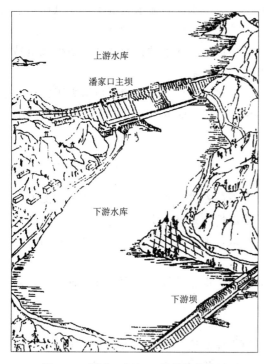

图 3-2　潘家口枢纽工程总体布置图

家口、密云水电站，以及西班牙的瓦德干那斯（Valdecanas）抽水蓄能电站。潘家口枢纽工程总体布置图如图 3-2 所示，潘家口电站的水头较低，抽水蓄能机组的安装高程与常规机组相差不大。西班牙瓦德干那斯抽水蓄能电站厂房剖面图如图 3-3 所示，厂房下游水位较高，因此在厂房下游侧修建了一个和主坝曲率相反的小弧形拱坝。

3.1.2.2　地下式厂房

抽水蓄能电站采用地下厂房布置，其结构不受水下埋深的影响，能够减少因厂房淹没深度过大引起的挡水结构承受荷载大、抗浮稳定性差、进厂交通堵塞等一系列问题。与其他的厂房型式相比有较大的优势，因此在满足地形、地质等条件的要求下，地下式厂房型式是抽水蓄能电站最优先考虑的。随着地下工程设计发展的成熟和施工水平的提高，目前我国已建和在

建装机容量 1000MW 以上的纯抽水蓄能电站，均采用地下式厂房。国外的大型抽水蓄能电站也广泛采用地下式厂房。

由于抽水蓄能电站输水线路普遍较长，使得地下厂房选址较为灵活，依据地下厂房在输水系统中的位置，可以分为首部、中部和尾部三种布置方式，在工程设计中要根据工程的地质、地形、施工等条件，通过技术经济比较加以选择。

1. 首部式布置

地下厂房采用首部式布置如图 3-4 所示，在上库附近的山体中，有着较短的高压引水道，不需布置引水调压室，水头损失较小，机组运行较为灵活。由于需要有较长的尾水

48

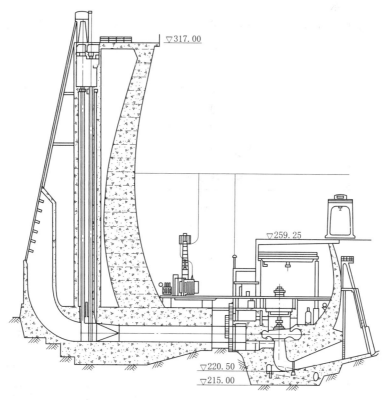

图 3-3　西班牙瓦德干那斯抽水蓄能电站厂房剖面图

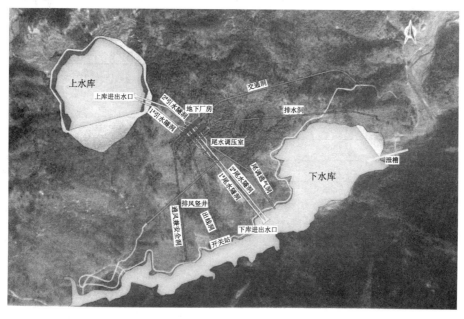

图 3-4　首部式布置

隧洞，一般需建造尾水调压井。

对于集中开发的常规水电站，地下厂房大多采用首部式布置。而抽水蓄能电站采用首部式布置的较少，因为抽蓄电站有着较高的运行水头，机组安装高程低，由于首部式布置厂房埋藏过深，使运输、换气、防渗排水以及出线等附属工程的施工和运行难度增大，同时也增加了经济投入。因此，首部式布置的厂房多用于水头不超过400.00m的中低水头电站。国内外抽水蓄能电站厂房型式表见表3-1。从表3-1可以看出，国内外建设的大中型抽水蓄能电站中，地下式厂房大多数采用中部或尾部式布置，我国典型地下式厂房首部式布置的电站有泰安、琅琊山等抽水蓄能电站。

表3-1　　　　　　　　　　　　国内外抽水蓄能电站厂房型式表

电站名称	国家	台数×装机容量/MW	额定水头/吸出高度/m	厂房型式	厂房尺寸（长×宽×高）/（m×m×m）	投产（竣工）年份
羊卓雍湖	中国	4×22.5（可逆）+1×22.5（常规）	840.00/—	地面库内式	87.48×15.4×31.7	1997
潘家口（混合式电站）	中国	3×90（可逆）+1×150（常规）	71.685/—9.40（可逆）	坝后式	128.5×26.2×57.1	1991
密云（混合式电站）	中国	2×113（可逆）4×18.7（常规）	7061.00（最大）/—3.50（可逆）	岸边式	90.6×16.2×31.3	1973
天荒坪	中国	6×300	526.00/—70.00	地下尾部	198.7×21×47.73	1998
琅琊山	中国	4×150	126.00/—32.00	地下首部	156.7×21.5×41.2	2007
桐柏	中国	4×300	239.00/—58.00	地下尾部	182.7×24.5×52.9	2005
蒲石河	中国	4×300	308.00/—64.00	地下中偏首部	165×23×55.4	2012
泰安	中国	4×250	225.00/—53.00	地下首部	180×24.5×55.675	2006
宜兴	中国	4×250	363.00/—60.00	地下中偏首部	155.3×22×52.4	2008
宝泉	中国	4×300	500.00/—70.00	地下中偏尾部	143×22.9×47.3	2008
惠州	中国	4×3008×300	517.40/—70.00	地下中偏尾部	152/154.5×21.5×48.25（两个厂房）	2008
白莲河	中国	4×300	1965.00/—50.00	地下尾部	146.7×21.85×50.883	2009
十三陵	中国	4×200	4350.00/—56.00	地下中部	145×23×49.6	1995
广蓄一期	中国	6×300	535.00/—70.00	地下中部	146.5×22×44.5	1993
广蓄二期	中国	4×300	535.00/—70.00	地下中部	152×21×48.5	1999
明湖	中国	4×250	309.00	地下尾部	127.2×21.2×45.5	1985
明潭	中国	6×275	380.00/—81.00	地下尾部	158.7×22.7×46.95	1992
张河湾	中国	4×250	305.00/—48.00	地下尾部	151.55×23.8×50	2008
响洪甸	中国	2×40	64.00/—10.00	地下尾部	67×21.5×45.25	2001
仙游	中国	4×300	430.00/—65.00	地下中部	164×24×53.3	2014
溪口	中国	2×40	240.00/—23.00	竖井半地下式	内径25.2；高31.5	1997
西龙池	中国	4×300	640.00/—75.00	地下尾部	149.3×22.25×49	2008

50

电站名称	国家	台数×装机容量/MW	额定水头/吸出高度/m	厂房型式	厂房尺寸（长×宽×高）/(m×m×m)	投产（竣工）年份
沙 河	中国	2×50	97.00/−27.00	竖井半地下式	内径29；高40.5	2001
奥吉野	日本	6×201	505.00/−70.00	地下尾部	157.8×20.1×41.6	1978
奥清津	日本	4×250	470.00/−53.00	地面库外	123×25×37	1978
奥清津Ⅱ	日本	2×300	470.00	地面库外半地下式	93×31.5×49.5	1996
玉 原	日本	4×300	518.00	地下尾部	116.3×26.6×49.5	1982
沼 原	日本	3×225	478.00/−46.00	地下尾部	131×22×45.5	1973
神流川Ⅰ	日本	4×470	653.00/−104.00	地下中部	215.9×33×52	2005
神流川Ⅱ	日本	2×470	653.00/−104.00	地下中部	139×34×55.3	—
今 市	日本	3×350	524.00/−70.00	地下尾部	160×33.5×51	1988
冲绳海水抽蓄	日本	1×30	—	地下中部	41×17×32	—
新高濑川（混合式电站）	日本	4×320	229.00/−33.00	地下尾部	165×27×54.5	1979
大屋（混合式电站）	法国	4×150（常规机组）	920.00	地面	125×16.5×27.6	1985
		8×150（抽蓄机组）	949.00	地下	160×16×40	
巴斯康蒂	美国	6×350	329.00/−19.83	地面库内	152×52×61	1985
路丁顿	美国	6×316	97.50	地面	175.5×51.8×32.3	1973
卡斯泰克	美国	6×208	274.00	半地下式	182.9×57×57.9	1973
落基山	美国	3×253.3	186.70	地面库内	106.1×47.5（74.4）×53.3	1995
腊孔山	美国	4×382.5	287.00/−39.00	地下中部	149.4×22×47.9	1979
普列森扎诺	意大利	4×250	495.00/−39.00	半地下竖井	4个φ21×71竖井	1990
柯达依	奥地利	2×231	440.00/−48.00	半地下竖井	30×82	1981
奥瓦斯平	瑞士	1×52	—	地面库外		1970
扎戈尔斯克	俄罗斯	6×200	113	地面	138×73×50	1988
瓦德干那斯	西班牙	3×80	80.00（最大）/−23.00	坝后式		1963

2. 中部式布置

中部式布置的地下厂房在输水系统中处于中间位置，同时具有较长的上游引水道和下游尾水道。当水电站引水系统中部的地质地形条件适宜，对外联系如运输、出线以及施工场地布置方便时，可采用中部式地下厂房。输水道的长短决定着厂房布置的位置，以及是否设置引水、尾水调压室。当输水道较短时，为了更经济通常将调压室布置在尾水系统，并且尽量避免同时设置引水和尾水调压室。当输水道较长时，往往需要同时设置引水和尾水调压室。中国广蓄Ⅰ、日本的神流川等抽水蓄能电站，输水道总长度均在4000m

以上，厂房采用中部式布置，同时设置引水和尾水调压室。神流川电站输水隧洞立面图如图 3－5 所示。中国宜兴和日本小丸川的抽水蓄能电站，输水道总长度分别为3150m 和 2300m，厂房布置在输水道的中偏首部，调压室设置在尾水系统。中国宝泉抽水蓄能电站，厂房采用中偏尾部布置，经过技术经济比较后，采用加大尾水隧洞断面，取消调压室的方案。

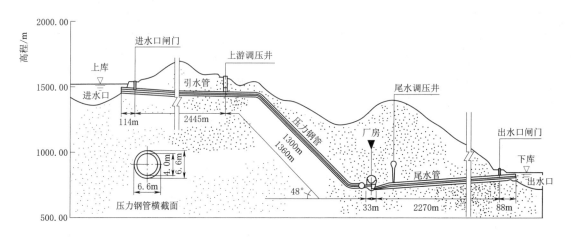

图 3－5　神流川电站输水隧洞立面图

3. 尾部式布置

尾部式布置的地下厂房临近下库一侧，尾部厂房靠近地表，尾水洞短，厂房的交通、出线及通风等辅助洞室的布置及施工运行比较方便。地下洞室群距上水库远，地下壁岩渗水量少，使厂房可以设置简单的防渗、排水设施。但由于引水道较长，一般以一管多机方式布置，并设置引水岔管。引水岔管通常布置在山体内部，高压引水道较长，会加大水头损失并增加投资。尾部式布置的电站由于输水道较长，一般需要建设大规模的上游调压室。如中国的明潭、明湖和日本的新高濑川抽水蓄能电站，输水道总长度均在 3000m 以上，地下厂房采用尾部式布置，距尾水出口 200～300m，并建设了较大规模的上游调压室。对于输水道短的高水头电站，根据实际输水道条件，可以不设置调压室。如天荒坪抽水蓄能电站输水道平均长度约 1400m，额定水头 526.00m，厂房布置在距尾水出口250m 处。

3.1.2.3　半地下式厂房

半地下式厂房通常布置在输水系统的尾部，主要设备布置在开挖于山体内的竖井之中。半地下式（竖井式）厂房适合在地质条件不佳或上覆岩体厚度不满足要求，不宜修建地下厂房时采用。相比于地下厂房，半地下式厂房不需要较长的尾水洞、交通洞及其他辅助洞室。由于竖井直径不宜过大，单个竖井内只能装 1 到 2 台机组，而将机组布置在各个独立的竖井中，运行不便。国外典型采用半地下厂房的抽水蓄能电站有美国的卡斯泰克、意大利的普列森扎诺及奥地利的柯达依电站，我国有溪口、沙河两座小型抽水蓄能电站采用半地下式厂房。

3.2 地下厂房结构设计及布置

3.2.1 结构设计

抽蓄电站地下厂房的主要结构有尾水管、机墩、风罩、楼板、吊车梁、吊顶、支护结构等，如图3-6所示。本节主要介绍与常规电站有所不同的蜗壳、尾水管、机墩及风罩设计结构。

3.2.1.1 蜗壳结构

1. 蜗壳结构布置及蜗壳保压值

抽水蓄能电站一般水头较高，均采用钢蜗壳，需有较好的承受水压能力。蜗壳外围混凝土是上部结构的基础，为提高其结构刚度，外围混凝土结构一侧一般紧靠围岩布置，厚度一般不小于1.5m，局部最小厚度不应小于0.5倍蜗壳直径。钢蜗壳和外围钢筋混凝土分担内水压力荷载的比例是随保压值和外围混凝土进入不同本构阶段（弹性、弹塑性、开裂三种）而变化的。

钢蜗壳依据承受全部内水压力工况为标准设计制造。钢蜗壳与外围混凝土之间，有三种连接方式：①在钢蜗壳与外围

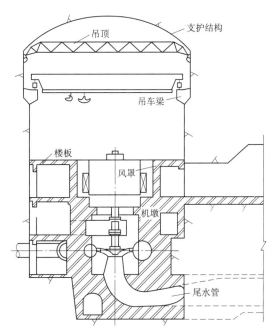

图3-6　抽水蓄能电站地下厂房结构组成

混凝土之间设置弹性垫层，简称垫层蜗壳，如图3-7所示；②不设置弹性垫层，对钢蜗壳进行充水，保压情况下浇注外围混凝土，简称保压蜗壳；③不设弹性垫层且钢蜗壳不充水保压，直接浇注外围混凝土，简称直埋蜗壳。

抽水蓄能电站与常规电站相比，蜗壳尺寸较小，可以在厂房内设置进水阀，并有空间设置保压闷头，更适合采用保压蜗壳，我国的大型抽水蓄能电站，均采用保压蜗壳形式。而且抽水蓄能电站机组转速高，需要保证稳定快速转换各运行工况，这使机组容易产生较大振动。为了有效控制机组振动，提高机组运行的稳定性，钢蜗壳与蜗壳外围混凝土一般采用联合受力的方式。采用保压蜗壳，可通过控制保压值调整外围混凝土与钢蜗壳分担内水压力的比例，使外围混凝土对钢蜗壳起到一定的约束作用，使压力值在外围混凝土结构承载力的合理范围内。

本节着重介绍保压蜗壳，钢蜗壳、钢筋和混凝土在各阶段的受力情况如图3-8所示，但各部分承担内水压力的比例与钢蜗壳和外围混凝土的厚度以及钢筋的配置量比例有关，保压蜗壳在内水压由低到高的过程中，经历以下阶段：

（1）保压值阶段。内水压低于充水保压值时，内水压力全部由钢蜗壳承担。

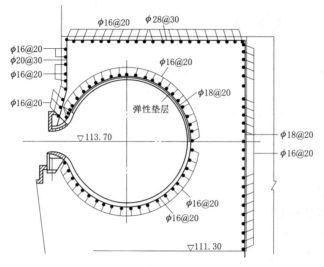

图 3-7　有弹性垫层的钢蜗壳

（2）混凝土弹性阶段。内水压较低（大于充水保压值），外围混凝土呈线弹性受拉状态，拉应力较低，因混凝土的厚度比钢蜗壳的厚度大得多，根据钢蜗壳与混凝土变位相容的原则，在这一阶段，钢蜗壳外围混凝土承担了绝大部分内水压力荷载，混凝土内的总拉力值很大，其具体量值与混凝土的厚度有关。

（3）混凝土弹塑性阶段。内水压增大，外围混凝土进入开裂前的弹塑性阶段，拉应力值达一定值后，材料表现出塑性，变形大幅增加，因钢蜗壳与外围混凝土变位相容，钢蜗壳的拉应力值也大幅增加。

（4）混凝土开裂阶段。内水压继续增大，外包混凝土部分开裂，开裂处混凝土不再承受拉应力，内水压力由钢蜗壳和钢筋共同承担，由于钢筋的折算厚度比钢蜗壳的厚度小得多，使得钢蜗壳应力大增，将承担大部分内水压力荷载，钢筋仅承担小部分内水压力荷载。

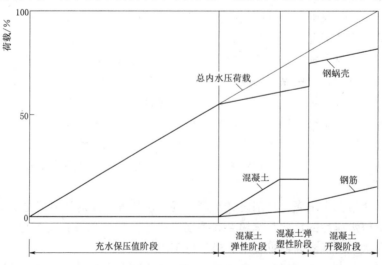

图 3-8　蜗壳结构中钢蜗壳、钢筋、混凝土承载示意

2. 蜗壳外围混凝土结构静力分析

抽水蓄能电站采用保压蜗壳浇筑外围混凝土，钢蜗壳结构空间体型复杂，蜗壳外围混凝土结构承受着蜗壳内水压力的作用，而内水压力作为蜗壳结构的主要荷载，其值过大时就会在外包混凝土结构中产生较大范围的拉应力区，极易产生大量的裂缝，影响结构的耐久性和稳定性。

由于结构受力复杂，一般采用三维有限元方法进行结构计算。外围混凝土结构在有限元模拟时，以线弹性计算为主，不考虑混凝土结构中所布置的钢筋，通常选取 ANSYS 中的三维实体结构单元 SOLID45；在蜗壳结构中，对钢结构的模拟通常会采用 ANSYS 中的 SHELL43、SHELL63 和 SHELL143 三类单元，其中 SHELL43 是塑性大应变壳单元，较适合于线性、中厚度壳结构，而对于薄膜或不需考虑塑性的壳结构宜采用 SHELL63 弹性壳单元，而 SHELL143 塑性壳单元较适用于扭曲、薄到中厚度壳结构，该单元有小应变功能。计算范围通常取标准机组段发电机层以下整体结构进行分析。由于在内水压力作用下，受力影响范围较小，计算范围也可取蜗壳层和机墩结构。

计算工况通常选用蜗壳承受内水压力为最大静水压力和最大内水压力（含水锤压力）工况，计算荷载除内水压力以外，还应计入结构自重、座环垂直力、机架和定子机座荷载等方面。计算时一般不考虑混凝土的干缩作用，认为保压状态下外围混凝土与钢蜗壳之间没有间隙。

抽蓄电站水头高，蜗壳尺寸较小，进口直径通常在 3m 左右，蜗壳结构的主要荷载围内水压力、蜗壳放空检修工况混凝土结构的应力一般较小。检修工况蜗壳内无内水压力，可以不计钢蜗壳的作用，计算方法与常规水电站相同，内力计算可简化为平面问题，沿蜗壳中心线径向切取若干单位宽度的截面，按平面"Γ"形框架进行计算。

3. 配筋原理

过去常将钢蜗壳与外围钢筋混凝土组成的蜗壳结构简单地视为钢筋混凝土结构，认为出现裂缝后，结构的内力全部由配置的钢筋承担，而忽视了钢蜗壳本身的作用，往往钢筋配置量非常大。而实际结构中，对于设计钢蜗壳和外围混凝土共同承担的那部分内水压力荷载，在结构出现裂缝前，钢蜗壳外围的钢筋混凝土承担大部分荷载；出现裂缝后，则与此相反，钢蜗壳分担了大部分荷载，外围混凝土中的钢筋承担的荷载很小。

蜗壳结构的实际运行状态一般有以下情况：

（1）在荷载作用下，外围混凝土不开裂，混凝土受拉变形值不是很大，钢筋的受拉应变值远低于其设计允许值，钢筋不能充分发挥作用，可以无需配置受力钢筋。但这种状态只能作为某些情况下可能存在的，一般不能作为蜗壳结构的设计状态分析。

（2）外围混凝土开裂，混凝土不参与承拉，拉力由钢蜗壳与钢筋共同承受。钢蜗壳与外围钢筋混凝土组成的蜗壳结构应该按照这种状态设计。设计的基本要求一个是钢蜗壳与钢筋作为整个受力构件，达到规定的安全度；另一个是外围钢筋混凝土裂缝宽度小于规定值。

因此对于由钢蜗壳与外围钢筋混凝土组成的这种复杂的蜗壳结构，配筋原理的研究是有意义的。对于"充水保压"这种承受内压的复合结构，一般设计人员采用的方法为：用线弹性方法，将钢蜗壳与外围钢筋混凝土蜗壳作为整体，用三维有限元方法进行内水压及其他荷载作用下的数值分析计算，求出钢蜗壳应力及外围混凝土内拉应力分布；或者根据经验，假定外围混凝土分担的内水压力值（如为设计内水压的80%～90%），再用三维或二维数值（有限元）方法计算外围混凝土内拉应力分布；或者用平面框架方法计算混凝土的内力（轴力、弯矩）。求得外围混凝土内的拉应力分布后，按拉应力图形用水工混凝土结构设计规范的方法配置钢筋。

目前，高水头抽水蓄能电站钢蜗壳多由国外厂家按承受全水头设计制造的，应在满足裂缝宽度的条件下，尽量提高浇筑混凝土的保压值，以充分发挥钢蜗壳的承载能力、减少外围混凝土中的配筋量。待混凝土裂缝稳定后，表面可采用粉刷胶质材料的措施来封堵裂缝，避免裂缝处的钢筋锈蚀。

3.2.1.2 尾水管结构

1. 结构特点与结构型式

与常规电站相比，抽水蓄能电站的尾水管结构具有三个明显的特点：①抽水蓄能电站一般水头较高，尾水管尺寸相对较小；②为满足双向运行的工况，尾水管在水泵工况兼有进水管道功能；③抽水蓄能电站有较大的吸出高度绝对值，机组安装高程低，尾水管的内水压力一般在1MPa以上，远大于常规电站。

某抽水蓄能电站地下厂房尾水管单线图如图3-9所示。尾水管由锥管段、肘管段和扩散段三部分组成，具体尺寸需根据情况设计确定。抽水蓄能电站地下厂房尾水管断面一般在扩散段渐变为圆形，与尾水隧洞相接。

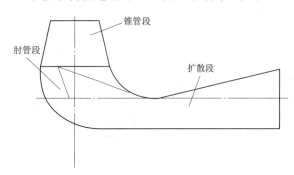

图3-9 某抽水蓄能电站地下厂房尾水管单线图

由于抽水蓄能电站尾水管需承受较大的内水压力，为防止尾水管内水外渗，因此在尾水管内侧设置钢衬结构，钢衬由机组制造厂提供。在机组运行时，尾水管钢衬结构需能够单独承受全部内水压力，需要具备一定的强度和刚度，机组检修时，钢衬在外水压力作用下应能避免失稳。

地下厂房的尾水管一般也作为下层开挖的施工通道，尾水管钢衬外围混凝土的厚度往往由厂房施工及钢衬安装需要来确定。为了保证钢衬与外围混凝土紧密结合，尾水管钢衬底板应预留接触灌浆孔。根据多个抽蓄电站厂房结构的统计资料，尾水管钢衬外围混凝土结构底板厚度1.5m左右，两侧1.5～2m，顶板与尾水隧洞相接处最薄为0.6m左右，我国几个抽水蓄能电站尾水管外围混凝土尺寸见表3-2。

2. 尾水管结构静力分析计算

抽水蓄能电站尾水管结构复杂，位于厂房结构最下部，在整个厂房结构中承受厂房的全部荷重和水压荷载，内水压力较大，且各部分受力较为复杂，整体性较强，通常采用有限元法对尾水管结构特性进行整体分析。某抽水蓄能电站尾水管有限元模型如图3-10所示。

表 3-2　　　　　　　　　　　　抽水蓄能电站尾水管外围混凝土尺寸

电站名称	装机容量/MW	尾水管钢衬厚/mm	尾水管最大内水压力/MPa	尾水管底板混凝土总厚/m	底板一期混凝土垫层厚/m	侧墙厚度/m	尾水管开挖形状
泰安	250×1	22	1.16	2.5	0.9	1.7~2.0	城门洞形
天荒坪	300×6	18	1.7	1.48	0	0.5~3.2	多边形
桐柏	300×4	16~20	1.3	2.0	0.5	1.5	城门洞形
宝泉	300×4	22	2.0	2.643	0.75	3.5~0.55	多边形
宜兴	250×4	20	1.5	1.7	0.2	2.0~1.6	马蹄形

通常的分析过程为，在不考虑材料非线性和接触非线性的条件下，建立三维有限元分析模型，真实模拟电站运行时尾水管受力状态，得到各种工况下空间应力分布图形，并按水工混凝土结构设计规范推荐的非杆系混凝土结构配筋计算方法进行配筋量计算。

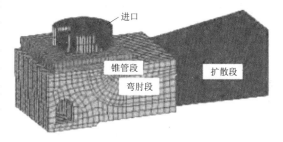

图 3-10　某抽水蓄能电站尾水管有限元模型

3. 配筋设计

采用有限元分析方法对尾水管外围混凝土结构进行分析，得出的结果是各典型断面的应力分布图形，钢筋采用环向配筋。用混凝土承载能力极限状态配筋，截取相应的截面，由混凝土结构的应力图形进行承载能力极限状态配筋计算。根据《水工混凝土结构设计规范》（SL 191—2008）当应力图形接近线性分布时，可换算成内力进行配筋计算及裂缝控制验算，当图形偏离线性分布较大时，受拉钢筋截面面积 A_s 应满足

$$T \leqslant \frac{1}{\gamma_d}(0.6T_c + f_y A_s)$$

$$T = Ab$$

$$T_c = A_{ct}b \qquad\qquad (3-1)$$

式中　T——由荷载设计值（包括结构重要性系数 γ_0 及设计状况系数 ψ）确定的总拉力；

A——应力图形中拉应力图形总面积；

b——结构截面宽度；

T_c——混凝土承担的拉力；

A_{ct}——应力图形中应力值小于混凝土轴心抗拉强度设计值 f_t 的图形面积（图 3-11 中的阴影部分）；

f_y——钢筋抗拉强度设计值；

γ_d——钢筋混凝土结构的结构系数。

按式（3-1）计算时，混凝土承担的拉力 T_c 不宜超过总拉力的 30%；当应力图形受拉区高度大于结构截面高度的 2/3 时，取 $T_c = 0$；当应力图形受拉区高度小于结构截面高

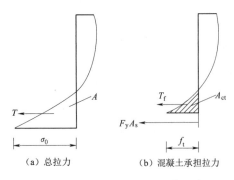

（a）总拉力　　　　（b）混凝土承担拉力

图 3-11　按弹性应力图形配筋示意图

度的 2/3，且截面边缘最大拉应力小于 $1/2f_c$ 时，可按构造要求配筋。

3.2.1.3　机墩及风罩结构

1. 机墩及风罩结构布置

作为承受机组设备荷载的主要受力部位，机墩承受了机组楼板等传递过来的巨大荷载（包括水流机械及电气等产生的振动荷载）；同时，机墩又与各层楼板风罩蜗壳及尾水管等相互连接成整体复杂的空间组合结构，其边界条件和受力情况都较复杂，因此要求组合结构有足够的刚度来承受机组振动荷载。某电站机墩平面布置图如图 3-12 所示。

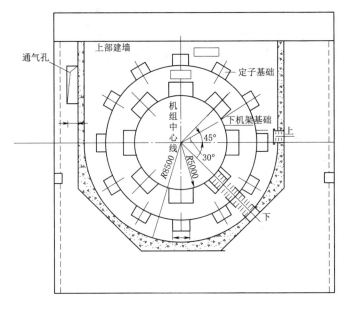

图 3-12　机墩平面布置图

转轮采用上拆方式的机组，在上下游均可布置通道，机墩的形状一般选用圆筒形或多边形。采用中拆方式的机组，在机墩结构上需开设一个较大的搬运道，对机墩结构的刚度削弱较大，需要采取工程措施，提高结构刚度和抗震性能。

抽水蓄能电站厂房风罩墙一般采用圆筒形或多边形结构，如我国的宜兴、天荒坪、琅琊山等抽水蓄能电站厂房风罩墙结构为等边八角形；宝泉、桐柏、西龙池等抽水蓄能电站厂房风罩墙为圆筒形结构。风罩墙往往开有两个孔洞，一个为进人孔，另一个为主母线引出孔，此外有的工程还开有中性点孔，其余开孔尺寸均较小。多数抽水蓄能电站风罩厚度为 0.8~1m。为满足风罩的整体刚度要求，抽水蓄能电站的风罩下部固定在机墩上，顶部同发电机层楼板整体浇筑。某电站风罩平面布置图如图 3-13 所示。

我国部分抽水蓄能电站的风罩、机墩形状及尺寸见表 3-3。

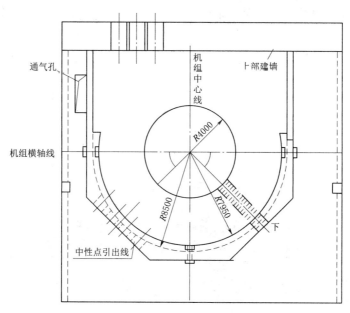

图 3-13　风罩平面布置图

表 3-3　　　　　　　　我国部分抽蓄电站的风罩、机墩形状及尺寸

电站名称	风罩			机墩		
	形状	内径/m	厚度/m	形状	内径/m	最小厚度/m
宜兴	内外均为八角形	10.0	1.0	内部为圆，外部为八角形	6.5	2.75
琅琊山	内圆，外为八角形	11.5	最薄处0.5	内部为圆，外部为八角形	7.0	2.5
天荒坪	内外均为八角形	10.2	1.0	圆形，下游贴墙布置	6.2	2.9
宝泉	圆形	9.4	1.0	圆形，下游贴墙布置	6.3	3.05
西龙池	圆形	10.6	1.0	圆形，下游贴墙布置	6.8	2.9
桐柏	圆形	12.0	0.8	圆形	6.96	3.0
泰安	圆形	12.0	1.0	圆形	8.11	2.945
十三陵	圆形	9.2	1.0	圆形	5.525	2.84

2. 机墩风罩结构静力分析及配筋

机墩和风罩底部为固定端，上部和发电机层板梁结构整体连接。静力分析的方法、计算工况、计算简图及荷载与常规电站相同。

机墩的结构静力分析中，一般竖向应力均为正应力，环向应力大部分区域为拉应力，出现在定子基础断面上。风罩结构静力分析环向应力大部分均为压应力；风罩铅直向应力中下部分断面主要是受压，中上部分断面是内拉外压，拉应力值很小。

传统的结构分析和配筋计算是以结构力学方法和经验公式来定的，即分别取机墩、定子与制动器基础及风罩为脱离体，在配筋时一般在基础部位和开孔处放置加强钢筋。采用简化力学模型用结构力学方法进行分析与计算，此种近似处理方法不能准确反映各部分之间的联合承载机理。此外还可以将风罩与机墩作为整体混凝土结构，采用三维有限元计算模型，基于线弹性理论，进行了应力分析。某电站机墩、风罩模型网格图如图 3 - 14 所示。

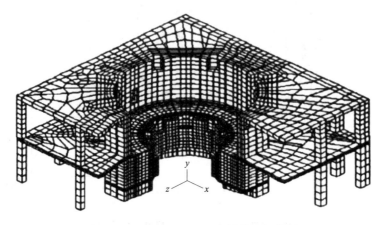

图 3 - 14　某电站机墩、风罩模型网格图

3.2.2　厂房结构动力分析

3.2.2.1　厂房动力特点

抽水蓄能电站水头高、运行工况转换频繁，可逆式水泵水轮机安装高程较低，机组转速高，往往产生较强烈的振动。振动不仅会消耗功率使机组效率降低，降低使用寿命，使检修频繁，甚至会引起整个厂房结构和引水管道的振动而被迫停机。强烈的机组振动和噪声，会降低运行人员的工作效率且不利于身体健康，因此对高水头大型抽水蓄能电站厂房结构的抗震性能需进行深入分析。

3.2.2.2　结构动力分析

分析厂房结构动力通常需要明确：①厂房各部分结构型式、尺寸及楼层荷载；②机组转轮、发电机定子、转子、上下机架、主轴等各部分重量；③水泵、水轮发电机组的主要参数，包括转轮叶片数量、导叶叶片数量、额定转速、飞逸转速、发电机容量、功率因数等；④机组运行工况设备基础荷载，包括正常运行、短路、飞逸、瞬态工况下，定子、上下机架等结构基础荷载。

1. 计算方法

抽蓄电站厂房结构多采用有限元计算方法进行动力分析。某抽水蓄能电站厂房网格模型如图 3 - 15 所示。对水电站厂房机墩结构共振复核和振幅计算通常选用单自由度振动体系的计算方法，计算是单独取机墩、风罩和蜗壳外围混凝土结构，切取单宽按拟静力法进行结构计算，具体计算方法与常规水电站厂房振动分析相同。

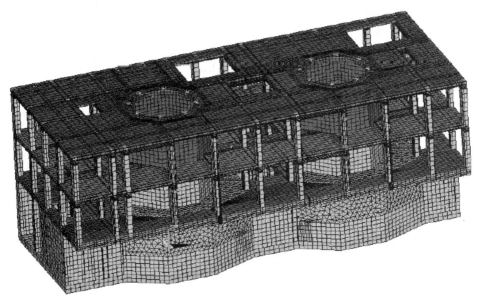

图 3-15 某抽水蓄能电站厂房网格模型

2. 计算模型

对于复杂三维空间结构的分析研究，有限元数值模拟是最有效的方法。通过有限元数值模拟，可以将连续分布的空间结构离散为一组按照一定方式相互联结的结构。

在一起的单元组合体，可以实现无限自由度向有限多自由度体系的转化。由于单元类型和本身形状的多样性，再加上单元之间联结方式的多样性，使得有限元模型可以精确模拟几何形状复杂的空间结构。在有限元计算中，整个求解域的未知场函数是以单元内近似函数来分片表示的，而单元内近似函数又由未知场函数及其导数在单元各个节点上的数值或其插值来表达的。

为了与厂房结构振动测试结果相适应，模型各部分的建立需要根据实际具体分析。一般为了对厂房结构进行全尺寸精细化模拟，不仅对蜗壳范围内的蜗壳混凝土、层间立柱、楼板等精细模拟，还对楼梯、楼板孔洞等进行全尺寸模拟。

通常用块体单元模拟大块混凝土结构，包括蜗壳外围混凝土、风罩、层间立柱、各层楼板、楼梯外墙、上下游墙体及台阶等。块体单元能更好地保证板梁连接处的刚度，减小模型与实际结构之间的差异，精确模拟楼板结构的动力特性。对于蜗壳内的压力钢管，通常采用壳单元进行模拟。进行厂房结构自振特性分析时，弹簧单元只用来模拟围岩对厂房结构的约束作用。此时采用的弹簧单元不仅要模拟围岩对厂房结构的约束作用，还要模拟能量在边界处的逸散效应，也即是采用弹簧—阻尼单元。在厂房结构表面节点上设置相应方向的弹簧阻尼单元，模拟围岩对结构的弹性约束作用以及辐射阻尼效应，相比较于固结单元，弹簧—阻尼单元能更精确地模拟厂房结构所处的实际状态以及振动能量在边界处的逸散过程。

3. 计算工况

计算工况主要包括正常运行工况和飞逸工况，根据电站的规模和机组运行状态，必要时需进行三相短路、半数磁极断路以及过渡过程等工况的动力响应分析。

4. 有限元模态分析步骤

(1) 结构的离散化。有限元法的第一步，是把结构或连续体分割成许多单元，因而在着手分析时，必须用适当的单元把结构模型化，并确定单元的数量、类型、大小和布置。

(2) 从区域或结构中取出其中一个单元来研究。选择适当的插值模式或位移模式近似地描述单元的位移场。由于在任意给定的荷载作用下，复杂结构的位移解不可能预先准确地知道。因此，通常把插值模式取为多项式形式。从计算的观点看多项式简单，而且满足一定的收敛要求。单元位移函数用多项式来近似后，问题就转化为如何求出结点位移。结点位移确定后，位移场也就确定了。

(3) 单元刚度矩阵和荷载向量的推导。根据假设的位移模式，利用平衡条件或适当的变分原理可以推导出单元 e 的刚度矩阵 $[K]^{(e)}$ 和荷载向量 $\{P\}^{(e)}$。

(4) 集合单元方程得到总的平衡方程组。连续体或结构是由许多个有限单元组合而成。因此，对整个连续体或结构进行有限元分析时，就需进行组合把各个单元刚度矩阵的载荷向量按适当方式进行组合，从而建立

$$[K]\{u\}=\{P\} \tag{3-2}$$

式中　　$[K]$——总刚度矩阵；

　　　　$\{u\}$——整体结构的结点位移；

　　　　$\{P\}$——作用在整个结构的有限元结点上的外力。

式 (3-2) 是结点上内力与外力的平衡方程，称为总体刚度平衡方程或简称总刚度方程。

(5) 求解未知结点位移按问题的边界条件修改总的平衡方程，使结构不可刚体移动。对于线性问题可以很容易地从代数方程组中解出结点位移 $\{u\}$。

(6) 单元应变和应力的计算。可根据已知的结点位移利用弹性力学的有关方程算出单元的应变和应力。

(7) 根据有限元分析，还可以求得结构的各阶频率和相应振型。

3.2.2.3　振源和频率分析

引起厂房结构振动的原因很复杂，受较多因素影响。旋转系统通过轴承机架和钢筋混凝土结构支承，机组振动必然引发厂房的振动；流体和电磁是水体势能转化为电能的主要媒介，会产生较为复杂的电磁振动；流体和固体的耦联振动更是复杂且不可避免。引起机组振动的原因主要是由于机械、电磁和水力振动，以下对各类型振动开展介绍。

1. 机械振动

机组的旋转部件和支承结构都是按轴对称布置的，以保证机组在旋转过程中保持稳定性。如果对称设置由于某些原因被改变就会使机组运行变得不稳定，从而产生各种形式的振动。机械振动的主要振源来自机械的制造和安装不当，大轴不直，转子和转轮静、动不平衡，转动部件和固定部件不同心等。

机械原因引起的振动与机组所带负荷无直接的关系，其振动频率与机组和额定功率密切相关。振动频率大多数为转频或者转频的倍数。高水头和高转速的机组，其机械不平衡问题更为突出。

2. 电磁振动

电磁的振动原因主要是因机械设计的不合理或者机械在制造、安装和其质量不良所产生的电磁力造成的。当水轮发电机运行时，可能会产生磁拉力不平衡和三相不平衡问题，还有制造不良的推力瓦。发电机转子和定子气隙不对称、定子铁芯机座合缝不严格等原因，都可能引起机组和机组支撑结构的振动。总之，电磁振源引起的振动大致可以分为两种：一类是转频振动，另一类是极频振动。

3. 水力振动

（1）尾水管内低、中频涡带。尾水管内低频涡带脉动水压力会引起混流式或者轴流式水轮机的振动，一般多发生在 $35°\sim60°$ 导叶开度范围内（或机组出力为额定出力的 $25\%\sim50\%$）。在部分负荷的情况时，水轮机叶片出口处会产生较大的切向分速度，再加之还存在其他的不利条件，水流会在尾水管的锥管段形成螺旋状涡带，从而产生较大的脉动压力，造成机组水力振动、结构振动或功率摆动，其频率为

$$f_c = \mu_s f_n \tag{3-3}$$

式中 μ_s——系数，一般在 1/3～1/5 之间。

尾水管中的脉动压力除了低频外，还有中频和高频成分，中频脉动的频率接近机组的转速频率。个别电站运行实践表明，在一定的单位转速下，转速频率附近的压力脉动在任一导水叶开度下均可能存在，转速频率压力脉动成分与尾水管低频压力脉动同时出现而发生简谐振动，频率在转速附近变化，一般范围为

$$f_d = (0.8\sim1.2)f_n \tag{3-4}$$

（2）水力冲击引起的振动

水力冲击引起的振动频率主要由导叶、转轮叶片和转轮转频率叠加组成，其计算公式为

$$n_2 = \frac{n x_1 x_2}{a} \tag{3-5}$$

式中 n——发电机正常转速，r/min；

x_1、x_2——导叶叶片、转轮叶片的片数；

a——x_1 与 x_2 两数的最大公约数。

抽水蓄能电站主要振源和频率特性为上述三种，其中主要振源为机械振动和水力冲击引起的振动，有较高的发生概率，对厂房结构动力分析时需重点复核。电磁振动主要由设备缺陷和安装精度不足引起，为降低振动影响可通过加强检修减少设备缺陷等方法。尾水管内涡带可采用补气或改变尾水管形体参数等工程措施，降低其影响。

3.2.2.4 共振校核

对于水电站厂房结构的共振校核，《水电站厂房设计规范》（SL 266—2014）规定："机墩自振频率与强迫振动频率之差和自振频率之比值应大于 $20\%\sim30\%$，或强迫振动频率与自振频率之差和机墩强迫振动频率之比值应大于 $20\%\sim30\%$，以防共振。"即避免发生共振需符合

$$\left|\frac{f_自 - f_激}{f_自}\right| \text{ 或 } \left|\frac{f_激 - f_自}{f_激}\right| > 20\%\sim30\% \tag{3-6}$$

式中　$f_{自}$——机墩组合结构自振频率；

　　　　$f_{激}$——机墩组合结构激振频率。

SL 266—2014 中仅规定了对机墩结构的共振校核，但对于多孔洞交叉的复杂水电站地下厂房结构来说，数值模型中不仅包括尾水管、蜗壳、风罩、机墩、楼板、立柱等局部结构，还包括吊物孔、进水流道、楼梯等复杂的孔洞结构，其结构形状和边界条件都很复杂，刚度分布极不均匀，造成其自振特性的分布也非常复杂。另外，根据国内外大型水电站的运行情况来看，厂房机墩的振动并不大，振动强烈的部位通常出现在刚度较小的构件处，如楼板、柱子、楼梯等，因此对于该抽水蓄能电站的共振校核，主要关注刚度较小、振动强烈的局部构件。

需要说明的是，对于这些除机墩以外复杂厂房结构的共振校核，SL 266—2014 规范中并没有明确详细的规定。本节将参考规范中关于机墩结构共振校核的规定，对地下厂房结构中刚度较小、振动强烈的局部结构进行共振校核。

3.2.2.5　厂房结构振动评定标准

建筑物受振动影响的程度与结构振幅、频率、速度、加速度等多种因素有关，目前国内外没有直接进行水电站厂房振动的评价标准，仅有相关标准及经验建议，下面分别从建筑结构本身、人体健康安全以及设备运行三方面的评估标准进行介绍。

1. 建筑结构安全评定标准

依据我国《水轮机运行规程》（DL/T 710—2018）对水轮机本身振幅做的具体规定，一般在试运行时就要满足要求，并在运营期间不断监测，保证不能超出规定振幅。从实际情况看这一点是满足的。

SL 266—2014 对机墩强迫振动的振幅做了要求：垂直振幅长期组合不大于 0.10mm，短期组合不大于 0.15mm；水平横向与扭转振幅之和长期组合不大于 0.15mm，短期组合不大于 0.20mm。

联邦德国和 ISO 推荐的标准中，其规定的位移频率下限值分别为 5Hz 和 10Hz，那么对于低于该频率下限值的低频振动应该自动满足要求。联邦德国标准（DIN4150）（3-16）推荐根据建筑物的振幅与频率给出可能损坏的振幅范围：结构频率越高，进入可能损坏区域的振幅标准越小。依据其建议曲线，频率为 16Hz 左右的建筑物约在 0.30mm 左右时进入"结构可能损坏区的危险界限"。而美国推荐标准中，对于 0~10Hz 的低频振动位移允许值约为 0.75mm，对于自振频率为 16Hz 左右的建筑物安全值为 0.50mm；R WESTWATER 提出的强度特别好的建筑物的振动位移允许值为 0.135mm，A GRED 对于建筑物位移振幅的最小允许值规定为 0.203mm；根据烟中元弘归纳的有关规定，当加速度响应不大于 0.102g（1.00m/s²）时，结构处于安全范围，而大于 1.02g（10.0m/s²）时开始引起损坏。

综上所述，根据振动对建筑物的允许标准，本节所研究的抽水蓄能电站地下厂房结构构件的振动位移最严格的允许值为 0.135mm，而振动加速度的安全范围为 1.00m/s²，开始损坏的允许值为 100m/s²。

2. 振动对人体健康安全评定标准

从人体暴露在振动环境的情况看，对全身振动而言，在一定条件下，振动可引起人的

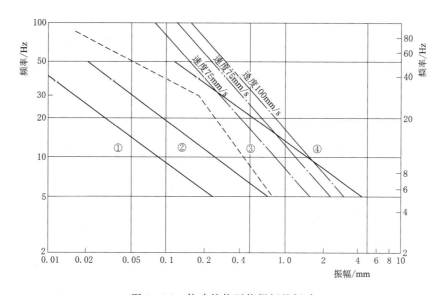

图 3-16　使建筑物可能损坏的振动

①—无损坏区；②—粉刷出现裂缝区；③—承重结构可能损坏区；④—承重结构损坏区

主观感觉，当振动强度大到一定程度时，振动可引起人的不良感觉，进而可对人体产生较大的心理影响和生理影响，直至危害人体健康。以往文献指出，振动对人体的影响主要体现在加速度响应上。《人体全身振动暴露的舒适性降低界限和评价准则》（GB/T 13442—1992）提出，舒适性的降低界限（加速度的均方根值）按振动频率（或 1/3 频带的中心频率）、暴露时间和振动作用的方向不同而异。振动的测量和暴露时间参照《人体全身振动环境的测量规范》（GB/T 13441—1992）。在人体的最敏感频率范围，界限最低。对于 a_x 振动，其范围为 4～8Hz；对于 a_x、a_y 振动，其范围为 1～2Hz。鉴于人体感觉的复杂性、变异性以及环境条件等的差异，不同行业和场所允许对舒适性降低界限进行适当的修正，允许修正范围为 3～−30dB。我们可以在振动环境——测试出各频率对应的加速度，然后和有关曲线或表格对照，如果一个频率的振动超过相应值，则认为该振动环境超出舒适性降低界限。

（1）振动频率。振动对人体的不良影响中，频率起着主要作用，不同频率的振动所引起的感受和病变特征是不同的。人体能感知的振动频率范围是 1～1000Hz，对于环境振动，人们所关心的是人体反应特别敏感的 1～80Hz 的振动，这主要是由于各种组织的共振频率集中在这个范围。站立的人对 4～8Hz 的振动最为敏感。整个人体在低频低振级条件下，可以近似看作为一个机械的"系统"。模拟站立人体简化机械系统如图 3-17 所示，展示人体各部位所承受频率参数。

（2）振动强度。当频率一定时，振动幅度越大对机体的影响越大。振动强度以人体对振动的感受程度来评价。目前国际上通用加速度参数来表示振动的强度，加速度常用 L_a 来表示，其定义类似于声压级，如某一加速度的有效值为 a（m/s²），则 $L_a = 20\lg a/a_0$（dB），其中参考加速度 $a_0 = 10^{-6}$（m/s²），一般人刚刚感觉到的垂直振动为 10^{-3}（m/s²），对应 60dB，不可忍耐的加速度是 $5×10^{-1}$（m/s²），对应 114dB。以 dB（分

65

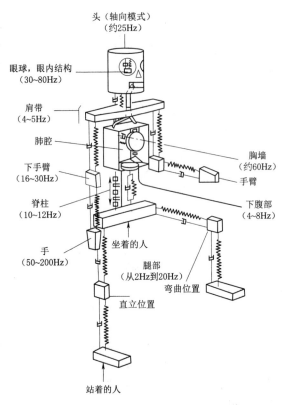

头（轴向模式）
（约25Hz）

眼球，眼内结构
（30~80Hz）

肩带
（4~5Hz）

肺腔

下手臂
（16~30Hz）

脊柱
（10~12Hz）

手
（50~200Hz）

坐着的人

胸墙
（约60Hz）

手臂

下腹部
（4~8Hz）

腿部
（从2Hz到20Hz）

弯曲位置

直立位置

站着的力

图 3-17　模拟站立人体简化机械系统

贝）为单位的振动加速度级代替振动加速度，对于振动测量、运算和表达带来很大方便。

（3）振动暴露时间。暴露时间是指机械振动作用于身体的持续时间。振动的时间特性可分为稳态振动、间歇振动和冲击振动，稳态振动的强度是不随时间变化的振动。间歇振动是指时有时无的振动，如汽车驶过而引起的公路振动等。靠冲击力做功的机械如锻锤、打桩机等产生的振动被称为冲击振动，冲击振动的时间越短，振幅越大，则对机体的作用越强。人体无论受到哪种振动作用，接触振动的时间越长，对机体的不良影响越大。

（4）其他。人体对振动的敏感程度和工作方式也有很大的关系。如操作者通过他的手施加在工具或者工件上的力的大小和方向，人体暴露在振动中的面积和位置等均对人体有不同的影响。影响人体的环境振动因素还有振动方向、人体自身的素质条件、年龄大小等。

对于水电站主厂房，统一的振动标准的建立首先需要确定控制目标是舒适层次还是健康层次。在确定控制目标后，还需要明确是否根据国际标准来制定国内主厂房专业标准，或者部分借鉴国际标准。健康和舒适性评价标准汇总见表 3-4。

表 3-4　　　　　　　　　　　健康和舒适性评价标准汇总

版　本	评价内容	指标	标准/(m/s²)	说　明
ISO 2631-1—1985	健康	a_v	0.63（8h）	括号内为暴露时间
	舒适	a_v	0.10（8h）、0.26（2h）	
ISO 2631-1—1997	健康	a_v	0.45~0.80	暴露时间 8h
	舒适	a_v	<0.315	不会不舒适
		a_v	0.315~0.63	有点不舒适

3．设备运行要求

厂房结构是水轮发电机设备的基础，目前水电行业对水轮发电机组设备基础振动控制标准尚未具体规定，可参照《动力机器基础设计规范》（GB 50040—2020）的相关规定，评估厂房结构的抗震性。扰力、允许振动线位移及当量荷载表见表 3-5。

表 3 - 5 扰力、允许振动线位移及当量荷载表

机器工作转速/(r/min)		<500	500~750	750~1000
计算横向振动线位移的扰力/kN		$0.10w_g$	$0.15w_g$	$0.20w_g$
允许振动线位移/mm		0.16	0.12	0.08
当量荷载/kN	竖向	$4w_{gi}$	$8w_{gi}$	
	横向	$2w_{gi}$	$2w_{gi}$	

注：1. 表中当量荷载包括材料的疲劳影响系数（2.0）。

2. w_g 为机器转子重，kN。

水轮发电机组型式、结构、运行参数不同，机组对厂房结构的抗震性要求亦不同。为了保证机组正常运行的稳定，抽蓄机组制造厂家往往对设备基础的刚度（即设备基础发生单位位移时所施加的力）提出控制要求。不同机型、不同厂家提出的要求不同。根据厂家要求，需分别对上机架、定子基础、下机架的径向和切向进行刚度计算，此时材料的弹性模量应取动弹模。

3.2.2.6 厂房结构减振措施

发电机层楼板是水下结构中刚度和强度比较薄弱的部件，最容易被诱发振动，主要是因为导水叶与转轮叶片之间流道内的压力脉动通过蜗壳外围混凝土结构、机墩或者机组的支承结构传递到柱子和厂房楼板，所以一方面可以从机组振源入手，有效降低振动能量和改变振动特性，即改变振源频率和减小振源幅值；另一方面改变厂房结构自振频率，或者提高刚度以降低振动反应的放大效应。

1. 机组振动的削减措施

机组振动是厂房振动的本源，消减机组振动是治本的措施。机组振动包括机械振动、电磁振动和水力振动。水流在转轮室发生了水力干涉，由基波衍射成高频谐波，携带较大的能量，激励主厂房结构整体产生迫振，局部产生共振。可以通过改变水轮机转轮的叶片数目或者改变转轮叶片的形式和尺寸，从而改变流道内水流的流动状态，达到改变水流激振频率和幅值的目的，但这需要充分的数值计算和模型试验论证。

2. 改变厂房结构自振频率或刚度

（1）增加结构的质量而降低其自振频率。为了避开共振部位，可以通过增加振动较大部件的质量从而降低构件的自振频率。例如，发电机层楼板一般振动比较严重，为了避免共振，可以在楼板振动幅值较大的位置增加重量，这样楼板整体的质量就会增加，从而降低楼板自振频率避开共振区以达到减振的效果。但是在楼板上加质量块施工比较困难，会使得构件的惯性力会增大，反而对于结构整体的抗振不利。

（2）增加水平横梁而提高结构自振频率。在楼板振动较大的部位布置水平横梁，结构的构件被加强刚度，从而自振频率增加。但这种方法施工起来比较困难，布置上会受已有设施的制约。

（3）贴钢板和复合材料提高楼板的刚度而提高自振频率。对于楼板振动较大的部位可以在其下表面通过强力胶贴上一层薄钢板，这样楼板的刚度会提高从而使自振频率增加，避开共振的区域。此方案已被广泛用于施工中，技术也相对比较成熟，但随着楼板厚度的增加此种方案达到提高自振频率的效果会逐渐下降。

此外还可以在楼板振动较大部位的下表面粘一层复合材料薄板或肋板,由于这种复合材料黏弹性性能比较显著,因而当楼板振动的时候可以吸收振动能量从而改变结构的自振频率,且楼板在共振区间的共振峰值会有效降低。

3. 机墩结构抗振措施

机墩结构是厂房支承结构的关键部位,机墩组合结构体形、所承受的荷载、受力情况、边界条件都很复杂。某抽水蓄能电站机墩载荷作用位置如图 3-18 所示。机墩刚度的

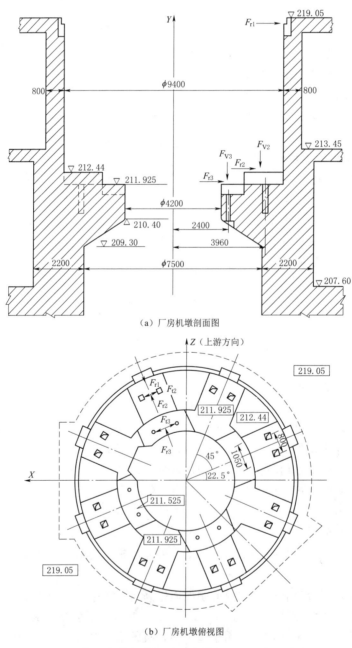

(a) 厂房机墩剖面图

(b) 厂房机墩俯视图

图 3-18 机墩载荷作用位置(尺寸单位:cm;高程单位:m)

大小直接影响到厂房的抗振性能。转轮采用中拆方式时，需要在机墩部位开设较大的孔洞，对结构刚度削弱较大，有条件时应尽量避免中拆方式。另外，将机墩结构一侧紧靠围岩布置，如天荒坪电站，可以提高机墩结构的抗振性能。

4. 蜗壳外包混凝土结构抗振措施

蜗壳外包混凝土结构既是机墩的基础，又是嵌固钢蜗壳的结构，蜗壳外包混凝土结构的设计对厂房结构的抗振性能有一定的影响。外围混凝土结构一侧紧靠围岩布置，可提高其结构刚度，已建的天荒坪、桐柏、泰安、宜兴、宝泉电站均采用这种布置型式，减振效果显著。另外，采用保压浇筑外围混凝土，金属蜗壳与外围混凝土联合受力，可提高蜗壳结构的整体刚度。

3.2.3 厂区布置

3.2.3.1 厂区主要建筑物

抽水蓄能电站地下厂房的主要洞室和厂区建筑物一般包括主副厂房洞、通风兼安全洞、主变压器运输洞、母线洞、交通电缆洞、主变压器洞、出线洞、尾闸洞等。地下洞室群结构图如图 3-19 所示。

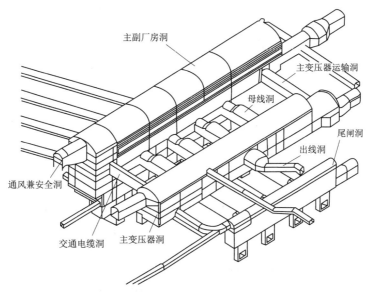

图 3-19 地下洞室群结构图（来源于参考文献［32］）

抽水蓄能电站地下厂房位置和轴线选择的原则与常规电站基本相同。地下厂房的位置轴线选定后，厂区布置的主要内容是选择主变压器的位置、确定主要洞室的布置型式及洞室之间的间距以及开关站、出线场地、出线洞、进厂交通洞、通风洞等附属建筑物和洞室的布置。

3.2.3.2 主洞室间距

主副厂房洞和主变压器洞采用两个独立洞室平行布置时，洞室之间的距离是影响围岩稳定和工程造价的重要因素。两洞间距的确定原则和方法与常规电站地下厂房基本相同，以工程经验及工程类比为主，辅以数值分析补充论证。

控制洞室间距的主要因素是母线洞内电气设备布置和围岩稳定要求。抽水蓄能电站的母线洞内电气设备较多，而尾水管流道尺寸较小，这有利于围岩稳定，大中型抽水蓄能电站的洞室间净距与相邻两洞室平均跨度之比大部分在 1.5～2.0 之间，净距一般取 30～40m。我国部分抽水蓄能电站主副厂房和主变压器洞室间距汇总见表 3-6。

表 3-6　　　　　我国部分抽水蓄能电站主副厂房洞和主变压器洞室间距汇总

电站名称	围岩类型	大洞室开挖跨度/m	小洞室开挖跨度/m	间距/m	间距/平均开挖跨度倍数
天荒坪	凝灰岩	21.0	18.0	33.5	1.7
泰安	花岗岩	24.5	17.5	35	1.7
广蓄一期	花岗岩	21.0	17.24	35.0	1.8
桐柏	花岗岩	24	18	38	1.8
宜兴	砂岩	22.0	17.5	40	2.0
仙游	凝灰熔岩	24	19.5	39.25	1.8
宝泉	花岗片麻岩	21.5	18	35	1.8

3.2.3.3　主变压器的位置和布置型式

抽水蓄能电站地下厂房的埋深较大，主变压器一般布置在地下洞室内，以避免低压母线过长造成较大的电能损失。为合理布置各装置设备以及合理利用空间，根据主副厂房洞、主变压器洞以及尾闸洞的相对位置关系，可分为一洞室布置方式、二洞室布置方式和三洞室布置方式。

（1）一洞室布置方式：主变压器布置在主副厂房洞内，一般用于机组台数少、厂房采用尾部开发方式的抽水蓄能电站。

（2）二洞室布置方式：主副厂房洞、主变压器洞采用两个独立洞室，不单独设置尾闸洞，对于厂房采用尾部开发方式且尾水系统较短的大型抽水蓄能电站通常采用二洞室布置方式。采用二洞室布置方式时，一般将尾水事故闸门设在下库进出水口。

（3）三洞室布置方式：主副厂房洞、主变压器洞、尾闸洞采用三个独立洞室，一般对于厂房采用中部开发方式的大型抽水蓄能电站推荐应用三洞室布置。

主变压器布置在主变洞内，可以紧靠母线洞布置在上游，也可以布置在下游。

主变压器布置在主变洞上游侧，其优点是减少了封闭母线的长度，对于机组容量大、数量多的电站经济性较明显；缺点是需要增设消防疏散通道。根据消防规范要求，发电机层以下的操作性廊道必须有两个以上出口，主变室危险等级高，不能作为母线洞的疏散通道，如果主变采用三相或三相组合式，可以考虑在主变室旁边专门设置通道，但主变如果采用单相式结构，主变室之间没有空间，那么必须在母线洞下游侧设置纵向贯通的交通廊道，并在符合要求的地点设置通向主变层的楼梯。

主变压器布置在主变洞下游侧：主变运输通道与母线洞相通，不需要设置其他疏散通道。另外，主变压器的火灾危险性高，设备内储存大量绝缘油，事故危险性较大。主变布置在主变洞下游侧，主变室与母线洞中间有主变运输道隔开，可以有效减少主变压器事故时对母线洞设备的影响。

3.2.3.4　地下厂房防渗排水布置

抽水蓄能电站地下厂房存在的渗水源主要包括原有山体地下水及其补给源、输水系统及调压室渗漏、水上下库渗漏水等。保证地下厂房渗漏排水更有利于使地下厂房的环境保持干燥，同时可以避免或减少渗漏水给洞室围岩带来的腐蚀性和对厂房内电气设备的不利影响。

针对具体工程，需要根据不同的水文地质条件和厂区枢纽建筑物布置，合理设计地下厂房防渗排水方案。地下厂房防渗设计宜遵循"先堵后排，以排为主，堵排结合，高水自流、低水抽排"的原则。一般采用防渗帷幕、厂房外围排水系统和洞内排水系统相结合的排水方案，对集中渗水通道需采取适当工程措施如局部混凝土置换、增设防渗帷幕及排水设施等进行专门处理。

有些抽水蓄能电站因受地形条件限制，无法设置自流排水洞，需要设置集水井汇集地下洞室群的渗水。可以在主厂房两端各设一个集水井，如泰山抽水蓄能电站，也可以在主厂房一端设一个集水井，如桐柏、响水洞、仙游、洪屏等工程。从布置条件来看，在主厂房两端各设一个集水井有利于汇集渗漏水，但这种布置方式会增加厂房总长度，无论在主厂房布置一个或两个集水井，因其位置较低，都大大增加出渣难度，对厂房发电工期有一定影响。《国家电网公司抽水蓄能电站工程通用设计》建议，只要地质条件允许，可将集水井布置在尾闸室，绩溪工程及后续在建项目均是这种布置方式，可以减轻主厂房开挖支护的工期压力。

1. 防渗帷幕的布置

防渗帷幕是在与挡水建筑物相接的地基和岸坡内，灌注抗渗材料所形成的连续竖向阻截渗流的设施，如混凝土防渗墙、水泥土截水墙、板桩或灌浆帷幕等，是渗透变形的防治措施。地下厂房周围防渗帷幕的布置应根据地质情况、引水隧洞衬砌方式、厂房开发方式等因素综合考虑，重点封堵及延长渗漏源与厂房洞室之间的渗漏通道。防渗帷幕如图 3-20 所示。

（1）采用首部开发方式时，厂房距离上库较近，为减少上库渗漏水渗入厂房，通常在厂房上游设置防渗帷幕，厂房下游若距下库及尾水调压室较远可不设防渗帷幕，仅需对可能存在的集中渗水通道进行灌浆封堵。

（2）采用中部开发方式时，一般厂房离上下库均较远，可不设防渗帷幕，当地下水丰富岩石较破碎时，对高压引水隧洞、尾水洞、尾调室等渗水通道需要进行适当灌浆封堵。

（3）采用尾部开发方式时，由于抽水蓄能电站厂房埋深较深，且厂房距离下库较近，因此一般在尾闸室下游或主变下游（无

图 3-20　防渗帷幕

尾闸室时）设置防渗帷幕，主厂房上游侧可根据引水隧洞衬砌形式和地质情况考虑是否需要设置防渗帷幕。

根据实际需要，帷幕可完全切断地基的透水层，彻底解决地基土的渗透变形问题，也可不完全切断透水层，做成悬挂式，起延长渗流途径、降低下游的逸出坡降。目前多数电站引水隧洞（竖井）采用钢筋混凝土衬砌，在高压水作用下将引起内水外渗，地下水丰富、岩石透水率高时，需对厂房与引水系统之间的渗水通道进行防渗处理。厂房与引水系统之间的防渗帷幕一般设置在引水高压管道钢衬与混凝土衬砌交界处。

2. 厂区排水系统

厂内渗漏排水系统由排水孔、集（排）水管、排水沟及渗漏排水集水井组成。主要用来排引渗水和厂内生产用水的渗漏水。厂房外围排水一般视厂区洞室规模及地下水情况，围绕主厂房、主变洞布置 3～4 层排水廊道。当布置有防渗帷幕时，排水廊道应设置在帷幕后。溧阳抽水蓄能电站厂区排水系统剖面图如图 3-21 所示。

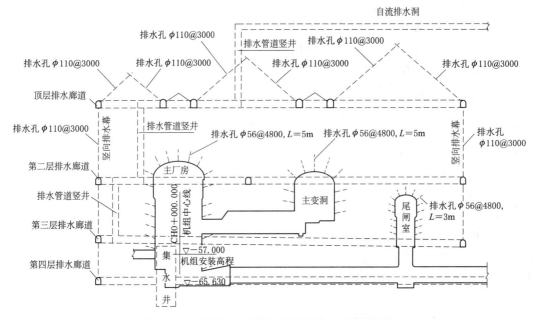

图 3-21　溧阳抽水蓄能电站厂区排水系统剖面图

上层排水廊道一般设在主厂房洞室拱脚高程附近，底层排水廊道设在压力管道以下。若厂区地下水丰富，为了保证厂房洞室干燥，可在主厂房及主变洞顶拱以上增设顶层排水廊道。

顶层排水廊道有需要时还可兼作预固结灌浆和预埋观测仪器的通道。为便于交通和施工，排水洞一般与通风洞、排风洞、进厂交通洞、施工支洞、副厂房底部或尾水隧洞等建筑物相接。排水廊道与主洞室边墙间距一般在 15～20m，视洞室规模及地质情况增减。

为了在厂区形成封闭的排水系统，在上下层排水廊道之间一般设置系统排水孔，主厂房及主变洞顶拱布置"人"字形交叉排水孔。系统排水孔参数一般可取 $\phi65mm$，间距 3～6m，对于渗水较多的节理密集带应加密排水幕的布置，对于岩石完整、透水率较低的地段，可适当加大排水幕间距，以节省工程投资。

厂区渗水通过排水系统聚集后，最终需要排至厂外。由于抽水蓄能电站埋深较大，大多数电站是将厂区渗水汇集到厂内集水井，通过水泵抽到厂外。由于厂区渗水量与厂区的水文地质条件等诸多因素有关，难以精确计算出来，采用这种排水方式需要设置厂内集水井，集水井的容量很难确定。如果在下库外具有较低的地势，能够使地下厂房的渗水自流排出，则采用自流排水的方式较为安全、合理。天荒坪电站下库下游河道坡降较大，在国内抽水蓄能电站中首次采用全自流的排水方式，设施简单，运行费用低，安全可靠。设置自流排水洞施工期排水可通过自流排水洞自流出厂外，运行期电站地下洞室围岩渗水、机组检修排水均可通过此洞排除厂外，免除了泵站、抽水设备的设置费用，提高电站的运行安全可靠度，尽管有的电站自流排水洞较长，但是综合考虑运行费用，往往还是经济的。因此有条件设置自流排水洞的电站应优先考虑采用自流排水洞。

对没有条件设置完全自流排水的电站，可以采取"高水自流、低水抽排"的布置方式，即高程较高的渗水通过自流排放，低高程的渗水汇集到厂内集水井通过水泵抽排。宜兴抽水蓄能电站采用的就是这种排水方式。

自流排水洞的出口高程没有严格的规定，根据已建几个电站排水洞洞口高程统计分析，自流排水洞洞口高程可低于厂房防洪标准，但与厂房连接处高程应满足厂房防洪要求。自流排水洞纵坡不宜小于 0.3%。

3.2.3.5 开关站及出线洞的布置

开关站是为提高输电线路运行稳定度或便于分配同一电压等级电力，而在线路中间设置的没有主变压器的设施，由断路器、隔离开关、电流互感器、电压互感器、母线、相应的控制保护和自动装置以及辅助设施组成，同时也可安装各种必要的补偿装置。开关站如图 3-22 所示。

图 3-22 开关站

1. 开关设备

目前大中型抽水蓄能电站通常采用气体绝缘金属封闭组合电器（gas - insulated switchgear，GIS）开关设备。GIS 开关设备，由断路器、隔离开关、接地开关、互感器、避雷器、母线、连接件和出线终端等组成，这些设备或部件全部封闭在金属接地的外壳中，在其内部充有一定压力的 SF_6 绝缘气体，故也称 SF_6 全封闭组合电器。其各种元件的体积比使用空气绝缘的开关设备小，GIS 配电装置所占的空间较小，其安全性能也比较可靠。

其故障率只有常规设备的 $20\% \sim 40\%$，但 GIS 也有其固有的缺点，由于 SF_6 气体的泄漏、外部水分的渗入、导电杂质的存在、绝缘子老化等因素影响，都可能导致 GIS 内部闪络故障。GIS 的全密封结构使故障的定位及检修比较困难，检修工作繁杂，事故后平均停电检修时间比常规设备长，其停电范围大，常涉及非故障元件多。

2. 开关站的位置选择

GIS 开关设备体积小，一般放置在户内，可以布置在地面，也可以布置在地下。地面开关站运行条件较好，可以减少洞挖量，厂区地形较平缓时，一般采用地面户内 GIS 关开站。我国的天荒坪、宜兴、泰安等抽水蓄能电站均采用该种型式布置。

地面开关站（或出线场）位置的选择应综合考虑地形地质条件、枢纽建筑物布置、出线洞的布置方式和防洪标准等因素。地面开关站的防洪标准可取与厂房洪水标准相同，布置在下库淹没范围内时，应高于下库最高水位。地面开关站（或出线场）应尽量靠近主变洞，以缩短电缆长度；应选择在地势低、交通便捷的位置。

当地面边坡较陡或无合适的场地布置地面 GIS 时，可以将 GIS 布置在地下洞室内，地面仅布置出线场。GIS 设备一般布置在地下主变室的上层，我国十三陵、张河湾等抽水蓄能电站采用这种地下 GIS 布置。也有少数电站将开关站与主变洞分开布置，如法国的蒙特奇克电站，将开关站布置在厂房内发电机层的下游侧，美国的腊孔山电站，将开关站布置在单独的洞室内。

3. 出线洞的布置

地下厂房出线洞是为敷设地下厂房引出线而建造的通道。抽水蓄能电站主变压器一般布置在地下主变洞内，出线洞连接主变洞和地面开关站（或出线场），出线洞（井）内布置高压电缆，通向地面开关站。出线洞里还要敷设一定的控制电缆，要留有供交通及检修用的空间，注意通风及防潮。

出线洞（井）的布置方式有平洞、竖井、斜井或平洞加竖井。需要根据地面开关站（或出线场）与地下主变洞位置的相对关系、地形地质条件确定。

（1）平洞（一般坡度不大于 12%）布置，交通、施工、运行均较方便，当有地势较低的位置布置开关站（或出线场）时，可以优先考虑采用平洞布置。但由于抽水蓄能电站一般埋深较大，地下主变洞与开关站（或出线场）的高差较大，大多数电站没有条件采用平洞布置。

（2）竖井布置，适用于地面开关站（或出线场）位于主变洞上方。电缆井较高时，需设置电梯，便于运行管理。电缆竖井高度超过 250m 时，为了施工和电梯设备选型方便，往往分为二级布置。竖井内一般设有高压电缆、控制电缆、楼梯、电梯、通风孔。竖井下部往往有较多渗水，一般采用混凝土衬砌防渗。由于竖井高度高，现浇混凝土立模、拆模费时，为加快施工速度，衬砌、混凝土墙可采用滑模施工，楼梯、板梁采用预制安装的方式，竖井内部布置及结构设计应尽量简单，方便施工。

（3）斜井布置，适用于当一般电站的地面开关站（或出线场）与地下主变洞既有一定的水平距离，又有一定的垂直距离时，同时也可采用平洞加竖井的布置方式。采用斜井布置，洞线较短。从永久运行角度出发，坡度不宜大于 $30°$，一般考虑卷扬机出渣。根据出线斜井的功能，一般可分为以下三种布置形式：

1）布置高压电缆＋排烟道功能（上下分隔：4.0m×5.6m）。

2）布置高压电缆＋中低压电缆（左右分隔：5.8m×4.45m）。

3）布置高压电缆＋中低压电缆＋排烟道（上下分隔后再左右分隔：4.0m×5.6m）。

出线洞的断面尺寸应满足电缆布置、交通、通风等要求。半洞和斜井一般采用城门洞型断面，竖井断面可以采用圆形或者矩形，圆形断面受力较好，但面积利用率没有矩形断面高，矩形断面内部布置较紧凑，但转角处应力较大，一般做倒圆弧处理。

3.2.3.6 进厂交通及通风洞布置

1. 进厂交通洞型式和断面尺寸

大多数电站的进厂交通洞都采用平洞布置，平均坡度宜小于8％，厂前应设有平直段，纵坡变化不宜太大，纵坡变化处应设置竖曲线，为便于设计及施工，隧道曲线宜采用不设超高的大半径曲线（大于150m，时速20km）。

经过对已建和在建抽水蓄能工程的进厂交通洞尺寸的统计，新建抽水蓄能工程进厂交通洞断面净尺寸统一为7.8m×7.8m。具体实施中施工专业应对该断面尺寸进行复核。

2. 通风兼安全洞布置

水电站地下厂房至少应该有两个通往地面的安全出口：一条是进厂交通洞，另一条通常利用厂房顶部施工支洞后期改建成通往地面的安全通道，该通道同时也可作为地下厂房的进排风通道，因此该通道通常称为通风兼安全洞。

通风兼安全洞从副厂房端部进入厂房，通常采用左右或上下分隔，将洞一隔为二，满足一路进风、一路排风的要求。断面尺寸综合考虑施工、通风、交通等要求确定，一般情况下是施工支洞相同，尺寸为7.0m×6.5m。

通风兼安全洞有交通通道功能时，洞净断面尺寸取7.3m×6.9m，采用上下分隔方式，下部净高3.0m，作为交通通道使用。通风洞没有交通通道要求时，也可采用左右分隔的方式，以方便施工，当通风兼安全洞厂房至排风竖井距离小于200m时，推荐净断面尺寸为7.0m×6.5m。部分抽水蓄能电站通风兼安全洞主要参数见表3-7。

表 3-7　　　　　　　　部分抽水蓄能电站通风兼安全洞主要参数

电站名称	通风兼安全洞洞长/m	通风兼安全洞净断面（宽×高）/(m×m)	主变排风洞长/m	主变排风扇净断面（宽×高）/(m×m)
泰安	831.672	7.3×6.9	260.6	7.3×6.4
宜兴	1358.199	7.5×7.0	37.85	6.0×5.0
宝泉	1276.758	7.3×6.9	146.726	7.5×6.5
仙游	1144.497	7.3×6.9	133.000	7.3×6.9
响水涧	670.559	7.7×6.9	236.000	7.5×6.5
桐柏	532.685	7.7×6.8	102.12	7.3×6.4

3. 通风洞布置

抽水蓄能电站地下厂房的通风洞一般尽量利用已有洞室，根据情况适当增设一些短支洞或竖井。进厂交通洞一般兼作进风通道，通风兼安全洞一般作为地下厂房的一个主要进风、排风通道。一般情况下，两进一排可以满足主副厂房、主变洞的通风要求。高压电缆的排风可以利用出线洞布置，其他如事故排烟等特殊的排风、排烟要求可以根据工程情况利用已有的地质探洞等改建。也有些地下厂房单独设置通风、排烟洞。

3.2.4 厂房内部布置

3.2.4.1 主厂房布置

1. 厂房位置

在同一条输水线路上，随着厂房位置往下游移动，输水系统投资会逐渐增加，厂房系统投资会逐渐减少。而厂房系统投资减少比输水系统投资增加幅度要大。厂房下移，施工工期逐渐缩短。而厂房位置受到上下游调压井之间的距离、上游高压管道的岩体覆盖厚度和地应力、厂房附属洞的坡度要求等条件的限制，厂房下移幅度有限，尾水系统还是较长，无法取消尾水调压井。因此，在确保上游高压管道合理设置的前提下，厂房尽量下移，以缩短厂房附属洞室及造价昂贵的高压电缆洞长度。

2. 机组拆卸方式对厂房布置的影响

抽水蓄能电站一般采用单极混流式可逆式机组。蓄能电站机组本身特点及运行的特殊性，使得机组拆装方式对厂房结构布置影响较常规电站突出。根据转轮检修拆装方式的不同，厂房结构布置有上拆、中拆、下拆三种方式。

（1）上拆检修方式是水轮机检修时，需先吊装发电机转子并拆除顶盖，再将拆卸后的水轮机转轮从基坑垂直吊出，运至安装场，如图3-23所示。

（2）中拆检修方式指水轮机检修时，不需拆卸上面的发电机，而是在机墩侧向开检修孔，并采用中间轴布置，将中间轴取出并拆卸顶盖后，大轴和转轮从检修孔运出，如图3-24所示。

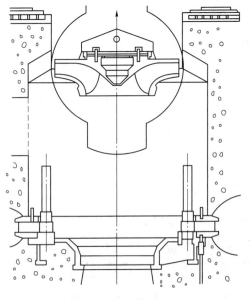

图3-23　上拆方式

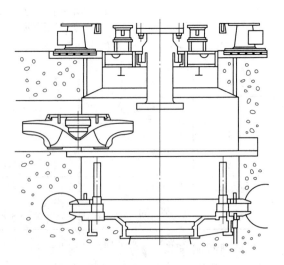

图3-24　中拆方式

76

（3）下拆检修方式是将尾水管部分锥管和底环等拆除，在厂房尾水锥管下布设下拆廊道，转轮拆卸后从尾水管下拆廊道运出，如图3-25所示。

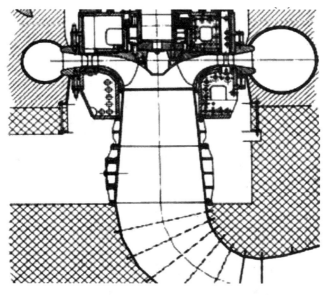

图3-25 下拆方式

就水工结构而言，采用上拆方式对厂内的布置和结构比较有利，机墩、尾水管外包混凝土结构完整。中、下拆方式优点是转轮拆卸方便，节省检修时间（2～3周），其缺点是对机墩或尾水管外包混凝土结构削弱较大，厂房整体刚度降低，不利于结构稳定，同时为将转轮吊至安装场，均需在水轮机层和发电机层楼板上留有吊物孔，并在机墩或尾水管处留出通道，从而加大了机组间距以及厂房总长度，增加工程量和投资。下拆和上拆一样不需要中间轴，轴系简化，并可采用半伞式和顶盖上推力轴承布置。中拆和上拆的尾水管全部埋设在混凝土中，对减振和抗噪有利。我国部分抽水蓄能电站机组拆卸方式汇总见表3-8。

表3-8　　　　　　　　我国部分抽水蓄能电站机组拆卸方式汇总

电站名称	装机容量/MW	额定水头/m	额定转速/(r/min)	拆卸方式	备注
天荒坪	6×300	526.00	500	中拆＋不完全下拆	尾水锥管可下拆
广蓄Ⅰ	4×300	496.00	500	下拆	噪声和振动较大
广蓄Ⅱ	4×300	512.00	500	中拆	
宜兴	4×250	363.00	375	上拆＋不完全下拆	尾水锥管可下拆
十三陵	4×200	430.00	500	上拆	
琅琊山	4×150	126.00	230.8	上拆	整体顶盖
泰安	4×250	225.00	300	上拆	
桐柏	4×300	244.00	300	上拆	

抽水蓄能电站主厂房控制尺寸的确定原则与常规电站布置相同，布置也与常规地下厂房相近，设有发电机层、中间层、水轮机层、蜗壳层和尾水管层。抽水蓄能电站发电机层

与水轮机层之间层高较大，一般在其间设置中间层，以利于设备布置并提高厂房结构的抗震性能。某抽水蓄能电站横剖面布置图如图 3-26 所示。

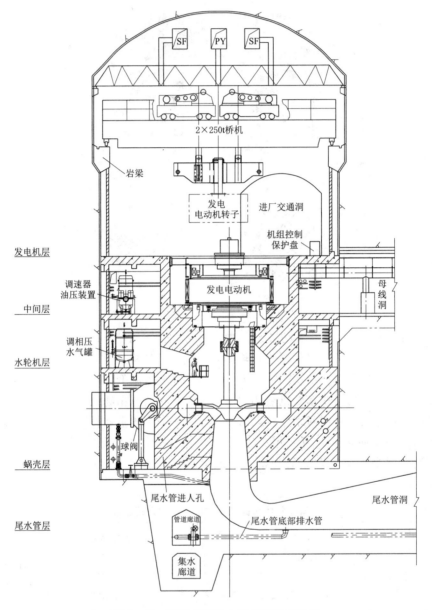

图 3-26　某抽水蓄能电站横剖面布置图

当上水库没有径流补给时，抽蓄电站厂房内还需设置专门的上库充水泵，用于初期上库充水及上库、引水系统放空检修后充水，一般一个引水水力系统单元设置一套，布置在蜗壳层。某抽水蓄能电站蜗壳层典型布置如图 3-27 所示。

抽水蓄能电站引水道线路较长，一般采用一洞多机布置，蜗壳进口前需布置进水阀。由于水头高，国内已建的工程均采用球阀，某抽水蓄能电站球阀设计图如图 3-28 所示，

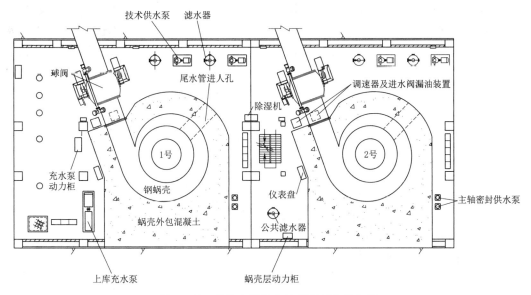

技术供水泵　　滤水器

球阀

调速器及进水阀漏油装置

尾水管进人孔

除湿机

充水泵
动力柜

1号

钢蜗壳

2号

仪表盘

主轴密封供水泵

蜗壳外包混凝土

公共滤水器

上库充水泵　　　　　蜗壳层动力柜

图 3-27　某抽水蓄能电站蜗壳层典型布置

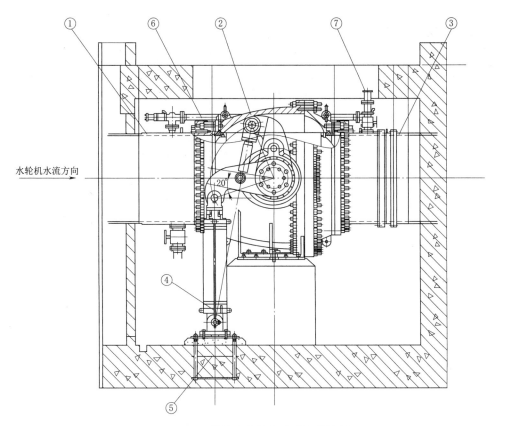

水轮机水流方向

20°

图 3-28　某抽水蓄能电站球阀设计图

①—上游连接管；②—球阀装配；③—伸缩节；④—接力器；⑤—球阀基础；⑥—旁通管路；⑦—空气阀

球阀室位置布置图如图 3-29 所示。进水球阀安装在压力钢管与水轮机蜗壳进口段之间，在机组事故情况下，可实现紧急动水关闭，以防止事故扩大；在检修水轮机时，可截断水轮机进水。球阀阀体与上游侧连接管和下游侧伸缩节通过螺栓连接，上游连接管与压力钢管采用工地焊接方式相连，伸缩节通过螺栓与蜗壳延伸段相连。球阀设计为卧轴、油压操作，双面金属密封、水压操作密封环结构，通过打开球阀主密封来实现活门。开启前的平压要求一些电站的引水管道斜向进厂，以减小厂房的开挖跨度，有利于厂房围岩稳定。

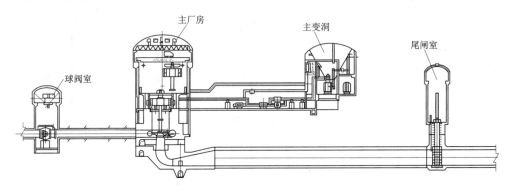

图 3-29　球阀室位置布置图

3.2.4.2　安装场布置

安装场布置方面有两种型式：一是端部安装场布置，二是中部安装场布置。

（1）端部安装场布置。其为安装场通常推荐采用的方式，管线、通风布置相对简单，交通洞与其他洞室干扰较小，安装场下不设置设备层，当进场交通洞从端部进场时，均在安装场端部设置一个小副厂房。

（2）中部安装场布置。安装场布置在厂房中部可以减少厂房高边墙的连续长度，减小主厂房边墙变形，适用于围岩条件较差的工程和防止引水管道水力劈裂的高水头电站。我国琅琊山、十三陵、西龙池等抽水蓄能电站地下厂房采用这种布置方式。日本采用该方式布置的电站比较多，如新高濑川、奥吉野、奥多多良木等抽水蓄能电站。

抽水蓄能电站安装场轮廓尺寸确定原则与常规电站相同，安装场布置图如图 3-30 所示。通常对单级可逆式抽水蓄能机组，一般应考虑转子、定子、上机架、转轮、主轴、顶盖等布置以及主变压器转运的要求。

3.2.4.3　副厂房布置

与常规电站类似，抽水蓄能电站的副厂房一般布置在主厂房端头。副厂房的作用是：水电站的运行、控制、试验、管理和运行人员工作、生活的房间。

以下为副厂房通常的各层标准布置：

（1）副厂房底层与蜗壳层同高程，布置污水处理设备。

（2）副厂房二层与水轮机层同高程，布置中、低压压气机。

（3）副厂房三层与中间层同高，布置冷冻机、冷却水泵等设备。

（4）副厂房四层与发电机层同高，布置 LCU 及照明配电室。

（5）副厂房五层为调试值班室及电缆层。

（6）副厂房六层为公用和保安配电室。

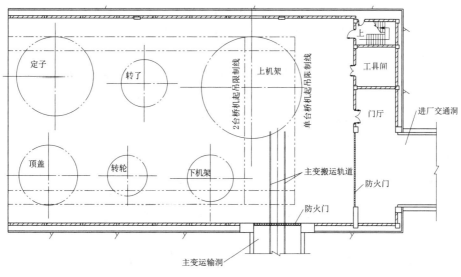

图 3-30 安装场布置图

（7）副厂房七层布置蓄电池室和直流配电室，并与通风兼安全洞出口相接。

（8）副厂房顶层布置空调、风机、电梯机房。

3.2.4.4 母线洞布置

为了满足抽水蓄能电站调相功能和水泵工况起动要求，母线洞除布置低压母线、发电机断路器、TV柜等与常规电站相同的设备外，还布置有换相隔离开关、启动母线以及启动母线隔离开关等电气设备。由于电气设备较多，大型抽水蓄能电站母线洞长度不宜小于35m。某电站母线洞及主变洞剖面布置如图3-31所示。

母线洞有单层布置和分层布置两种方式。

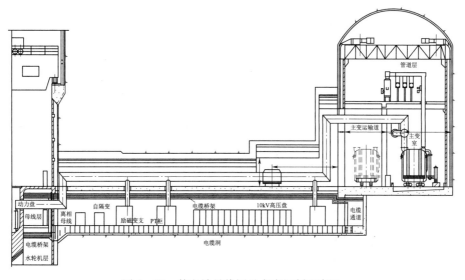

图 3-31 某电站母线洞及主变洞剖面布置

母线洞单层布置：主母线吊装在母线洞顶部，洞顶一般为圆弧形，吊架制作及安装复杂。发电机断路器可采用落地或平台安装，落地安装必须增加母线转角段，抬高安装必须增加钢或混凝土平台，抬高安装发电机断路器就位较复杂。由于发电机断路器占用较大的布置场地，因此单层布置时母线洞内一般仅能够布置发电机电压设备，机组自用电设备一般布置在主厂房机组段之间，电气设备与水机设备布置交叉，施工干扰较大。厂用高压设备、公用电主设备与照明配电主设备可以布置在主变洞或副厂房。布置在副厂房与布置在母线洞内相比，电缆将有较大幅度的增加，并且加大主厂房电缆桥架的压力。

母线洞分层布置：发电机断路器和主母线均落地布置在最上层，安装调整非常方便；楼板可以阻隔高温、屏蔽磁场，使布置在下层母线洞内的电气设备有一个良好的运行环境；另外，下层母线洞空间较大，能够布置较多的厂用电设备。母线洞分层布置具有设备布置清晰美观、电缆敷设灵活便利及电缆敷设路径有效缩减等优点。

3.2.4.5 主变洞布置

抽水蓄能电站主变洞除布置有与常规电站相同的主变压器、厂用变、主变运输道、地下 GIS 等设施外，为了满足机组水泵工况电动机启动要求，还需要布置启动母线及静态变频启动装置（static frequency converter，SFC 系统）。

启动母线与 SFC 系统相连，一般布置在主变洞上游所设置的专门的启动母线廊道内，某电站主变洞剖面布置图如图 3-32 所示。随着机组容量的增大以及微电子技术和大功率电子元器件的迅速发展，采用 SFC 启动为主，背靠背启动为辅已成为蓄能机组电动泵工况启动的主导方式，它无论在可靠性、安全性和可维护性等方面，比过去采用的同轴小电机启动和异步启动等都具有优越性。

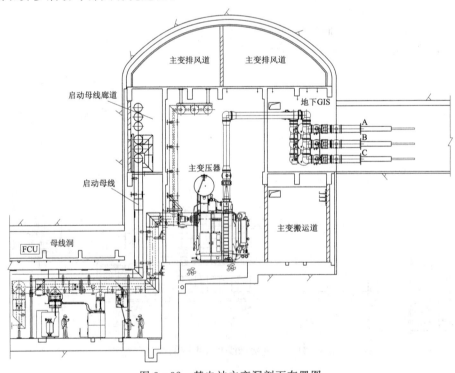

图 3-32 某电站主变洞剖面布置图

SFC 系统通常布置在主变洞的一端。采用 SFC 启动，对蓄能电站厂房的布置会产生有别于常规电站的影响。为布置变频启动设备如输入输出开关、输入输出变压器、控制柜、整流柜、逆变柜、直流电抗器及 SFC 冷却水系统等，需要相对增加厂房的面积。十三陵抽水蓄能电站 SFC 启动设备布置图如图 3-33 所示，埌墚山抽水蓄能电站 SFC 启动设备布置图如图 3-34 所示。

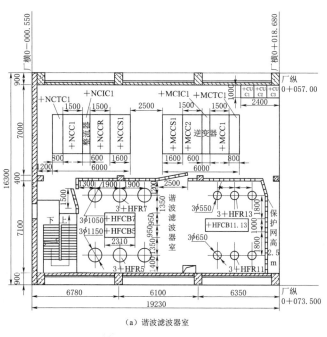

（a）谐波滤波器室

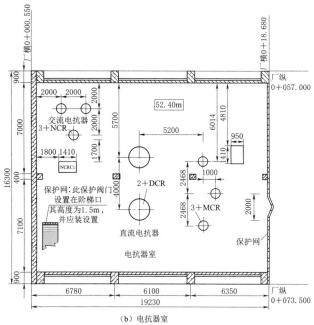

（b）电抗器室

图 3-33　十三陵抽水蓄能电站 SFC 启动设备布置图（尺寸单位：mm）

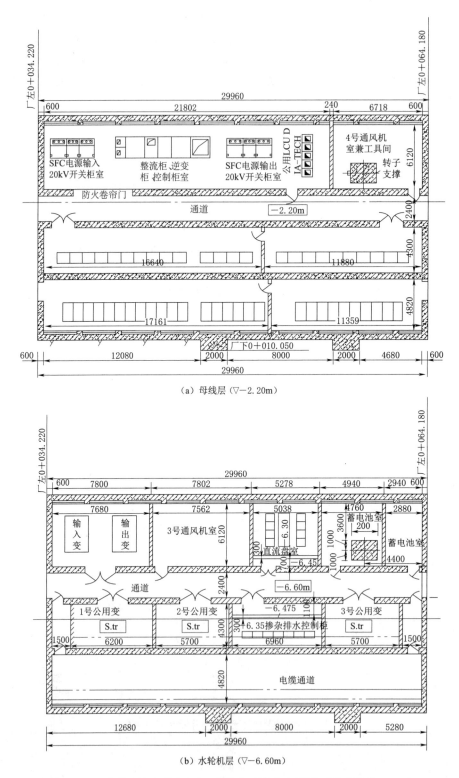

（a）母线层（▽-2.20m）

（b）水轮机层（▽-6.60m）

图 3-34　琅琊山抽水蓄能电站 SFC 启动设备布置图（尺寸单位：mm）

3.3　抽水蓄能电站地面厂房结构及布置

引水式库外地面厂房要求下库外有合适的地形，坝后式地面厂房受大坝坝高的限制，电站可利用的水头较低，厂坝整体连接的坝后式厂房如图3-35所示。以上两种型式的厂房在大型抽水蓄能电站中布置与常规电站的岸边式或坝后式地面厂房基本相同。

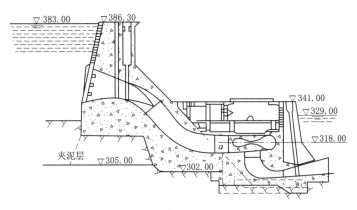

图3-35　厂坝整体连接的坝后式厂房

3.3.1　厂区和厂房布置

抽水蓄能电站地面厂房厂区建筑物与常规电站相同，由主副厂房、变电站、开关站、中控楼和附属建筑物组成。

由于抽水蓄能电站机组安装高程低，厂房几乎全部处于水下，厂房屋顶一般与下库坝顶同高。下库边的地势通常较为开阔，厂房屋顶和厂房上游与山体间的平台可布置主变压器、开关站。某抽水蓄能电站主厂房横剖面图如图3-36所示。

（1）库内抽水蓄能电站地面厂房的下库水位远高于发电机层，如果采用常规厂房常用的抬高安装间地面高程至尾水位以上、利用公路直接进厂的方式，将会使安装场与发电机层高差很大，厂房上部结构过高。为了降低主厂房的高度，改善上部结构的受力条件，安装场地面一般与发电机层同高或略高于发电机层布置，进厂交通一般采用以下两种方式：

1）利用隧洞或廊道水平进厂。在安装间一侧布置进厂隧洞或廊道，并从进厂交通隧洞（廊道）直接运送机电设备到安装间。进厂隧洞（廊道）进口高于下库最高水位，与进厂公路相连。进厂隧洞（廊道）坡向厂房有一定的长度，其纵坡不宜大于8％，厂前应设有平直段。由于进厂廊道位于水下，需要注意防水、抗渗处理。

2）利用装卸场垂直进厂。在安装间上空布置装卸场，装卸场地面高程高于下库最高水位，进厂公路直接进入装卸场。装卸场内布置有起重机械，机电设备经装卸场，通过安装间顶板开设的吊物孔垂直吊运至安装间。垂直进厂方式进厂公路高于下库水位，运行安全、可靠。但该方式需增设装卸间，并增加一台桥机，机电设备需二次吊运进入厂房。

（2）厂房防渗、排水和防潮、通风设计。防水、排水设施直接关系到电站的运行安全，通风、防潮效果直接影响厂房的运行环境，设计必须充分重视厂房防渗、排水和通

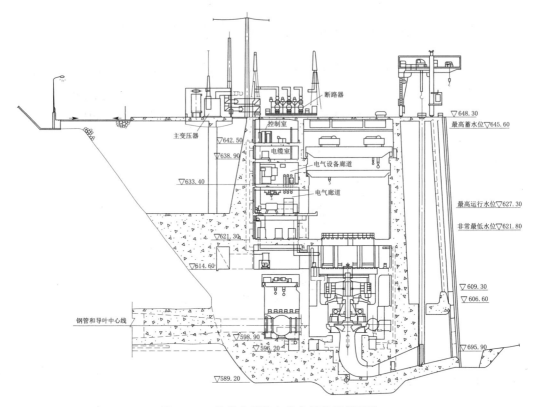

图 3-36　某抽水蓄能电站主厂房横剖面图

风、防潮问题。结构缝应采取可靠的止水措施，一般情况下，需设置两道止水片。混凝土迎水面的施工缝亦需布置止水片。注意渗漏集水井的容积应满足厂房排水要求，并留有足够的裕度。厂房四周挡水墙混凝土应进行抗渗、防潮处理，重要部位可在挡水墙后设置防潮隔墙。厂房内应设置良好的通风设施，必要时可以在厂房上部开设通风、采光孔。

3.3.2　厂房整体稳定分析及研究方法

抽水蓄能电站地面厂房整体稳定及地基应力分析的方法、计算工况、荷载及其控制标准与常规地面厂房相同。由于抽蓄电站厂房承受较大的水压力，上游和侧墙有可能还承受山岩压力或填土压力，需要重视对厂房整体稳定和地基应力进行计算。分析计算应分别以中间机组段、边机组段和安装间段作为独立体，依据各种工况下的荷载组合进行计算。

由于抽蓄电站机组安装高程低，下游水位较高，承受的水压、土压力较大，整体稳定和地基应力通常难以满足设计要求。为提高厂房的整体稳定性，一般采取下列工程措施：

（1）加大厂房尺寸，增加厂房自重或加大基础板尺寸，利用基础板上部回填石渣的重量，可提高厂房抗浮、抗滑力，改善地基应力；如巴斯康蒂抽水蓄能电站上游开挖空间用大量混凝土回填，以增加结构的自重，满足整体稳定要求。

（2）当边机组段或安装间地基出现较大拉应力时，可提高结构缝水平止水片的布置高程，利用缝内水压抵消部分侧向水压力，或经论证可将两个或多个机组段下部混凝土结构连为整体，改善建筑物的受力条件。

（3）厂房基础布置防渗帷幕和抽排水系统，降低基础扬压力。

目前水电站厂房整体稳定分析及结构静动力研究方法主要有：简化的计算方法以及Ansys有限元计算法。这两种方法在实际应用过程中均有其优缺点。

简化的计算方法历史悠久，主要采用力学理论，对计算对象进行适当简化进行计算，在实际设计过程中应用时间长，有大量的工程实践经验验证。但由于计算量较大，计算过程中容易出错。因为不考虑构件截面尺寸的影响，当荷载或结构体型截面较大时，也会影响到计算结果，荷载或结构体型截面越大，对其影响就越大。模型简化及构件相互关系对计算结果影响大，若选择错误，经常会使计算结果南辕北辙。

有限元法则是能够有效地处理材料属性和边界条件较复杂问题的离散化的数值方法，在水电站设计应用中具有以下优点：

（1）水电站厂房相对于民建及工程厂房结构比较复杂，影响因素较多，做过程仿真分析较为困难，建立限元模型进行模拟较易于执行。

（2）在计算过程中，可以根据需要能针特定部位进行专门的模拟，可以明确计算出所需特定部位的应力。

（3）可以对影响结构的因素进行敏感性分析，对这些因素可以方便地进行调整，从而了解哪些因素为关键因素及对结构的影响程度。

（4）有限元的模型能方便分析了解水电站结构的特性；这是因为在建模时可以尽量突出构成结构特征因素的本质。

3.3.3 结构设计

抽水蓄能电站地面厂房的结构组成和结构设计原则与常规电站基本相同，有上部结构、下部结构和二期混凝土结构。电站厂房组合图如图3-37所示，图3-37表示为厂房的组成及配合关系，对受力结构应进行承载力验算，对使用上有变形控制的构件，应进行变形验算，对承受水压力的下部结构，应进行抗裂或裂缝宽度验算；对使用上有限制裂缝宽度要求的上部结构，应进行裂缝宽度验算。对于复杂的空间结构，宜采用三维有限元法进行整体结构分析。

（1）水平面上，可分为主机室和安装间。主机室是运行和管理的主要场所，水轮发电机组及辅助设备布置在主机室；安装间是水电站机电设备卸货、拆箱、组装、检修时使用的场地。

（2）垂直面上，根据工程习惯主厂房以发电机层楼板面为界，分为上部结构和下部结构。

1）上部结构。与工业厂房相似，其基本上是板、梁、柱结构系统。周边承受较大的水压力和土压力，四周一般采用实体混凝土墙，屋面结构一般采用刚度较大的板梁或厚板，将厂房上下游结构连为整体箱形结构。有的电站为了进一步加强上下游结构的连接刚度，在主厂房发电机层以上增设一层厚板。

2）下部结构。其为大体积混凝土整体结构，主要布置过流系统，是厂房的基础。下游水位较高，运行工况尾水管承受较大的内水压力，顶、底板的拉应力值较大。将机组段之间结构缝的止水布置在尾水管上部，使结构缝与下游河道连通，内外水压平衡，可有效地改善结构的应力状态。

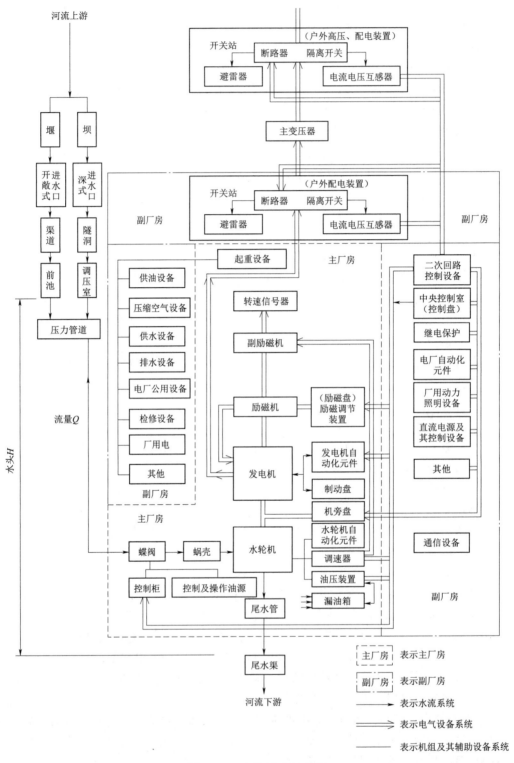

图 3-37 电站厂房组合图

第4章 水泵水轮机

4.1 机组类型及适用条件

4.1.1 机组的特点和布置方式

抽水蓄能电站的主要设备是抽水蓄能机组。最早使用的抽水蓄能机组由专用的抽水机组和发电机组组合而成，这种结构型式的机组被称作四机式机组。后来发展到将一台泵和一台水轮机分别连接在可以兼作电动机和发电机的电机两端，形成三机式机组。随着技术的进步，出现了可以双向运行的水力机组，即向一个方向旋转时抽水，向另一个方向旋转时发电，这样的机组称为可逆式水泵水轮机，它和可逆式电动发电机组合成的机组称为二机式机组。由于二机可逆式水泵水轮机组具有结构简单、造价低、土建工程量小等优点，已成为现代抽水蓄能电站采用的主要机型。

由抽水机组和发电机组合成的四机式机组，其特点是水泵和水轮机的性能均可按各自的要求进行设计，达到各自的最优效率运行工作，发电机和电动机均可按各自要求设计，使运行效果较好。这种机组主要问题是设备多、制造工作量大、成本高、运行维护工作量大等。在电站布置上可按各自要求安装在同一厂房或不同的厂房内，机组的型式有立式或卧式两种，卧式机组通常为抽水机组和发电机组单独进行安装。

泵和水轮机分别连接在电动发电机两端的三机式机组，主要优点是水泵和水轮机可分别按电站抽水和发电要求进行专门设计，保证高效率工作，且三机式机组比四机式机组结构上简单一些。在电站的安装布置上有卧式和立式两种型式。卧式机组通常将水泵和水轮机布置在电动发电的两端，同轴连接，三机卧式机组如图 4-1 所示。有时由于水泵和

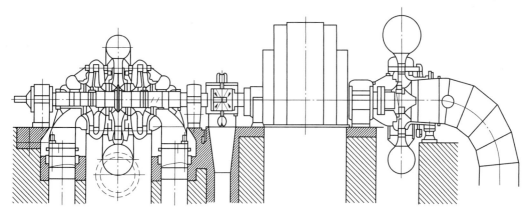

图 4-1 三机卧式机组

89

水轮机要求的安装高程不同，卧式机组在电站厂房布置上会出现困难，有些机组在泵的吸入管上加装增压泵，三机带增压泵的卧式机组如图 4-2 所示。该电站水泵运行时，$H=878m$，$Q=6.05m^2/s$，$n=600r/min$，为 5 级离心泵；水轮机运行时，$H=844m$，$Q=8.15m^3/s$，$N=60MW$，为冲击式水轮机；泵、水轮机和电机均安装在同一高程上，在泵吸水口设增压泵，$H=22.5m$，$Q=6.05m^3/s$，$n=500r/min$，为单组混流泵。

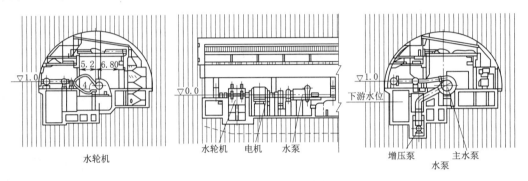

图 4-2 三机带增压泵的卧式机组

立式机组是现代三机式机组发展的趋势，它适应了水泵和水轮机两种工况对安装高度的不同要求，将泵安装在水轮机的下面，减少了电站厂房的平面尺寸，当然这种布置方式对水泵工况运行维护会带来一些不便，立式布置的三机式机组如图 4-3 所示。可逆式水泵水轮机和可逆式电动发电机组成的二机式机组，是当代抽水蓄能机组的主要机型。其主要特点为可逆式水泵水轮机的转轮能适应两种工况的水力特性要求，使机组结构更为简单，节省材料，降低成本，并使安装、运行、维护都变得简单和方便。主要缺点是可逆式水泵水轮机转轮在相同转速下不能使两种工况都在最优效率区运行。当差别较大时，通常采用水泵和水轮机两种工况为不同额定转速，这样给电动发电机的设计制造带来一些困难，增加了成本。如今二机式机组在相当大的水头范围内取代了三机式机组。

可逆式水泵水轮机组通常采用立式布置，如图 4-4 所示。小型机组也采用卧式布置。由于水泵工况要求安装高程很低，因此一般可逆式机组电站厂房的水下部分较多，也有很多为地下厂房。

不同型式的蓄能机组在电站布置上的比较如图 4-5 所示。从图 4-5 可以看出，三机式组合工程量最大，结构也复杂。而单级的可逆式机组工程最为简单，造价和投资都大为节省。这也是二机可逆式蓄能机组向更

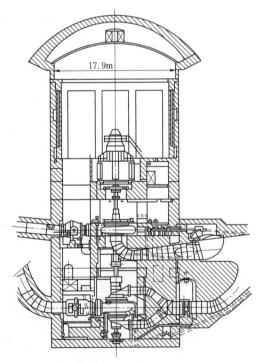

图 4-3 立式布置的三机式机组

高水头发展的原因之一。

按照水泵水轮机的结构，抽水蓄能电站安装的抽水蓄能机组分类如图4-6所示。

4.1.2 组合式水泵水轮机

组合式水泵水轮机组是抽水蓄能机组双功能机械的合理结构型式。水泵和水轮机分别按照电站的具体要求进行专门设计，因而可保证在各自的运行条件下高效率工作。组合式机组特别适合于蓄能电站在抽水和发电有不同要求的场合，例如有一些蓄能电站是在多水库之间工作（抽水取自一个水库而发电尾水则流入另一个水库），或对抽水和发电的装机容量要求不同（如某些混合式蓄能电站的机组）。由于这个原因，虽然可逆式水泵水轮机比四机式或三机式的组合机组优越，但组合式机组仍有新的机种安装在蓄能电站。

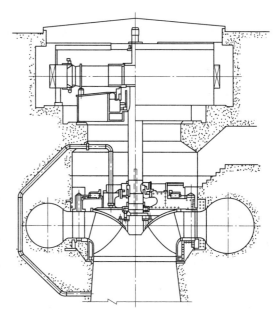

图4-4 可逆式水泵水轮机组

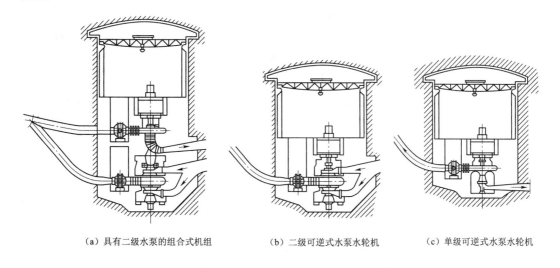

（a）具有二级水泵的组合式机组　（b）二级可逆式水泵水轮机　（c）单级可逆式水泵水轮机

图4-5 不同型式抽水蓄能机组在电站布置上的比较

4.1.2.1 四机式组合机组

四机式组合机组是最早出现的抽水蓄能机组。水泵和水轮机完全是按照电站两种工况的参数要求进行设计和工作的，它能保证在任何情况下都使机组在高效率范围内工作。但是由于机组结构复杂、成本高、电站工程量较大，近来在大中型抽水蓄能电站中很少采

91

用，只是在一些小型的抽水蓄能电站中应用，或在其他任何型式的蓄能机组均不能满足要求的抽水蓄能电站采用。

图 4-6　抽水蓄能机组分类

4.1.2.2　三机式组合机组

最早制造的大型三机式组合机组是1927年安装在德国得累斯顿附近的内台尔华沙（Neider-Wartha）电站的4台横轴机组。水轮机工况水头为118.00～144.00m，出力22.5MW，水泵工况扬程138.00～145.00m，出力20.2MW，转速375r/min。

西欧一些国家在20世纪30—50年代里生产了很多三机式机组，较知名的是1959年安装在卢森堡的菲安登（Vianden）蓄能电站的9台卧式机组，如图4-1所示。水轮机运行时的额定水头为290.00m，出力105MW；水泵运行时的扬程为268.00m，功率71MW，转速为428.6r/min。泵和电机之间除装有一个齿轮式联轴器外，还装有一台供启动用的冲击式小水轮机。作为水轮机运行时泵与电机是脱开的。作为泵运行时启动用冲击式水轮机把泵轴加速到同步转速，在旋转中与联轴器结合，即进入水泵工况，向水轮机转轮室内注入压缩空气，压低水位以减少转轮空转的损耗。由抽水工况转至发电工况时，水流进入水轮机驱动发电机发电，而联轴器则自动脱开泵即自行减速停止。由于联轴器可以在旋转中操作，故由一种工况切换至另一工况的时间很短。

也有很多三机式机组是立式的，常用的布置方式是电动发电机装在上端，水轮机在中间，水泵在最下面同轴相连。泵装在水轮机下面是因为泵所要求的淹没深度比水轮机要深。图4-3是1964年装在意大利的加尔尼亚诺（Gargnano）高水头立轴三机式机组。作为水轮机运行时水头为400.00m，出力67MW，作为泵运行时扬程为417.00m，流量14m³/s，转速为600r/min。此机组使用两级双吸式离心泵，通过一个联轴器与水轮机轴连接，为驱动水泵，水轮机轴要通过其尾水管（轴装在一个护套中，以减少水力损失）。在图4-3中可以清楚地看到三机式水泵水轮机需要有两套进水管，两套尾水管和两个进口阀门。

1970年在德国瓦尔德克Ⅱ（WaldeckⅡ）抽水蓄能电站安装的大型立轴三机式机组（水轮机工况水头336.00m，功率239MW，转速375r/min；水泵工况扬程343.00m，功率234MW，转速375r/min）如图4-7所示，水泵装在电动发电机的下面，而水轮机则倒装在电机的上方，尾水管由上方引出。这种结构可以使主轴大为缩短，并避免了驱动轴通过水轮机尾水管。从图4-7中看，电机位于水轮机下面，空间很小，对检修会带来一些不便。这台机组没有联轴器，故泵或水轮机在空转时要注入压缩空气。

当抽水蓄能电站的水头超过混流式水轮机适用的水头限度后，需要用冲击式水轮机来代替。图4-8是1954年装在奥地利吕纳西湖（Linersee）抽水蓄能电站的三机式机组，它由一台4喷嘴冲击式水轮机和一台5级离心泵所组成。水轮机运行时，水头为970.00m，出力46MW；水泵运行时，扬程为1005.00m，出力43MW，流量4.2m³/s，转速750r/min。泵的下端装有止推轴承，泵的上端装有启动用的液压变矩器和正常运转用的齿轮联轴器，冲击式水轮机的尾水较高，故水轮机和泵之间的轴做得很长。目前世界上

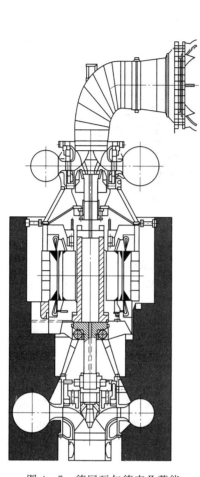

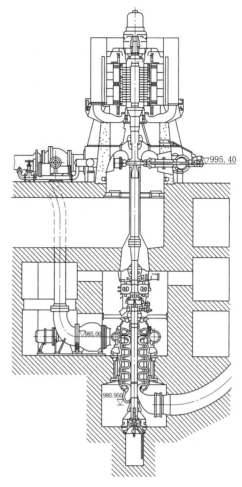

图 4-7　德国瓦尔德克Ⅱ蓄能
电站立轴三机式机组

图 4-8　奥地利吕纳西湖蓄能
电站立轴三机式机组

此类结构的三机式机组运行水头最高的为 1969 年投入的意大利圣菲拉诺（San Fiorano）蓄能机组，水轮机运行时，水头为 1403.80m，出力 140MW，水泵运行时，扬程 1438.60m，功率 101.1MW，转速 600r/min，整套机组轴长 45m，有 7 个导轴承。

瑞士的沙密尔（Charmiles）公司制造过几台"同向旋流"（Isogyre）型的组合式机组，其结构特点是把泵和水轮机的蜗壳合并为一，把两个转轮背靠背地装在一根轴上，因而缩短了轴向尺寸。在图 4-9 左边是水轮机转轮，配有活动导叶，右边是泵叶轮。转轮的外面装有筒形阀，运行时把不工作的转轮用筒型阀与蜗壳隔断。这种机组在外观上颇似可逆式机组，但因其具有两个专用的转轮，故仍应属于三机式机组。最大的"同向旋流"式机组是装在奥地利马耳他（Malta）蓄能电站的立式机组，最大工作水头为 220.00m，功率为 83MW，转速 500r/min。

三机式机组因为设备较多，近年来在中低水头范围已由可逆式机组取代，但是在高水头范围内，例如 800.00～900.00m 或更高，或在水泵启动对电网冲击影响较大场合时，

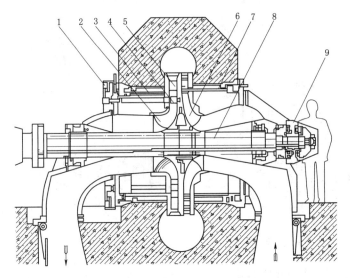

图 4-9 "同向旋流"（Isogyre）型三机式机组

1—导水机构；2—水轮机转轮；3—水轮机筒形图；4—活动导叶；5—固定导叶；

6—水泵叶轮；7—水泵筒形阀；8—主轴；9—推力轴承

三机组合式机组仍是有力的竞争者。

4.1.2.3　组合式水泵水轮机的优缺点

组合式水泵水轮机具有以下优点：

（1）泵和水轮机都是按各自的参数分别设计的，能最大限度地保证在高效率区工作。

（2）泵和水轮机的旋转方向一致，两种工况之间的切换操作可以缩短时间。

（3）电机的旋转方向不变，对轴承设计有利，在电气设备上可以节省倒换相序的开关组。

（4）机组由静止启动抽水时，可以用水轮机来启动泵，而不需其他启动设备。

组合式水泵水轮机存在以下缺点：

（1）泵和水轮机都是独立的设备，机组设备较多，尺寸较大，成本投资较高。

（2）在泵上要装一个联轴器（机械式或液压式或混合式），立式机组在泵的下面还要装一个止推轴承，这将会使得机械设备增多。

（3）泵和水轮机都需要单独的蜗壳、尾水管和进口阀门，这会使得机械设备以及电站水工部分投资成本增加。

（4）空转的泵或水轮机转轮，即使打进了压缩空气，仍存在一定量的损耗，这会影响整个机组的运行效率。

4.1.3　可逆式水泵水轮机

可逆式水泵水轮机把水轮机和泵这两者合为一体，具有相反方向运行的功能，即顺时针方向旋转为水轮机，逆时针方向旋转为泵，因此机组尺寸可以大大缩小，使机器设备和电站建筑物的投资都得以降低。

可逆式水泵水轮机和常规水轮机一样，根据适用水头大小不同，可以设计成混流式、斜流式、轴流式以及贯流式。由于抽水蓄能电站的效益随水头的增大而明显增高，因此在各种形式的水泵水轮机应用中，混流可逆式水泵水轮机占绝大多数，使用范围最广，从工作水头 30.00～40.00m 直到 600.00～700.00m 范围内都能使用。斜流式水泵水轮机主要应用于 150.00m 以下，在水头变化幅度较大的中、低水头抽水蓄能电站中得到应用。轴流可逆式水泵水轮机使用得较少，贯流可逆式水泵水轮机适用水头一般不超过 15.00～20.00m，较多运用于潮汐电站。可逆式水泵水轮机的水头运用范围如图 4-10 所示。

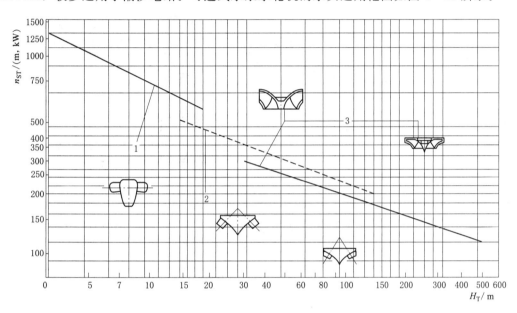

图 4-10　可逆式水泵水轮机的水头运用范围
1—轴流式；2—斜流式；3—混流式

4.1.3.1　混流可逆式水泵水轮机

1. 单级混流可逆式水泵水轮机

混流可逆式水泵水轮机大致与普通混流式水轮机相似，区别在于转轮直径增大，叶片数目减少，叶道较长，叶片形状也有所改变，顶盖和座环刚度和强度较高（机组推力轴承及水轮机导轴承支撑在顶盖上）。中高水头混流可逆式水泵水轮机的结构图（挪威 Kvaemer 公司）如图 4-11 所示。

低水头蓄能电站的水位波动在机组工作水头中所占的比重较大，造成泵工况流量变化幅度很大，不易维持在高效率区运行。如果把应用水头提高，则流量变化范围会缩小，水力性能可以提高。同时在高水头下，机组转速可以提高，不但机器尺寸缩小，且一系列水工建筑物都可减小尺寸，投资节约很多。因此近 20 年来可逆式水泵水轮机向高水头发展的趋势是很明显的。

目前世界上容量最大的混流可逆式水泵水轮机在美国巴斯康蒂蓄能电站其共装有 6 台机组，1985 年开始投入运行。这些机组作为水轮机运行时在 329.00m 水头下可以发电 380MW，超出力时可达 457MW，作为泵运行时在 335.00m 扬程下可抽水 116m³/s，双

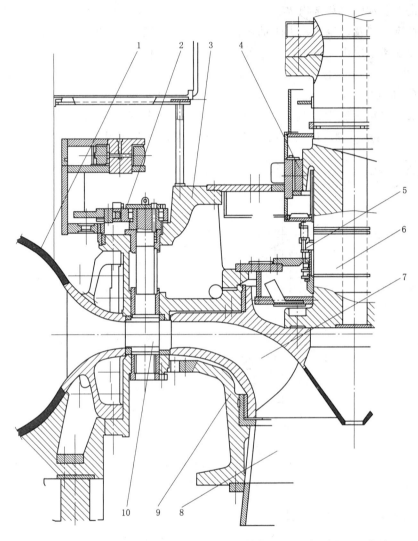

图 4-11 中高水头混流可逆式水泵水轮机结构图（挪威 Kvaemer 公司）

1—蜗壳；2—导水机构；3—顶盖；4—导轴承；5—主轴密封；

6—主轴；7—转轮；8—尾水管；9—底环；10—导叶

向转速均为 257r/min，转轮直径 6.35m。

现在应用水头最高的单级混流可逆式水泵水轮机，是保加利亚茶拉抽水蓄能电站的机组，它是日本东芝公司设计制造的，这台机组作为水轮机运行时的最大水头为 677.00m；发电 216MW，转速 600r/min；作为泵运行时的最大扬程 701.00m，抽水量 21.3m³/s，转速 600r/min。水泵水轮机转轮直径为 3.52m，吸出高度—62m。由于水头很高，转轮检修的机会多，因此机组的尾水锥管和底环均是可以拆卸的，检修时可把转轮从下方拆除而无须拆卸机组上部结构。

2. 多级混流可逆式水泵水轮机

多级混流可逆式水泵水轮机是为适应发展高水头抽水蓄能电站的需求而产生的。因电力系统对抽水蓄能的需求不断增加，抽水蓄能机组的应用水头逐步提高。在将单级混流式水泵水轮机应用于 500.00～600.00m 水头时，发现水力效率偏低，转轮叶片压力偏高，同时叶片流道的宽度将变得很小，不利于加工。不过，因其结构简单，现在仍有不少工厂致力于提高单级水泵水轮机性能的研究。

根据目前水泵水轮机的制造水平，单机转轮的应用水头上限一般可达 800.00～900.00m，超过此限度后转轮的结构强度难以保证。同时，若水头过高，水泵水轮机的比转速将很低，转轮的水力损失和密封损失都会变得很大而导致转轮的效率太低。如果把这个水头改由几个转轮来分担，则可以提高单个转轮的水力性能并便于强度设计，同时还可以减少由于气蚀造成的淹没深度。多级混流可逆式水泵水轮机就是按这种想法发展起来的。

安装在意大利奇奥塔斯（Chiotas）蓄能电站的 4 级混流可逆式水泵水轮机，在 1048.00m 水头下可发电 148 MW，在 1070.00m 扬程时可抽水 $14.8m^3/s$，转速为 600r/min，转轮直径 2330mm，吸出高度－50.5m。水泵水轮机的外壳是分段组合的，和常规多级离心水泵一样，各级转轮都没有导叶，故作为水轮机运行时不能调节，开停机及与电网并列都依靠进口高压球阀来控制。由于没有导叶，水泵工况启动须在水中进行，因而要求电动机具有很大的启动力矩（功率）。因此这种机组只能在容量很大的电网中应用。

转轮没有导叶控制，对于水泵水轮机的各方面性能都是不利的，故很多制造厂都在集中研究两级有调节的可逆式水泵水轮机，图 4 - 12 为美国 A.C 公司对应用于水头 1000.00m 的两级混流可逆式水泵水轮机设想方案。这台机组的上下流道各有一套导水机构，分别控制上下转轮（两个转轮的直径不是相等的，即不是把总扬程均分）。该公司还

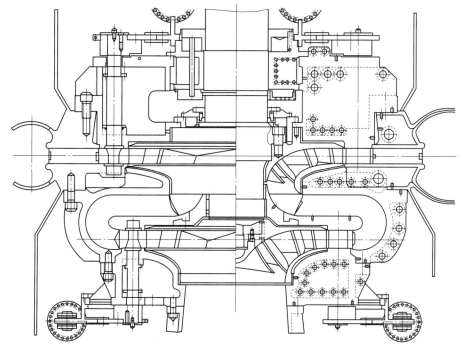

图 4 - 12 两级混流可逆式水泵水轮机设计方案

研究了只有一级有调节的两级机组方案，试验表明，如果不是每级都有导叶，其总的调节性能仍较差。

如果抽水蓄能电站的水头超过 1000.00m 或更高，两级水泵水轮机也不能满足要求，为了适应更高的应用水头，国外已使用超过两级的多级可逆式水泵水轮机。多级水泵水轮机每级叶轮的设计水头不超过 300.00m，因之比转速得以提高，由单级转轮常用的 $n_q=25\sim30$ 提高到 $n_q=40\sim50$，虽然增加了两级之间的反导叶流道，但总的效率并不比单级水泵水轮机低。国外现在使用 $4\sim6$ 级的多级水泵水轮机，应用水头可达 $1000.00\sim1400.00m$。图 4-13 为一台五级可逆式水泵水轮机组。这种机组在发电或抽水时都是在当时水头所决定的流量下固定运行，因此只能在很大的电网中工作，发出或吸收"整块"的功率。

4.1.3.2 斜流可逆式水泵水轮机

斜流可逆式水泵水轮机突出的优点是除了导叶可以调节之外，转轮叶片也可以调节，因此可以适应水头变幅较大的场合。在有些电站使用单转速斜流式水泵水轮机就可以满足水轮机和水泵两种工况的要求，但如水头变化仍过大，则还需使用双转速，如我国早年安装在岗南的水电站（$H=31.00\sim59.00m$）和密云的水电站（$H=27.00\sim65.00m$）的斜流可逆式水泵水轮机都使用双转速。日本是设计和制造斜流式水泵水轮机最多的国家。斜流式水泵水轮机的结构较复杂，制造工艺要求较高，机组造价相对较高。

在变水头和变负荷工况下运行时，叶片转角和导叶开度协联动作，可以保持较高的机组效率。由于转轮叶片几乎能全关闭，在水泵工况下的启动转矩约为额定输入功率的 10% 左右，因此启动比较方便。在容量较大的电力系统中，转轮可以在叶片全关闭条件下带水启动。在容量较小的电力系统中，可以利用压缩空气把转轮周围的水面压低后再启动，机组达到额定转速后，再排气充水。因此，斜流可逆式水泵水轮机的启动方式比较简单，不必设置专门的启动设备。

斜流可逆式水泵水轮机在水力特性上有以下优点：

（1）轴面流道变化平缓，在两个方向的水流流速分布都较均匀，故水力效率较高。

（2）和斜流式水轮机一样，转轮叶片是可调的，能随工况变动而适应不同的水流角度，减小水流的撞击和脱流，因而扩大高效率范围。

（3）斜流可逆式水泵水轮机的水泵工况进口一般比相同转轮直径的混流可逆式机要小，能形成进口处更均匀的水流，有助于改进水泵工况的空化性能。

在结构上，斜流可逆式水泵水轮机与混流式机相比有以下特点：

（1）斜流可逆式水泵水轮机在转轮体内要安放转桨机构，高水头斜流式机叶片数可达 $11\sim12$ 片，转桨机构的设计相当复杂。

（2）相比混流可逆式水泵水轮机，对于同一转轮直径的斜流可逆式水泵水轮机其导叶分布圆要大一些，如 $D_0=(1.35\sim1.4)D_1$，导致座环和蜗壳尺寸全面加大。

（3）斜流可逆式水泵水轮机转轮体有很多加工面是在锥面上，给机械加工带来难度，增加造价。

（4）为使斜流可逆式水泵水轮机有较高的水力效率，需要保证转轮叶片顶部与转轮室之间有固定的间隙，为此需装设专用的监视设备。

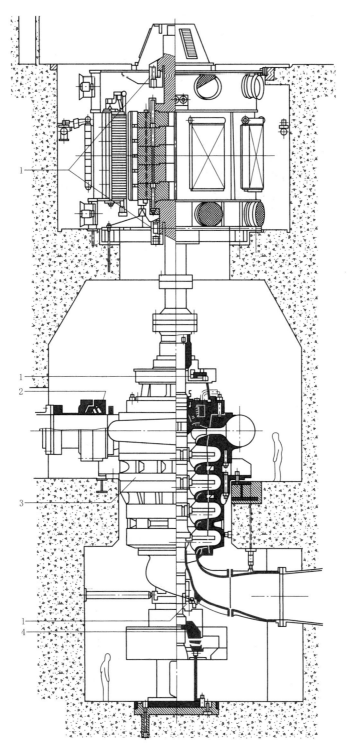

图 4-13　五级可逆式水泵水轮机机组（意大利 Hydroert 公司）

1—导轴承；2—伸缩节；3—水泵水轮机；4—推力轴承

日本是设计和制造斜流可逆式水泵水轮机最多的国家，现在运行的至少有 7 个电站的 13 台机组。最新的机型是 1983 年投运的高见斜流可逆式水泵水轮机，泵工况功率为 105MW，最大扬程 118.00m。斜流可逆式转轮模型如图 4-14 所示，图 4-14 表示出斜流可逆式转轮的特征。

(a) $\tau=10$　　　　　　　　　　　(b) $\tau=12$

图 4-14　斜流可逆式转轮模型

4.1.3.3　贯流可逆式水泵水轮机

具有双向运行功能的潮汐电站实际上是低水头潮汐蓄能电站，通常使用贯流可逆式水泵水轮机。这种机组可以在两个流向发电，又可以在两个流向抽水，故又称为双向可逆式水泵水轮机。图 4-15 为潮汐蓄能电站的 4 种主要工作方式：

（1）海水涨潮时海洋水位比海湾水位高，机组以"海→湾"的方向发电，如图 4-15（a）所示，机组此时是正向正转发电。

（2）海水退潮时海洋水位比海湾水位低，机组就以"湾→海"的方向发电，如图 4-15（b）所示，这时机组是反向逆转发电。

（3）在电力系统有多余电能时，机组可以做水泵运行，把海湾里的水抽到海洋中去，降低海湾水位，以便下次涨潮发电时可以有更高的水头，如图 4-15（c）所示，机组这时是正向逆转抽水。

（4）如果涨潮的时间和电网负荷高峰的时间不一致，亦可以在负荷低谷时把海水抽到海湾里蓄起来，到负荷高峰时用来发电，如图 4-15（d）所示，机组此时是反向正转抽水。

随潮汐电站的海潮特点及海湾库容与流量关系，可以取"海→湾"为正向发电，这时贯流式机组的灯泡体一般放在海洋一侧。有的潮汐电站设计成以"湾→海"为正向发电，则贯流式机组就要放在海湾一侧。通过

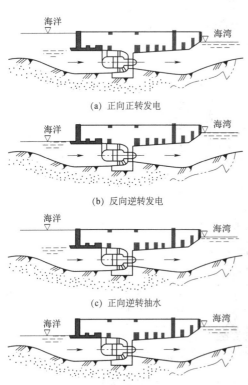

(a) 正向正转发电

(b) 反向逆转发电

(c) 正向逆转抽水

(d) 反向正转抽水

图 4-15　潮汐蓄能电站工作示意图

试验和实践证明，贯流式机组的灯泡体应放在水泵水轮机的高压侧，即水轮机工况的上游侧或水泵工况的下游侧。贯流式水泵水轮机还应具有一个功能，就是在海和湾的水位相差很少而不利于发电或抽水时，可以把叶片开到近于轴向位置，让海水通过。

只有贯流式水泵水轮机才能适应潮汐电站如此复杂的运行方式。有的贯流式转轮设计采用稠密度很小的叶片，在反向工作（发电或抽水）时，叶片能转到轴心线的另一边去。有的设计因使用较长的叶片不能转过轴心线，则把叶片设计成S形，这样可以较好地适应双向工作的要求。这种型式的贯流式水泵水轮机已在我国江厦潮汐电站得到成功的应用。

贯流式水泵水轮机除转轮叶片和导叶叶片设计有特殊要求外，其他部分的结构和常规贯流式水轮机没有很多差别。图4-16为20世纪80年代生产的双向贯流可逆式机组。

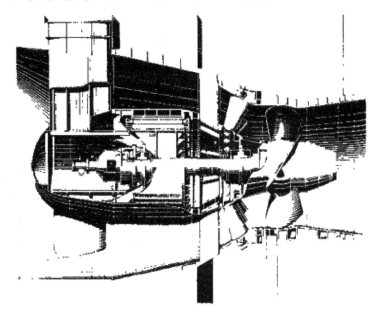

图 4-16 双向贯流可逆式机组

4.2 机组主要参数及计算方法

4.2.1 主要参数

水泵水轮机和常规的水轮机或水泵相同，其主要参数也包括转轮直径、转速、扬程或水头、流量、出力或功率、效率、比转速、吸出高度以及单位参数等。通过对主要参数之间的关系进行分析计算将有助于理解水泵水轮机的工作特性，更好地运行水泵水轮机。

4.2.2 计算方法

4.2.2.1 比转速的计算

比转速是现代水力机械专业中最广泛的综合水力特性参数之一，它代表了水力机械机组的综合性能。

在选择水泵水轮机的比转速时，通常要考虑水轮机工况的比转速与水泵工况的比转速，为了避免单位不一致产生的混乱，按通常的表达方法，水轮机的比转速使用（m，kW）单位制，水泵采用（m，m^3/s）单位制。

水轮机工况为

$$n_{st} = n\sqrt{P}/H^{5/4} \tag{4-1}$$

水泵工况中为

$$n_{sp} = n\sqrt{Q}/H^{3/4} \tag{4-2}$$

计算水泵水轮机的比转速时，水轮机工况 n_s 相应于最高水头下的最大出力点的 n_s 值，对于水泵工况，确定 n_s 值的计算条件较困难，一种方法是求出最高效率点的流量 Q 与扬程 H，再计算 n_s。

选择水泵水轮机的比转速时可根据统计资料来进行确定。根据近年来已建抽水蓄能电站的统计资料绘制的混流式与斜流式水泵水轮机的水轮机工况水头与 n_s 关系曲线以及水泵工况的扬程与 n_s 关系曲线如图 4-17 所示，选择水泵水轮机的比转速时，可按一种运行工况（水轮机工况或水泵工况）选择，而用另一种运行工况校核。

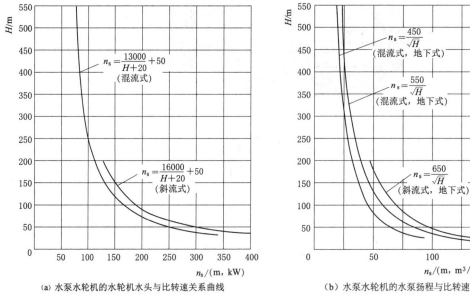

(a) 水泵水轮机的水轮机水头与比转速关系曲线   (b) 水泵水轮机的水泵扬程与比转速

图 4-17 水泵水轮机的水头扬程与比转速关系曲线

4.2.2.2 转轮直径 D_1 与转速 n 的计算

按水轮机的工作状况选择水轮机的转轮直径 D_1 与转速 n 的方法同常规水轮机相同。当已知模型参数与模型综合特性曲线时，计算公式为

$$D_1 = \sqrt{\dfrac{P_r}{9.81 Q_{11T} H_T^{1.5} \eta_T}} \tag{4-3}$$

$$n = n_{11T}\dfrac{\sqrt{H_T}}{D_1} \tag{4-4}$$

式中 P_r——水轮机的额定输出功率，kW；

$\quad\ Q_{11T}$——水轮机的设计单位流量，m^3/s；

$\quad\ H_T$——水轮机的设计水头，m；

$\quad\ \eta_1$——水轮机设计工况效率；

$\quad\ n_{11T}$——水轮机工况的设计单位转速，可以通过模型特性曲线查出。

在选择水轮机工况的单位转速 n_{11T} 时，要兼顾水泵工况的性能。由水泵水轮机的转速知，水轮机工况的最优单位转速与水泵工况的单位转速不一致，一般情况下，水泵工况的最优转速是水轮机工况的 1.20～1.35 倍。

当水泵水轮机采用双速时，可按水泵和水轮机的取优转速分别选取其单位转速。当采用单速时，要在水泵与水轮机的最优单位转速之间选取一个适当的单位转速，使得水泵工况与水轮机工况的综合效率最高。

当没有水泵水轮机的模型综合特性曲线时，可用水泵水轮机的统计资料估算 D_1 和 n。

计算 n 时，首先根据水泵水轮机的水头（或扬程）选择 n_{st}（或 n_{sp}），然后，利用比转速公式可求出转速 n，即

$$n = n_{st} H_T^{5/4} / \sqrt{P_r} \tag{4-5}$$

$$n = n_{sp} H_P^{3/4} / \sqrt{P_P} \tag{4-6}$$

式中 H_T——水轮机的设计水头，m；

$\quad\ H_P$——水泵的设计扬程，m；

$\quad\ n_{sp}$——水轮机工况的比转速；

$\quad\ n_{st}$——水泵工况的比转速；

$\quad\ Q_P$——水泵的设计流量，m^3/s。

计算 D_1 时，可用速度系数法。以混流式水泵水轮机为例，若转轮直径为 D_1，转速为 n，转速进口的圆周速度为 u_1，则有

$$u_1 = \varphi_1 \sqrt{2gH} = \pi D_1 n / 60 \tag{4-7}$$

$$60\sqrt{2g} / \pi\varphi_1 = \frac{nD_1}{\sqrt{H}} = n_{11} \tag{4-8}$$

即

$$n_{11} = 84.6\varphi_1 \tag{4-9}$$

因此

$$D_1 = \frac{n_{11}\sqrt{H}}{n} = \frac{84.6\varphi_1\sqrt{H}}{n} \tag{4-10}$$

式中 φ_1——转轮进口圆周速度系数，可根据 φ_1—n_{sp} 曲线选取，如图 4-18 所示。

根据图 4-18 中的 φ_1—n_{sp}，关系曲线查取 φ_1，再利用式（4-10）可计算出 D_1，再校核在水轮机工况是否满足在额定

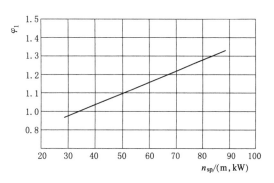

图 4-18 混流式水泵水轮机转轮速度系数
φ_1 与 n_{sp} 关系曲线

水头下发生额定出力的条件。

4.2.2.3 吸出高度的确定

水泵水轮机的水轮机工况允许吸出高度与水泵工况是有区别的，在相同的水头（扬程）、流量和转速条件下，水泵工况比水轮机工况更容易发生空化。因此，水泵水轮机的吸出高度一般要求按水泵的空化性能要求来确定。

当已知水泵水轮机的模型综合特性曲线时，可分发电工况与抽水工况两种情况，按最大水头（扬程）、设计水头（扬程）、最小水头（扬程）分别计算吸出高度，取其中的最小值作为最大允许吸出高度，并考虑留有适当的余量。水泵水轮机吸出高度的计算公式同常规水轮机一样，以混流式水泵水轮机为例，计算式为

$$H_{st} = 10 - E/900 - 1.2\sigma_T H \qquad (4-11)$$

$$H_{sp} = 10 - E/900 - 1.2\sigma_P H \qquad (4-12)$$

式中　H——水轮机工况吸出高度，m；

　　　H_{sp}——水泵工况吸出高度，m；

　　　σ_T——水轮机工况模型空化系数；

　　　σ_P——水泵工况模型空化系数。

在没有水泵水轮机的模型综合特性曲线时，

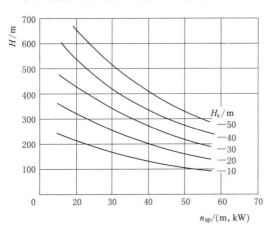

图 4-19　混流式水泵水轮机允许吸出高度

可根据经验公式或经验曲线估算水泵水轮机的最大允许吸出高度。水泵水轮机的允许吸出高度与水轮机的比转速有关，也与水泵水轮机的使用水头有关，混流式水泵水轮机允许吸出高度如图 4-19 所示，图 4-19 的比转速 n_{sp} 为 23～50（m，kW）。应用水头在 100.00～600.00m 之间的混流式水泵水轮机的 n_{sp} 确定之后，可用曲线选择吸出高度值。

图 4-19 表明了对于同样大小的水头（或扬程），当允许采用的吸出高度值不同时，可以采用不同的比转速值，允许采用的吸出高度越小，机组可采用的比转速越大。因此，可根据抽水蓄能电站的开挖深度，综合考虑水泵水轮机的比转速与吸出高度的选择问题。

4.2.2.4 扬程、流量和功率的计算

根据水轮机工况确定转轮直径 D_1、转速 n 时，需进一步校核水泵的扬程、流量和输入功率。公式为

$$H_P = H_{MP}\left(\frac{n}{n_M}\right)^2\left(\frac{D_1}{D_{1M}}\right)^2 \qquad (4-13)$$

$$Q_P = Q_{MP}\frac{n}{n_M}^2\left(\frac{D_1}{D_{1M}}\right)^3 \qquad (4-14)$$

$$P_P = 9.81Q_P H_P/\eta_P \qquad (4-15)$$

式（4-13）～式（4-15）中，脚标 P 表示水泵工况，脚标 M 表示模型参数水泵工况。具体方法为

（1）根据送定的 D_1 和 n，用式（4-13）可把真机水泵的最大扬程、设计扬程和最小扬程换算为模型水泵所刘应的最大扬程、设计扬程和最小扬程。

（2）在模型水泵特性曲线上查出各扬程所对应的模型水泵流量 Q_{MP}、效率 η_{MP} 和空化系数 σ_{MP}。

（3）根据水泵相似换算公式计算在各扬程下原型水泵的流量 Q_p、效率 η_p、输入功率 P_p 与吸出高度 H_{sp}。水泵的效率换算可用水轮机的效率换算式。

（4）根据计算值进行水泵运行范围与性能校核：模型水泵的 $H_{Mmin} \sim H_{Mmax}$ 应包括水泵的高效区；水泵的最大输入功率与发电—电动机的额定功率一致；各扬程的吸出高度值在给定的最大允许范围之内。当上述各参数不满足水泵运行的要求时，要改变转速 n 和 D_1 重新计算。对于转桨式水泵水轮机，可通过合适的叶片角度和导叶开度，使水泵在高效、稳定的范围内运行。水轮机和水泵的工作参数，可按表 4-1（水轮机工况）和表 4-2（水泵工况）的形式计算。

表 4-1　　　　　　　水 轮 机 工 况 计 算 表

水轮机净水头/m	H_{max}	H_r	H_{min}
单位转速 n_{11}/(r/min)			
单位流量 Q_{11}/(m³/s)			
流量/(m³/s)			
效率 $\eta_P = \eta_M + \Delta\eta$			
水轮机输出功率/kW			
发电机出力 P_g/kW			
水轮机空化系数 σ			
吸出高度 H_s/m			

表 4-2　　　　　　　水 泵 工 况 计 算 表

水泵扬程 H_P/m	H_{max}	H_r	H_{min}
模型水泵扬程 H_{MP}/m			
模拟水泵流量 Q_M/(m³/s)			
水泵流量/(m³/s)			
效率 $\eta_P = \eta_M + \Delta\eta$			
水泵输出功率 P_p/kW			
电动机输入功率 P_g/kW			
水泵空化系数 σ_p			
吸出高度 H_s/m			

4.3 可逆式水泵水轮机水力与结构设计

4.3.1 水泵水轮机水力设计

4.3.1.1 可逆式转轮水力设计

可逆式转轮要兼顾水轮机和水泵两种工况，根据水泵水轮机特性，可逆式水泵水轮机两种工况的最优点并不重合，故不论是转轮设计或选型必然是取两种工况的某种折衷。在确定蓄能电站的基本参数以后可以先从一个工况开始，使用现有的水力设计方法进行计算，再用另一工况来校核，在一定程度内可做些调整修改。由于水泵工况的要求比较难于满足，因此经常先由水泵工况计算开始，用水轮机工况校核。

1. 性能参数的选择

转轮叶片设计的第一步是选定作为计算目标的水力参数，主要确定以下参数：

（1）对于水泵工况，计算点流量和预期的最优点，或两者流量比值。

（2）对于水轮机工况，计算点流量和预期的最优点流量，或两者流量比值。

（3）对于选定的叶片系统，计算水泵工况和水轮机工况的最优流量，或两者流量比值。为了便于水泵水轮机转轮设计的开始，各种关于已有转轮的参数统计资料十分有用。但在没有具体水泵水轮机的设计资料情况下，只能参考公开发表的统计资料，如应用广泛的 DeSiervo 统计数据。根据这些数据整理出了水轮机工况和水泵工况性能参数统计，见表 4-3。其中也列入了常规水轮机的数据，以供对比。此表中所列举的水轮机工况参数是按性能额定点（全出力点）折算的，水泵工况的参数是按额定点（一般为效率最高点或其附近）折算的。

表 4-3　　　　　　　　　　水轮机工况和水泵工况性能参数统计

		水头段/m	50	100	150	200	300	400	500
可逆式水泵水轮机	水泵工况	单位流量/(m³/s)	0.52	0.34	0.24	0.20	0.13	0.11	0.09
		单位转速/(r/min)	100	93	90	87	85	83	82
		比转速/(m, kW)	260	194	160	140	114	100	90
	水轮机工况	单位流量/(m³/s)	0.76	0.50	0.37	0.32	0.22	0.17	0.14
		单位转速/(r/min)	100	94	88	86	93	80	78
		比转速/(m, kW)	260	200	164	144	118	102	92
常规水轮机		单位流量/(m³/s)	1.25	0.86	0.62	0.54	0.35	0.26	0.20
		单位转速/(r/min)	82	76	70	66	64	63	60
		比转速/(m, kW)	268	212	166	148	122	95	80

注：数据来源于机械工程设计手册。

从这些统计数据可以得出以下大致规律：

（1）对于可逆式水泵水轮机，水轮机工况的单位流量约为水泵工况单位流量的 1.45～1.60 倍，两者工况的单位转速比较接近，这是由于绝大多数统计的机组都使用单转速，电站数据所选定的转速一般比水轮机工况最优单位转速高 10％～15％。

（2）水泵水轮机和常规水轮机相比较，水轮机工况的单位转速约为常规水轮机的 1.25～1.30 倍，其单位流量只有常规水轮机的 0.60～0.65 倍。因为水泵水轮机和常规水轮机的转轮直径比值约为 1.4～1.45，按名义直径计算的水泵水轮机单位流量实际上比同样比转速水轮机高 10％～20％。

（3）模型转轮的试验研究表明，混流式水泵水轮机两种工况效率最高点参数之间有以下近似关系：

1）水轮机工况的单位转速为水泵工况的 0.85～0.92 倍。

2）水轮机工况的单位流量为水泵工况的 1.05～1.15 倍。

3）水轮机工况限制点单位流量为最优点单位流量的 1.15～1.30 倍。

4）可逆式水泵水轮机就其运行特点来看不应受出力限制线的约束，在特性曲线上出力限制线也距离最高效率区很远，但按水泵水轮机正常发电工况考虑，仍应有一保证有足够效率的限制单位流量数值。

2. 几何参数选定

水泵工况对可逆式水泵水轮机的选择起决定性作用，可逆式转轮的形状和离心泵也很像，故可逆转轮的设计过程和常规水泵是很相近的。

（1）转轮尺寸的选定表示转轮特征的两个主要尺寸是高压边和低压边直径。高压端和低压端两处面积之比（即水流进出口面积之比）是决定转轮性能的重要因素。可逆式转轮在水轮机工况时高压边是进口边，低压边是出口边；而在水泵工况则相反，低压边是进口边，高压边是出口边。为避免符号上的混淆，用 D_d 代表高压边直径，用 b_d 代表高压边高度；用 D_s 代表低压边直径，用 β_d 和 β_s，分别代表高压边和低压边的叶片角度，可逆式转轮尺寸符号如图 4-20 所示。如以 D_d 为基准，则可以使用相对直径 $\overline{D}_s = D_s/D_d$ 和相对高度 $\overline{b}_d = b_d/D_d$ 的表示方法。另外，高

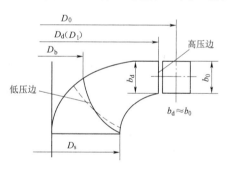

图 4-20　可逆式转轮尺寸符号

压边高度 b_d 和导叶高度 b_0 略有差别，但在初步选择几何参数时可以认为两者一样。

在常规离心泵设计中，对叶片出口高度趋向于选取较小数值，目的是要避免在小流量时流道内过早地出现水流脱离。但对水轮机则为降低进口流速，减小撞击损失，要求进口高度取得大一些。这两种不同的考虑在设计水泵水轮机时必须取得某种统一，实际上使用的叶片高度介于水泵和水轮机要求之间。可逆式水泵水轮机也装有活动导叶，故适当加大高压边高度对水泵工况的不利影响可以一定程度上得到缓和。可逆式转轮高压边几何参数对性能的影响如图 4-21 所示。

常规水泵的低压边相对直径 $\overline{D}_s$，和高低压边面积比 $\overline{F}$ 与常规水轮机相差甚大，可逆式水泵水轮机的数值居于两者之间，但较接近于常规水泵。可逆式转轮的外形尺寸和其叶片特征均更接近于常规水泵。

（2）就轴面流道变化规律来说，水泵工况水流是减速的，流道断面必然是扩散型，一

般设计希望在轴面上的流道面积由低压边到高压边形成一条单调的光滑曲线。实践证明轴面流道呈现光滑变化是一个重要条件，但是还有很多其他因素决定转轮的性能，其影响将使面积曲线偏离理想的趋势。有些成功的转轮设计其面积变化规律并不平缓。图4-22上收集了若干已建成水泵水轮机转轮的轴面流道变化规律，其中曲线1、曲线3、曲线5所代表的三例接近于一般所期望的变化规律，但曲线本身并不甚光滑。曲线4的面积由高压边到低压边接近于不变；而曲线2的面积变化规律则与常规相反。

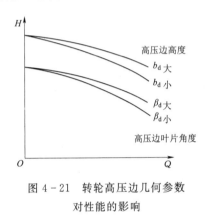 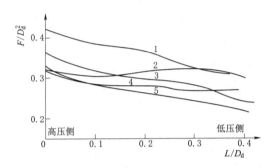

图4-21 转轮高压边几何参数
对性能的影响

图4-22 国外可逆式水泵水轮机轴面
流道面积变化规律条件
1—日本喜撰山；2—英国克拉肯；
3—卢森堡维也丹；4—日本城山；
5—比利时科特罗斯

不言而喻，真正反映转轮叶片流道变化程度的是叶片流道的空间变化规律。用传统方法设计叶片时要计算空间流道较为麻烦，在使用了计算机以后这已不是什么困难，不过轴面流道变化规律仍是一般设计者判断叶片变化规律的一种直觉标准。

（3）转轮叶片进出口位置 转轮叶片低压边位置的选定十分重要。在水泵设计实践中早已知道低压边如向吸水口延伸可以改善泵的空化性能，不过低压边如伸出过多，叶片内直径 D 必将减小（图4-20的虚线）而造成单位转速降低，泵的效率也将受影响，故 D 值应有个限度。有时为得到较好的空化性能也可将低压边叶片的外缘适当向下延伸，如图4-20的实线。可逆式转轮的高压边一般位于圆柱面内，高压边有时做成垂直的，有时做成向后倾斜的，与垂直线成 $15°\sim25°$。转轮外缘和导叶之间的间隙很小，从转轮出来的水流撞击到导叶上将形成压力振荡，是水泵工况压力脉动的主要来源。有人认为把叶片出口作成倾斜形可以分散水流的撞击，可减轻压力脉动。国外有的研究表明，水轮机工况时在高压区存在不重合性，也就是在这里有一个不稳定区，采用具有后倾角的叶片有助于消除这种不重合性。这个不稳定区是远离正常工作范围的，故在转轮设计上不必作为主要因素考虑。

（4）低压边叶片角及开口 叶片低压侧是水泵工况的进口，又是水轮机工况的出口。叶片低压侧的设计应满足两方面要求：首先是使泵工况有良好的空化特性，同时使水轮机工况有足够的过水能力（叶片开口要足够大）。根据离心泵设计经验，叶片进水边具有一定量的正冲角对空化特性有利。此冲角的大小随离心泵型式而异：对高比转速泵，可以选取

$10°\sim12°$ 甚至 $15°$；对低比转速泵，可以取 $5°\sim8°$。叶片定型时，一般在上冠侧冲角加得少些，在下环侧加得多些，这样有助于减小叶片的扭曲，可能提高泵的效率。然而也有的泵在进口边上加等量的冲角，也有的设计反而在上冠侧加大冲角而在下环侧加小冲角。对于可逆式转轮，根据模型试验流场测量，发现在水轮机工况低压边出口水流角度在上冠侧相当大而在下环侧必将小，沿低压边水流角度的变化要比水泵工况进口水流角变化程度大。按这一设计的新转轮虽然叶片低压边扭曲度大些，但水轮机工况的效率有改善，而水泵工况效率和空化性能也未下降。采用较大的低压边角度等于加大水轮机出口边开口，当然对于水轮机工况过流量有利，但是低压边角度不能取得过大，在泵工况时过大的进口冲角肯定是不利的。

（5）高压边角度及开口叶片高压侧是泵的出口，是水轮机的进口。在一般情况下，两种工况所要求的叶片角度有较大的差别，选择合适的叶片角度需要很好地考虑。泵的叶片出口边角度如取的大，则流道将较宽敞，$H-Q$ 曲线将变得平缓。反之，如角度取得小，$H-Q$ 曲线将变得陡，如图 4-21 所示。随抽水蓄能电站的运用条件不同，对 $H-Q$ 曲线的斜率要求也不同。按一般规律，为使转轮流道通畅，希望叶片角度不要取得太小，从中比转速混流式水泵水轮机的试验结果来看，高压边叶片角度在 $20°\sim25°$ 范围内可以得到较高的斜率。可逆式水泵水轮机的过流量比较小，在最优流量下水轮机高压边（进口边）水流角度可能只有 $10°\sim12°$（此处导叶开度较小），如果叶片角度按水泵工况要求取为 $20°\sim25°$，则水轮机工况进口冲角将达到 $10°\sim15°$，大大超过常用范围。为弄清水轮机工况能否适应过大的进口冲角，曾用过一个高压边角度相当小（$16°$）的转轮做了试验，其结果表明这样小的进口冲角对水轮机工况性能并无显著改善，反而对水泵工况有不利影响。此外，试验过的若干个高压边角度较大的转轮都尚有相当好的水轮机性能，因此推断可能是由于可逆式转轮的流道对水轮机工况来说是很长的，这段长度可使由大冲角引起的进口水流扰动有条件得以平息，在其后还有足够的流道长度来完成所必需的能量转换。国外有的文献推荐使用尽量小的高压边角度 β_a，其用意是为保证水轮机工况在低水头或小负荷时的水流稳定性。然而叶片角度不是决定性能的唯一因素，轴面流道的形状、叶片包角、叶片曲率变化和叶片系统的整体特点都对转轮性能有决定影响。叶片系统的最终设计希望具有平直宽敞的流道，多年水泵试验的经验表明，凡是流道宽敞的设计，特别是空间流道断面接近于矩形的，其性能都较好。

（6）叶片数及包角混流可逆式转轮的叶片数量常用的是 6 片或 7 片，高水头转轮可达 9 片。在这一范围内叶片数对水泵工况和水轮机工况的水力性能没有明显影响。有人从避免转轮叶片与导叶叶片之间发生共振的观点，主张转轮叶片数为单数，导叶数为双数。但经过多处进行的水泵水轮机压力脉动试验结果表明，水泵工况的最大压力脉动振幅发生在叶片频率 $f=f_n z_1$，水轮机工况最大压力振幅发生在导叶频率 $f=f_n z_1 z_0$。这说明在转轮和导叶之间的水力振动频率是很高的，看不出叶片数的影响。叶片包角的大小与叶片数及叶片角度有关，用大包角可以形成较长的流道而使水流平稳，但伴随而来的是较大的摩擦损失。小包角是和较大的叶片角度配合使用的，对形成宽阔的流道有利。国外有些设计趋向于使用相当大的包角，如有的制造厂建议对 $H=100.00\text{m}$ 的转轮用包角 $150°$，对 $H=300.00\text{m}$ 的转轮用 $160°$，对 $H=500.00\text{m}$ 的转轮用 $170°\sim180°$。但其他的研究试验则表明试验相当小的包角也能得到较好的性能，如对 $H=100.00\text{m}$ 的转轮包角用 $110°\sim120°$，对 $H=300.00\text{m}$ 的转轮用 $140°\sim150°$。图 4-23 中低水头可逆式转轮水力设计如图 4-23 所示。典型高水头转轮设计结果如图 4-24 所示。

图 4-23 中低水头可逆式转轮水力设计

（7）随抽水蓄能电站的发展，高水头水泵水轮机需要进一步提高水泵水轮机的单机容量及效率水平。近年的研究成果显示有可能将高水头水泵水轮机的比转速由常用的 $n_q=30\sim35(n_s=100\sim130)$ 提高到 $n_q=40\sim45(n_s=145\sim165)$。原有 500.00m 级转轮的主要缺点为：水轮机工况部分负荷时存在出口压力脉动；水泵工况空化趋势的加速；转轮应力及振动的增加。在进行了详尽的内部流动数值计算后，可以将叶片低压侧的正、负面上压力分布调整得更为均匀，使压力脉动和空化趋势得以减小，新研制的 $n_q=40$ 转轮可以很好地运用于水头为 500.00m 的抽水蓄能电站。

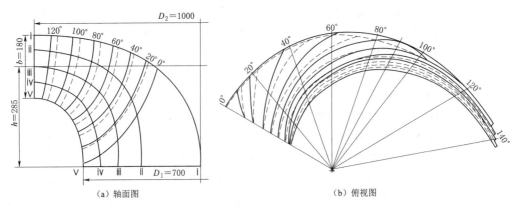

（a）轴面图 　　　　　　　　　　　（b）俯视图

图 4-24 高水头可逆式转轮水力设计

4.3.1.2 蜗壳设计

1. 蜗壳断面的选择

常规水轮机蜗壳的设计原则是在结构条件和经济条件许可的情况下采用较大断面，以使水流能最均匀地进入转轮四周，当然导叶也起一部分均匀水流的作用。但另外，常规水泵的蜗壳除为汇集转轮出流外还需同时完成转换水流动能为压力能的任务，故断面的大小和扩散程度必须适当，常规泵的蜗壳出口断面一般比同样流量水轮机蜗壳断面要小很多。

可逆式水泵水轮机的蜗壳希望能同时满足两种工况的要求，因而在设计上有一定难度。所幸在水泵水轮机转轮的外部都装有活动导叶和固定导叶，泵工况时水流通过这两道叶栅时已得到相当程度的扩散（固定导叶外缘的圆周面积可达到转轮出口面积的 1.6～1.8 倍），对蜗壳扩散作用的依赖已大大减少，因此两种工况对蜗壳断面的不同要求容易得到调和。从具体尺寸看，水泵水轮机蜗壳比较接近水轮机蜗壳，而与水泵蜗壳相差较多。

为表明蜗壳断面的不同要求，在表 4-4 中列出了对 $n_s=120$ 水泵水轮机蜗壳尺寸的估算结果。可见按不同计算得到的蜗壳尺寸相差很大。

表 4-4　　　　　　　　　　　　可逆式水泵水轮机蜗壳断面估算比较

序号	估 算 方 法	折算的流速系数 $K_C=V/H^{1/2}$	进口断面相对比值
1	用离心泵公式算出断面尺寸再按等环量原则推算到有导叶和固定叶的条件	1.20	1.00
2	按东芝公司统计曲线估算	1.15	1.03
3	按清华大学统计曲线估算	0.89	1.18
4	按 DeSiervo 统计资料估算	0.68	1.33
5	按常规水轮机设计公式估算	0.66	1.35

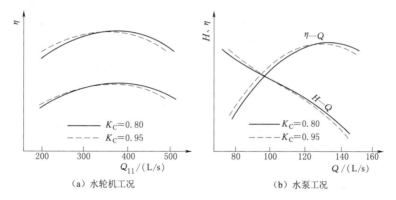

（a）水轮机工况　　　　　　　　（b）水泵工况

图 4-25　不同形式蜗壳对水轮机和水泵工况效率的影响

2. 蜗壳断面对水泵水轮机性能的影响

为检验蜗壳对转轮性能的影响，在一项研究中试验了比转速分别为 $n_s=180$ 和 $n_s=200$ 的两种转轮，配套的两个蜗壳分别具有进口流速系数 $K_C=0.95$ 和 $K_C=0.80$。在其他过流部件不变的情况下，试验了两种转轮和两个蜗壳的各种组合。不同形式蜗壳对水轮机和水泵工况效率的影响结果如图 4-25 所示，蜗壳断面对转轮性能的影响大致如下：

（1）蜗壳尺寸对水轮机工况最优点的单位转速和单位流量基本上无影响，用大蜗壳使效率稍有提高。

（2）用大蜗壳时除小流量低转速区效率有些下降外，其他范围内效率均较用小蜗壳高 0.5%～1.0%，最多高达 2%。

（3）试验大蜗壳对水泵工况扬程没有很大影响，但使流量稍有增加。用大蜗壳时 $n_s=180$ 模型的最高效率上升了 0.4%，$n_s=200$ 模型的最高效率下降了 1.1%。

（4）使用大涡壳后，水泵工况和水轮机工况在小流量区性能均有下降，但其他范围的性能都有改善，使用大蜗壳总的效果是好的。

（5）所使用的两个转轮对每一蜗壳的反应程度不同，说明转轮本身流态和蜗壳流态是有密切关系。试验再次表明，每一转轮都有与之匹配最好的一个蜗壳。在离心泵的设计实践中有用理论公式估算蜗壳的方法。这种方法主要是将蜗壳环量公式变换成 $Q=KH$ 形式，在 $Q—H$ 坐标上成为一条由零点向右上方倾斜的直线，再把转轮的基本方程式改写成 $H=A-BQ$ 方式，在 $Q—H$ 坐标上为一条由左上方向右下方倾斜的直线。两条直线的交点就是此转轮在蜗壳内的工作点，此点的流量对应于水泵效率最高点。对于某些已知离心泵，用这种算法可以相当准确地估算泵的最优流量。这个算法也可以用来按已知叶轮和已知流量来反求所需的蜗壳进口断面尺寸。但是水泵水轮机在装有活动导叶和固定导叶后，水流通过这两道叶栅后环量将有改变，蜗壳环量已不再和转轮环量相等，上述方法即不能直接应用。但在设计时仍希望有个简单方法可供判断蜗壳和转轮匹配程度。

　　3. 蜗壳流态及损失分析

　　为了探明蜗壳内部流态，在一项专门研究中，针对一个 $n_s=230$ 模型水泵水轮机量测了水泵工况蜗壳各断面上的三维流速分布，得到各断面上的径向和环向流速规律，也测到了在不同流量下的损失分布。水泵工况蜗壳中的流动大致有以下特点：

　　（1）泵工况流量较小时，水流主要通过蜗壳的前半部（断面较小部分），流量大时主要通过蜗壳的后半部（断面较大部分），泵的性能显然要受到这种不对称流量分布的影响。

　　（2）在最优流量时，各断面上的速度均大体保持 $V_u r=$ const，与计算值基本一致。但在小流量时蜗壳内的流动接近于 $V_u=$ const，而在大流量时 $V_u r$ 受蜗壳隔舌影响变化很大。

　　（3）在蜗壳最大断面（$\phi=345°$）处，泵工况在最优流量 Q_o 时流动基本上是对称的，但在 $Q<Q_o$ 的范围内，由于回流的出现，流动明显呈不对称分布，流量越小，不对称性越大。

　　（4）在最优流量时，蜗壳上每一断面的压力分布基本上是均匀的。在 $Q<Q_o$ 时蜗壳后半段的压力分布比前半段均匀，而在 $Q>Q_o$ 时则相反。

　　（5）蜗壳中的二次流是其流动结构的一大特点，实测特征如图 4-26 所示。水泵工况蜗壳各断面的二次流现象如图 4-27 所示。在很小流量及最优点处，二次流为对称形，但在其他流量时则是非对称的。这种非对称性一直延续到蜗壳扩散管出口，显然将导致压力钢管中的额外损失。

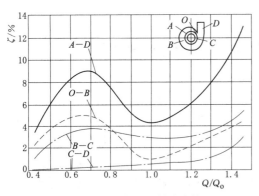

图 4-26　实测损失系数分布情况

　　在这项研究中还得到有关蜗壳损失的一些规律，如图 4-26 所示的实测损失系数分布情况。

　　（1）在最优点损失系数只有 4.3%，为最低点。在大于最优流量时损失随流量的平方上升，在小于最优流量时出现一个由于回流引起的高峰（约在 $0.6Q_o$）。在相当一个流量范围内，蜗壳损失约占水泵水轮机总损失的 $20\%\sim30\%$。

　　（2）在小流量时损失只发生在蜗壳的前半段，最优点以及大流量时损失主要发生在蜗壳的后半段。另外也可以看到，流量很大时扩散管中的损失上升很快。

4.3.1.3 座环及固定导叶设计

座环结构主要有两类：一是传统使用的碟形边座环，二是近年来发展的平行边座环。常规水轮机多使用碟形边座环，主要因为由蜗壳过渡到导叶的距离内有一个曲率较缓的收缩段，有利于水流平顺地进入导叶通道。在用于水泵水轮机时，过渡段对水轮机工况同样有利，水泵工况的水流反向通过这个过渡段也没有发现明显的不利影响。在结构上，碟形边座环的外缘与蜗壳各节的连接处都在同一直径上，由于这一限制，蜗壳的小断面必须使用椭圆断面，因而造成椭圆断面与蜗壳连接处座环和蜗壳的应力都比较大。

平行边座环的上下环都是平板形，有利于用厚钢板制作，也有利于与固定叶片的焊接。平行式座环的结构允许蜗壳各节的连接点不在同一直径上，因而可以少用或不用椭圆断面，减少了加工难度。平行边座环的边缘伸入蜗壳里面，好像对水流有一个突变，但通过水流试验证明，同一转轮使用两种座环的水流分布情况差不多。使用

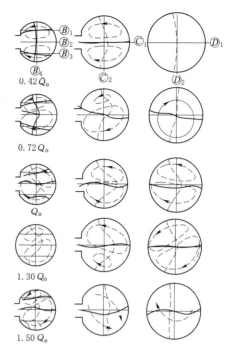

图 4-27　水泵工况蜗壳各断面的二次流现象

平行边座环的水力性能与使用碟形边座环并无太大差异，而平行边结构在加工上却有很大优势，因此得到了广泛的应用。目前有些制造厂仍在使用碟形边座环，主要是出于多年的设计和加工工艺习惯，具有这样结构的水泵水轮机实用上也证明性能是好的。

座环固定叶片在水力机组上起引导水流作用，同时用于传递上部结构的重量。以往在水轮机上多使用数目较少而厚度较大的固定叶片，近代的设计则趋向于使用数目较多的长而薄的叶片，叶片数为活动导叶的一半或与之相等。典型活动中导叶及固定叶布置如图4-28所示。

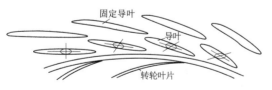

图 4-28　典型活动中导叶及固定叶布置

固定叶片可以做成叶型断面，也可以用钢板压制成等厚叶型。等厚叶片最常用的为单圆弧型式（图4-29），圆弧内外两端角度都应适合水轮机和水泵两种工况的水流进入条件。固定导叶在不同进口冲角时的水力损失计算结果如图4-30所示。图4-30中用了统一的角度方向标号，取了水轮机工况进口冲角为正值，水泵工况为负值。由图4-30还可以看到，水轮机工况对固定导叶安放角比水泵工况更敏感，不但水力损失大而且最小损失区域也很小。与一般现象相反，在水泵工况时水力损失在很大冲角范围内几乎为常数。

4.3.1.4 导叶设计

活动导叶在可逆式水泵水轮机中有两个作用：一是在水轮机工况时控制机组流量（功率）；二是在水泵工况时调整出口水流方向使其与蜗壳水流相适应。在两种工况下导叶都

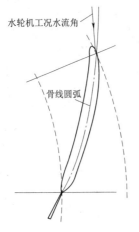

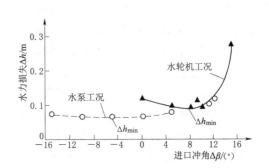

图 4-29 可逆式水泵水轮
机固定导叶布置

图 4-30 不同进口冲角下固定
导叶的水力损失

有切断水流（关机）的作用。通过导叶的水流有两种方向，故导叶没有明显的头部或尾部。在设计上要求导叶的转轮侧和蜗壳侧都具有良好的进水和出水条件，因此导叶的设计一方面要减轻叶型的阻力，另一方面也要满足两种工况水流的不同要求。现在虽然有些单个叶型或叶栅的少量性能及力学特性试验资料，但最终评价导叶的好坏仍需通过水泵水轮机全部过流系统的水力计算以及整体模型试验来决定。

1. 导叶型式及布置

应用于可逆式水泵水轮机的导叶是专门为双向工作设计的，高水头混流式水泵水轮机

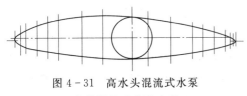

图 4-31 高水头混流式水泵
水轮机导叶典型叶型

导叶典型叶型如图 4-31 所示。导叶叶型一方面要满足给定的水流条件，另一方面要使水作用力和水力矩都不过大。

选择导叶的叶型需要考虑以下问题：

（1）按强度要求选取最小的叶片厚度。

（2）导叶长度应尽量小，通常 $l/t \approx$

1.1，这样有助于减轻静态和动态水力矩。

（3）对于给定的叶型，可以在一定范围内通过改变其旋转轴位置来调整导叶的开关趋势和水力矩大小，但过多地改动不但要影响机组效率，而且会破坏导叶本身的稳定性。

可逆式水泵水轮机采用的导叶需要承受水泵工况水流强烈冲击，因此实用上趋向于使用数目较少而强度较高的叶型。大中型水泵水轮机的导叶数目一般在 16～24 的范围，使用 20 片导叶的机组相当多。水泵水轮机的导叶虽然长度比水轮机导叶大，但因过流量比常规水轮机小，故导叶开口比相应的水轮机要小，因此导叶中心圆直径与转轮直径之比仍和常规水轮机差不多，$\overline{D}_0 = 1.16 \sim 1.18$，个别机组大的可达 1.20 或更大。增大这个比值的主要原因是减轻导叶与转轮之间的水流干扰所引起的高频压力脉动。从实际应用看，转轮叶片数和导叶数的组合没有十分严格的规律，各制造厂根据其实践经验采用不同的数目组合。我国广州抽水蓄能电站一期机组使用转轮叶片 7 片，二期机组增至 9 片，导叶均为

114

20片；天荒坪机组则使用转轮叶片 9 片，导叶 26 片。

2. 活动导叶和固定导叶相互间的关系

可逆式水泵水轮机作水轮机运行时，座环固定叶片的尾流会影响导叶的入流流动状况，同时导叶在不同角度时尾流也在变化，实际上对于转轮叶片存在一个水力条件最好的导叶角度（开度），也存在一个在圆周分布上导叶相对于固定叶片的最优位置。水泵水轮机作为水泵运行时不用导叶来调节流量，但需把导叶开到水力损失最小的位置，为求得总的水力损失最小，因此对于水泵工况也存在一个活动导叶和固定导叶的最优相对位置。在专门对活动导叶和固定导叶所进行的损失分布试验中发现，水轮机工况下导叶相对于固定导叶的位置 $h/t=0.2$ 时水流状况好。对应于水泵工况，h/t 在 $0\sim0.5$ 范围内水流情况都较好。活动导叶相对于固定导叶不同位置时的水力损失如图 4-32 所示。不过这一试验有某些局限性，由于试验是在两片平板之间作的，没有蜗壳，故未计入蜗壳不对称对水流的影响。试验设备的叶片高度很小，因此水流是二维的，这些都与导叶实际水流条件有些出入。

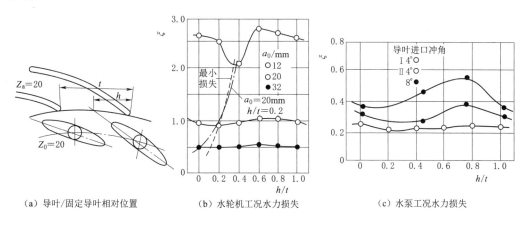

（a）导叶/固定导叶相对位置　　（b）水轮机工况水力损失　　（c）水泵工况水力损失

图 4-32　活动导叶相对于固定导叶不同位置时的水力损失

3. 导叶水力矩

一个现代低比转速水泵水轮机的导叶水力矩特性曲线如图 4-33 所示。水泵工况和水轮机工况各取 2 号导叶（小断面）和 12 号导叶（大断面）为代表，导叶开度用角度 F_i 表示，导叶水力矩系数 M_z 在 0 线以上表示导叶有自关趋势，0 线以下为自开趋势。可见水轮机工况的水力矩特性和常规水轮机是相像的，水力矩数值变化平稳，具有典型的驼峰形状，基本上全部在自关范围。水泵工况的水力矩数值大体上比水轮机工况大一倍，在大开度区较早地进入自开范围。

水泵水轮机抽水时，随流量增大需要开

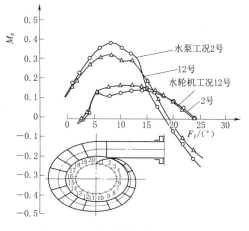

图 4-33　水泵水轮机导叶水力矩
特性曲线（瑞士 SEW 公司）

115

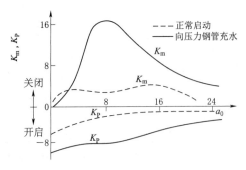

图 4-34 水泵工况启动时的导叶水力矩

大导叶，故在正常工作条件下不会出现水力矩过大的情况。但在某些特殊情况时会使导叶受到很大的水压力和水力矩，例如机组初次运转时需要向空着的压力钢管充水，在打开导叶以前，导叶内侧是水泵的关闭扬程而外侧只有很小的压力，此时导叶受水压力最大。为避免此情况出现，多数抽水蓄能电站采用其他办法把压力钢管先充水再起动机组。图 4-34 表示了向压力钢管充水时的水压力系数 K_P 和水力矩系数 K_m 随导叶开度变化的情况。在导叶开度

为 0 时，K_P 值为正常起动时的 1.6 倍，导叶开度为 8mm 时（约为最优开度的 35%）K_m 达到正常启动时的 5 倍。另外，有些抽水蓄能电站为防止抽水功率过大，把导叶开度限制在最优开度的 30%～40%，此时导叶上将承受最大水力矩。图 4-35 表示导叶支点对水力矩的影响，在一项试验中测定了导叶在两种不同支点位置的水力矩平均值和脉动值。模型水泵水轮机的比转速为 180，转轮叶片 6 片，导叶 20 片。由图 4-35 可见，转轴偏向涡壳侧的导叶（$L_1/L_2 = 1.3$）水力特性较好，特别是在水泵工况小开度区内，水力矩比转轴偏向转轮侧的导叶（$L_1/L_2 = 1.6$）小很多，此外在小开度区导叶水力矩脉动值 ΔM_{11} 比较大。

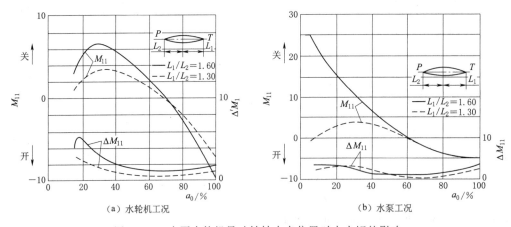

（a）水轮机工况　　　　　（b）水泵工况

图 4-35　水泵水轮机导叶转轴支点位置对水力矩的影响

为了减轻水泵工况启动时导叶引起的水力振动和压力管道系统的水力波动，导叶转轴偏向转轮侧（$L_1/L_2 > 1$）是有利的。作为水泵起动时，水泵在零流量及关闭扬程下打开导叶，导叶可能产生自激振动，在钢管中引起正水击压力。这种水击压力波传到上游后变为负水击波返回来，如果导叶的转轴偏向蜗壳侧（$L_1/L_2 < 1$），则会使导叶不能开大，造成泵流量加不大，因而使负的水击波更扩大。但当正水击波传到水泵水轮机时导叶就会再开启，这种水击波的往复振荡将使机组的结构受到很大的振动。如果导叶转轴取得接近转轮侧，在水泵开启过程中如遇自激振动，在蜗壳压力降低时导叶有扩大趋势，蜗壳压力增加时导叶有关小趋势。这样就可以避免水力振荡延续下去，使机组能稳定地达到正常工

116

作点。

高水头水泵水轮机导叶水力矩实测结果如图 4-36 所示。可见真机实测结果与模型试验比较接近。

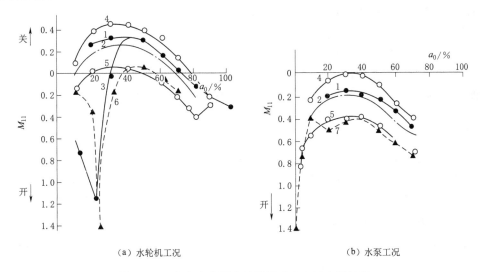

（a）水轮机工况 （b）水泵工况

图 4-36　高水头水泵水轮机导叶水力矩实测结果

1—模型试验水力矩；2—真机实测水力矩；3—模型试验甩负荷水力矩；4—开机时实测接力器作用力；

5—停机时实测接力器作用力；6—甩负荷实测接力器作用力；7—失去动力时实测接力器作用力

4. 导叶的不同步动作

在水泵水轮机水力设计上对所有导叶均按动作一致考虑，但在实践中多次发生过个别导叶与其他导叶动作不同步的现象，如：①由于过大的作用力使导叶连杆失控；②使用单元接力器时某一接力器失灵；③导叶之间夹住杂物；④由于不平衡的水作用力而引起导叶的变形；⑤由于导叶轴处不均匀磨损和径向间隙；⑥安装误差等。

导叶的不同步动作带来了新的水力学问题，特别是当某些蓄能电站发生过导叶失控而造成机械损害的事故，引起了各方面对不同步动作导叶问题的重视。在一项利用模型试验的研究中，发现了如混流式水泵水轮机有一个或几个导叶不同步动作时导叶力矩有以下的变化。

在水泵工况，当一个导叶偏离同步位置时，其水力矩随偏离程度而增加，如图 4-37 中用 A_{0s} 代表最优工况点的同步开度，用 A_{0a} 代表偏离同步位置导叶的开度，当 A_{0a}/A_{0s} 接近 1 时（如曲线 6、曲线 7），水力矩的变化趋势与正常情况大开度的水力矩特性相近。随偏离度的增加（由曲线 7 向曲线 1 方向移动），水力矩曲线逐渐直立，数值增大，在方向上由不大的自开趋势很快转变成自关趋势（由 0 线以上变为

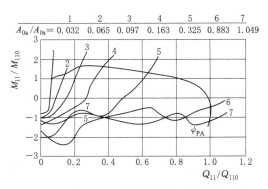

图 4-37　水泵工况偏离同步位置导叶的水力矩

0 线以下）。

在水轮机工况，在不同转速下，随偏离同步位置的增加（图 4-38 曲线 7 到曲线 1），导叶水力矩逐渐增加，其分布较水泵工况时更规律一些，且大部分均在自关范围。图 4-38 上还表示了大于同步开度的曲线 8 和曲线 9，在此位置导叶水力矩几乎为零，没有自开或自关趋势，导叶保持在大开度位置不动。

从以上结果可以看出，为避免一个或数个导叶因偏离同步位置受力过大而导致破坏，所有导叶和控制机构都应按最大受力条件设计，同时在导水机构中要需有一个元件起保护作用，如剪断销或摩擦接合面。如果导叶失去控制，则限位装置能防止导叶开度过大。

4.3.1.5 尾水管设计

尾水管性能的好坏直接影响水泵水轮机的效率、空化特性和运行稳定性。除尾水管锥管和水平扩散段对水流起主要扩散作用外，肘管的作用也很关键。在水轮机制造业中，广泛使用一种具有"扩散—收缩—扩散"断面规律的肘管，利用断面的局部收缩来防止水流在弯段从壁面脱离，尾水管断面变化规律大致如图 4-39 的 $W-1$ 曲线。

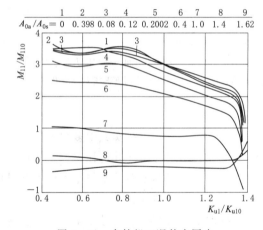

图 4-38　水轮机工况偏离同步
位置导叶的水力矩

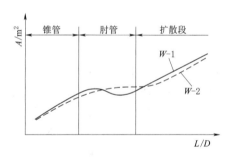

图 4-39　尾水管断面变化规律

水泵水轮机在水泵运行时尾水管即为吸水管，常规立式水泵的吸水管均用连续收缩的断面规律，如图 4-39 中的 $W-2$ 曲线。现在所要弄清的是水泵工况时水流能否适应水轮机型的尾水管。为此进行了两种尾水管的对比试验，其结果表明在水轮机工况和水泵工况的绝大部分运行范围内，两种尾水管对水泵水轮机性能的影响是不很明显的。因此作为初步判断，两种类型的尾水管都可以应用。

这项试验说明以下情况：

（1）试验所用的尾水管直锥段较长（转轮出口动能到锥管出口降到 42%），扩散作用比较明显，故肘管及扩散段的形状及断面变化规律对水轮机工况的影响相对较小。对水泵工况来说，良好的进口直锥段最能保证进口水流的均匀性。

（2）尾水管的总高度仍是重要因素，对比试验所用的水轮机型尾水管（$W-1$）的相对高度 $h/D=2.93$，水泵型尾水管（$W-2$）的相对高度 $h/D=3.34$，因此都能保证水泵水轮机有良好的水力性能。

（3）有了以上条件，水泵工况完全可以适应水轮机型尾水管。从国外的资料来看，可逆式水泵水轮机所用的尾水管和常规水轮机是相似的。

图 4-40 为现在应用较多的连续扩散型水泵水轮机尾水管单线图，尾水管的两端均为圆断面，肘管部分渐变为椭圆形。

4.3.2 水泵水轮机的结构设计

4.3.2.1 可逆式转轮

水泵水轮机转轮的结构在满足水力设计的条件后，主要问题就是转轮叶片的应力控制。随水泵水轮机应用水头的提高，转轮部分应力（主要是叶片应力）已达到很高程度。在现代材料条件下，如何使应力不过高，分布比较均匀且不出现应力集中是当前转轮设计的重要课题。

4.3.2.2 转轮静态应力的测定

水泵水轮机的转轮由于其特有形状，叶片所受作用力和常规水轮机叶片受力不同。常规水轮机（特别是中、低水头水轮机）的转轮叶片高度大而流线长度小，各个叶片近似于固结于上冠上的平板，叶片所承受的作用力主要为水压力所形成的弯曲应力，在飞逸时离心力部分抵消了这种弯曲应力。

但是水泵水轮机（特别是高水头水泵水轮机）的叶片较长，流道中相当一部分是径向的，同时叶片包角很大，与上冠和下环连接处较长，故叶片承受水压力作用的弯曲应力并不大，叶片应力主要由离心力形成。图 4-41 表示了对高水头水泵水轮机所进行的叶片应力实测情况，在转轮叶片长度中间所测得的正压面和负压面应力情况见表 4-5，可以看

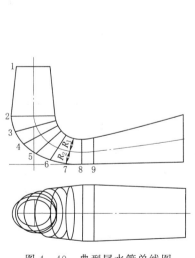

图 4-40　典型尾水管单线图

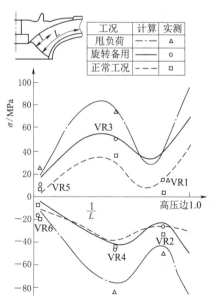

图 4-41　转轮叶片应力沿长度
上的分布（水轮机工况）

出转速是影响叶片应力的主要因素。正常运转时，叶片上有水力负荷，一部分离心力被抵消，故叶片应力最低。作旋转备用时由于叶片上水压力小，应力反而大，甩负荷时主要是离心力起作用，故应力最大。

表 4-5 转轮正压面和负压面应力情况

运行工况	正压面应力/MPa	负压面应力/MPa
水轮机工况正常运行	36	-44
旋转备用	52	-48
甩负荷	75	-85

转轮叶片的应力实测更具体地给出了水泵水轮机在各种工况下的应力变化情况，其基本规律和上述是相同的。图 4-42（a）表示在水轮机工况起动、并列、带负荷以及甩负荷的各种过程的应力分布。在启动时，离心力随转速的平方上升，在以 n^2 为坐标的图形上呈一直线，说明在导叶小开度时水流对叶片作用不大，到额定转速时应力达到最大。在并列以后由空载到满负荷时叶片应力大体上为一水平线，表示水力负荷对叶片应力仍没有很大影响，甩负荷后转速升高而水压降低，此时离心力作用最大，叶片应力达到最高点。图 4-42（b）是水泵工况应力分布情况。

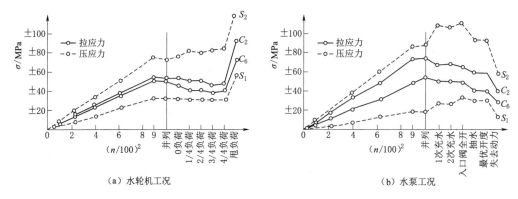

图 4-42 高水头水泵水轮机转轮叶片应力随工况变化情况

S_1—下环侧，转轮外缘；C_2—上冠侧，分割叶片；S_2—下环侧，叶片中段；C_6—上冠侧，整体叶片

转轮在空气中加速时应力的增大过程和水轮机工况很相像，排水充气时叶片承受了水体的离心力，上冠应力有所减轻，但下环应力达到最大值。开始抽水后由于水压的出现叶片应力有所下降，到失去动力时，因为反向的水流冲击到叶片上，故应力降低到最小值。

分瓣转轮的叶片因为被切断，装配后虽又焊接起来，但由叶片传递的环向拉应力主要由上冠及下环来承担，造成叶片根部应力的提高。图 4-43 比较了整体转轮叶片和分瓣转轮叶片的应力差别。

近年来有限元方法已广泛用于转轮应力和变形的计算。多数计算程序所选取的单元包括一个完整叶片的分瓣体，径向分割的转轮叶片计算单元如图 4-44 所示。此单元体与相邻单元体的界面都是三维曲面，所需网格数目相当大，计算过程较复杂，但是可以保证叶片的整体性条件。另一种取单元体的方法是将转轮切割成扇面形体，扇面角度相当于相邻叶片在圆周上的间隔，如图 4-45 所示。叶片在这种网格划分中是被切断的，但是现代数值计算方法对处理边界影响有很强的能力，仍能给出整体叶片的实际应力分布。

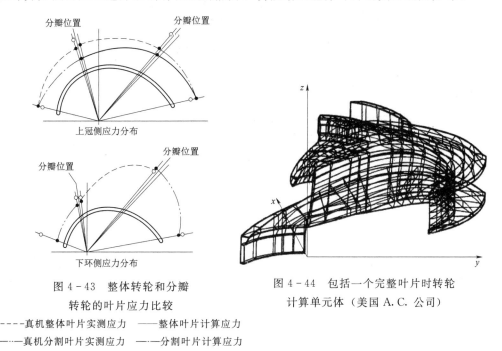

图 4-43　整体转轮和分瓣
转轮的叶片应力比较

----真机整体叶片实测应力　——整体叶片计算应力
—··—真机分割叶片实测应力　—·—分割叶片计算应力

图 4-44　包括一个完整叶片时转轮
计算单元体（美国 A.C. 公司）

1. 转轮动态应力的测定和分析

量测转轮叶片动态应力有两种方法：一是在真机叶片上直接量测；二是在具有真机水头的模型装置上量测。图 4-46 表示在真机上的实测结果：当一台水头为 600m 的水泵水轮机作水轮机运行在初始加速时，导叶水流冲击到转轮叶片上在导叶和转轮之间造成巨大振动，此时安装在叶片上的传感器显示叶片应力主要是静应力而非动应力。当转速接近同步转速时导叶水流和转轮水流角度基本一致，振动减轻很多，但此时动应力随转速急剧上升，在 80% 同步转速时出现一个高峰，表明在这一状况下转轮与冲击水流产生了共振。图 4-47 为转轮叶片的实测压力谱。可以看出，用于转轮叶片与导叶尾流撞击所产生的激振力，在不同功率时都出现了一个频率为 $Z_0 \times n$ 的峰值。这种激振力有一定的时滞和相滞，这些时滞和相滞取决于导叶数 Z_0 和转轮叶数 Z_r 的组合。

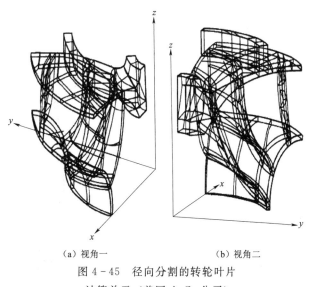

（a）视角一　　　　　　（b）视角二

图 4-45　径向分割的转轮叶片
计算单元（美国 A.C. 公司）

121

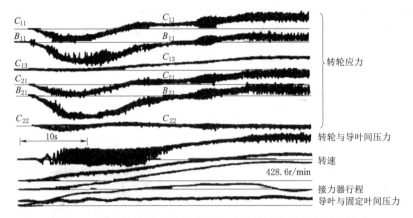

图 4-46　高水头水泵水轮机发电启动时的转轮压力和压力脉动

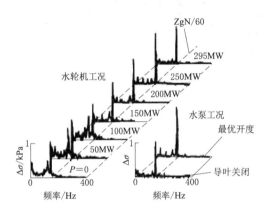

图 4-47　水轮机和水泵工况下
转轮应力的频率谱

图 4-48 表示一个转轮叶片数为 6 和图 4-47 水轮机和水泵工况下转轮动应力的频率谱导叶片数为 20 的组合实例。此时观察到的水力激振发生在圆周对面的两个叶片上，在转轮旋转 6°后下一对叶片将受到第 3 个导叶的激振。水力冲击点的角坐标比第 1 次冲击的位置滞后 60°，在静止坐标上为 54°，其方向与旋转方向相反。这说明水力冲击围绕转轮移动的速度为旋转速度的 10 倍，或对静止部件来说是 9 倍于旋转速度。因为水力冲击每旋转一周产生 2 次，则一个转轮叶片承受冲击的频率为 $2 \times 10n = 20n$，对于静止部件频率为 $2 \times 9n = 18n$。这一水力冲击对转轮造成的振型有两个径节点，如图 4-48（a）所示。

根据这类干扰运动的普遍理论，可以得到转轮叶片数、导叶数和振型的关系为

$$jZ_0 \pm k = mZ \tag{4-16}$$

式中　k——振型的径节点数；

j、m——任意整数。

在水力机械的实际振动中，对应于 $j > 2$ 的振型很少，但存在 $m = 5 \sim 6$ 的振型。式（4-16）左边第一项中 jZ_0 代表在旋转坐标上观察到的水力冲击频率和转轮转速的比值，转轮叶片的动应力频率为 $jZ_0 n/60$。右边项中 mZ 对应于在静止坐标观察到的频率。k 值前的正负号代表振型的旋转方向，k 为正值时振型与旋转方向相同，k 为负值时振型与旋转方向相反。

若转轮叶片的固有频率与按式（4-16）得出的具有 k 节点的频率相同，则转轮将随之产生共振，动应力将升高，以致有可能造成转轮的疲劳破坏。但如按式（4-16）估算的振动频率与水力冲击频率有足够的间隔，则转轮的动应力就有可能降低到材料的疲劳限

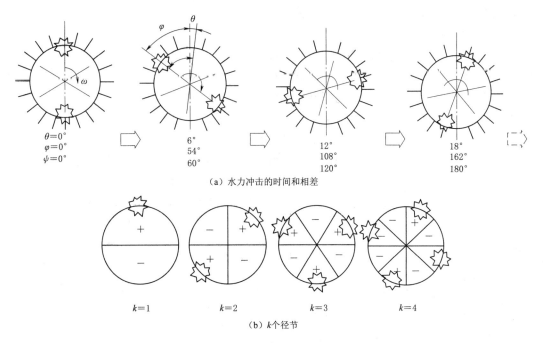

（a）水力冲击的时间和相差

$\theta=0°$ $6°$ $12°$ $18°$
$\varphi=0°$ $54°$ $108°$ $162°$
$\psi=0°$ $60°$ $120°$ $180°$

$k=1$ $k=2$ $k=3$ $k=4$

（b）k个径节

图 4-48 导叶和转轮叶片之间的水力冲击

ω—转轮角速度；θ—转轮旋转角；φ—水力激振行程角（对固定坐标）；ψ—水力激振

度以下，因而，单级水泵水轮机就能应用到 700.00～800.00m 的水头范围。

在实验室内可以对模型转轮进行量测，但模型机组的转速要比原型机组按转轮尺寸比例提高，因为模型转轮的固有频率比原型转轮的固有频率高，与尺寸比例成反比。转轮动应力模型测量与真机测量的比较如图 4-49 所示。图 4-49 为在原型水头下模型转轮动应力和频率谱的实测结果，现在这种量测已经广泛应用于已经运行转轮的振动特性。

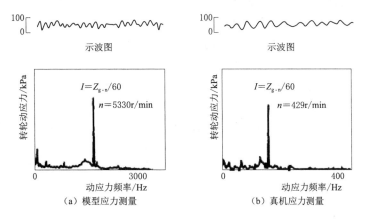

（a）模型应力测量   （b）真机应力测量

图 4-49 转轮动应力模型量测与真机测量的比较

有了这些先进的研究方法以后，水泵水轮机的动应力可以有效地降低。日本下乡抽水蓄能电站水泵水轮机根据理论设计和原型水头试验后，转轮动应力比其他近似水头机组的动应力降低一半以上。

2. 降低转轮应力的措施

尽管已经有了很多高精度的计算方法，高水头水泵水轮机在运行中遇到的困难依然是由于转轮和导叶之间水力干扰所带来的高频压力脉动。这种脉动的特性由于掌握不准，故不能用有限元方法可靠地计算转轮正常工况的叶片应力，现在有限元方法只能用于计算转轮的固有频率和转轮在飞逸时的变形。制造厂一般是在较简单的计算基础上根据经验确定转轮正常工况的强度，增加叶片数是加强转轮强度的有效方法之一。

转轮叶片外缘动态应力分布如图 4-50 所示。根据观察，高频脉动在转轮上所造成的

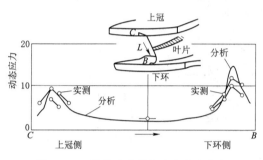

图 4-50 转轮叶片外缘动态应力分布

应力主要集中在叶片与上冠及下环的交接处，因此经常出现裂纹，特别是水泵工况在接近叶片出口处（高压侧）出现裂纹最多。为减轻这些部位的应力，有的制造厂在叶片根部使用数控方法加工一种椭圆形过渡曲线来代替传统的圆弧，因此要求在上冠及下环的铸件上均附有与叶片形状一致的凸台，组装时叶片分别与上下的凸台对焊。这样焊缝就不再处于高应力区，既有利于焊接，也便于探伤检验。

制造转轮应该使用高强度并具有良好可焊性的不锈钢，如 16Cr5Ni。这种材料可在常温下焊接，也不需要焊后热处理，用于以后机组检修时的局部补焊也十分方便。

3. 水泵水轮机振动对固定部分的影响

水泵水轮机的振动直接传到电站厂房的各个部位，高水头机组对厂房结构的振动比低水头机组的更为严重。这是因为高水头机组的体积相对较小，吸收振动的能力差，另外机组内的水流流速很高，撞击过流部件的动量大，因此高水头水泵水轮机的结构要设计得特别厚实，以抑制本身的振动以及对电站厂房的影响。

电站厂房振动的主要来源是机组振动，其特性也可以从前述公式来估计。图 4-51 为两个不同抽水蓄能机组顶盖振动频率谱的比较：A 电站水泵水轮机转轮有 6 个叶片，导叶为 20 片，转速为 514r/min(8.57Hz)。B 电站的水泵水轮机转轮也有 6 个叶片，导叶为 28 片，转速为 225r/min(3.75Hz)。根据前文内容可知，A 电站可能产生具有 2 个节点的水力振型，频率为转速的 18 倍（$3Z_r$），或 154Hz。B 电站可能产生同样振型的振动，频率为转速的 30 倍（$5Z_r$），或 112.5Hz，图 4-51 中所示的实测功率谱图形正好与预估的相符。

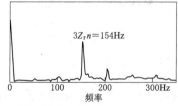 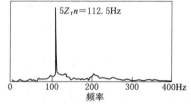

(a) A 电站机组（$Z_g=20$，$Z_r=6$，$n=514r/min$）　(b) B 电站机组（$Z_g=28$，$Z_r=6$，$n=225r/min$）

图 4-51 不同蓄能机组顶盖振动频率谱的比较

由于具有更高节点振型的振动将有更高的频率，在电站中一般不会引起共振，故在设计水泵水轮机的固定部件以及厂房结构时，只需考虑径节点少于3或4的振型。

4. 转轮的分瓣结构

水泵水轮机转轮和水轮机转轮一样，有时由于运输条件的限制需做成分瓣结构，如图4-52所示。分瓣结构中，上冠的两半在内缘处用螺栓把合，在下环处则全为焊接。螺栓把合部分的外面用护板包起来以减小水力损失。图示的转轮有6个叶片，在分割面上有4个叶片被切断，在现场要把这些叶片的接头都焊接起来。

有些转轮的叶片包角接近或超过180°，如转轮有6个叶片，则任何切割方式都要切断所有的叶片，高水头可逆式转轮分瓣结构外观如图4-53所示。另外转轮的应用水头超过一定限度后，由于强度原因必须使用整体转轮（整体铸造或焊接成整体），为解决运输问题，可将转轮外缘对面各切掉一小片，到现场后再焊回去，这样可以最大限度地保持叶片的完整性。美国巴斯康蒂（Bath County）水泵水轮机转轮就是用这种做法，如图4-54所示。此转轮外径6.38m，高2.29m，叶片7片，转轮两边切割后主体宽度减至5.23m，满足了运输要求。

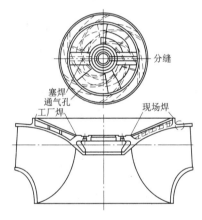

图4-52　低水头可逆式转轮的分瓣
结构（美国 A.C. 公司）

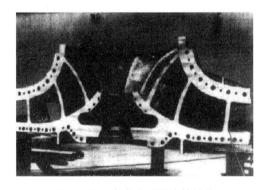

图4-53　高水头可逆式转轮分
瓣结构外观（美国 A.C. 公司）

不论任何样的切割对于转轮强度都是不利的，现代抽水蓄能电站的发展方向是使用尽量高的水头，则转轮尺寸可以缩小而无须切割。

5. 斜流式转轮结构

斜流式转轮和轴流式转轮同样具有可调节的叶片，都需要一套转桨机构。但是，斜流式转轮的转桨机构与轴流式的有以下不同点：

（1）所有的叶片轴孔都与转轮轴心成一角度，多数为45°，也有用49°的，故加工时需要特殊的工具。

（2）由于叶片是倾斜的，转桨机构的传动部件变得复杂，部件之间的摩擦力也将增加。

（3）轴流式转轮的轴向位置允许有一定量的偏差，而斜流式转轮必须调整到准确的轴向位置，由于转轮的高低决定叶片和转轮室的间隙大小，为此需要有监测设备随时监视转

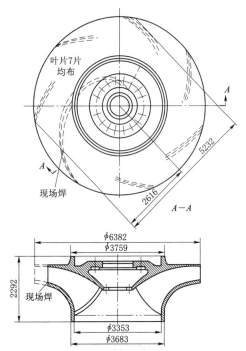

叶片7片
均布

现场焊

5232

2616

A—A

φ6382
φ3759

2292

现场焊

φ3353
φ3683

图 4-54　部分切割转轮结构（单位：cm）

（美国 A.C. 公司）

轮的轴向位置。

斜流式转轮的转桨机构有两大类：活塞式机构和刮板式机构，前者上下移动而后者旋转移动。斜流式转轮活塞式转桨机构如图 4-55 所示：活塞 1 的上下运动通过转臂 3 变成叶片轴 6 的旋转运动，销轴 4 是个固定支点。转臂 3 和转臂 6 上都开有滑槽，使销轴 2 和销轴 5 能在槽中活动。活塞的向下运动使叶片开启。

图 4-56 为刮板式转桨机构。在控制轴 1 上装有四片刮板 2，接力器 4 中有相应的隔板 3 将其分成 4 个空腔，每个空腔中有一片刮板。当操作油压进入空间 A 并由空间 B 泄油时，刮板 2 使控制轴 1 和销轴 5 向顺时针方向旋转，通过转臂 6 将叶片 7 开大。相反的油路控制就使叶片关小。

活塞式转桨机构实际上是轴流式水轮机常用的复式传动机构，不过其运动不在一个平面之内，故需要更精确的调整。刮板式转桨机构的传动系统更为直接，但是接力器的顶盖必须具有足够的刚性，在承受内压力后不致变形而影响刮板两腔之间的密封。

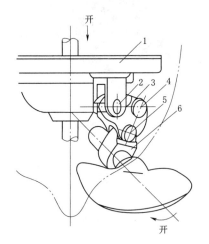

开

1

2 3 4
5

6

开

图 4-55　斜流式转轮活塞式转桨机构

1—活塞；2、5—销轴；3、6—转臂；

4—转臂轴

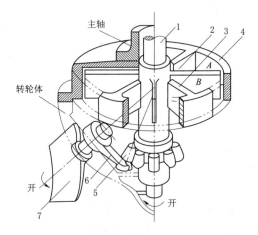

主轴

1
2 3 4

转轮体

A

B

开

6

5

开

7

图 4-56　斜流式转轮刮板式转桨机构

1—控制轴；2—刮板；3—隔板；4—接力器；

5—销轴；6—转臂；7—叶片

4.3.2.3　导水机构

大多数水泵水轮机采用和常规水轮机一样的导水机构，即各导叶通过连杆机构连接到一个控制环上，由两个平行接力器集中控制；也有的机组使用环形接力器来驱动控制环。

在水泵水轮机上导叶力矩很大，在水泵工况运行时导叶振动也很大，导水机构的共振是时有所闻的，早期的机组还有专门设置为防止振动的制动器，因此减少导水机构的环节很必要。为防止振动发生，不希望导水机构上的连接点太多，连接件之间的间隙要尽量小。为此，在导叶和拐臂的连接上更多地使用靠摩擦力的连接而不使用剪断销，因为剪断销切断后导叶就无控制，其自由晃动可能引起不可预见的压力脉动，而摩擦连接在移动后还能保持导叶在一定控制之下。为了克服集中控制式导水机构的缺点，近年来单元式接力器得到越来越多的应用。我国广州抽水蓄能电站二期机组成为我国水泵水轮机使用单元式接力器的先例。使用一个小接力器控制一个导叶的单元式机构在欧洲一些国家的水轮机和水泵水轮机已有多年的使用经验。

单元式接力器的主要优点有以下方面：

（1）每个导叶的操作机构减到最小限度，机械惯性小，动作灵活，设计时可以准确地计算控制机构的自振频率。

（2）每个接力器只控制一个导叶，关闭时不受控制环压紧，导叶可以设计成有自关趋势，以减小接力器容量。

（3）导叶和接力器始终是连接的，由于接力器的缓冲作用，不会使导叶失控而发生晃动或自由旋转。

（4）如有一个导叶被卡住，其接力器就停止工作，不影响其他导叶的关闭，故可省去剪断或拉断装置，使用单元接力器还可以较方便地排除堵塞物。

（5）可以人为控制使个别导叶不同步工作，以改善水轮机工况起动特性。

（6）省去控制环及平行接力器后，顶盖上方空间增大，便于导轴承及密封的维护检修。

单元式接力器的缺点有以下方面：

（1）全部小接力器容量的总和要比用集中控制的接力器容量大，因为单元接力器的设计需要按能够克服每个导叶的最大水力矩和最大摩擦力矩来考虑，而不是按全部导叶的平均力矩来考虑。

（2）接力器活塞的动作速度靠调节油缸上的节流孔来实现，这项调整工作很费时间，使用多个小接力器后调整工作量大大增加，也容易出现调整不均匀的现象。

（3）数量较多的单元接力器及其控制设备的成本要比集中系统的成本高，机械加工精度要求也高，总造价要高些。

单元式接力器系统根据布置的需要可以固定在机井壁上而使用铰支活塞杆，如图 4-57 所示。也可以通过铰接点固定在顶盖上，整个接力器随导叶臂摆动，如图 4-58 所示。单元接力器系统的一个关键问题是各个导叶的同步动作方式。有一种结构在导叶轴上装一个副转臂，使用一组同步连杆把各个导叶连在一起，保持同步动作，如图 4-57 所示。副转臂和导叶之间有只为传递同步动作扭矩的压紧弹簧，遇有一个导叶被阻，扭矩将超过弹簧压力，此导叶即同步脱离而停止工作。另一种结构是在单元接力器活塞杆上装一个楔形滑块，将活塞行程反馈到控制阀上，实现油路上同步，再用一个较小的连杆来保证机械同步，如图 4-58 所示。

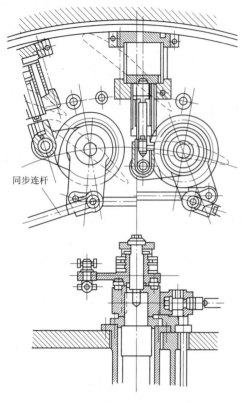

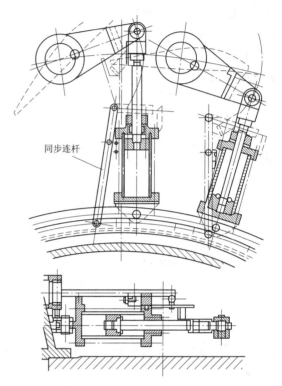

图 4-57　具有同步连杆的单元式
接力器（瑞士 SEW 公司）

图 4-58　具有油路同步控制的单元
式接力器（瑞士 SEW 公司）

　　比较单元式接力器与集中控制式接力器的先进性如同比较环形接力器与平行接力器的优缺点一样，主要取决于制造厂的工艺水平和生产经验。水力机械的很多结构设计问题都有这一特点，如果某工厂积累了很多制造和运行经验，就能形成一套行之有效的设计及生产方法，制造出性能良好的设备，单纯比较某些外部指标常常并不能反映结构功能的好坏。

4.3.2.4　座环与蜗壳

　　座环、蜗壳、顶盖和底环是水泵水轮机过流部件中 4 个主要承受水压的部件。

　　水泵水轮机在不同工况下水压变化很大，这 4 个部件的水力负荷条件要比常规水轮机更复杂。

　　1. 座环

　　座环是立式水力机组的基础，它由上下两个断面较大的圆环和在圆周上排列的若干固定叶片所组成。在工作时座环的上下两环受蜗壳向外拉力而产生变形，使固定导叶的上下两端产生很大应力集中，严重时可导致材料裂纹。平行边座环主要是从改善座环受力条件提出的，使用平行边座环可以有效降低固定叶片的应力。

　　碟形边座环固定叶片应力分析如图 4-59 所示。各节蜗壳与座环的连接点都在碟形边的端部，也就是连接点都在同一高度上。在蜗壳的大断面处，蜗壳拉力方向和碟形边是一

128

致的，受力是纯拉力，但在小圆断面和椭圆断面处蜗壳拉力已不与碟形边相切而形成一种弯曲力，对座环和蜗壳的受力都极不利。此外，在蜗壳大断面处，蜗壳拉力对座环上环重心所形成的弯矩在此图上为反时针方向，在小断面处拉力形成的弯矩为顺时针方向。而对座环下环所形成的弯矩则分别与上述情况相反，因此座环的两坏在圆周上将出现扭转变形，这种扭转的直接后果是使固定导叶的外缘根部出现很大的拉应力，如图4-59中的计算应力分布（1点为蜗壳最大断面，18点为尾部断面）。

平行边座环的上下两环过流面是平行的，与蜗壳连接处具有特殊的结构，如图4-60所示。各个蜗壳断面的钢板可以和座环上下环在不同的高度连接，因此蜗壳的分段可更多地使用圆断面，同时蜗壳对座环的弯矩可以设计得基本相互抵消，使上下两环的变形最小，因此多数导叶的根部应力情况有了很大的改善，拉应力接近于均匀而不再有压应力。

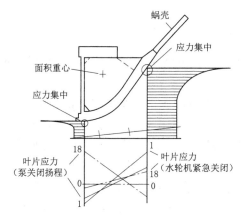

图4-59 碟形边座环固定叶片应力分布

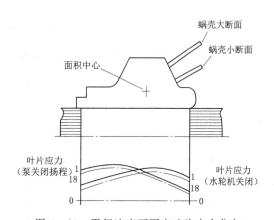

图4-60 平行边座环固定叶片应力分布

图4-61比较了中水头水泵水轮机使用平行边座环和碟形边座环的模型应力实测结果。图的上半部为平行边座环，下半部为碟形边座环，可见使用平行边座环时蜗壳应力和固定叶片应力均小于使用碟形边座环的情况。

2. 蜗壳

蜗壳各段钢板的受力以往均用薄壁圆管来模拟，对于水头较低和尺寸较大的蜗壳可以用这种方法近似计算。但对于高水头或小尺寸的蜗壳，按薄壁圆管计算将产生较大的误差。近年随着有限元方法的发展则已将蜗壳视为一个整体，可较准确地一次计算出各节的应力。图4-62表示高水头水泵水轮机蜗壳及座环的组合结构。

蜗壳在焊接完成后要打在混凝土中，当蜗壳承受内水压时蜗壳钢板和混凝土都将受力。以往电站设计多采用隔离式，在蜗壳和外围混凝土之间铺一层弹性垫层，认为钢板和混凝土互不受力，内水压力完全由蜗壳承担，外围混凝土只传递上部载

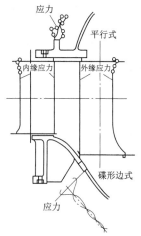

图4-61 平行边座环与碟形边座环应力分布比较

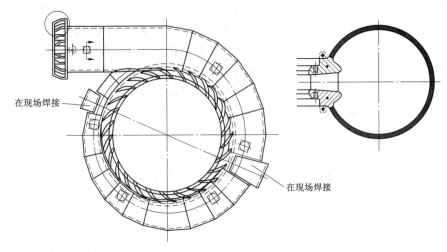

图 4-62 高水头水泵水轮机蜗壳及座环的组合结构

荷。这样的设计思想首先导致所需的蜗壳钢板厚度偏大，另外在机组运行以后，垫层将收缩反而导致混凝土结构变形，受力情况仍是不明确。

近年的电站设计中较多采用蜗壳与混凝土联合受力的模式，即充水加压的施工工艺。在蜗壳焊接完成后，内部充以设计水压（0.5～0.8 倍最大工作水压）再浇筑混凝土，当混凝土达到一定强度后泄去内水压力。由于蜗壳的收缩，在蜗壳和混凝土之间人为形成了一个初始缝隙，从而调节了蜗壳与混凝土的受力。机组运行时，当内水压力小于预压载荷时，水压完全由蜗壳承担。当内水压力超过预压载荷时，超过部分由蜗壳和外围混凝土联合承担。由于蜗壳的最大受力较前降低，可适量减薄蜗壳钢板厚度，减轻加工难度，同时外围混凝土因受力条件改善也减小了变形。

4.3.2.5 顶盖与底环

1. 顶盖

顶盖的面积很大，在转轮室水压力作用下将产生很大上推力。由于水泵水轮机整体结构布置原因，顶盖与座环的连接面必然很小，因此顶盖向上变形是不可避免的。在设计上应加大顶盖的高度以增强其刚性，尽量保持导叶附近部分的变形为最小，同时使顶盖的内缘部分只产生垂直方向的变形，在结构上应保证导轴承的间隙不受影响。

顶盖是一个典型的大型受压部件，设计时要经过详细的应力计算，必要时还需进行模型试验，以寻求在一定尺寸条件下得到刚性最好的结构。图 4-63 是对座环、蜗壳、顶盖和底环 4 个主要过流部件的组装整体变形计算的二维有限元网格图。整体计算的变形基准点取在底环上缘（与导叶连接处），要检验的主要项目之一是导轴承处的变形量。经过整体计算后，每个部件再进行单独的应力计算。图 4-64 为进行顶盖三维有限元计算的网格图，这里的顶盖经径向切割成 $2Z_0$ 块后的一块。由于现代有限元计算方法能准确地计算单元体两侧的边界影响，通过这一块体可以计算出顶盖任何部位的应力情况。

顶盖与座环的连接方式决定顶盖外缘的应力状况，所用连接螺栓的预紧力一般要达到

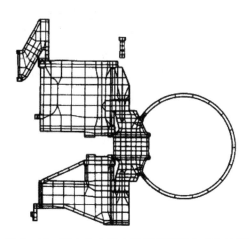

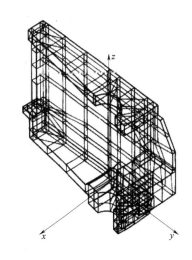

图 4-63　高水头水泵水轮机固定部分应力计算　　图 4-64　顶盖三维有限元计算网格图

顶盖上推力的 1.5～2 倍，以防止运行时由于水压波动而造成的螺栓疲劳破坏。为达到此预紧力，螺栓需有一定长度，常用的一种结构是在顶盖外缘上形成两层法兰，在其间设加筋板或箱形支撑［图 4-65 (a) 及 (b)］，但在受力后法兰上将出现很高的应力集中。较好的做法仍是采用很厚的单层法兰，而在其上加较大立筋［图 4-65 (c)］。所用螺栓也应按高应力构件标准设计，螺栓末端要有很好的过渡段，以避免应力集中［图 4-65 (d)］。

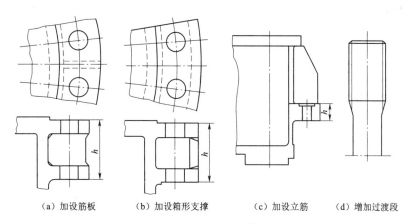

　　（a）加设筋板　　　　（b）加设箱形支撑　　　（c）加设立筋　　（d）增加过渡段

图 4-65　顶盖法兰结构

　　分瓣顶盖各连接面上的螺栓要承受很大的环向拉力，如连接面有局部拉开的趋势则法兰根部将产生很大应力集中［图 4-66 (a)］，如在主法兰外面加一圈小螺栓［图 4-66 (b)］，则应力集中会明显减轻。

　　2. 底环

　　有些高水头水泵水轮机在运行相当时间后有底环松动现象，经过分析这是由于底环刚性不够，底环未能分担由座环传来的顶盖向上推力，因而使座环的地脚螺丝受力过大而产生松动。在很多设计上，底环与座环的连接面很小，底环所承受的水压力直接传到其下面

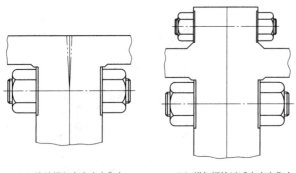

(a) 法兰根部产生应力集中　　　　(b) 增加螺栓以减小应力集中

图 4-66　分瓣顶盖的连接结构

的二期混凝土，顶盖的上推力通过座环直接传到地脚螺栓上。因为水泵水轮机的直径比常规水轮机要大，承受水压力的面积将增大，尔后提高应用水头，则地脚螺栓的负荷很容易超过混凝土的承载能力，所以对底环的结构需进行改革。

一种新的底环结构称为"自由底环"（图 4-67），其特点是底环和尾水锥管均明露在混凝土外面。这样的布置可使底环的下压力和顶盖的上推力基本平衡，机组内水压作用力大体自身抵消，故对基础的拉力大为减小。不过这种设计有以下潜在缺点：

（1）底环露在外面，变成又一个容易承受振动的壳体，机组的噪声将通过底环及尾水管传入厂房。

（2）水泵水轮机受水压时顶盖和底环同时向外变形，使导叶端面间隙更容易扩大。

（3）底环的向下压力对座环下环所形成的弯矩很大，因此增加了固定导叶内缘的应力。

如果把底环的刚性加大到和顶盖差不多，就可以克服上述后两项结构缺点，改进的新型底环结构布置如图 4-68 所示。底环与混凝土基础的接触面在 A 和 B 两个环形平台上，如在 A 处的向下压力设计为 $0.4F$，在 B 处为 $0.6F$，则座环的向上水推力 F 和 B 面上的

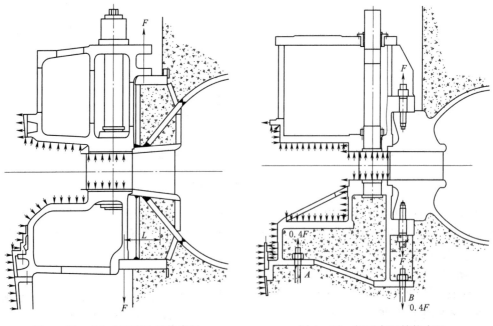

图 4-67　"自由底环"结构布置　　　　图 4-68　新型底环结构布置

下压力相抵消后余下 $0.4F$。上拉力由地脚螺栓来承担，A 平台承受 $0.4F$ 的下压力，因而对基础的向上拉力大为减少。这一新结构保留了常规底环下部有混凝土填充的优点。

4.3.2.6 进口阀

进口阀是指机组进口管道上的控制阀，在水电站和抽水蓄能电站中有时称为主阀。常用的进口阀主要有两种型式，即蝴蝶阀和球形阀。

1. 蝴蝶阀

蝴蝶阀和球形阀的动作原理是相同的，即阀体中的活门由关闭位置旋转 $90°$ 达到全开，由全开反转 $90°$ 回到关闭。蝴蝶阀因为结构较简单，所占水流长度小，造价低，广泛用于中低水头（小于 200.00m）的电站。阀开启时活门因为处于水流之中，对水流有阻挡作用，开启和关闭时的水力矩都有一高峰值。有些蓄能电站尾水管出口为圆形，则可以用蝴蝶阀来代替液压操作的尾水闸门。图 4-69 为具有双板式活门的蝴蝶阀，双板式活门在全开时的总阻水面小于旧式的单板式活门，开关时的水力矩也相当程度地降低了。

图 4-69 具有双板式活门的蝴蝶阀
结构（挪威 Kvaerner 公司）
1—阀体分半法兰；2—双板式活门；
3—密封；4—接力器；5—重锤

2. 球形阀

常规水电站一般在水头高于 200.00m 时才使用球形阀，抽水蓄能电站因为起停操作频繁，管道压力波动大，密封性要求高，所以绝大多数均使用球形阀为进口阀。球形阀在全开位置时对水流没有阻挡，操作力矩也小些，从性能上比蝴蝶阀优越，但水流长度大、造价高。球形阀的直径也可以选得比压力管道小一些，两端用渐变管连接，以节省投资。但减小直径后会带来附加水力损失，设计时应就设备投资的节约与电能损失进行综合比较，找出最佳的球形阀尺寸。

图 4-70 为高水头球形阀结构，活门的开启用双接力器 5，关闭用重锤 6。图 4-71 为典型的球形阀在动水中开启和关闭（导叶保持开启不动）的作用力矩，由全开到全关的过程活门的水力矩都有自关趋势，在关闭的前 2/3 行程接力器只起制动作用，由于阀轴承的摩擦力逐渐增大，在最后 1/3 行程内接力器起推动作用，最大力矩发生在关闭压紧时。

球形阀的操作力矩比蝴蝶阀小，转动速度快，大型球形阀（直径 2m 以上）的开启速度一般在 20~30s 或更高，中型阀可达 10~20s，说明球形阀的操作速度已接近导叶操作速度，在机组控制上可以与导叶配合使用。球形阀的操作动力有多种，多数阀是用油压操作，但为安全起见，有些蓄能电站用油压作为开启动力而用钢管水压作为关闭动力，或用重锤来关闭（图 4-70）。有的高水头蓄能电站球形阀开启和关闭都使用压力钢管的水压。

球形阀一般有两道密封，即操作密封（活动密封）和检修密封。在阀的机组侧有正常工作用的由水压操作的活动密封。活动密封的水源一般取自压力钢管，只要钢管中有水压就能保证密封紧闭，在操作系统泄掉水压后才能按程序开启活门。在阀的钢管侧有机械操

图4-70 高水头球形阀结构
（挪威 Kvaermer 公司）

1—检修密封；2—阀体；3—球形活门；

4—工作密封；5—接力器；6—重锤

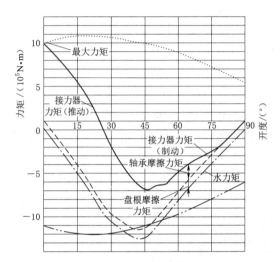

图4-71 球形阀开启和关闭的作用

力矩（美国 VoithHydro 公司）

作的机械密封，阀正常工作时机械密封是接触的但不压紧，这是为防止钢管水流中的泥沙进入活门四周而影响其密封效能。

　　球形阀在多数情况下要求前后水压平衡后再开启或关闭，但在设计阀的结构时必须按能在动水中开启或关闭考虑。以前在球形阀的一边都装设一个旁通管，通过旁通管先将蜗壳充水后再开启活门。这种操作需要时间较多（10~20s），旁通管又占了厂房位置，旁通阀也容易引起磨损和振动，故新的做法改用球形阀本身的操作密封来充水。如图4-72所示的活动密封环为一"T"形环，向蜗壳充水时可有控制地泄掉密封环后面的水压，水流

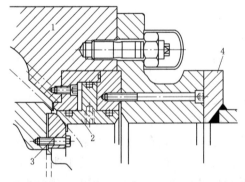

图4-72 球形阀操作密封

结构（上海希科公司）

1—阀体；2—活动密封环；

3—固定密封环；4—可拆卸段

就可以通过密封环四周进入蜗壳，其过程比用旁通阀更快速和平稳。

4.3.2.7　压力平衡装置

　　在高水头水轮机和水泵水轮机上，压力钢管水压作用到蜗壳的推力是很可观的。假设蜗壳进口直径为2.4m，工作水头为500.00m，则水推力将达到2300t。要抵消这样大的水推力必须采用很坚固的混凝土支墩，机组运行一段时间后混凝土常有少量的变形，则又要影响机组部件的对中。

　　国外有些抽水蓄能电站在高水头水泵水轮机上装设专门的压力平衡装置。利用平衡

装置将水推力通过球形阀的外壳传到压力钢管上，由岩体来承受这一力量。水推力消除后蜗壳外层混凝土可以大大减少，甚至蜗壳可以做成明露的，这点对卧式机组特别有利。图4-13的立式蓄能机组在高压侧装设了压力平衡装置，图4-1的卧式机组在高压侧和低压侧都装有平衡装置，这两个电站机组的蜗壳都是明露的。

压力平衡装置结构如图4-73所示。图中1是一个环形的活塞，其上游端与球形阀连接。装置的下游端有一环型插座2与蜗壳锥管连接，插座通过一圈长螺栓支撑着环形外壳5。在活塞1、插座2与外壳5之间有三处密封4。上游侧的水压由小孔进入空腔3，作用在外壳5上的水推力为F_B，作用在蜗壳上的水推力为F_A。设计时使$D_3^2 - D^2 = D^2$，则作用力 B 和 A 相等，水推力就全通过球形阀传到压力钢管而不作用到外壳上。图4-73中压力平衡装置所占水流长度约为一倍管道长度。

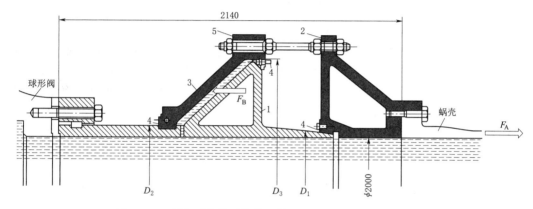

图4-73 压力平衡装置结构（德国 SEW 公司，单位：mm）

1—活塞；2—插座；3—空腔；4—密封；5—外壳

4.4 可逆式水泵水轮机工作特性

4.4.1 水泵水轮机的工作原理

1. 水力机械的可逆性

叶片式水力机械具有可逆性，可以双向运行，不论水泵或水轮机都可以反方向旋转，以相反的方式工作。水力机械的可逆性可以从以下两组模型试验结果得到证明。

第一个试验为离心泵作为水轮机和水泵两种工况运行，其特性曲线如图4-74所示。其中下标 T 代表水轮机转向，下标 P 代表水泵转向，可见双向运行都有较好的效率。离心泵在作为水轮机运行时是一个没有活动导叶的水轮机，在水头和转速已定的条件下，其特性曲线只有一条，也就是开机后只能满负荷运行，没有调节能力。由图4-74可以看出，在$n_P = n_T$条件下，离心泵作水轮机运行时的流量Q_T要比作水泵运行的最优点流量Q_P大。随水头的提高，水轮机工况的出力将继续增大，耗水量也不断增加。

第二个试验为高比转速水轮机作为水泵运行，其特性曲线很不理想，如图4-75所示，作为水泵运行的效率要比作为水轮机低很多。扬程曲线 H—Q 上出现了两个大的驼峰，表示有不稳定现象，因此，高比转速水轮机作水泵运行不是一个理想的可逆式水力机械。

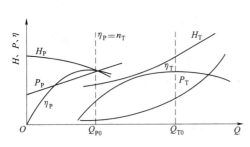

图 4-74　离心泵双向运行时的特性曲线

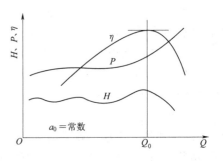

图 4-75　高比转速水轮机作水泵
运行时的特性曲线

因此可以说明，常规水泵和常规水轮机虽都可以双向运行，但离心泵的可逆性反映在外特性上比水轮机要好得多。如果在离心泵叶轮四周装上和水轮机一样的活动导叶，则离心泵作水轮机运行时耗水量就会降低，效率还将有所提高，两种工况在最优效率点的水头也会更接近些。因此，目前抽水蓄能电站中广泛使用的混流可逆式水泵水轮机就是以一个离心泵或混流泵型的叶轮为基础，配以近似水轮机的活动导叶和固定导叶而形成的。从理论分析上也可以证明叶片式水力机械的可逆性，即同一机械（叶片系统）在一种情况下可作水轮机运行，在另一种情况下可作水泵运行。水力机械工作时，转轮叶片对水流中一个微元所产生的力矩为

$$M = \rho \left[\int_{A_0} v_{\mathrm{m}}(v_{\mathrm{u}}r)\mathrm{d}A - \int_{A_1} v_{\mathrm{m}}(v_{\mathrm{u}}r)\mathrm{d}A \right] \pm \frac{\mathrm{d}\omega}{\mathrm{d}t}\int_v r^2 \rho \mathrm{d}V \pm \int_v r \frac{\partial w_{\mathrm{u}}}{\partial t}\mathrm{d}V \qquad (4-17)$$

式中　　M——力矩；

　　　　ρ——水密度；

　　　　v_{m}——轴面流速分量；

　　　　v_{u}——切向流速分量；

　　　　A——微元断面积；

　　　　ω——角速度；

　　　　t——时间；

　　　　V——微元体积；

　　　　r——距旋转轴半径。

各物理量均为一致单位。

通常水泵水轮机可以看作是稳定运转，即

$$\frac{\mathrm{d}\omega}{\mathrm{d}t} = \frac{\partial w_{\mathrm{u}}}{\partial t} = 0$$

则由于水流惯性引起的力矩（上式右侧第二项）和水流流量改变时引起水流相对流速变化产生的力矩（右侧第三项）可不考虑。现定义

$$M = \frac{\rho g Q H}{\omega}$$

则式（4-16）可写为

$$M = \rho Q [(v_u r)_o - (v_u r)_i]$$

式中　Q——流量，$Q = \dfrac{m^3}{s}$。

在水泵工况下，转轮将由电机输入的机械能转换为水流能量，泵出口能量高于进口能量，即 $(v_u r)_o > (v_u r)_i$，故 $M > 0$，说明转轮对水流做功。在水轮机工况下，转轮将水流能量转换为机械能，水轮机进口能量高于出口能量，即 $(v_u r)_i > (v_u r)_o$，故 $M < 0$，说明水流对转轮做功。

2. 水泵水轮机工作原理及流速三角形

在理想液体中，水流作用的力矩为

$$M = \frac{\rho g Q H}{\omega} \tag{4-18}$$

考虑水力效率之后，在水轮机工况时，式（4-18）将变为常规水轮机的基本方程式，即

$$H_T \eta_{hT} = \frac{1}{g}(u_1 v_{u1} - u_2 v_{u2})_T \tag{4-19}$$

式中　η_{hT}——水轮机工况水力效率；

　　　u——切向速度，$u = \dfrac{m}{s}$；

　　　v_u——流速 v 在 u 方向分量，$v_u = \dfrac{m}{s}$；

　　1、2——作为下标，分别代表进出口；

　　　T——作为下标，代表水轮机工况。

如果出口水流为法向，则 $v_{u2} = 0$，于是

$$H_T = \frac{1}{\eta_{hTg}}(u_1 v_{u1})_T = \frac{1}{\eta_{hT}} \frac{u_{1T}^2}{g} \left(\frac{v_{u1}}{u_1}\right)_T \tag{4-20}$$

对于水泵工况，由于叶轮流道为扩散型，要考虑流动旋转的影响，即需对扬程作有限叶片数的修正。考虑水力效率之后，式（4-18）将变为水泵的基本方程式，即

$$\frac{H_P}{\eta_{hP}} = \frac{K}{g}(u_2 v_{u\infty 2} - u_1 v_{u\infty 1})_P \tag{4-21}$$

式中　η_{hP}——水泵工况水力效率；

　　　K——有限叶片数修正系数，又称滑移系数；

　　　∞——作为下标，代表叶片无限多条件；

　　　P——作为下标，代表水泵工况。

同样，如果水泵叶轮进口水流为法向，则 $v_{u\infty 1} = 0$，于是

$$H_P = \eta_{hP} K \frac{1}{g}(u_2 v_{u\infty 2})_P = \eta_{hP} K \frac{u_{2P}^2}{g} \left(\frac{v_{u\infty 2}}{u_2}\right)_P \tag{4-22}$$

通过以下的分析，可以进一步说明水轮机和水泵双向运行特性的关系。图 4-76 中实线所示为普通混流式水轮机的进出口流速三角形，因为转轮叶片比较短，可见流道断面变

化大，叶片进口角 β_{1T} 也较大（70°～90°），所以在水轮机工况运行时能产生较大的分量 v_{u1}。图 4-76 中虚线表示水轮机作水泵运行时的流速三角形，由于 β_{2P} 角度大，水泵出口的绝对流速 v_{2P} 很大，因而转轮出口和涡壳中的损失过大，这样的转轮作泵运行的效率不高。同时，流道的扩散度过大，也会引起水流脱流，对泵工况的运行性能很不利。

图 4-77 中实线为普通离心泵叶轮的进出口流速三角形。因泵叶片的流道长而扩散平缓，叶片出口角 β_{2P} 较小，可较好地适应叶轮出口和在涡壳中的流动，能得到较好的性能。图 4-77 中虚线表示此泵作水轮机运行时的流速三角形，因叶片进口角 β_{1T} 很小，会产生一定的撞击损失，但由于叶片长而流道变化平缓，使水流有足够的空间进行调整，故使作水轮机运行时的效率仍然较高。可见这种叶轮在水轮机工况的进口绝对流速小，其 v_{u1} 值比常规水轮机的小，因而为利用同样的水头，叶轮直径必须做得比水轮机直径大才能满足要求。

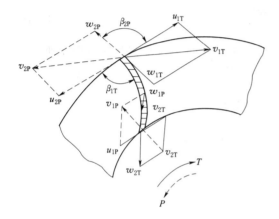
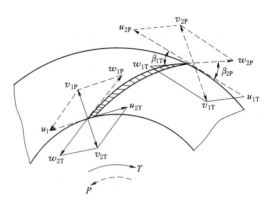

图 4-76 混流式水轮机双向运行流速三角形　　　　图 4-77 离心泵双向运行流速三角形

在以上分析的基础上所发展出来的可逆式水泵水轮机具有如图 4-78 所示的进出口流速三角形。转轮基本上为离心泵叶轮形状，配有水轮机型的活动导叶，在两种工况运行时都有优良的水力性能。

4.4.2　水泵水轮机的基本参数

和常规水轮机或水泵一样，可逆式水泵水轮机的基本参数也包括转轮直径、转速、水头或扬程、流量、出力或功率、效率、比转速等项。对基本参数之间的关系进行分析将有助于理解水泵水轮机的工作特性。

1. 转轮直径

当图 4-76 和图 4-77 中的进口（水泵）及图 4-78 混流可逆式水泵水轮机进出口流速三角形出口（水轮机）水流均为法向时，水轮机和水泵的基本方程式由

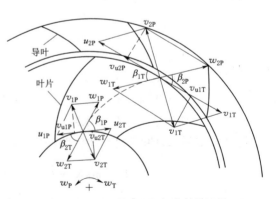

图 4-78　混流可逆式水泵水轮机进
出口流速三角形

式（4-20）和式（4-22）表示。假设混流可逆式水泵水轮机和常规水轮机的水头及转速相等，即 $H_P = H_T$ 和 $n_T = n_P$，则两种转轮的直径比值为

$$\frac{D_P}{D_\perp} = \frac{u_P}{u_\top} = \frac{\sqrt{(v_{u1}/u_1)_T}}{\sqrt{(v_{u\infty2}/u_2)_P}\, K \eta_{hP} \eta_{hT}} \qquad (4-23)$$

在中低比转速范围内，混流式水轮机的 $\left(\dfrac{v_{u1}}{u_1}\right)_T \approx 0.9$，离心泵的 $\left(\dfrac{v_{u\infty2}}{u_2}\right)_P \approx 0.6$，现设 $\eta_{hT} = \eta_{hP} = 0.95$ 及 $K = 0.8$，代入式（4-23）得

$$\frac{D_P}{D_T} = 1.44$$

此关系说明在同样水头和转速下，可逆式水泵水轮机转轮直径需为常规水轮机转轮直径的 1.44 倍。

2. 转速

在混流可逆式水泵水轮机转轮的流速三角形的基础上，为了分析方便，假设泵的进口流速三角形和水轮机的出口流速三角形是相似的，即有

$$\left(\frac{v_{u\infty2}}{u_2}\right)_P = \left(\frac{v_{u1}}{u_1}\right)_T \qquad (4-24)$$

假设在低压边上水泵进口水流和水轮机出口水流都是法向的，则由式（4-20）和式（4-22）可以得到在相同水头（$H_p = H_r$）条件下两种工况最优点的转速比值为

$$\frac{n_P}{n_T} = \frac{u_P}{u_T} = \sqrt{\frac{1}{K \eta_{hP} \eta_{hT}}} \qquad (4-25)$$

现仍用前设的 η_{hT}、η_{hP} 和 K 等数值代入式（4-25），得

$$\frac{n_T}{n_P} = 1.18$$

此关系说明水泵工况如要达到和水轮机同样的水头，转速应比水轮机高约 18%。由于这个特性，有些水泵水轮机不能用同一转速满足两种工况的性能要求，只好使用两种转速，泵工况用高转速，水轮机工况用低转速。以上推导出来的转速关系及其反映在两种工况效率的变化趋势，在图 4-79 的实测结果中是很明显的。

3. 水头或扬程

抽水蓄能机组常以电站静水头 H_0 为分析性能的基准，但水泵的理论扬程和水轮机的理论水头都是按转轮内水流运动条件确定的，并且过流部分存在水力损失。可逆式转轮在泵工况时产生的理论扬程为

$$H_{PT} = H_O + \sum h_P$$

水轮机工况的理论水头为

$$H_{TT} = H_O - \sum h_T$$

式中　$\sum h_P$ 和 $\sum h_T$——水泵和水轮机两种工况过流部分（包括水泵水轮机的引水部分、转轮和排水部分）的总水力损失。

可得

$$H_{PT} = H_{PT} + \sum(h_P + h_T)$$

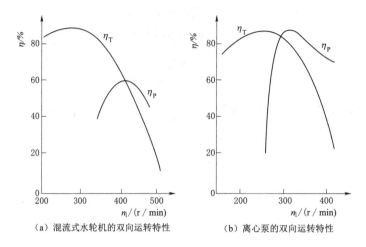

| (a) 混流式水轮机的双向运转特性 | (b) 离心泵的双向运转特性 |

图 4-79　混流式水轮机和离心泵双向运行的效率特性

此关系说明在相同流量下，水泵的理论扬程应比水轮机的理论水头大 $\sum(h_P+h_T)$。

水泵水轮机的有效扬程 H_P 和有效水头 H_T 的关系为

$$H_P = H_{PT}K\eta_{hP} \text{ 和}$$

$$H_T = \frac{H_{TT}}{\eta_{hT}}$$

如果水泵水轮机在同一转速下运行，即 $u_P = u_T$，并且假设转轮两种工况水流运动相似时，水泵的理论扬程和水轮机的理论水头应是相等的。因此可得到

$$\frac{H_P}{H_T} = K\eta_{hP}\eta_{hT} \tag{4-26}$$

同样用前设数值代，得 $\dfrac{H_P}{H_T} = 0.8 \times 0.95 \times 0.95 = 0.722$，即水泵工况最优点的扬程

只有水轮机水头的 72%，也就是说水泵扬程和水轮机水头相差约 28 个百分点。因而也可以理解在水泵工况转速必须更高一些才能达到和水轮机工况同样水头的事实。

以上关于转速和水头特点的分析中，都用了转轮高压边两种工况水流流速三角形是相似的假定。实际上两种工况的流速三角形并不完全相似，因此得到的结果有一定的近似性。

4. 流量和功率

在选择和设计抽水蓄能机组时，一方面要求在设计条件下能使水力性能优化，另一方面也希望能充分利用电动发电机的容量。对电机设计来说，即希望双向运行时的视在功率 S 相等。

假定水泵工况时电动机的视在功率为 S_M，电动机效率为 η_M，功率因数为 $\cos\theta_M$；水轮机工况时发电机的视在功率为 S_G，发电机效率为 η_G，功率因数为 $\cos\theta_G$，则在两种工况下电机的视在功率分别为

$$S_M = \frac{9.8 H_P Q_P}{\eta_P \eta_M \cos\theta_M} \tag{4-27a}$$

$$S_G = \frac{9.8 H_T Q_T \eta_T \eta_G}{\cos\theta_G} \qquad (4-27b)$$

假设水泵工况时电动机端电压比水轮机工况时发电机端电压低5%，在 $S_M = S_G$ 时其能量关系为

$$\frac{H_P Q_P}{H_T Q_T} = 0.95 \eta_M \eta_G \eta_P \eta_T \frac{\cos\theta_M}{\cos\theta_G} \qquad (4-28)$$

现取代表性数值 $\eta_M = \eta_G = 0.97$，$\eta_P = \eta_T = 0.90$，$\cos\theta_M = 1.0$，$\cos\theta_G = 0.85$，则

$$\frac{H_P Q_P}{H_T H_P} = 0.85$$

在扬程和水头相等（$H_P = H_T$）的特殊情况下，水泵工况和水轮机工况的流量关系为

$$Q_P / Q_T = 0.85$$

此比值说明在扬程、水头相等及充分发挥电机作用条件下，水泵流量约比水轮机流量低15%。然而在实践中，抽水蓄能电站两种工况的能量关系可能还得取决于其他因素，如抽水和发电时间的限制、抽水和发电功率的限制、电力系统的某些特殊要求以及不同季节抽水和发电的不同要求等。因此式（4-28）也是近似的。国外制造厂曾建议过可供规划设计用的几种参量比值的关系，如图4-80所示。

5. 单位转速和单位流量

在抽水蓄能电站机组的选择计算和水泵水轮机的设计计算中，习惯使用水轮机专业中常用的单位转速和单位流量来表达其水力特性参数，即

单位转速为

$$n_{11} = \frac{nD}{\sqrt{H}} \qquad (4-29)$$

单位流量为

$$Q_{11} = \frac{Q}{D^2 \sqrt{H}} \qquad (4-30)$$

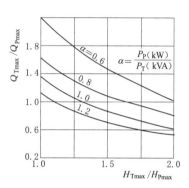

图4-80 抽水蓄能机组的流量、
水头和功率关系

式中 n——转速，r/min；

Q——流量，m^3/s；

H——工作水头，m；

D——转轮名义直径，m。

为了设计转轮和电站选型的需要，希望得到在水泵和水轮机两种工况最高效率点的单位转速最优比值和单位流量最优比值。

式（4-25）和式（4-28）知道，在水头相等条件下，水泵工况和水轮机工况最优转速是不相同的（$u_P > u_T$），两种工况的最优点流量也不相同（$Q_T > Q_P$）。因此在假定转轮低压边进出水流都是法向的情况下，转轮高压边上两种工况的水流速度三角形既不相等也不相似，比较接近实际情况的水流速度三角形，如图4-81所示。图中$\triangle ABC$为水泵工

141

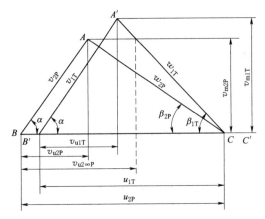

图 4-81 混流可逆式转轮高压边速度三角形

况出口速度三角形，由于泵的出口水流有偏转，出口水流角 β_{2P} 比叶片安放角 β 要小一些。$\triangle A'B'C'$ 为水轮机进口速度三角形，假定转轮进口无撞击，则水流角 β_{1T} 与叶片安放角 β 相等。另外假定两种工况下绝对速度与切线方向的夹角 α 是不变的，也就是泵工况的进口角与水流角工况的出口角是相等的。由图 4-81 可知

$$\frac{v_{m2P}}{v_{m1T}}=\frac{u_{2P}-v_{u\infty2P}}{u_{1T}-v_{u1T}}=\frac{u_{2P}-v_{u2P}/K}{u_{1T}-v_{u1T}}$$

由于

$$\frac{v_{m2P}}{v_{u2P}}=\frac{v_{m1T}}{v_{u1T}} \text{ 或 } \frac{v_{m2P}}{v_{m1T}}=\frac{v_{u2P}}{v_{u1T}} \qquad (4-31)$$

$$\frac{v_{u2P}}{v_{u1T}}=\frac{v_{2P}-v_{u2P}/K}{u_{1T}-v_{u1T}} \text{ 或 } \frac{u_{2P}}{v_{2P}}-\frac{u_{1T}}{v_{u1T}}=\frac{1}{K}-1 \qquad (4-32)$$

$$u=\frac{\pi}{60}nD=\frac{\pi}{60}n_{11}\sqrt{H} \qquad (4-33)$$

由式（4-20）和式（4-22），并引用 $v_{u2P}=Kv_{u\infty2P}$，可得：

$$\frac{n_{11P}}{n_{11T}}=\sqrt{\left(\frac{60}{\pi}\right)^2\frac{(1-K)g}{\eta_{hP}Kn_{11T}^2}+\frac{1}{\eta_{hP}\eta_{hT}}} \qquad (4-34)$$

并将 u 用单位转速形式表示，即

将式（4-33）和式（4-34）代入式（4-32），经过简化后得到

$$v_{u1T}=\frac{\eta_{hT}gH_T}{u_{1T}} \text{ 及 } v_{u2P}=\frac{gH_P}{\eta_{hP}u_{2P}} \qquad (4-35)$$

这就是水泵水轮机两种工况下单位转速的最优比值。如将常用的数值 $n_{11T}=75\sim80$r/min，$\eta_{hP}=\eta_{hT}=0.95$ 和 $K=0.75\sim0.80$ 代入式（4-35），则得

$$n_{11P}/n_{11T}=1.12\sim1.16$$

为了求得两种工况下单位流量的最优比值，可将式（4-34）和式（4-35）代入式（4-32），化简后得到

$$\frac{v_{m2P}}{v_{m1T}}=\frac{n_{11T}}{n_{11P}}\sqrt{\frac{H_P}{H_T}}\times\frac{1}{\eta_{hP}\eta_{hT}} \qquad (4-36)$$

由于 V_m 和 Q 是成正比，因此式（4-36）可写成

$$\frac{Q_{11P}}{Q_{11T}}=\frac{n_{11T}}{n_{11P}}\times\frac{1}{\mu_{hP}\eta_{hT}} \qquad (4-37)$$

式（4-37）即为两种工况下最高效率点的单位流量比值。将上述的常用数值代入后可得

$$\frac{Q_{11P}}{Q_{11T}}=0.95\sim0.98$$

但是目前生产中使用的 n_{11P}/n_{11T} 比值约在 1.1～1.2 范围，Q_{11P}/Q_{11T} 比值约在 0.8～

0.9 的范围，和理论推算的比值相比较，可见单位转速比值相符较好。这是因为水力机械的转速特性和工作水头直接有关，故推算值和实际数值会较接近，而转轮过流量和叶片设计中很多其他因素有关，因此推算值就不容易准确。

另外，式（4-37）表明，两种工况最优点的 Q_{11} 和 n_{11} 比值成反比关系是和现在实际设计相一致的。图 4-82 就表示了水泵水轮机 Q_{11} 和 n_{11} 比值关系的试验统计值。可以看出，不同转轮的比值大致分布在一个倾斜的带内和单位流量比值的统计分布。

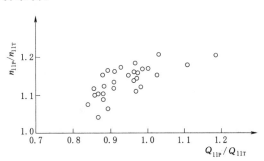

图 4-82 混流可逆式水泵水轮机单位
转速和单位流量比值的统计分布

6. 比转速

比转速是现代水力机械专业中使用很广泛的水力参数，它代表了水力机组的综合特性。但在水泵专业和水轮机专业所使用的比转速表达方式有所不同，例如

水泵专业用有

$$n_q = \frac{n\sqrt{Q}}{H^{3/4}} = n_{11}\sqrt{Q_{11}} \quad 或$$

$$n_s = 3.65 n_q \tag{4-38}$$

水轮机专业用有

$$n_s = \frac{n\sqrt{P}}{H^{5/4}} = 3.13 n_{11}\sqrt{\eta Q_{11}} \tag{4-39}$$

在式（4-38）、式（4-39）中 H——水头或扬程，m；

Q——流量，m^3/s；

P——功率，kW。

为避免产生使用不一致单位的混乱，通常在水泵比转速 n_q 后注明（m，m^3/s），在水轮机比转速 n_s 后注明（m，kW）。显然，括号内的单位是一种说明，而不是比转速的量纲。

目前我国习惯对水泵水轮机的水泵工况和水轮机工况分别使用其专业中常用的比转速表达方式，而没有强求统一。但在国外有些研究者和制造厂则使用统一的公式来表示，即两种工况的计算公式都为

$$n_s = \frac{n\sqrt{Q}}{H^{3/4}} \quad 或 \quad n_s = \frac{n\sqrt{P}}{H^{5/4}}$$

读者在参阅统计表和曲线时需十分注意所用比转速公式的定义。

由最优单位转速和单位流量的比值关系，同样可以得到两种工况下最优比转速的关系，即

$$\frac{n_{sP}}{n_{sT}} = 1.17 \frac{n_{11P}\sqrt{Q_{11P}}}{n_{11T}\sqrt{Q_{11T}\eta_T}} \tag{4-40}$$

将前述得到的常用数值 $n_{11P}/n_{11T}=1.14$，$Q_{11P}/Q_{11T}=0.96$，水轮机效率 $\eta_T=0.90$ 代入式（4-40），则有

$$\frac{n_{sP}}{n_{sT}}=1.35 \quad \text{或} \quad \frac{n_q}{n_{sT}}=0.37$$

应该指出，以上的比转速关系是水泵和水轮机两种工况在各自最高效率点的比转速比值，而如前所述，两种工况的最高效率点并不发生在同一转速下。因此在机组选型或机械设计中如决定使用单一转速的电机，则不可能选到能同时满足两种工况的转速，为首先满足水泵工况的要求，水轮机工况的运行范围就将会某种程度的偏离最优点。因此，对单一转速的水泵水轮机来说，计算水轮机工况的比转速没有很大实际意义，只有在和其他机型方案进行比较时才有用处。如果使用单一转速所带来的水轮机工况效率损失太大，则必须考虑使用双转速电机，即水泵工况时使用高档转速，水轮机工况时使用低档转速。

近年来，大容量的可逆式水泵水轮机正向高水头发展，所使用的比转速也不断下降，为选取最合适的比转速可参考现有的一些应用经验，见如以下各点：

（1）比转速对效率的影响。图 4-83 所示为不同比转速转轮的特征形状。随比转速的降低，转轮的特征形状将变得更扁平，流道变得狭长，因此流道内流速增高，水力损失增大。同时转轮外侧摩擦损失和迷宫损失也随之增加，机组的总效率将要下降。根据近代制造经验，可逆式水泵水轮机比转速和最高效率的变化有如图 4-84 所示的趋势。图 4-84 中最高效率范围的比转速为 $n_q=35\sim50$（$n_{sP}=130\sim180$），比转速低于 $n_q=35$ 时效率将下降较多。但因为抽水蓄能电站采用高水头的综合经济效益很高，不少蓄能电站仍趋向于使用更低的比转速。根据目前实践，$n_q=25\sim27$（$n_{sP}=90\sim100$）可能是最低的实用限度。

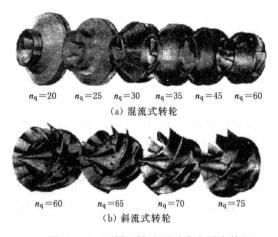

$n_q=20$ $n_q=25$ $n_q=30$ $n_q=35$ $n_q=45$ $n_q=60$
（a）混流式转轮

$n_q=60$ $n_q=65$ $n_q=70$ $n_q=75$
（b）斜流式转轮

图 4-83　不同比转速可逆式水泵水轮机
转轮的特征形状

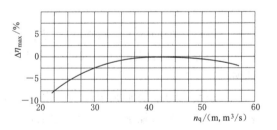

图 4-84　水泵水轮机水泵工况最高效率
随比转速变化情况

（2）比转速和转轮尺寸的关系。水泵水轮机的比转速越低，转轮高压侧的流道高度就越小。流道变窄，不但使水力损失增加，而且不利于铸造、焊接或打磨，使制造上发生困难。然而已运行多年的日本沼原蓄能电站水泵水轮机的最高水头为 528.00m，比转速 $n_q=27$，转轮直径 4.95m，转轮流道高度仅为 300mm。我国新建的天荒坪蓄能电站机组最高水头为 605.00m，比转速 $n_q=31.2$，转轮直径 4.08m，转轮流道高度则降低

到 262mm。

（3）比转速和水头的关系。在提高水泵水轮机应用水头的同时，制造厂家也在千方百计改进设计来提高水泵水轮机的比转速，以求获得更好的性能。在水轮机专业里为同时表征水头和比转速的特点，现在使用比速系数 K 来衡量机组的高速性

$$K = n_s H^{1/2}$$

在水泵水轮机的制造中，有些国家也用 K 值来衡量水泵水轮机的高速性。20 世纪 80 年代制造的水泵水轮机 K 值多在 2100～2300 范围，近年来多数机组都安装在地下电站内，淹没深度很大，则 K 值可以达到较高数值，最高时 $K = 2500～2700$。

日本的制造行业习惯于使用另一种表征水泵水轮机高速性的系数 K，其定义为

$$K = n_q H^{3/4} = n Q^{1/2}$$

20 世纪 60 年代日本生产的水泵水轮机，$K < 2500$；70 年代以来，设计制造的 500m 级水泵水轮机的 K 值提高到 2500～3000（$n_q = 25～28$）；80 年代末设计的 500m 级水泵水轮机 K 值达到 3600～3800；今后更高水头机组的水轮机 K 值可能超过 4000，如图 4-85 所示的趋势。提高水泵水轮机的比转速的直接途径是提高其转速，但随着转速的提高，水泵水轮机的空化性能将恶化，为保证机组运行安全，需要有很大的淹没深度。我国广州抽水蓄能电站水泵水轮机是现在高水头机组中比转速较高的一个，其水泵工况最高水头为 550.00m，比转速 $n_q = 32$，$K = 3630$，机组的淹没深度为 70m。天荒坪水泵水轮机的 $K = 3800$，也使用淹没深度 70m。

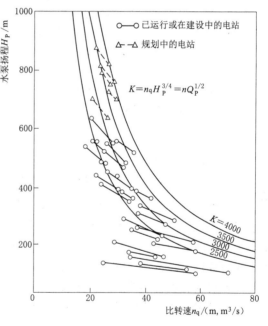

图 4-85　水泵水轮机水泵工况扬程和 K 值关系

4.4.3　水泵水轮机的能量特性

水泵水轮机两种工况的特性参数是通过模型试验得到的。通常将试验得到的参数分别绘成水泵工况和水轮机工况两种曲线，以供水泵水轮机的性能分析和选型的使用。

1. 水轮机工况特性曲线

可逆式水泵水轮机的水轮机工况特性曲线和常规水轮机特性曲线的形式一样，如图 4-86 所示。混流可逆式水泵水轮机在特性曲线上的效率圈要比常规水轮机的显得扁平，效率圈在大流量区收缩得很慢，和小流量区的效率圈接近于对称，因此出力限制线距离效率最高区很远。效率圈右边大的原因一般认为是尾水管损失较小，因为对于同样直径的转轮，可逆式水泵水轮机的流量要比常规水轮机的小，即

$$Q_{11r} = \frac{Q_r}{D^2 \sqrt{H}} \qquad\qquad (4-41)$$

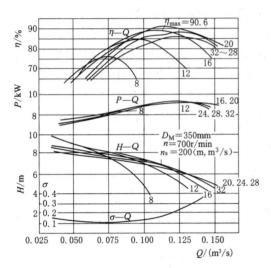

图 4-86　可逆式水泵水轮机的
水泵机工况特性曲线

混流可逆式水泵水轮机的转轮形状和离心泵相近，转轮叶片的径向部分比较长，在水轮机飞逸时水流由于离心力所形成的撞击较大，故飞逸转速 n_r 与额定转速 n 的比值较小。图 4-86 表示混流式水泵水轮机和常规水轮机的 n_r/n 的比较关系。在中、低比转速范围内，常规水轮机的比值约为 $1.7\sim1.9$，而水泵水轮机的只有 $1.3\sim1.5$。

水泵水轮机也和常规水轮机一样，使用单位飞逸转速来表示飞逸特性。

水泵水轮机的飞逸转速绝对值虽然比较低，但因其转轮直径要比相同水头的水轮机大，故计算出来的单位飞逸转速和常规水轮机仍然是相近的。

2. 水泵工况特性曲线

对于水泵水轮机的水泵工况，现在常用的特性曲线表达方式仍然是在恒定转速下实测的模型试验曲线，而不加以任何转换，水泵水轮机的水泵工况 a_0—Q_{11} 特性曲线如图 4-87 所示。水力机械研究者多年以来希望能把水泵工况和水轮机工况的特性曲线绘制在一起，或采用相同的坐标以便进行比较。但是试图把水泵特性画在以 n_{11}—Q_{11} 为坐标的图上并不成功，由于水泵工况的 H—Q 和 η—Q 两族曲线随导叶开度变化很少，同时在小流量区等开度线还有些交叉，因此不能像水轮机工况那样在 n_{11}—Q_{11} 坐标上用等开度线来展开效率圈。为了对照水泵工况和水轮机工况的特性，现在实用的办法是把水泵工况的 H—Q 曲线包络线换算成一条 n_{11}—Q_{11} 关系，画到水轮机特性曲线上，如图 4-87 中的虚线（水泵包络线）。为了仍能把水泵工况的特性显示成等效率圈的形式，可以改用导叶开度 a_0 来代替纵坐标的单位转速 n_{11}，这

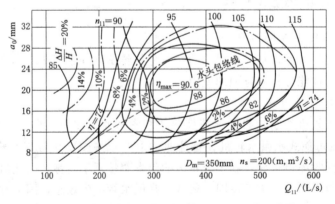

图 4-87　水泵水轮机的水泵工况 a_0—Q_{11} 特性曲线

样在以 a_0—Q_{11} 为坐标的图上就可以在等 n_{11} 线上绘出等效率圈来，如图 4-87 所示。此图上同时还绘有等压力脉动 $\Delta H/H$ 线，也还绘有等空化系数 σ 曲线。

3. 能量参数的不同表达方式

在分析水力机械能量参数时，西方国家多数使用尤量纲参数（系数），因为在参数换算时没有度量衡单位换算的问题。国际标准化组织（ISO）也多年推荐使用无量纲性能参数。目前，国外为表达水泵水轮机性能（一般水泵和水轮机都用同一方式）常用以下方式：

（1）由流体力学无量纲参数

$$\lambda = \Delta P/(\rho u^2/2)$$
$$\varPsi = 2gH/u^2 \qquad\qquad (4-42)$$

导出压力系数和相应的流量系数

$$\varphi = Q/(\pi D^2 u/4) \qquad\qquad (4-43)$$

式中 参数 H、Q、u、D 都是采用工程上的惯用单位。

（2）将与压力有关的切线速度和与流量有关的轴面速度分量形成一对无量纲系数

速度系数

$$k_u = u/(2gH)^{1/2} \qquad\qquad (4-44)$$

流量系数

$$k_{cm} = Q/(\pi D^2/4)(2gH)^{1/2} \qquad\qquad (4-45)$$

有时为明确基准直径是 D_1，故将以上系数分别写成 k_{u1} 和 k_{cm1}。

以上两种无量纲系数之间的关系为

$$\psi = 1/k_u^2$$
$$\varphi = k_{cm}/k_u \qquad\qquad (4-46)$$

系数 k_u、k_{cm} 和 ψ、φ 与常用的单位量的换算关系为

$$n_{11} = 84.7k_u\,; Q_{11} = 3.48k_{cm}$$

$$n_{11} = 84.7/\psi^{1/2}\,; Q_{11} = 3.48\varphi/\psi^{1/2} \qquad\qquad (4-47)$$

有时还使用无量纲功率系数

$$\lambda = P/(\rho u^2 \pi D^2 u/8)$$

式中 P——功率，kW；

ρ——流体密度。

在两种运行工况下有

水轮机工况

$$\lambda = \varphi\psi\eta$$

以及水泵工况

$$\lambda = \varphi\psi/\eta \qquad\qquad (4-48)$$

有的水轮机工况特性曲线是画在 k_{cm}—k_u（相对于 Q_{11}—n_{11}）坐标上，有的水泵工况特性曲线是画在 ψ—φ（相对于 H—Q）坐标上，同时还标有功率系数 λ。国外有些科研机构和制造厂习惯使用其他的无量纲特性系数。

4.4.4 水泵水轮机的空化特性

1. 水泵工况空化的特点

水泵工况空化过程是水泵水轮机空化与空蚀特性的关键，是影响转轮叶片设计和机组选型的重要因素，对泵工况空化过程的观察是空化试验的重要组成部分。

图 4-88 是低比转速泵在固定开度下的空化试验量测及观察结果。图4-88中参数除空化系数外均为相对值。空化系数曲线 c 代表效率下降 0.5% 的界限，曲线 d 代表效率下降 10% 的界限。泵在 A 点工作时吸水条件没有超过 c 线，故能量特性没有变化。如进口条件变坏，空化系数到了 d 线，则效率和水头都大幅下降，到 B 和 B' 点。

在观察泵水流进口区时看到，在小流量时泵叶片吸力面上有气泡出现，气泡初生点的真空度折算成 σ 值，如曲线 a_0。在大流量时叶片压力面上有气泡出现，其初生点真空度折算成 σ 值为曲线 b_0。泵在 e 区工作时没有空化发生，在 f 区时进口水流有正冲角，叶片吸力面上有气泡出现；在 g 区时进口水流接近无撞击，故空化最轻，有时称为无空化区；进入 h 区后泵进口水流形成负冲角，故气泡转到压力面上。

从图 4-88 上可见，在能量特性发生变化以前已可观察到气泡的出现，如果同时用噪声传感器探测泵的进口水流，则在一般情况下都会发现，在能看到气泡以前已可记录到噪声的增强。众所周知，空化现象的发生，首先被"听到"，其次被"看到"，最后才能在外特性时反映出来。

泵工况时叶片进口边的形状对空化的发生有很大影响，叶片形状上微小的差别可以造成空化特性很大的变化，制造厂在设计转轮时应专门研究空化性能好的叶型。图 4-89 为三种做试验用的叶片型式，叶型的好坏可由进流时叶片头部压力降的大小来判断。显然，在三种叶型中，C 叶片最好，因为它的压力降最小，在空化试验时观察到的气泡群也以叶片 C 上的最少，如图 4-90 所示。

空化气泡在叶片上发展到一定厚度和宽度后能影响叶片流道的流动状态而改变泵的特

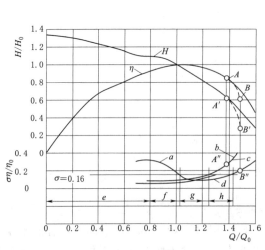

图 4-88　水泵工况空化发展过程

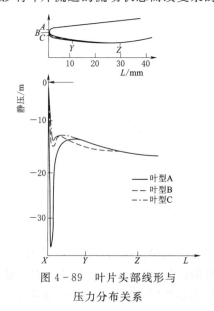

图 4-89　叶片头部线形与
压力分布关系

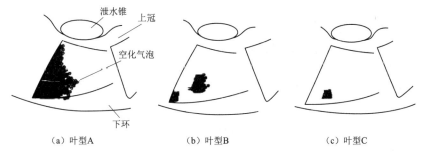

泄水锥
上冠
空化气泡
下环

（a）叶型A   （b）叶型B   （c）叶型C

图 4-90 三种叶片型式对泵工况空化的影响

性曲线。图 4-91 表示一个混流式水泵水轮机在泵工况时 H—Q 曲线受空化程度的影响。在空化系数大时，如 $\sigma=0.3$，泵在相对流量 0.8 附近转轮内发生流态变化而使特性曲线上出现一个不重合区。空化系数减小后，如 $\sigma=0.1$，不重合区收缩为一条曲线而具有和高比转速水泵相似的驼峰，空化系数再小时，驼峰也消失了。

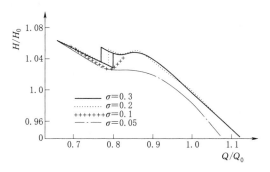

图 4-91 水泵工况扬程曲线受空化影响情况

2. 水泵工况和水轮机工况空化特性的比较

水泵水轮机早期应用时，就已发现水泵工况空化性能比水轮机工况空化性能差。在设计水泵水轮机装置时，一般认为如空化条件满足了水泵工况则水轮机工况也就能满足。在研究常规水泵和常规水轮机时就已经知道有这种差别。水力机械首先发生空化的部位一个是沿叶片表面上的低压区，另一个是叶片头部和水流发生撞击后的脱流区。在水泵上因为进口撞击和低压区都发生在叶片进口处，所以动压降比较大，空化性能差。而在水轮机工况水流撞击发生在进口边上，叶片低压区发生在出口附近，因之动压降比较缓和，空化性能就好些。从空化系数定义上也可以分析出两种工况是有差别的。水泵空化系数定义为

$$\sigma=\frac{\Delta h}{H}$$

$$\Delta h=\lambda_1\frac{w_1^2}{2g}+\lambda_2\frac{v_1^2}{2g} \tag{4-49}$$

式中　Δh——泵进口的净正吸入水头，或称空化裕量，国外称为 NPSH（net positive suction head），m；

　　　λ_1——水流绕流叶片的动压降系数，或称叶栅空化系数；

　　　λ_2——水流进入叶片以前的综合损失系数。

据一般研究成果，离心泵的 $\lambda_1=0.2\sim0.4$，$\lambda_2=0.1\sim0.4$。

水轮机空化系数一般写成

$$\sigma=\frac{1}{H}\left(\lambda\frac{w_2^2}{2g}+\eta_s\frac{v_2^2}{2g}\right) \tag{4-50}$$

149

式中 λ——叶栅空化系数；

　　η_s——尾水管恢复系数。

　　据一般试验结果，混流式水轮机的 $\lambda=0.05\sim0.15$，一般 $\eta_s=0.6\sim0.7$。因此可以看出，如水泵的进口相对流速 w_1 和绝对流速 v_1 分别和水轮机出口相对流速 w_2 和绝对流速 v_2 相等，则水泵的空化系数将比水轮机高。图 4-92 表示一台中高比转速模型混流式水泵水轮机两种工况空化试验的实测结果，可见两种工况空化系数的差别是较大的。但对于低比转速（高水头）水泵水轮机，两种工况空化系数的差别一般要小些，在水轮机工况小流量区的空化系数有可能比水泵工况的还大，进行高水头水泵水轮机空化试验时对两种工况都进行全面的试验，才能判定每一个工作范围内最不利的条件。

　　有些研究者根据统计对水泵工况提出了估算公式，将空化系数表示为比转速的函数，即

$$\sigma_P=10^{-3}Kn_q^{4/3} \tag{4-51}$$

　　美国垦务局的斯蒂尔策（Steltzer）建议对临界空化系数用 $K=1.17$，奥地利克莱恩（Klein）建议对电站空化系数取 $K=1.14$。另外也有研究者统计了已建成抽水蓄能电站的电站空化系数，如图 4-93 所示。国外制造厂统计了在运行中的各种蓄能机组的比速系数 K 值与电站吸出高度 H_s（负值表示淹没深度）的关系为

$$H_s=10-\left(1+\frac{H_{Pmax}}{12000}\right)\left(\frac{K^{4/3}}{1000}\right) \tag{4-52}$$

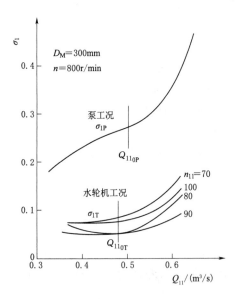

图 4-92　水系水轮机两种工况
空化系数比较

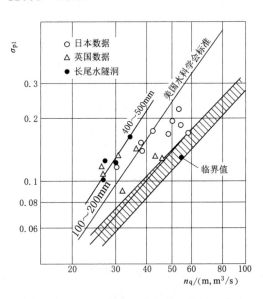

图 4-93　已建成抽水蓄能电站空化系数统计

　　此关系绘成如图 4-94 所示的曲线。由于机械设计和土建工程的限制，发展高水头水泵水轮机很可能以 $K=4000$ 为极限。

　　3. 水头对空化的影响

　　水力机械空蚀破坏的程度一般认为是与流速的 6 次方成比例，这在非旋转模型的试验

设备上已有过很多研究成果，但在旋转模型上由于设备条件的限制，长时间的空蚀试验不容易做得准确。但在运行的机组上则有大量的实际观测资料可供分析水头对空蚀的影响。有一个实例可以提供数量上的概念：安装在南斯拉夫巴斯塔（B. Basta）的可逆式水泵水轮机（$H = 554\text{m}$，$P = 294\text{MW}$，$n = 429\text{r/min}$）基本上是安装在日本的大平水泵水轮机的复制品（$H = 490\text{m}$，$P = 256\text{MW}$，$n = 400\text{r/min}$）。两种机组是水力相似的，只是前者的转速比后者高 7%，大平机组在运行了数千小时后空蚀不严重，但是前者在运行同

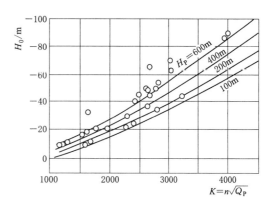

图 4-94　抽水蓄能电站吸出高度 H 与机组 K 值关系

样时间后空蚀相当厉害，如按 1.07 的 6 次方计算，后者的空蚀损伤应约为前者的 1.5 倍，实际观测大致证实了这种损伤的相对程度。不过影响空化和空蚀的因素很多，巴斯塔水泵水轮机的叶片进口边和出口根部的叶型在经过修整后，转轮局部压力降得以减轻，之后机组的空蚀状况已有改善。

4.4.5　水泵水轮机的压力脉动特性

水流的压力脉动是引起水力机械振动的主要原因之一，特别是在大型机组中，由于结构强度相对较低，水流的不稳定流动导致机组产生振动，会影响正常运行，严重时则能导致构件发生疲劳破坏。近年来已把压力脉动特性作为衡量大型水力机组性能的重要指标。在水泵水轮机上产生压力脉动的原因可能有以下几方面：

（1）水泵水轮机作为调峰和调频机组启动和停止是频繁的，同时也经常在低负荷下运行，故水轮机工况实际上处于水流条件十分不利的状况下。

（2）水泵工况在小流量区将在进口产生回流，转轮叶片和水流的撞击加剧。

（3）水泵工况出口水流与导叶、固定叶的撞击是产生压力脉动的主要原因。这种撞击可以直接引起机械部件的振动，或引起上游管道的共振。

（4）压力脉动还可以由水流的特殊流态引起，如水流绕流叶片产生的卡门涡列，水流自叶片上脱流后的旋涡，由水轮机尾水管涡带引起的水流振荡等。判断压力脉动的程度主要有两个指标：①压力脉动的振幅，通常用 ΔH 来代表高低峰之间的全振幅绝对值，有时也用 $\Delta H / H$ 或 A 来代表全振幅的相对值；②在水流中存在着由不同振源引起的不同压力脉动频率 f，用频谱分析仪可以找出能量最强的一个或几个主要振动频率，并判断出其振型。

1. 水泵工况压力脉动

可逆式水泵水轮机的压力脉动特性，需通过全模拟的试验得到，在试验中要测定水泵水轮机若干关键部位的压力脉动数值。图 4-95 为模型装置上的各测点编号。试验表明，水泵工况总的压力脉动振幅分布大致如下：吸水管内（1～3 点）的振幅较小；蜗壳内（6～8 点）大一些；固定导叶内更大些，而导叶与转轮之间（5 点）最大，如图 4-96 所示。

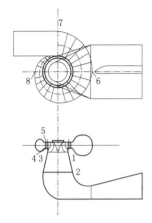

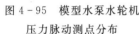

图 4-95 模型水泵水轮机
压力脉动测点分布

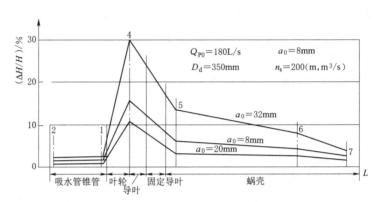

图 4-96 水泵工况各部位压力脉动比较

（1）转轮出口（高压侧）压力脉动水泵工况转轮出口压力脉动随流量而变化的趋势十分明显，水泵工况各部位压力脉动比较如图 4-96 所示。在效率最高点，转轮出口水流对导叶的撞击最小，故压力脉动出现了 $\Delta H/H$ 的最低点。流量大于最优点时，转轮出口水流对导叶的撞击增加，在导叶的压力面上产生脱流，$\Delta H/H$ 随 Q 增加而上升。流量小于最优点时转轮出口水流向导叶的另一侧撞击，在导叶的吸力面上产生脱流，$\Delta H/H$ 随 Q 的减小而上升。同时在流量减小到一定程度时，在转轮进口处会产生振动性很大的回流，产生的振动直接传递到转轮出口。这两种因素都使转轮出口处的 $\Delta H/H$ 增高。此试验转轮的进口回流临界点约为 $0.76Q$。流量小于此点时压力脉动值上升很快。

在水轮机专业习惯使用相对振幅 $\Delta H/H$ 来表示振动的强度，现在也用于水泵工况的压力脉动特性，但是泵扬程 H 在工作范围内并不是一个常数，相对振幅并不正确地反映实际振动的大小，因此在图 4-96 上也绘出了 ΔH 的绝对值，以做比较。

转轮出口压力脉动的主要频率为叶片频率 f_{z1}，其次为导叶频率 f_{z0}，即

$$f_{z1}=Z_1 f_n \text{ 及 } f_{z0}=Z_0 Z_1 f_n$$

式中　f_n——转速频率；

　　　Z_1——转轮叶片数；

　　　Z_0——导叶数。

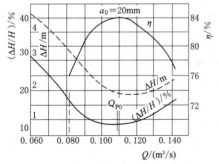

图 4-97 水泵工况转轮出口
压力脉动振幅

此外，还有 $2.4 f_{z1}$ 的高频波动，此频率相当稳定，不随流量而变化，在大开度时有 $1/8 f_{z1}$ 的低频波动。

（2）压力脉动与导叶位置关系。水泵水轮机作水泵运行时，要按实际流量大小将导叶开度调整到水流撞击最小的位置。故实际运行中的压力脉动和恒定导叶开度 $a_0=20\text{mm}$ （图 4-97）与测得的数据不完全一样。另外，随导叶开度的变化，导叶内缘与转轮之间的距离也在变化，这使压力脉动的条件有所改变。国外研究者测定

了离心泵叶轮外径与固定导叶内缘配合的最优关系，寻求从降低压力脉动角度出发的最合适的间隙，结果发现导叶内缘直径 D_4 与叶轮外径 D_d 之比为 1.08 时压力脉动的振幅最小。

参照这一研究成果，将水泵水轮机不同导叶开度的导叶内缘直径 D_4 与转轮直径 D_d 的比值与实测压力脉动振幅绘成如图 4-98 所示的关系，发现在 $D_4/D_d=1.105$ 处压力脉动振幅最小，这个直径比值相当于 350mm 模型导叶开度 $a_0=20$mm 时的位置，也正好是最优开度，这说明在效率最高点时压力脉动的数值也是最小的。

以上的研究都是在模型装置上进行的，而在真机运行中仍然发现有强烈的由于转轮叶片与导叶之间水流干扰所带来的高频振动，以致在水泵水轮机的结构设计上不得不将转轮与导叶的间隙相当程度的加大，如到 1.15～1.20。

（3）水泵空蚀工况下的压力脉动转轮高压侧的压力脉动随空化的发生而有较大的变化，典型规律如图 4-99 所示。在空化系数较大时，叶片吸力面已有气泡产生，但效率和压力脉动值尚无变化。在 $\sigma=0.22$ 左右，$\Delta H/H$ 开始有些波动，随 σ 的减小波动逐渐增大，到 $\sigma=0.1$ 左右，叶片吸力面上气泡已连成一片，形成一个白色的气泡环，此时压力脉动振幅突然上升，$\Delta H/H$ 值达到无空化时的 2～3 倍。空化系数再减小后转轮区即为一片水雾所笼罩。因水中存在的大量气泡有吸收能量的作用，使压力脉动振幅又急速减小，不过此时伴随有很大的空化噪声。

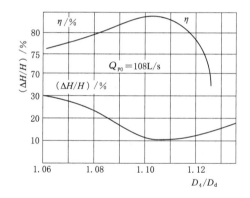

图 4-98　水泵工况压力脉动振幅与
D_4/D_a 比值关系

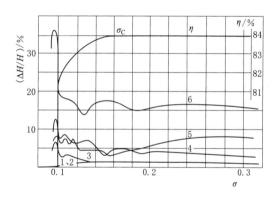

图 4-99　水泵工况空化对压力脉动的影响点
1、2—尾水管；3—导叶后；4—导叶前；5、6—蜗壳

2. 水轮机工况压力脉动

通过试验表明，可逆式水泵水轮机的水轮机工况压力脉动和常规水轮机一样，主要是由尾水管涡带引起的。试验时测定了如图 4-95 上各测点的压力，其中在尾水管上 1～3 点的压力脉动振幅比其他各部位都大，因此通常是以尾水锥管上端的压力脉动作为判断水轮机工况压力脉动特性的特征值，进一步的试验说明 1 和 3 点的压力脉动值相差很小，用哪一点都可以。

（1）尾水管水流压力脉动振幅特性。图 4-100 显示了在尾水锥管 1～3 各测点不同流量时的压力脉动分布规律。在中等开度，如 $a_0=16$mm，转轮出口水流接近于均匀分布，在最优单位转速 $n_{11}=70～80$ 范围水流为法向出口，故压力脉动振幅最小。低于此转速时出口水流具有负的速度矩，高于此转速时出口水流有正的速度矩，都有较大的旋涡形成，故 $\Delta H / H$ 值在较高和较低转速区都有上升。尾水管涡带在低转速区是逆旋转方向，在高转速区是顺旋转方向。在大开度时，如 $a_0 = 32mm$，转轮出口水流具有负速度矩，转速越低负速度矩越大，逆旋转方向的尾水管涡带也愈强烈。由图 4-100 可见，压力脉动振幅是随转速的减小而上升，在小开度时，如 $a_0 = 8mm$，转轮出口水流具有正的速度矩。随转速的升高，尾水管中顺旋转方向的涡带也愈发展，使压力脉动振幅值随转速上升而增大。

（2）尾水管水流压力脉动频率特性。通过试验测定的水轮机工况尾水管压力脉动频率有几种典型值：大致为转速频率 1/10 的低频率 f_1，一般在小流量和高转速区出现；典型的涡带频率 $f_2 = (0.25 \sim 0.4) f_n$；中频率 $f_3 = (1.8 \sim 3.6) f_n$，在各种工况下均存在；高频率 $f_4 = (3.6 \sim 6) f_n$，主要存在于尾水管内。

图 4-101 表示了在最优单位转速下压力脉动频率随单位流量变化的情况。在小流量区有 f_1 频率出现，此时的压力脉动振幅较高。流量增大后，振幅很快下降，f_1 频率也消失了。在更大流量时，f_1 随振幅的增高再度出现。因此尾水管压力脉动的低频率是和流量状态有关的，而高频率则在各种流量情况下始终存在。

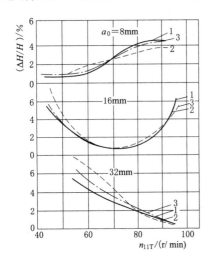

图 4-100　水轮机工况尾水管压力
脉动变化情况测点：

1—锥管上端后侧；2—锥管中部；

3—锥管上端前侧

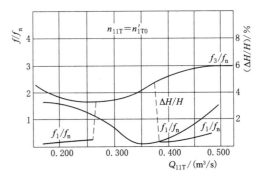

图 4-101　水轮机工况尾水管进口压力
脉动振幅频率变化关系

（3）空化状态下尾水管压力脉动特性在空化状态下，水流中产生了大量气泡，水流状态起了变化，使压力脉动的振幅和频率都与无空化时不同。图 4-102 表示随空化系数的减小相对振幅 A 和频率 f 值的变化情况。在空蚀系数较高区域，A 和 f 都有一稳定值，当空蚀系数下降到接近 σ_P 时，A 值突然上升，到临界空化系数 σ_c 大时，水流气化严重，涡带直径变得很大，但由于气泡的吸附作用，A 值和频率均随即快速下降。当空蚀系数很小时，尾水管里充满了水雾，A 和 f 值均降到最低点。

σ_P 点是空化状态下压力脉动的一个临界值，此时尾水管内涡带的摆动与局部汽化了的水体产生共振，其振荡作用以相同的频率传播到过流部分的每一个部位。

（4）压力脉动特性比较 如前所述，大型机组压力脉动是表征其水力特性的一个重要指标，在研制新转轮时压力脉动特性是必须考虑的一项重要因素。图4-103表示了在发展高水头水泵水轮机过程中试验过的两个转轮水轮机工况的特性曲线。两者的能量特性是很接近的，但由于B转轮的压力脉动特性比A转轮好，生产上选用了B转轮。

（5）压力脉动特性对水泵水轮机的影响。水泵水轮机水流压力脉动对机组运行的不利影响主要有以下方面：

a）压力脉动的波峰可能造成对过流部件

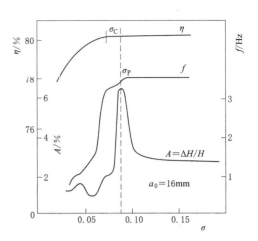

图4-102　水轮机工况空化对
压力脉动的影响

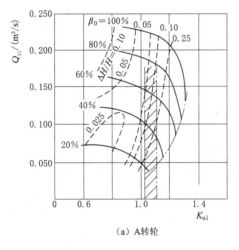

（a）A转轮

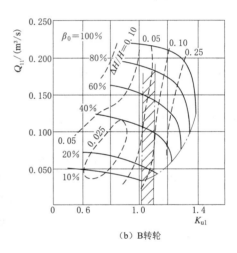

（b）B转轮

图4-103　水泵水轮机转轮方案压力脉动特性比较

的瞬时超值载荷形成过大机械应力。高水头水泵水轮机转轮与导叶之间由于压力脉动所形成的动力负荷很大。在过渡工况时，导叶的动力负荷可达正常工况的5～6倍。

b）压力脉动的波谷可能导致转轮空化的提前发生。

c）周期性的压力脉动在机组构件上形成交变应力，造成机组某些部件的疲劳破坏。

d）如果周期性的压力脉动频率与机组构件的自振频率相重合，可能引起机械构件的共振。若与电动发电机电气自振频率重合时，则可引起电功率共振，影响机组和电力系统的稳定运行。

降低压力脉动水平是现代研制水泵水轮机的一项重要指标。最近投入运行的广州二期抽水蓄能电站的机组在这方面有很大的改善，在模型上各个测点的压力脉动数值都是较低的，见表4-6（其中尾水管的3个测点数值相差不多，故也可以使用某一个为代表性测点）。不过有很多蓄能机组的压力脉动振幅要高不少，而多年来也在正常运行。因此那些受压力脉动影响较大的机组可能是由于其某一部位或在某一运行工况产生特别大的振幅，而不一定是压力脉动振幅全面偏高。

表4-6 可逆式水泵水轮机不同运行工况下的压力脉动振幅 %

	尾 水 管 测 点			转轮与导叶之间	
	锥管	肘管外侧	肘管内侧		
水泵最优点	0.25	0.21	0.42	水泵最优点	1.68
水泵零流量	2.1	2.1	2.1	水泵正常最高点	1.73
水轮机额定点	0.3	0.3	0.3	水泵零流量	17.8
水轮机最优点	0.18	0.16	0.15	水轮机额定点	2.9
水轮机部分负荷	1.7	1.5	2.1	水轮机50%负荷	3.9
水轮机空载	1.1	1.4	1.2	水轮机飞逸	33
水轮机飞逸	5.5	4.2	4.3		

4.4.6 水泵水轮机的力特性

在设计或选择水泵水轮机时，要考虑三方面的力特性，即轴向水推力、径向水推力、导叶水力矩。水泵水轮机作水轮机或水泵运行时，和常规水轮机或水泵一样，将产生轴向水推力；作水泵运行时，由于蜗壳中压力分布比水轮机工况更不均匀，因而产生较大的径向水推力，此径向水推力随运行情况而改变大小，且有一定的随机性；导叶水力矩直接影响水泵水轮机的结构设计和操作控制系统的设计，其变化规律对机组的稳定运行有一定影响。

1. 轴向水推力

轴向水推力的形成主要是由于转轮外侧高压面和低压面上的水压力存在差别。对于立式机组，在正常情况下水推力是向下的，此水推力加上转动部件的重量构成推力轴承的负荷。在变动工况下，转轮上下两侧水压力分布是变化的，故轴向水推力也是变化的。

对可逆式水泵水轮机的轴向水推力目前还没有精确的计算方法。制造厂经常根据某些试验中转轮上冠和下环外侧的压力测量值，得到对水泵水轮机轴向水推力的估算方法。更多的是直接在模型机组上进行轴向推力的测定，然后按真机水头换算并附加某些裕量来确定真机的水推力。转轮室压力分布示意图如图4-104所示。用计算方法推求轴向水推力的一种方法为

$$F_a = F_{OC} + F_{IC} - F_B - F_D - F_Q$$

$$(4-53)$$

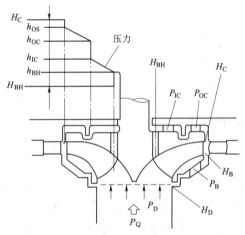

图4-104 转轮室压力分布示意图

式中　F_a——轴向水推力；

　　F_{OC}——上冠外腔压力所形成的水推力；

　　F_{IC}——上冠内腔压力所形成的水推力；

　　F_B——下环腔内压力所形成的水推力；

　　F_D——尾水管对转轮形成的水推力；

F_Q——转轮出口水流对转轮所形成的水推力。

公式的后两项可以通过简化的公式计算，例如假定了尾水管上端断面上的压力分布是均匀的，就可以计算 F_D；假定转轮高压侧的流动为径向的，低压侧为轴向的，就可以计算 F_Q，但是式（4-52）中的前三项 F_{OC}、F_{IC} 和 F_B 都与转轮迷宫间隙和平衡孔的设置及运行工况有关，只有在有了具体的转轮设计并积累了各部位的压力分布数据之后才能准确计算，因此这个公式尚不便于作一般估算之用。

为减轻轴向水推力，在有些机组的转轮上开有平衡孔，为寻找平衡孔的最佳位置，研究了图 4-105（a）所示的各种方案，试验结果如图 4-105（b）所示，可见平衡孔位置 D_3 或 C 是水推力最小的方案，并且水推力的波动范围也是最小的。从这组试验结果还可以看出，全部水轮机工况（包括飞逸情况）和泵的正常工况所产生的轴向水推力都是正值（向下），只有泵制动工况的水推力是负值（向上）。

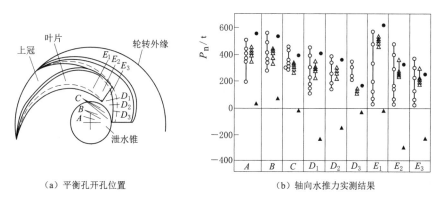

（a）平衡孔开孔位置   （b）轴向水推力实测结果

图 4-105　平衡孔布置方式和轴向水推力试验结果

O—水轮机工况；●—水轮机飞逸；A—水泵工况；▲—水泵工况制动

在混流式水泵水轮机上也使用外部平衡管来控制轴向水推力。平衡管将转轮上方空腔与尾水管连通，并装有可以调节的阀门。图 4-106 为水泵水轮机全特性范围内轴向水推力的模型试验结果，可以看出，平衡管开度大小对轴向力影响是很显著的，在大开度时可以把轴向力减到很小，甚至出现负值。但在实用中平衡管的开度不能太大，否则流量损失会过大。有的抽水蓄能电站在开停机及不稳定工况时把平衡管阀门开大以减轻水推力波动，运行稳定后再关到适当位置。要把轴向力的模型试验结果准确地推算到真机上目前还很困难，因为模型转轮的外部尺寸常常是和真机不一致的，而决定水压力分布最关键的密封间隙（低雷诺数流动）很难模拟，所以水力条件的全面模拟就十分困难，因此在设计制造中主要依靠在原型机组上的实测数据。

图 4-107 为在高水头水泵水轮机不同运行条件下实测的轴向水推力结果。图 4-107（a）为水轮机工况启动过程及甩

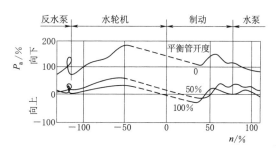

图 4-106　混流式水泵水轮机轴向水推力的全特性

157

负荷的水推力变化情况，图 4 - 107（b）为水泵工况的开机及失去电力的水推力情况。每个测点上圆圈的大小代表水推力波动的相对程度。可见两种工况的最大水推力均发生在启动过程中，水泵工况的水推力稍小于水轮机工况，在这个机组上也没有出现向上水推力。

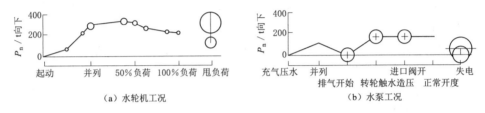

图 4 - 107　高水头水泵水轮机轴向力实测结果

2. 径向水推力

（1）静态径向水推力。通过实践知道，立式水轮机的径向水推力与轴向水推力相比是很小的。多年来在水轮机设计中用相当简单的估算方法所设计的导轴承能符合实际运行要求。

但在离心泵中，因为叶轮出口水流直接进入蜗壳，隔舌前后的旋涡和回流造成叶轮四周很大的水力不对称性，所以径向水推力在水泵设计中是个很重要的因素。当泵流量有变化时，蜗壳内水压分布也随之改变，径向力的大小和方向都有改变。在零流量时，径向力的方向指向隔舌，随流量的增大，径向力逐渐向蜗壳大断面方向转动，幅值可能超过 $180°$。斯捷潘诺夫提出的典型离心泵径向力量测结果，在最优流量时径向水推力系数 K_r 最小，流量大于或小于最优点时，K_r 值都增大，其最大值发生在 $Q=0$ 时。

径向力系数定义为

$$K_r = \frac{F_r}{HD_2B_2} \tag{4-54}$$

式中　F_r——径向力，N；

H——扬程，m；

D_2——叶轮外径，cm；

B_2——包括前后盖板厚度的叶轮出口宽度，cm。

蓄能泵多数装有固定导叶，导叶能使叶轮出口的水流趋于均匀，故这种泵的径向水推力要比常规离心泵小很多。可逆式水泵水轮机的活动导叶数目较多，转轮四周水流因受导叶的引导而更趋均匀，故径向力进一步减小。图 4 - 108 为中比转速水泵水轮机两种工况的径向水推力实测结果。水泵工况的径向力系数 K_r＝均值（中间的曲线）在 $0.2\sim$ 0.6 之间，总的趋势是由小流量向大流量连续下降。水轮机工况的径向力系数 $K_r＝$ $0.3\sim0.5$ 之间变化，和水泵工况的数值相差不多，但在大约 $0.5Q_0$ 处出现一个高峰。水泵水轮机和常规水轮机一样，在飞逸时水流扰动达到最大程度，径向力也在此情况下出现最大值。

（2）动态径向水推力。径向水推力和轴向水推力的很大不同点在于它受四周压力场瞬时变化的影响较明显影响。由实际量测中发现，转轮径向力的一个重要部分是随机分量，在图 4-108 中可以看到围绕平均径向力系数 K_r 值的脉动幅度 ΔK_r 值是很大的。

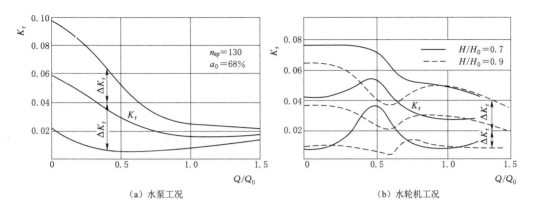

（a）水泵工况　　　　　　　　（b）水轮机工况

图 4-108　水泵水轮机两种工况的径向水推力特性

对水泵水轮机径向力动态特性的一项全面研究结果如图 4-109 所示。

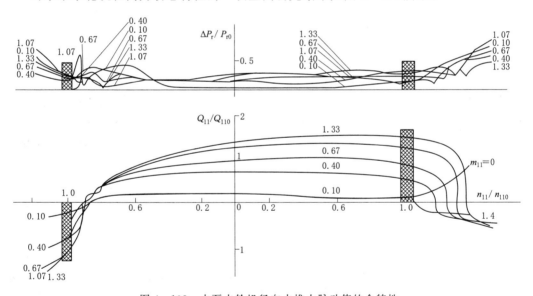

图 4-109　水泵水轮机径向水推力脉动值的全特性

图中 Q_{110}、N_{110}、a_0 和 P_{r0} 分别为单位流量、单位转速、导叶开度和径向力的选定基准值。脉动值（全振幅）ΔP_r 最高点超过基准值的一半。经过频谱分析，知道径向力脉动值的主要频率是机组旋转频率 f_n。此项研究中还测定了有几个导叶不同步动作（失控）时的转轮径向力脉动值：泵工况在小开度时如有一个导叶不随其他导叶动作，脉动值 OP，要上升 2.5 倍；如有两个相邻导叶不关闭则脉动值 OP 上升至 4 倍，如有 3 个相邻导叶不关闭则 OP 上升 5.2 倍。在水轮机工况时，以上三种情况的 OP，值分别为 ΔP_r 的 2.5 倍、4.3 倍和 6.5 倍。

4.5 可逆式水泵水轮机选型及设计

4.5.1 可逆式与其他装置型式选择

抽水蓄能机组可采用多种装置型式，由水泵、水轮机、电动机、发电机或可逆式水泵水轮机、发电电动机组合，构成不同型式的抽水蓄能发电机组。按照组合方式及结构型式来分，主要有四机分置式、三机串联式以及二机可逆式。大型机组多采用竖轴布置、中小型机组有时采用横轴布置。本节重点介绍可逆式水泵水轮机的选型以及设计。几种常用的机组型式见表 4-7。

表 4-7　　　　　　　　　　　　　　　抽 水 蓄 能 机 组 型 式

型式	四 机 分 置 式	三 机 串 联 式	二 机 可 逆 式
组成	由各自独立的抽水蓄能机组（水泵＋电动机）和发电机组（水轮机＋发电机）相互配合，独立完成抽水发电功能	由水泵、水轮机、发电电动机组成，三者串联在同一轴上，水泵和水轮机可联接在发电电动机的一端或分置在两端	由水泵水轮机和发电电动机组成
特点	抽水和发电分别由水泵机组和发电机组实现。设备多，占地大，电站的投资大且工程量大	在实现水轮机功能和水泵功能时，两种旋转方向相同，机组转换运行方式快。但结构复杂，水轮机和水泵可以按照水电站的专门要求来设计，但是运行成本较高	机组能够实现双向运行，一个方向旋转能够实现水轮机功能时，则相反方向实现水泵功能。机组结构紧凑，部件少，质量轻，造价低，但机组设计难度大
应用	早期抽水蓄能有应用，现在已经被淘汰	目前应用较少	目前的主流型式，现在抽水蓄能电站最常用机型

由表 4-7 可知，抽水蓄能水电站最早采用的型式为四机分置式，但由于设备多，占地大，投机高，目前已很少采用。三机串联式机组由于结构复杂，运行成本高，目前用的也比较少。

二机可逆式是现代抽水蓄能电站均采用的机型，即由水泵—水轮机和发电—电动机组成。水泵水轮机兼有水泵和水轮机两种功能，转轮正转时为水轮机运行方式，反转时为水泵运行方式。由于一机两用，故机组造价较三机低。但转轮设计要兼顾水泵与水轮机两种工况的性能，其效率较单一的水泵或水轮机稍低一些。目前，二机式应用最广泛，但在一些超高水头的抽水蓄能电站，仍不排除采用水斗式水轮机作动力机和采用多级离心泵作抽水机的组合方式，也可以采用多级水泵水轮机和双速发电—电动机的二机式。

4.5.2 可逆式水泵水轮机的选型原则

在完成了抽水蓄能电站装机容量的选择后，即可进行可逆式水力机械参数的选择。

从抽水蓄能电站动能规划设计中确定以下基本指标和数据：

（1）根据电力系统的要求，确定单机容量、机组台数及发电和抽水两种工况的功率因

160

数，水轮机工况最大输出功率，水泵工况最大输入功率。

（2）两种工况的最大水头、最小水头和设计水头。

（3）两种工况必须达到的最高效率值和允许的最低值。

（4）水泵水轮机每天发电和抽水的时数；如为周调节，一周内的时数分配。

（5）电站设计所允许的最大淹没深度。

（6）引水系统调节保证计算的限制参数。

在进行机型选择和参数计算时，要综合比较，合理地确定可逆式水力机械的基本参数。

1. 水轮机和水泵两种工况性能参数的选择和配合

抽水蓄能电站对水轮机和水泵工况的参数是不同的，有些电站根据特殊运行要求，可能有意地使两种工况的参数有一定差别。因此，在选定可逆式水力机械的特性参数时，要适应电站的具体要求。同时使两种工况的参数得到很好配合，保证可逆式水力机械运行时均能具有良好的性能。

因为水泵水轮机不能同时保证机组在水泵和水轮机两种工况下都处于最优性能范围内，所以需要进行综合比较研究，在参数选择时必须有所侧重。对水泵水轮机而言，水泵工况运行条件一般比水轮机工况运行条件更加难以满足，故在初步设计时一般会优先满足水泵工况运行条件，以水轮机工况参数作为校核，因此水轮机工况就可能要稍许偏离最优范围。

2. 按最优经济运行效益进行机型比较

可逆式水力机械机型的确定原则，主要是应保证抽水蓄能电站长期运行效益明显，因而要在提高电站的平均运行效率上认真分析比较后选定机型。如果电站的水轮机工况和水泵工况的运行参数相差很大或电站有专门要求，就应该考虑选用组合式水力机械。对于纯抽水蓄能电站，多数应考虑使用可逆式水力机械，而对于高水头或超高水头蓄能电站，应该在比较单级或多级可逆式水力机械后作出决定。

3. 抽水蓄能电站的厂区布置对机型的影响

可逆式水力机械的运行性能将受到电站引水系统的直接影响。如蓄能电站使用地下厂房，则机组的安装高程不严格受挖深的限制，可逆式水力机械参数可以选得高些，有助于提高电站运行效益。抽水蓄能电站的调压室（井）布置（上下游调压室）和压力管道走线与布置对机组的稳定运行将有影响，尤其是在给定工况时，电站的枢纽布置型式也对机组的稳定运行有直接影响。

4.5.3　可逆式水力机械的选型以及设计计算

4.5.3.1　可逆式水泵水轮机型式的选择

可逆式水泵水轮机和常规水轮机一样，为适应不同水头段抽水蓄能电站的需求，水泵水轮机可分为混流式、轴流式、斜流式和贯流式。实际应用当中，混流式水泵水轮机适用范围最为广泛，而轴流式水泵水轮机应用很少；斜流式水泵水轮机主要应用于水头变化较大，且在水头 10.00～150.00m 的水电站中；贯流式一般用于潮汐抽水蓄能电站和其他低水头抽水蓄能电站，水头一般在 20.00m 以下。表 4-8 列出了不同型式的水泵水轮机的特点和应用情况。

1. 混流式水泵水轮机

混流式水泵水轮机的结构与常规混流式水轮机相似，但其转速一般按水泵工况设计，用水轮机工况校核。在相同水头和功率条件下，其直径比常规水轮机大 30%～40%。单级混流式水轮机的适用水头可高达 700.00m，在水头高于 700.00m 的电站，可考虑采用多级混流式水泵水轮机。在水头超过 700.00m 时，单级可逆式水力机械效率已经显得低些，而且转轮结构应力很大，机械制造也有一定困难。如果制造厂可以提供价格不太高的两级可调可逆式水力机械，其运行效果肯定是有优点的。对于电网容量很大而机组只要求调峰的场合，则可考虑用多级无调节可逆式水力机械，这样水头应用范围将不受限制，所选用的机组会有较好的经济效益。

表 4-8 不同型式水泵水轮机的特点和应用情况

型 式	混 流 式	斜 流 式	轴（贯）流式
适用水头/m	30.00～800.00	15.00～140.00	0.50～20.00
特点	水轮机工况下，水流沿垂直于主轴的方向进入转轮，然后基本上沿主轴方向从转轮流出；在抽水工况下，水流沿相反方向流动	水流以倾斜主轴方向进、出转轮。转轮叶片可以调节，能适应较大的水头变化	水流流向与机组主轴的方向基本一致。在潮汐电站中可以实现两个方向发电、泄水、抽水
应用前景	结构简单，适用的水头范围广，应用最多	适用于较低水头且水头变幅较大的抽水蓄能电站	主要用于抽水蓄能型的潮汐电站
电站实例	响水涧、仙居抽水蓄能电站	岗南、密云水电站	江厦水电站

各类水泵水轮机的比转速与适用范围见表 4-9。

表 4-9 各类水泵水轮机的比转速与适用范围

型式	适用水头或扬程范围/m	比转速/(m，kW)	比转速/(m，m³/s)
多级混流式	50.00～1200.00	60～100	20～30
单级混流式	30.00～800.00	60～250	20～65
轴流式	15.00～40.00	200～800	70～150
斜流式	15.00～150.00	100～350	50～120
贯流式	0.50～20.00	400～1000	

2. 斜流式水泵水轮机

斜流式水泵水轮机一般为转桨式，其效率曲线平缓，能适应水头及负荷变化较大的水电站。斜流式水泵水轮机可用于 25.00～200.00m 的水头。对于水头小于 200.00m 的抽水蓄能电站，可以采用混流式水轮机，又可以采用斜流式水轮机。要根据电站的水头、调节容量的大小等决定采用的机型。在水库的利用水深较大，采用单速混流式水泵水轮机不能同时满足水泵和水轮机工况同时获得高效率时，可考虑双速混流式水泵水轮机和斜流转桨式水泵水轮机两方案。双速混流式水轮机使用的发电—电动机造价比单速机高出 10%～15%，而且要附加一套励磁切换设备。若选择斜流式水泵水轮机，则可通过调节桨式及导叶开度使水泵及水轮机工况均获得高效率，而无需改变发电电动机的转速。与混流式相比，斜流式的缺点是结构复杂，轴向水推力大，空化系数大，安装高程低，基础开挖量大，工程费用较高。

3. 轴流式水泵水轮机

轴流式水泵水轮机适用于低水头抽水蓄能电站，一般采用转桨式结构，以适应水头及负荷的变化。轴流式水泵水轮机应用不太多，其原因是水泵运行时，其扬程较低，尽管轴流转桨式发电专用水轮机的应用水头已达 88.00m，但轴流式水泵的扬程一般不超过 20.00m。提高轴流式水泵的扬程，需要将其转速增加很多，这样会使发电电动机的造价昂贵。

4. 贯流式水泵水轮机

贯流式水泵水轮机的转轮同轴流式一样，只是布置型式不同。贯流式水泵水轮机用于潮汐抽水蓄能电站和其他低水头抽水蓄能电站。

4.5.3.2　针对抽水蓄能电站选择可逆式水泵水轮机的参数

在规划和可行性阶段，往往无厂家提供的参数或曲线，只有根据统计曲线和估算公式，或参考已建成的抽水蓄能电站机组资料初步选定可逆式水力机械的比转速、转轮直径、转速及主要的性能参数。待有了模型曲线后再进行修改计算。

在选定了可逆式水力机械的比转速后，下一步要确定机组的单位转速和单位流量以及空化系数，但是要取得参考资料难度也不小，因为已有数据的分散性比水头资料的分散性更大。图 4-110～图 4-112 分别表示 1986 年统计的可逆式水力机械 n_{11}—n_{s}、Q_{11}—n_{s} 和 σ—n_{s} 曲线，可见这些图中的数据点是很分散的。从水力机械研究本身来说，如能获得各种机型的最优点数据，应该可以归纳出比较有规律的一些曲线，对于设计或选择新机型的参考价值会大些，但是现在所能收集到的数据有些是具体电站的设计指标，机组的额定点数据或最高参数值，而不是可逆式水力机械的最优点数据，其规律性自然不可能很强。在具体选型过程中就得进行更多的反复试算和比较。

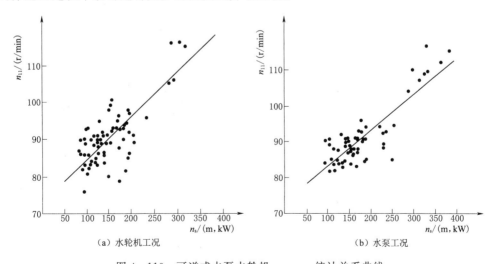

（a）水轮机工况　　　　　　　　　　　　（b）水泵工况

图 4-110　可逆式水泵水轮机 n_{11}—n_{s} 统计关系曲线

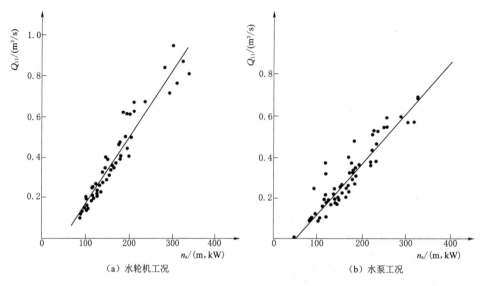

（a）水轮机工况   （b）水泵工况

图 4-111 可逆式水泵水轮机 Q_{11}—n_s 统计关系曲线

在设计点的性能参数选定以后，需要进一步确定机组的工作范围。水泵工况的工作范围包括流量变化幅度和扬程变化幅度。由于水泵的导叶调节性能差，故其高效率范围比较窄，水泵在大流量区（低扬程）要受空化特性的限制，在小流量区（高扬程）又必须避免泵的进口发生回流。在水轮机工况因有导叶的合理调节，一般可以得到较宽阔的高效率工作范围（图 4-113）。由于水泵工况和水轮机工况的水力损失方向相反，因此水泵和水轮机工况下的运行范围不完全相同，水泵最优单位转速略高于水轮机；水泵工况效率较水轮

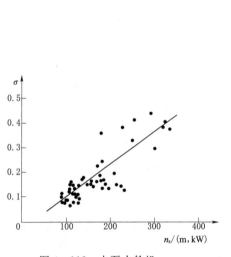

图 4-112 水泵水轮机 σ—n_s
统计关系曲线

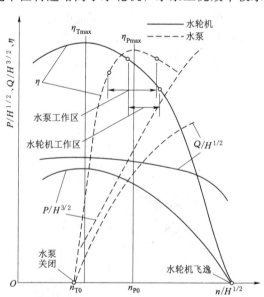

图 4-113 水泵及水轮机工况工作特性曲线

机工况效率下降更快；水泵工况输入功率和流量随单位转速的提高有明显的上升趋势，而水轮机工况则相反，呈较为平缓的下降趋势。

参数选择中常遇到的一个难题是水头变化幅度过大。根据多年的实践经验，国外制造厂认为混流可逆式水力机械的泵工况最大水头和水轮机工况最小水头比值 $H_{Pmax}/H_{Tmin}\leqslant 1.2$ 为宜，最多不能超过 1.4。但随技术的进步，近年制造的一些中低水头蓄能机组有不少超过了这一限度，美国垦务局曾建议过单转速可逆式水力机械水泵工况扬程变化的限制范围，见表 4-10。根据表 4-10 可以看出，高水头电站的水头和扬程较高，相同水头和扬程变化下，相对水头、扬程变幅的相对值小些，因此高水头可逆式水力机械的运行效益都比较高，这是近年来世界各国主要发展高水头蓄能电站的原因之一。国内外有些水电站考虑在常规水电机组之外增装蓄能机组，从投资方面看是经济的，但常规水电站的水头变化幅度一般都比较大，蓄能机组在这种条件下长期运转经济效益不见得高。

表 4-10　　　　　　　　　　　　　　水头/扬程变化建议范围

水泵工况比转速 n_{sq}	<29	$30\sim39$	$40\sim68$	>68
水轮机工况比转速 n_{st}	<105	$110\sim140$	$140\sim250$	>250
H_{max}/H_0	1.1	1.15	1.2	1.3
H_{max}/H_0	0.95	0.9	0.8	0.7
H_{max}/H_{min}	1.16	1.28	1.5	1.85

注：H_0—水轮机工况设计水头；H_{max}—最大水头或扬程；H_{min}—最小水头或扬程。

4.5.3.3　水泵及水轮机工况下各参数计算过程

当制造厂提供了现成的参考模型资料和模型曲线时，就可以根据相应的水力特性公式进行具体的选型计算，从而获得真机参数，从而选择合理的参数。可逆式水力机械选型的实际过程就是在水轮机工况和水泵工况的特性相互矛盾的条件下寻求一个最好的折中方案，因此选型计算不可能是十分严格的，在每一计算阶段后都需要参考经验数据做一些必要的调整，再进行下一步计算。

可逆式水力机械的性能参数计算可先由水泵工况计算开始，然后校核水轮机工况参数是否满足电站设计要求。也可以先从水轮机工况开始，再校核水泵工况参数情况，不过两种算法最后得出的结果近似相同。为了提高水轮机工况下的运行稳定性，往往要考虑到单位转速较高时"S"特性区裕量和水轮机运行范围。为保证水泵工况正常运行，要考虑频率变化下水泵"驼峰"特性区裕度和水泵最大入力。由于水泵水轮机在制动工况和反水泵工况下的水力波动，使得导叶开度线在 $Q_{11}-n_{11}$ 图的曲线表现出反"S"的形状，此区域反映的水力特性叫作"S"特性。"驼峰"特性是指可逆式水泵水轮机在水泵工况下在高扬程和小流量在不稳定区域中 $Q-H$ 曲线呈近似驼峰的形状。

接下来先由水泵工况的各个参数开始进行计算，然后再由水轮机工况计算各参数。

1. 由水泵工况来计算参数

（1）首先由厂商提供的已知水泵工况模型 $Q-H$ 曲线选取设计点流量 Q_M 和扬程 H_M。因为真机的水泵扬程 H_P 已知，所以真机和模型的扬程比值为

$$K_H = \frac{H_M}{H_P} \qquad\qquad (4-54)$$

（2）由水泵水轮机的相似关系可得

$$K_H = \frac{n_M^2 D_M^2}{n^2 D_1^2} \qquad\qquad (4-55)$$

故

$$\sqrt{K_H} = \frac{n_M D_M}{n D_1} \qquad\qquad (4-56)$$

式中　n_M——模型转轮转速，r/min；

　　　D_M——模型转轮直径，cm；

　　　n——真机转轮转速，r/min；

　　　D_M——真机转轮直径，cm。

（3）对于抽水蓄能电站一般希望发电和抽水两种工况的电机视在功率相等。既要优化水泵水轮机设计使得水力性能提高，又要利用发电电动机容量，在水泵工况和水轮机工况电机容量相等时，可以得到水泵工况流量，即

$$Q_P = \frac{0.95 \eta_P \eta_G \eta_M \eta_T H_T \cos\theta_M}{H_P \cos\theta_T} Q_T \qquad\qquad (4-57)$$

式中　H_P——水泵工况扬程，m；

　　　H_T——水轮机工况水头，m；

　　　Q_P——水泵工况流量，m³/s；

　　　Q_T——水轮机工况流量，m³/s；

　　　η_P——水泵工况效率；

　　　η_G——发电工况发电电动机效率；

　　　η_M——抽水工况发电电动机效率；

　　　η_T——水轮机工况效率；

　$\cos\theta_M$——抽水工况发电电动机功率因数；

　$\cos\theta_T$——发电工况发电电动机功率因数。

（4）由水泵水轮机的相似关系可得

$$K_Q = \frac{Q_M}{Q_P} = \frac{n_M}{n_P}\left(\frac{D_M}{D_1}\right)^3 \qquad\qquad (4-58)$$

由特性曲线上 Q_M 值已知，代入式（4-58）计算出 K_Q。联立求解式（4-55）和式（4-56），可得真机的转速 n 和转轮直径 D_1。

（5）由上面的计算我们已经获得了 K_H 和 K_Q 的值，因此可以在模型特性曲线上获得对应于 H_{max}、H_d 和 H_{min} 三个点的效率 η_M，用效率换算公式就算出真机对应的效率，接着算出三个扬程下的流量、功率和吸出高度等参数。

（6）计算出的转速 n 和 D_1 值代入公式中，计算出水轮机工况下 H_{max}、H_d 和 H_{min} 三个水头点的单位转速和单位流量。在水轮机综合特性曲线上校验其出力 P_T，如 P_T 不符合要求需对 Q_{11} 再做调整。

2. 由水轮机工况来计算参数

从水轮机工况开始计算各个参数与水泵工况开始计算的结果大致相同，故也可以从水轮机工况开始计算，选定水轮机工况参数，再计算相应水泵工况的参数。两种工况的计算结果要相符合，否则重新调整水轮机工况参数，往复计算。具体步骤如下：

（1）真机转轮直径和转速的计算：在水轮机工况特性曲线上，根据判断选取一对单位转速和单位流量数值作为计算的起点，用水轮机选型公式来计算。

转轮直径为

$$D_1 = \left(\frac{P_T}{9.8 \eta_T Q_{11T} H_T^{1.5}}\right)^{1/2} \qquad (4-59)$$

转速

$$n = \frac{n_{11T} H_T^{1/2}}{D_1} \qquad (4-60)$$

式中　Q_{11T}——水轮机设计点的单位流量，取最优点单位流量的 $1.1\sim1.2$ 倍；

　　　N_{11T}——水轮机额定点的单位转速，取最优点单位转速的 $1.11\sim1.15$ 倍；

　　　P_T——输出功率，kW；

　　　H_T——水头，m；

　　　η_T——初步估算的额定点原型效率。

选取与计算的转速 n 最接近的同步转速。

（2）水泵工况的校核：在选定了转轮直径 D_1 和转速 n 后，应先校核水泵工况的参数，由于导叶的合理调节，一般水轮机工况的高效率区比水泵的宽，因此为满足水泵工况的要求很可能需要返回水轮机工况来修改水轮机参数。将水泵工况的 H_{max}、H_d 和 H_{min} 用 D_1 和 n 按相似关系换算成模型数值。

$$H_M = \left(\frac{n_M}{n}\right)^2 \left(\frac{D_M}{D_1}\right)^2 H = K_H H \qquad (4-61)$$

式中　n_M——模型转轮转速；

　　　D_M——模型转轮直径；

　　　K_H——模型与真机的扬程比。

在模型曲线上试绘出水泵工况下 H_{max}、H_d 和 H_{min} 三个工作点：计算水头 H_d 点应尽量接近泵的最高效率区；在最大扬程 H_{max} 时泵的流量应不小于发生回流的界限（约为最优流量的 $60\%\sim70\%$）；在最小扬程 H_{min} 处按空化系数计算的吸出高度 σ 应不超出电站数据的允许限度；对于水头变化幅度小的高水头抽水蓄能电站，有时希望将 H_{min} 点放在效率最高点上，而使 H_d 点向小流量方向偏移，这样能获得较好的运转稳定性。如果三个扬程在模型特性曲线上分布不合理，需返回上一步选择转速计算出相应的转轮直径，然后按照上面的步骤，反复计算就可得到最优效率和直径。

（3）真机流量估算：由上述内容得出原型水轮机的转轮直径和转速，因此可以通过相似原理分别计算出三个扬程点原型水轮机流量，计算公式为

$$Q = \frac{n}{n_M} \left(\frac{D_1}{D_M}\right)^3 Q_M \qquad (4-62)$$

（4）真机功率校核：在模型曲线上选取这三个点的效率 η_M，由效率换算公式转换成真机效率 η_P，计算真机水泵工况的功率公式为

$$P = \frac{9.8 H_P Q_P}{\eta_P} \qquad (4-63)$$

（5）真机吸出高度：根据不同装置方式的水轮机安装高程和吸出高度关系的计算公式算出上述三点对应的析出高度 H_S。

（6）计算流量、功率及效率：根据水轮机模型特性曲线计算出三个水头点的流量 Q_T、功率 η_T 以及效率 P_T。在之前可能因为扬程点分布不理想，重新选择了转速 n，调整了转轮直径，故水轮机出力可能会与预期值不同。需根据模型曲线实际单位流量情况，此时可适当调整 Q_{11T} 值来达到输出功率 P_T 的要求。

（7）将以上在水泵工况和水轮机工况的各个参数的计算结果汇总，填入表 4-11 中，进行最后的比较分析。

表 4-11　　　　　　　　　设 计 参 数 计 算 表

项目	水 泵 工 况	水 轮 机 工 况
H/m		
$Q/(m^3/s)$		
$\eta/\%$		
P/km		
H_S/m		

3. 无模型资料的快速估算法

在电站的可行性研究阶段无电站参数对应的模型特性，或尚未得到模型曲线时，可参考以往的国内外应用统计资料预估水泵水轮机的主要参数，下述方法粗略估计混流可逆式水力机械的主要参数：

（1）根据水轮机工况额定水头 H_T 查图 4-114 中曲线，初步选取水轮机比转速 n_{sT}。当水头 $H_T \geqslant 400m$ 时查看 $K=2400$ 的曲线；当 $400m > H_T \geqslant 200m$ 时可使用 $K=2200$ 的曲线；对于 $H_T < 200m$ 时可考虑用 $K=2000$ 或 1800 时曲线的参数。

（2）根据上述选择好的水轮机比转速，可以初步计算出单位流量 Q_{11} 和转轮直径 D_1，即

单位流量为

$$Q_{11} = 0.0039 n_{sT} - 0.15 \qquad (4-64)$$

转轮直径为

$$D_1 = \sqrt{\frac{P}{8.82 Q_{11} H_T^{3/2}}} \qquad (4-65)$$

式中　P——水轮机额定功率，km。

（3）初步计算出单位转速，即

$$n_{11} = 78.5 + 0.0981 n_{sT} \qquad (4-66)$$

根据计算出的单位转速 n_{11} 得同步转速为

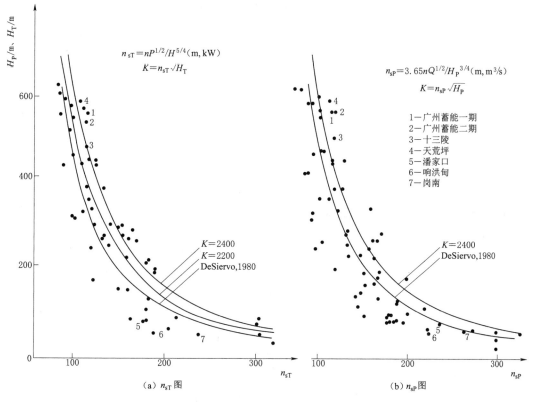

图 4 - 114　可逆式水泵水轮机水头与比转速统计关系曲线

$$n = \frac{n_{11T} H_T^{1/2}}{D_1} \tag{4-67}$$

（4）重新计算水轮机的比转速为

$$n_{sT} = \frac{n N^{1/2}}{H_T^{5/4}} \tag{4-68}$$

（5）将重新计算出的比转速 n_{sT} 在代入式（4-64），重新计算出单位流量 Q_{11} 以及转轮直径 D_1。

（6）用水轮机工况额定点比转速 n_{sT} 和最大水头 H_{Tmax} 计算吸出高度为

$$H_S = 9.5 - (0.0017 n_{sT}^{0.955} - 0.008) H_{Tmax} \tag{4-69}$$

（7）从上述第（3）、第（5）和第（6）步中得到的同步转速 n、转轮直径 D 和 H_S 可作为可行性研究阶段可逆式水力机械的主要参数。

在第（3）步中可选高一档或低一档的同步转速，这样就出现几个方案，可供分析比较。

4.5.4　可逆式水泵水轮机水力设计

水泵水轮机的过流部件包括转轮、蜗壳、固定导叶、活动导叶和尾水管等，水力设计的目的就是根据具体的电站参数，通过优化以上几何参数使水泵水车机的能量、空化、压

169

力脉动等各项水力性能满足电站运行要求。水泵水轮机水力设计作分以下部分：

（1）根据初步设计选型结果确定基础水力通道。

（2）转轮的水力性能优化。

（3）双列叶栅的水力性能优化。

（4）蜗壳及尾水管的水力性能优化。

（5）进行水泵水轮机全流道数值计算，并预测转轮的外特性。

下面对不同的水力设计理论方法、相似理论及水泵水轮机计算流体动力学（computation fluid dynamics，CFD）数值模拟进行介绍。

4.5.4.1　水力设计理论和方法

水泵水轮机流道中流体流动是一种湍流运动，水流运动状况非常复杂，且转轮中的流面是空间曲面，现阶段无法用解析法得到流道中任意时刻流体的流动特征。为了能够应用数学和流体力学的方法来研究水流的运动，通常采用一些假设，用近似于实际的较简单且有一定规律的流动来代替转轮中的复杂流动。根据流动情况的不同进行相应的假设和简化，分别称为一元理论、二元理论和三元理论设计方法。在这三种方法中都假设水流是理想流体。

传统的一元理论和二元理论的设计理论基础，除了假设水流是无黏性的理想流体外，还做了转轮叶片是无穷多的假设。这是因为实际上混流式转轮的叶片均有十几片之多、流道比较狭长，在圆周方向上从叶片的正面到相邻叶片的背面，水流参数（流速、压强）变化不是很大，因此可以作出叶片是无穷多的假设。

一元理论假设：液流运动是轴对称的，过水断面、轴面速度均匀分布。这样，水流在转轮中的轴面速度只要用一个能表明质点所在过流断面位置的坐标即可确定。低比转速的混流式水轮机、水泵水轮机、离心泵转轮轴面流道拐弯的曲率半径较大，而且转轮叶片大部分位于拐弯外侧的径向流道内，流道的拐弯对轴面速度的影响较小，沿过水断面轴面速度的分布比较均匀，接近于一元理论的假设，因此一元理论多用于设计低比转速的转轮。

二元理论假设：液流运动也是轴对称的，轴面速度沿过水断面不均匀分布。因此，轴面上任一点的运动由轴面位置的两个坐标来决定。这两个坐标为过水断面的位置和过水断面母线上 A 点距上冠的长度 σ。中高比转速混流式水轮机、水泵水轮机转轮轴面流道拐弯的曲率半径小，叶片大部分或全部位于流道的拐弯区，水流拐弯对轴面流速的影响较大，即沿过水断面轴面速度自上冠向下环增大，这与二元理论中假定轴面有势流动的分布规律比较接近，因此二元理论方法过去多用于设计中高比转速的混流式水轮机和水泵水轮机转轮。确定转轮内某质点 A 的轴面速度所需的坐标如图 4-115 所示。

现在计算机计算能力的快速发展以及 CFD 的广泛应用，以上两种理论方法现在通常为转轮初始设计时分析转轮性能估算时使用，更多的是应用 Fluent 等 CFD 软件来实现性能预测，进行模型水力开发。传统三元理论设计方法是从研究有限叶片数的转轮叶栅出发的，这时水流不是轴对称流动的，可以更加全面地分析转轮流道内的流态信息，有利于开发出性能更加好的转轮。

4.5.4.2　相似理论

1. 相似理论的概念

根据水电站的条件、要求、实践经验和水流运动理论以及相应设计方法，可设计出水

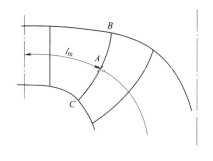
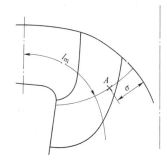

（a）一元理论设计时 　　　　　　　　（b）二元理论设计时

图 4-115　确定转轮内某质点 A 的轴面速度所需的坐标

泵水轮机。但由于这些理论设计方法都不够成熟，在诸多设计方案中无法确定何种更符合实际要求，何种技术经济指标最高，而且不可能每个方案都用真机安装到水电站上去验证。为了解决这个问题，依据相似原理按一定比例将真机换算成尺寸较小的模型在实验室中进行模型试验以选定最优方案，既可保证试验速度快，又保证费用低、实验测量方便等，之后再将模型试验结果按照相似准则换算成真机结果。

水泵水轮机相似首先是几何相似，如果几何相似的水泵水轮机在相应点上的速度三角形相似，那么就可以称它们是运动相似。一般情况下，保持严格的几何相似和运动相似必然存在动力相似，即相应点上所受的力成比例。几何相似、运动相似和动力相似是水泵水轮机相似的必要和充分条件。对于动力相似，模型和真机过流部分相应点液体的对应力比值相同，也就是流动液体所受的外部作用力 F 与流体在外力作用下产生的惯性力 F_i 的比值相同，$F_i = ma$。该比值称为牛顿数，用 Ne 表示。

Ne 值表示流动的一般动力相似条件，即 Ne 相等，流动液体动力相似。作用在液体上的外力 F 有黏性力（摩擦力）、压力、重力、表面张力、弹性力等。要使这些力都满足动力相似条件是不可能的。因此处理具体问题时只能选择起主导作用的某种力或某些力满足相似条件，忽略次要力的相似。

2. 水泵水轮机相似定律

在水泵水轮机设计中真机和模型的液体力学相似，也要满足几何相似、运动相似和动力相似的条件。但是，只要几何相似、运动相似，转轮内的流动就可以满足压力相似。在流动中虽然黏性力占主导地位，但通常流速很高，液流的雷诺数很大，处于阻力平方区，在此范围内液流的摩擦阻力与雷诺数无关，只随表面粗糙度而变化。这样在几何相似（包括粗糙度相似）的条件下，自然近似满足黏性力相似。因此通常在水泵水轮机中不考虑动力相似，只根据几何相似、运动相似来推导相似定律。因此，几何相似是前提，有了几何相似以后才能有运动相似。

4.5.4.3　可逆式水泵水轮机 CFD 数值模拟

CFD 是近代流体力学、数值数学和计算机科学相结合的产物。它以电子计算机为工具，应用各种离散化的数学方法，对流体流动和热传导等现象各类问题进行数值实验、计算机模拟和分析研究，以解决各类实际问题。CFD 数值计算的基本思想可表述为：把原来在时间域和空间域上连续物理量的场（如压力场、速度场）用一系列有限离散点变量值的集合来代替，通过一定的原则和方式建立起来关于这些离散点场变量之间关系的代数方程组，然后求解该代数方程组获得变量的近似值。

CFD技术对水泵水轮机性能预测和优化设计有着巨大的作用，能得到性能更加优良的水泵水轮机模型。此外，通过CFD技术进行三维数值计算，不仅能在模型设计阶段对水泵水轮机的外特性进行预测，而且还能预测内部流动的不稳定结构，如漩涡、二次流等。因此，在模型设计阶段就能消除可能发生的故障和隐患。同样，对CFD技术成果与模型试验结果进行比较和相互认证，可以大大提高水力机械研发能力，使设计技术进入一个新的阶段。

水泵水轮机的三维造型是指将水泵水轮机的蜗壳、导叶、转轮等所有过流部件进行三维建模；将水泵水轮机的过流部件进行空间离散的网格划分，使其被划分成多个控制方程能够求解的单元；CFD求解是指在选择合适的湍流模型、边界条件、速度压力耦合算法基础上，给定计算收敛条件进行CFD数值计算；后处理是指获得水泵水轮机的功率、扬程等能量特性及内部速度矢量、压力云图等内流状态。图4-116是CFD数值计算流程图。

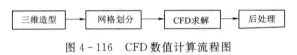

图4-116 CFD数值计算流程图

1. 控制方程

水泵水轮机输送的介质为水，可认为是不可压缩介质，因此数值计算所涉及的方程一般采用不可压缩流体模型的方程。该方程组一般包括连续方程、动量方程，但在工程应用中常采用雷诺时均化的动量方程组求解，本节介绍这些方程及水泵水轮机数值计算中的湍流模型等。

（1）连续方程是质量守恒定律的数学表达式，可写成

$$\frac{\partial \rho}{\partial t}+\frac{\partial (\rho u_j)}{\partial x_j}=0 \tag{4-70}$$

式中 ρ——流体密度，kg/m^3；

u_j——与坐标 x_j 平行的速度分量，$j=1, 2, 3$。

而不可压缩流体的连续方程为

$$\frac{\partial u_i}{\partial x_i}=0 \tag{4-71}$$

（2）动量方程，即N-S（Navier-Stokes）方程，是动量守恒定律的数学表达式。不可压缩黏性流体动量方程的微分方程形式可写成

$$\frac{\partial u_i}{\partial t}+u_j\frac{\partial u_i}{\partial x_i}=f_i-\frac{1}{\rho}\frac{\partial p}{\partial x_i}+v\frac{\partial^2 u_i}{\partial x_i \partial x_j} \tag{4-72}$$

（3）雷诺时均方程，湍流是一种复杂的三维非稳态不规则流动。从物理结构上可以将其看成由各种不同尺度的涡旋叠合而成的流动。涡旋尺寸有大有小，大尺度涡是引起低频脉动的原因，由流动的边界条件决定，它不断地从主流获得能量并通过涡间的相互作用将

能量传递给小尺度涡；小尺度涡是引起高频脉动的原因，主要由黏性力决定，小尺度涡不断地从大尺度涡中得到能量并在黏性作用下不断地消失而将能量耗散掉。虽然 N-S 方程组可以描述湍流的运动，但由于湍流流场中时间及空间特征尺度之间的巨大差异，故在实际的工程中很难通过直接求解 N-S 方程来解决问题，当前工程上一般采用雷诺时均方程进行求解。雷诺时均方程是由 N-S 方程经过时均化处理后得到的，其表达式可写成

$$\frac{\partial \overline{u}_i}{\partial t} + \overline{u}_j \frac{\partial \overline{u}_i}{\partial x_j} = \overline{f}_i - \frac{1}{\rho}\frac{\partial \overline{p}}{\partial x_i} + v\frac{\partial^2 \overline{u}_i}{\partial x_j \partial x_j} - \frac{\partial \overline{u'_i u'_j}}{\partial x_j} \qquad (4-73)$$

式中　u'_i——速度脉动量。

对于不可压缩流体，方程可以写成

$$\overline{u}_j \frac{\partial \overline{u}_i}{\partial x_j} = \overline{f}_i - \frac{1}{\rho}\frac{\partial \overline{p}}{\partial x_i} + \frac{\partial}{\partial x_j}\left(v\frac{\partial \overline{u}_i}{\partial x_j} - \overline{u}_i \overline{u}_j\right) \qquad (4-74)$$

2. 湍流模型

目前，湍流的数值模拟方法分类如图 4-117 所示，本节只列出该方法的分类图。不同的湍流模型所耗费的计算机资源是不同的，通常在工业领域，对过流部件进行数值模拟时，由于直接数值模拟（direct numerical simulation，DNS）和大涡模拟（large eddy simulation，LES）需要消耗大量的计算资源和计算时间（图 4-118 给出了各湍流模型与计算机计算能力的大体对应关系），无法满足工业设计周期的需要。为了平衡计算时间和计算精度，我们通常选用 Reynolds 平均法中的两方程模型进行数值计算，在计算精度可以接受的条件下，用相同的时间计算尽量多的设计方案。

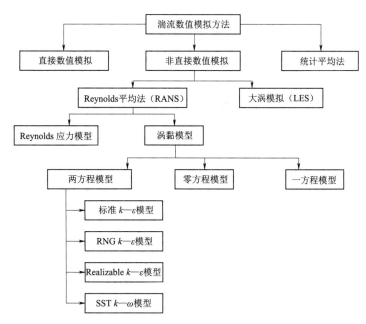

图 4-117　湍流数值模拟方法分类图

3. 离散关系

控制方程的离散关系也是流动数值计算的重要环节。常用的离散方法有许多，例如有

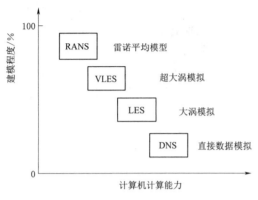

图 4-118 湍流数值模拟方法的建模
程度与计算机计算能力关系图

限元法、有限差分法、有限体积法等方法。下面对有限差分法和有限体积法做简单介绍。

有限差分法（finite difference method，FDM），是数值解法中最经典的方法。它是将求解域划分为差分网格，用有限个网格节点代替连续的求解域，然后将偏微分方程的导数用差商代替，推导出含有离散点上有限个未知数的差分方程组。求差分方程组的解，就是求微分方程定解问题的数值近似解，这是一种直接将微分问题变为代数问题的近似数值解法。这种方法发展较早，比较成熟，较多用于求解双曲线形和抛物线形问题。用它求解边界条件复杂问题，尤其是椭圆形问题不如有限元法或有限体积法方便。

有限体积法（finite volume method，FVM），是近年来发展迅速的一种离散化方法，计算效率高，目前在 CFD 领域有广泛的应用。大多数商用 CFD 软件都采用这种方法。有限体积法可以直接对物理空间内守恒方程的积分形式进行离散。该方法最初是用来求解欧拉方程，后来拓展到求解三维流动问题。计算域被划分成一系列的有限数目的相邻控制体单元，每个控制体单元内相关物理量用守恒方程精确地描述，并计算控制体质心上各变量的值。然后根据质心值，利用差值方法得出控制体表面上各变量的值。选定合适的求积公式近似面积分和体积分，这样由每个控制体体积就可以得到邻近节点组成的代数方程。

4.6 可逆式水泵水轮机试验

4.6.1 水泵水轮机模型试验的意义

根据水轮机的相似理论可以用较小尺寸的模型水轮，在较低水头下工作来模拟尺寸大且水头高的原型水轮机运转，且模型水轮机的工作完全能反映任何尺寸的原型水轮机。与水轮机的模型试验相同，水泵水轮机模型试验也是利用相似理论设计出与原型机几何相似的模型水泵水轮机，按照试验规程设定一定的试验条件对原型机的各项性能和参数进行模拟测试的试验。通过水泵水轮机模型试验得到的水泵水轮机水力性能基本能够完全反映原型水泵水轮机的水力性能，包括无法在原型机上进行试验得到的特性，并通过相似换算后得到原型机的真实特性。

由于原型水轮机的试验复杂、规模大、费用高，且有些试验特性无法得到，故一般用模型进行实验。模型水泵水轮机和真机相比不仅试验费用低，运转规模小很多，同时试验方便，可以根据需要任意改变运行工况。可以在很短时间测试出水泵水轮机的全部性能。

水泵水轮机模型试验是水力开发和性能测试的重要环节。水泵水轮机制造厂商可以根据模型试验结果，针对不同的电站参数进行合理的选型设计，为不同的电站选定最为合适、性能最优的水泵水轮机，同时向用户提供可靠的水泵水轮机参数。

4.6.2 水泵水轮机的水力相似

几何相似和速度相似是模型水泵水轮机和原型水泵水轮机水力相似的两个重要内容。

4.6.2.1 几何相似

几何相似即原型机与模型机从蜗壳进口到尾水管出口的过流表面对应线性尺寸成比例，且对应角相等。原型机和模型机之间几何相似，即两台机组的过流轮廓是相似图形，即按照某一比例放大或者缩小后就可相互重合。

由于相应的线性尺寸成比例，因此

$$\frac{D_{1P}}{D_{1M}} = \frac{b_{0P}}{b_{0M}} = \frac{a_{0P}}{a_{0M}} = \cdots = 常数 \tag{4-75}$$

因叶片形状相同，故相应的角度相等，即

$$\beta_{1P} = \beta_{1M}$$

$$\beta_{1P} = \beta_{1M}$$

$$\vdots \tag{4-76}$$

$$\varphi_P = \varphi_M$$

式中　D_1——转轮直径；

a_0——导叶开度；

b_0——导叶高度；

β_1——叶片进口安放角；

β_2——叶片出口安放角；

φ——叶片转角。

上述符号中下角标 P 表示原型机，下角标 M 表示模型机。

实际上过流表面的粗糙度对几何相似也有一定的影响。过流表面粗糙度分为绝对粗糙度 Δ 和相对粗糙度 Δ/D_1。影响水流的是相对粗糙度。由于要尽可能使原型机和模型机的相对粗糙度相等，因此要把模型水轮机过流部件打磨得非常光滑。

4.6.2.2 速度相似

两台机械在任何相似点的相应速度矢量的比值一定，转轮相应的速度三角形几何相似（主要包括绝对速度、圆周速度和相对速度）。由此，在相应的运行况点，两台机械有确定的流量、比能和空化系数，即流量系数 $(Q_{nD})_M = (Q_{nD})_P$，能系数 $(E_{nD})_M = (E_{nD})_P$，空化系数 $(\sigma_{nD})_M = (\sigma_{nD})_P$；或有确定的流量因数、转速因数及空化系数，流量因数 $(Q_{ED})_M = (Q_{ED})_P$，转速因数 $(n_{ED})_M = (n_{ED})_P$，空化系数 $\sigma_M = \sigma_P$。

下角标中，M 代表模型机，P 代表原型机，表 4-12 为各相关术语定义。

表 4 - 12	术 语 定 义	
术 语	定 义	符 号
流量系数	$\dfrac{Q}{nD^3}$	Q_{nD}
能量系数	$\dfrac{E}{n^2D^2}$	E_{nD}
空化系数	$\dfrac{NPSE}{n^2D^2}$	σ_{nD}
流量因数	$\dfrac{Q}{D^2E^{0.5}}$	Q_{ED}
转速因数	$\dfrac{nD}{E^{0.5}}$	n_{ED}
空化系数（托马数）	$\dfrac{NPSE}{E}$	σ

注：Q 为流量；n 为转速；D 为转轮直径；E 为水力比能；$NPSE$ 为净正吸入比能。

4.6.3 水泵水轮机模型试验

可逆式水泵水轮机模型试验工作包括三大类：①能量汽蚀试验；②力和力矩特性的研究试验；③过渡过程的研究试验。

和常规水轮机模型试验类似，可逆式水泵水轮机模型试验也是大型动力设备的模拟试验，对测试精度要求很高，在模型制作、试验调整和测量观测等方面都必须达到很高的标准。可逆式水泵水轮机因为有水轮机和水泵两种工况，所以比水轮机试验工作量要大许多。可逆式水泵水轮机在运行中的一个特点是工况变动幅度大，偏离最优区工作的时间多，因此模型试验的范围比常规水轮机试验要宽，对能导致不稳定运行的因素，如空化、压力脉动和噪声，都是重要的测量项目。此外，测定机组在 4 个象限内工作的全特性曲线，也是可逆式水泵水轮机试验的一项主要要求。

水力机械模型试验如今已经发展得非常完善，在国内外已广泛实行订货单位到制造厂或第三方的试验台上根据试验结果验收机组，一般称为模型验收试验，因此模型验收试验不是单纯地验证机组的水力性能，它也是一个生产环节。

4.6.3.1 仪器进行标定

为了提高模型试验的准确性，试验前还要对仪表和仪器进行标定。

1. 流量计标定

水泵水轮机试验台流量测量一般使用的是涡轮流量计、过电磁流量计，在试验前需要先采用质量法或容积法对其进行原位标定。在运行试验当中试验台流道系统各流量测量仪之间不要有水的流失和增加。试验应分别对水泵工况和水轮机工况进行测量，且保证两种工况下水流流经传感器方向相同。

2. 力传感器标定

水泵水轮机功率 P_M 的计算公式为

$$P_M = 2\pi n_M T_M$$

$$T_M = T \pm T_{Lm}$$

式中　n_M——模型试验转速，r/min；

T_M——模型水泵水轮机力矩，N·m；

T——转轮主轴力矩；

T_{Lm}——由于密封和轴承布置而产生的摩擦力矩，水轮机转向取正，水泵转向取负。

要获得水泵水轮机功率，首先需要确定模型水泵水轮机的力矩。测量力矩通常采用力矩传感器。力矩传感器通常包括主轴力矩传感器和摩擦力矩传感器。

3. 压力传感器标定

水泵水轮机模型压力使用压力传感器测量，其测量结果主要用于计算试验水头和水压力。

4. 转速传感器标定

转速传感器的标定通常采用比对法，即将传感器安装于工作部位，调节传感器与齿盘的距离，检查转速传感器零位输出。

5. 导叶水力矩测量仪器的标定

导叶水力矩采用在特殊导叶上贴应变片或加装应变传感器的方法进行测量，使用标准砝码进行标定。

6. 蜗壳压差和尾水管压差传感器标定

蜗壳压差和尾水管压差可采用 U 形管或差压传感器进行测量，差压传感器使用压力校验仪进行标定，标定方法同压力传感器标定。

7. 活动导叶开度测量仪器标定

活动导叶开度通常采用角位移传感器进行测量，用标准塞块进行标定。

要使测试精度达到要求，可逆式水泵水轮机的模型试验对模型转轮尺寸、试验水头和模型直径、试验台机械循环系统、模型装置、数据采集和处理等都有一系列严格要求。

4.6.3.2　模型转轮尺寸

模型转轮尺寸选取的原则是在现有模型制作工艺条件下能精确形成模型转轮水力线型的最小尺寸，模型的相对尺寸误差应不大于真机的相对尺寸误差，模型的相对表面光洁度不得低于真机的相对表面光洁度。若干年来不少国家使用直径为 $250 \sim 300$mm 的模型转轮。但为了达到水流状态的模拟，需将模型的雷诺数大大提高，为此可以采用提高试验水头或增大模型转轮直径的方法。现在更多的制造厂使用直径为 $350 \sim 400$mm 的模型转轮，个别单位使用更大的尺寸。

4.6.3.3　试验水头和模型直径

模型的直径和试验水头都小于真机直径和应用水头，模型的雷诺数要比真机小很多，水流的紊动程度实际上是不模拟的，因而存在一个比尺效应。为保证有必需的模拟条件，需要有个规定来确定对试验条件的要求，现在世界上广泛使用的是国际电工委员会（International Electrotechnical Commission，简称 IEC）制订的若干种规范：对试验水头和模型直径《水轮机模型验收使用国际规程》（IEC 193）（1973）建议：

模型转轮直径为

$$D_M \geqslant 0.35\text{m}$$

$$D_M \times H^{1/2} \geqslant 1 \tag{4-77}$$
$$Re = D_M (2gH)^{1/2} / \upsilon \tag{4-78}$$

式中　D_M——模型名义直径，m；

　　　　H——试验水头，m；

　　　　υ——运动黏度，m^2/s。

当转轮直径 $D_M = 350mm$ 时，则试验水头 H 应为 8.00m，取 $\upsilon = 1 \times 10^6 m^2/s$，则所需最小 Re 应为 4.4×10^6。

以上是从效率试验角度来考虑对试验水头的要求，此外在进行空化试验和压力脉动试验时也发现当试验水头低于真机水头时会产生水力特性不模拟的现象。

为避免可能存在的比尺效应，近年来国内外制造厂和研究单位均使用真机水头或接近于真机水头来做试验。不过这样做，将导致很大的试验台投资和很大的运行成本，因此需要找出一个水力上能较好地模拟，经济上又可行的试验规模。有的制造厂在总结了多年试验结果后得出结论：使用试验水头 50.00～60.00m 就可以达到足够精度的效率模拟；使用试验水头 100.00～120.00m 可以达到空化试验模拟的要求；另外公司的经验是为进行效率试验和压力脉动试验用 60.00～70.00m 水头可以得到和真机同样的特性。

4.6.3.4　试验台循环系统

水泵水轮机模型试验台系统须具备双向运行能力以满足水轮机和水泵两种工况的试验，由于水泵水轮机模型试验台需要模拟许多的工况，且试验的范围宽。因此水泵水轮机模型试验台的建设消耗大，难度大，投资多。通常情况下，水泵水轮机模型试验台按系统组成可分为试验台机械系统、试验台测试系统和试验台电气系统三大部分。

1. 试验台机械系统

水泵水轮机试验台机械系统主要包括供水泵、机械管路、电动阀门、压力泵、真空泵、尾水压力罐、模型装置、测功电动机、流量率定筒及其他辅助系统。

供水泵：水泵水轮机试验台的供水泵需要具有双向运行的功能，在不同试验工况有着不同的作用。在水轮机试验工况时，为水流提供动力，使水流对模型转轮做功，完成能量转换；在水泵试验工况时，作为消能装置，降低水流的压力，起到调节流量的作用。供水泵通常采用双吸式离心泵，通过直流电动机拖动。为满足大容量、高扬程水泵水轮机的开发需要，水泵水轮机模型试验台的供水泵需要具备扬程高、流量变化范围大、稳定性好等性能。

机械管路：模型试验台机械管路用以连接供水泵、水泵水轮机模型装置、尾水压力罐、流量率定筒等，需能承受一定压力，且要耐腐蚀，同时管路内部要光滑，避免有太大的水阻损失。

电动阀门：电动阀门用来切换系统各管道，以实现试验台各种运转方式，电动阀门的操作灵活性要好，且可手动操作，密封性要好。

压力泵：在尾水罐需要形成正压时，使用大功率的压力泵，使尾水罐压力升高，满足试验所需的正压要求。

真空泵：在尾水罐需要形成负压时，使用大功率的真空泵，使尾水罐压力降低，满足试验所需的负压要求。

尾水压力罐：水泵水轮机试验台在尾水侧设置一个压力罐，用于稳定液流和形成正、负压的试验条件。

模型装置：用以进行模型试验的水泵水轮机模型装置。

测功电动机：水泵水轮机试验台的直流测功电动机与供水泵相同，需要具备双向运行的功能，以满足水泵水轮机双向运行的需求，在水轮机试验工况下作为发电机运行，将模型机组的输出功率转换后，通过测力系统测量得到机组的输出功率；在水泵试验工况下作为电动机运行，带动模型机组作为水泵运行。

流量率定筒：流量率定筒用于原级标定流量计，通常采用质量法或容积法进行标定。质量法即一定时间内将一定质量的水头切入校准筒（称重筒），然后称出切入水的质量，从而计算出该时间内流量的平均值；容积法与质量法具有同样的精度，同样是在一定时间内：一定质量的水头切入校准筒（容积筒），然后通过液位尺计算出切入水的体积，从而算出该时间内流量的平均值。

其他辅助设备：其他辅助设备主要包括支撑模型装置轴系的轴承、联轴节及轴承的供油系统等。

2. 试验台测试系统

水泵水轮机模型试验台测试系统分为测试系统硬件和测试系统软件两个部分。测试系统硬件分为数据采集和数据调理两部分。数据采集和处理系统的输出必须是对测量对象的真实反映，且能够允许使用并行的连接设备对所有测量环节的仪器进行原位见证标定，通过原级方法检验整个数据采集系统是否可以在规定范围内再现测量对象。这就决定在标定和性能试验过程中应使用同样的信号路径、同样的硬件。测试系统应配备对所有测量环节进行检查的并列仪器，以满足在试验运行条件下，可以将采集系统的结果与参照仪器进行比较。

测试系统硬件由主控计算机、传感器、分析显示计算机、信号调理机箱和测试电缆组成。数据采集的试验参数经软件计算出效率、空化系数等数据，分析处理后，计算机通过网络得到这些数据，绘制出试验曲线。测试系统的操作步骤如图 4 - 119 所示。

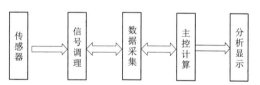

图 4 - 119　水泵水轮机试验台
测试系统操作步骤

测试系统软件主要用于对测试系统硬件采集到的数据进行记录和分析，并最终以能够充分说明试验结果、机组性能的数据和图表形式呈现出来。通常情况下，建议采用图形化编程和数据计算分析具有优势的软件开发系统。目前，国内外水力机械制造厂家普遍采用以美国 NI 公司的图形化编程软件 LabVIEW 为核心进行编写。该软件在 Windows 操作系统下开发，在以 LabVIEW 为核心的前提下，兼顾 C 语言与 MATLAB 等文本语言进行混合编程，充分发挥了各种开发软件在数据采集。

图形化界面以及数据处理与分析上的优势，整个测试系统应用软件分为三部分：传感器率定部分、试验数据采集部分和数据处理部分。

3．试验台电气系统

水泵水轮机模型试验台的电气控制系统通常采用具备远程控制功能的控制设备和控制技术，实现对系统设备和模型试验装置的状态控制和监视，并通过通信与测试测量系统进行双向数据交换，在两部分的共同配合下，高效准确地完成各项水力试验任务。此外，电气系统具有手动控制和自动控制程序，由操作人员自行选择控制方式。为确保手动优先的原则，操作人员根据现场实际情况，可随时将试验无扰动切换至手动试验模式，确保试验的人工主动权，提高试验安全性。

可逆式水泵水轮机的能量试验台分为封闭式能量汽蚀试验台和开敞式能量试验台两种，能量试验与力和力矩特性研究试验既可在封闭式能量上进行，也可在开敞式能量台上进行，而过渡过程的研究只能在开敞式能量试验台上进行；汽蚀试验研究试验在封闭式能量上进行。

4．封闭式能量汽蚀试验台

图4-120为河海大学用于模型可逆式水泵水轮机进行能量和汽蚀试验的封闭式能量汽蚀试验台的原理图。封闭式试验台无须设置测流槽，因此平面尺寸比开敞式试验小，而且水头调节更加方便，但封闭式试验台投资较高。

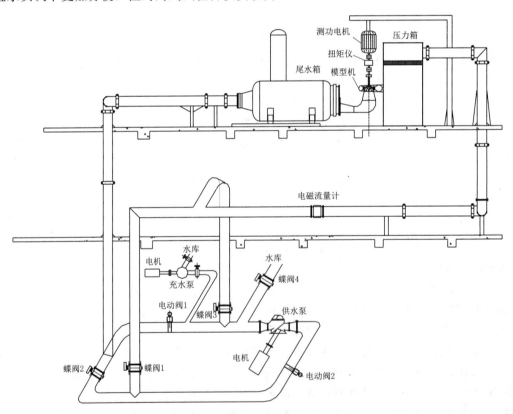

图4-120　河海大学封闭式能量试验台

5．开敞式能量试验台

如图4-121所示为一开敞式能量试验台的组成结构图。这种试验台主要用于进行作用在转轮上的轴向力和径向力的动水研究、施加在导水叶和转轮叶片上的动水作用力和力矩研究，以及用于水轮机工况甩负荷和水泵工况断电的过渡过程模拟试验；还可用于进行能量试验、探测水流、记录力矩的特性曲线。

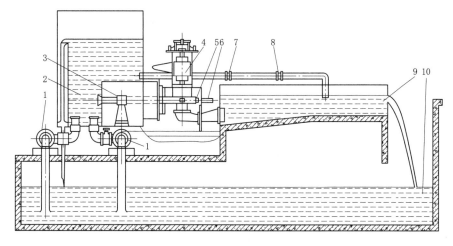

图 4-121　开敞式能量试验台

1—轴流式循环水泵；2—压力水箱；3—轴承；4—平衡直流电机；5—试验水力机械；6—轴功率测量装置；
7—流量测量装置 1；8—流量测量装置 2；9—矩形堰；10—下水槽

该试验台由被试验的水力机械 5 和平衡式直流电机 4 组成的模型试验机组用压力管道与压力水箱 2 相连。试验机组的尾水管伸入末端装有矩形堰 9 的测流槽中。下水槽 10 设置在测流槽的下面，两台轴流式循环水泵 1 同下水槽 10 相连，用于把下水槽的水抽到压力水箱 2 中。

可逆式水泵水轮机的模型试验有水轮机和水泵两种工况，试验时循环系统要经常转换水流方向，使用封闭循环式试验台能较好地适应工况切换，因此封闭式试验台已成为通用的型式。为准确地模拟真机水流流态，除保证最低的雷诺数外，还需使模型的进口和出口水流分布基本上符合电站实际情况，故在试验台上应采取措施防止由于管道弯曲或断面变化而引起的流速不均匀性。

封闭式循环系统要有一定的水体积，也就是水流循环一周要有最低的时间的要求，较大的水体积可稳定水流中的波动并吸收由水力损失而形成的热量；较长的循环时间可使游离的小气泡重新溶于水中。循环系统的容积视试验台实际条件而定，一般认为最低限度为在最大试验流量时循环一周不小于 100s。

一现代高水头模型试验台系统图如图 4-122 所示。

同时试验台中的水质对空化试验测试也有重要影响，按照国际标准，水的含气量应保持在一定数值以下。随空化试验的进行，溶解的和掺混的空气含量将发生变化（在试验台不同部位测得的含气量可能不同），故含气量测试仪器应装设在模型装置附近，含气量发生较大变化时应采取补气措施。此外，进行空化试验时要用仪器观测或目测空化气泡的发生和成长过程，故水质必须清澈，无悬浮物，保持试验台内的各种测压孔以及探测器的正常使用。

181

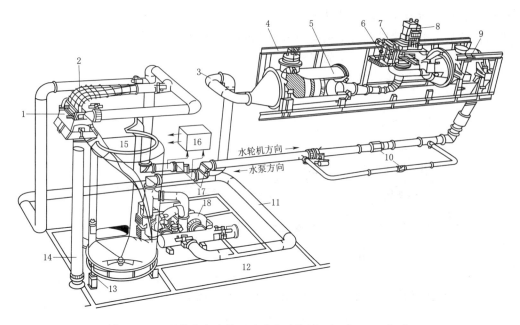

图 4-122　现代高水头模型试验台系统图（挪威 KEN 公司）

1—偏流器；2—喷嘴；3—弯管；4—支架；5—低压箱；6—模型机组；7—扭矩量测系统；8—测功电机；

9—高压箱；10—流量计；11—封闭系统回水管；12—水库；13—称重传感器；

14—敞开系统回水管；15—秤重桶；16—水冷却系统；17—换向管路；18—可逆式水泵水轮机

4.6.3.5　测量精度

测量精度对模型试验的成败是关键性的，为保证测量数据的可信度，要求对每个测量项目都有至少 2 台能独立显示的仪器，可互相校核。常用的仪器要按规定用比它精度高至少一个等级的仪器定期进行校准。在 IEC 试验规范中有详细的规定如何对测量系统进行误差分析。试验误差一般分为系统误差和测量误差（又称或然误差）两部分。如果用电气仪表采集数据，可以在很短的数据内采集很大量的数据并进行平均。根据统计概念，测量误差已自相抵消而可忽略不计，试验误差主要由仪器的系统误差决定。

当可逆式水泵水轮机通流部件进行模型能量试验时，要确定被可逆式水泵水轮机消耗和造成的水头；通过水力机械的流量；水力机械主轴的旋转角速度 ω；主轴的扭矩 M。在汽蚀试验中，要测量系统内的真空值 H_v，水温 t 和大气压力。在各项测量项目中存在不同程度的误差，尤以流量的测量最不稳定，误差最大，因此在试验台设计中要特别制订提高流量测量精度的措施。流量计要经常用容积法或称重法来校准，某些设计完善的试验台上可以在进行试验的同时做流量计的校准。先进的高水头试验台可以控制效率试验误差在 ±（0.2%～0.3%）或更低，不少试验台以每个单项的测量误差不大于 0.1% 为设计目标。

4.6.3.6　数据采集和处理

现代可逆式水泵水轮机试验台均使用计算机进行数据采集和处理并直接打印绘图。试验台计算机系统可以按既定程序对常规量测项目进行量测，但在试验过程中常同时进行水流观察或特殊量测，在这种情况下工况点的调整用人工操作是完全合适的，不需要全部采用自动操作。

4.6.3.7 其他水泵水轮机性能试验要求

在量测效率和空化特性的同时，还要求测定压力脉动特性，根据压力脉动的振幅和频率特性可以探求水流规律变化的原因。

全特性试验是可逆式水泵水轮机特有的试验项目，进行全特性试验时须制订一套不同的循环水泵和测功电机的操作方法，测功装置也需部分改装。

有的实验室使用专门的装置测定模型机组的力特性（轴向水推力、径向水推力、导叶水力矩等），也有的结构完善的模型装置可以兼作以上各项力特性试验。

4.6.4 可逆式水泵水轮机模型验收试验

原型水泵水轮机的现场试验规模大，测量不易准确，费用高，影响电站正常运行。因此 IEC 规定了可以用模型试验对真机进行性能验收。可逆式水泵水轮机模型验收试验是对水泵水轮机水力模型研发成果的验收，其目的是验证为其综合性能是否达到预期。模型试验在整个电站建设过程中是很重要的一个环节。验收试验主要分为两个部分：试验准备和验收试验实施。

4.6.4.1 模型试验准备

验收试验室一般使用研发时所用的水力试验台。模型验收试验前卖方提交试验大纲，其内容主要包括试验台参数、模型水泵水轮机概况、试验项目、测试方法和测试点的布置、仪器和仪表的率定方法、试验台数据采集系统、试验台综合误差、单项测量误差、测量工况点数目、参数计算方法和要提交的验收试验报告的内容等。最后制订验收试验时间表，确定验收试验日期和时间。

4.6.4.2 实施验收试验

模型验收试验主要包括设备标定、能量试验、空化试验、压力脉动试验、飞逸转速试验、全特性试验、异常低水头及低扬程试验、水泵工况零流量试验、全特性验收试验、轴向水推力试验、模型几何尺寸检查等。下面是各个验收试验的内容。

1. 验收试验设备标定

在试验前需要对流量计、力矩传感器、水头及尾水管传感器、压力脉动传感器等测试设备进行现场标定，并出具相应试验台仪器设备的有效检定证书。

2. 水轮机工况能量试验

能量试验包括水轮机工况能量试验和水泵工况能量试验两个试验。水轮机工况能量试验水头 H_M 保持为常数。效率试验范围包括电站规定的机组运行水头范围和从模型导叶全关位置至 110% 导叶开度。通常情况下在最大间隔不大于模型最大导叶开度 5% 的各种导叶开度下进行试验。水轮机工况能量试验内容包括最优效率试验、加权平均效率试验和输出功率试验。

最优效率试验在无空化条件下进行，对最优点数据多次采集，取其平均值，结果见表 4-13。

表 4-13　　　　　　　　　　水轮机效率试验结果

参数	单位转速 n_{11} /(r/min)	单位流量 Q_{11} （m³/s）	模型效率 η_{Mopt} /%	原型效率 η_{Popt}/%	原型输出功率 P_P /MW	原型流量 Q_P /(m³/s)	原型水头 H_P /m
模型试验值							

按电站加权因子点进行水轮机工况各加权因子点效率试验，得出加权平均效率，输出功率试验。

3. 水泵工况能量试验

水泵工况能量试验测功机转速采用恒定转速如 1000r/min，水泵工况效率试验包括电站运行扬程范围和从模型导叶全关位置至 110% 导叶开度。通常情况下在最大间隔不大于模型最大导叶开度 5% 的各种导叶开度下进行试验。最优效率试验在无空化条件下进行，对最优点数据多次采集，取其平均值，结果见表 4-14。

表 4-14 水泵效率试验结果

参数	单位转速 $n_{11}/(r/min)$	单位流量 $Q_{11}/(m^3/s)$	模型效率 $\eta_{Mopt}/\%$	原型效率 $\eta_{Popt}/\%$	原型输出功率 P_P/MW	原型流量 Q_P $/(m^3/s)$	原型水头 H_P/m
模型试验值							

按电站加权因子点，进行水轮机工况各加权因子点效率试验，得出加权平均效率。

水泵工况最小扬程试验，即在最大流量下得出水泵工况的最小扬程值并与电站保证值比较。水泵工况最小流量试验，即在最大扬程下得出水泵工况的最小流量值并与电站保证值比较。

4. 水轮机工况下的空化试验

在进行水轮机工况初生空化观测试验前，试验台要抽气足够长时间以降低试验用水中的空气含量，以满足试验需求。且一般试验时水头 H_M 保持不变，空化试验在电站运行水头、尾水位、输出功率范围条件下进行。

试验过程中确定每个试验点的初生空化系数 σ_i，临界空化系数 σ_d，并标明电站空化系数 σ_{PI}。利用闪光仪等对转轮高压边、低压边的所有空化现象进行观测，包括气泡、旋涡的发生、发展，拍摄照片和录像。

5. 水泵工况下的空化试验

在水泵水轮机工况下的空化试验中，测功机转速保持恒定，试验覆盖水泵的整个运行范围。初生空化观测试验前试验台同样需抽气足够长时间以降低试验用水中的空气含量，满足试验需求。

试验过程中确定每个试验点的初生空化系数 σ_i，临界空化系数 $\sigma_{0.5}$ 或 σ_1，然后标明电站空化系数 σ_{PI}。利用闪光仪等对转轮的低压边包括气泡、旋涡的发生、发展的所有空化现象进行观测，并拍摄照片和录像。

6. 压力脉动试验

压力脉动试验包括水轮机工况压力脉动试验和水泵工况压力脉动试验两种。

水轮机工况压力脉动试验覆盖水轮机工况全部运行范围，在电站装置空化系数条件下进行，其试验水头与能量试验水头相同。试验过程中对压力脉动采集数据进行记录和分析，其结果同时以图形方式表述，并在水轮机模型特性曲线上标明混频状态下峰峰值（置信概率一般为 97%）的等压力脉动线。对采集的数据进行频谱分析确定振动的主频和振幅。试验结果与电站保证值对比。

水泵工况下的压力脉冲试验覆盖水泵工况运行范围，并在电站装置空化系数条件下进行。其压力脉动试验转速与能量试验转速相同。试验过程中对压力脉动进行记录和分析，其结果同时以图形方式表述，对采集的数据进行解分析确定振动的主频和振幅。试验结果与电站保证值进行对比。

7. **飞逸转速试验**

飞逸转速试验的试验水头一般大于10.00m，试验包括水泵水轮机全部运行水头范围和从导叶关闭位置到110%导叶开度范围内和在电站空化系数条件下进行。

试验中测量不同导叶开度下的单位转速和单位流量，绘制所有导叶开度下单位转与单位流量之间的关系曲线，并换算到真机最大水头下的飞逸转速以求得水泵水轮机的稳态飞逸特性，同时得到水泵水轮机最大飞逸转速与保证值进行比较。

8. **异常低水头及低扬程试验**

水泵水轮机工况异常低水头试验在电站装置空化系数下进行，选择1~3个开度进行异常低水头下的压力脉动和空化试验，一次确定稳定运行的最小水头。

在异常低扬程试验，在异常低扬程同样选择1~3个开度进行空化试验和压力脉动试验。绘制该扬程下的试验数据及特性曲线等，并提出水泵工况最低启动扬程的建议值。

9. **水泵工况零流量试验**

试验时关闭流量阀门使水泵为零流量。试验范围为0~100%额定导叶开度。在小导叶开度区每1°试验一次，大导叶开度区每3°进行一次试验，记录每个开度下的零流量扬程和输入功率，绘制零流量扬程曲线。试验应在无空化和恒定转速条件下进行。

10. **全特性验收试验**

全特性试验的工作量很大，包括水泵工况、零流量、水泵制动工况、水轮机工况水轮机制动工况和反水泵工况。验收试验时根据初步试验报告提供的结果，绘制若干开度的全特性曲线。

11. **轴向水推力试验**

在运行最不利的工况范围，对模型进行测量以确定原型水泵水轮机的最大轴向水推力。轴向水推力试验覆盖水轮机和水泵工况的全部范围，并且从导叶全关位置至最大运行开度进行飞逸工况的模型轴向水推力试验。

12. **模型几何尺寸检查**

模型关键部件尺寸的检查验收也同样重要，为保证与真机几何相似，要检查转轮主要尺寸、迷宫密封尺寸、进出口开口尺寸、导叶线型、导叶圆直径、座环主要尺寸、涡壳及尾水管主要尺寸。双方商定好尺寸检查方法、范围及检查尺寸的数量，如果双方认可，在验收期间只进行抽样检查。

应该注意，模型验收试验不仅是一项技术性很强的工作，还涉及商务问题，特别是我国有很多项目都是引进外国设备和技术，故在保证试验数据正确的同时还需注意按合同条款进行工作。

4.6.5 可逆式水泵水轮机真机验收试验

1. **水泵水轮机真机性能试验**

根据合同，可逆式水泵水轮机在投入运行后的规定时间内应进行真机（原型）性能实测。真机试验的结果如满足保证条件，电站最终从制造厂接受机组，投入正式运营。

效率试验是真机验收试验中技术难度最大、工作量很大的一项试验。欲得到准确的可逆式水泵水轮机实际效率，关键是如何最可靠地测出通过机组的流量。因为水轮机流量很大，量测不容易准确，故真机流量的量测一般允许有较大的误差，IEC 标准对于真机效率量测的允许误差为±1.5％，也就是真机的实测效率不超出保证值的±1.5％误差带，即为合格。一般情况，机组出力不低于保证值 5％或入力不大于保证值 5％，也为合格。

进行真机试验使用的量测方法随各电站条件以及设备情况而各异，但主要有以下方面：

（1）真机水头（扬程）的量测通常使用精确压力计。

（2）电动发电机出力或入力的量测使用精确功率表，通过电机的电压、电流、功率因数和频率的量测可以推算出电机的损失，因而可得到机组的轴功率值。

（3）流量量测的方法最多，是真机试验中的重点项目，在下节扼要介绍常用的几种方法。

2. 真机的流量测量

（1）流速仪法。对于中低水头，过流断面较大的机组，可以在进口的压力钢管内安装一组流速仪，分别测定一个区域内的流速，最后用积分法算出全断面上的流量。对一水头更低的机组流速仪也可以装设在尾水闸门的断面上，也有的抽水蓄能电站在压力钢管和尾水断面都装设流速仪，前者用于量测水轮机工况流量，后者用于量测水泵工况流量。这种方法具有一定精度，但对水流通道有阻挡作用，装设流速仪时要停机排水，对电站运行有一定干扰。

（2）超声波法。在压力钢管平直段的两个断面之间装设若干组超声波发送器和接收器。通过钢管的水流将对超声信号产生折射，从信号变化的程度可以计算出通过的流量值。超声波法和水击法一样不需要在过流通道中装设仪器，同时超声波法和水击法相比也有自身优点，测量工作不会因为机组的运转而影响测量结果。

（3）水击法（也称压力·时间法）。如果可逆式水泵水轮机的导叶有一定程度的关闭，则在压力钢管中将引起压力上升，在前后两个压力测点之间将出现压差，从所记录的压力变化示波图（压力随时间的变化规律）上可以得到这一关闭过程所带来的动量变化，因而可以算出在两点之间通过的水体大小，除以经历时间即得到流量值。

采用水击法时，按 IEC 标准的要求，电站必须具备一定长度的等直径圆管、两测点之间需有必要的距离、机组流量应有最低值等。大体上说这种方法适用于水头较高，流量不太大的电站。水击测量法可以达到相当高的准确度，但其缺点是需要机组最多次的开、关，对正常运行影响较大。

186

第5章 发电电动机

抽水蓄能电站中，水势能和机械能之间的能量转化主要依靠水泵水轮机实现，而机械能和电能之间的相互转化则需要通过发电电动机实现。这种类型的电机在发电机工况（机械能转化为电能）时作为发电机使用，而在抽水工况（电能转化为机械能）是作为电动机使用，因此称之为发电电动机。

5.1 发电电动机的特点和主要参数

5.1.1 发电电动机特点

发电电动机作为抽水蓄能电站的核心设备，其与水力发电站中的水轮发电机有相似之处，两者均与水轮机相连，结构上皆为凸极同步电机。但抽水蓄能电站由于工况转换多、运行方式灵活、反应速度快等特点，在性能对发电电动机的要求也更为严格，使得发电电动机在结构上比常规单一工况运行为主的发电机复杂得多。抽水蓄能电站的发电电动机一般具有以下特点：

1. 双向旋转

抽水蓄能电站作为电力系统中一种大规模的储能装置，需要在电力负荷低谷时将电能转化为水势能，而在电力负荷高峰时将水势能转化为电能，因此其机组采用的可逆式水泵水轮机，既可以作为水泵使用又可以作为水轮机使用。在两种工况下，水泵水轮机运行时的旋转方向相反，因此与之相连的发电电动机也双向旋转。要实现三相电机双向旋转，意味着要转换电机内的相序，因此其主接线设计和开关选择上要进行特殊设计，多在发电电动机的定子出线端设置换相开关。而且双向旋转运行对电机的通风冷却系统和轴承都提出了更高要求，给电机设计增加了难度。

2. 启停频繁、工况转换迅速

除了储能的功能之外，抽水蓄能电站在电力系统中还承担了调峰、填谷、调频、调相以及紧急事故备用等任务，一般电站日调节至少开停机2、3次，次数多的电站则达10次以上。发电电动机的工况的调整也非常频繁，大型机组要求具有每秒增减10MW以上负荷的能力。如此迅速的工况转换导致机组经常需要经历各种复杂的机械和电气瞬态过程，机组的受力和振动往往比常规水轮发电机大得多。同时，这样的工况条件一方面使得发电电动机自身的电磁容量、绝缘、冷却等多方面的设计难度更大，另一方面频繁大幅变化的机械应力对旋转部件的承受能力和疲劳使用寿命也提出了更高的要求。

3. 启动装置复杂

抽水蓄能电站中的发电电动机在结构上属于同步电机。同步电机若直接接入电网是无法从静止状态实现自启动的，因此需要有专门的启动措施。发电电动机作为发电机使用时，其水流从上水库向下水库可以冲动水轮机旋转，从而带动电机转子，实现启动过程。但作为电动机使用时，电机的启动力矩为零，必须依靠其他方法将机组从静止状态加速到额定转速附近再并入电网。常用的启动方法有：基于电力电子技术的变频器启动方法、同轴安装小电动机的启动方法、转子安装阻尼绕组或实心转子的异步启动方法。无论是哪种方法，都需要在发电电动机本体或外部增加额外的装置和接线，使得整个系统更为复杂。

4. 转速高、容量大、冷却困难

抽水蓄能机组采用的可逆式水泵水轮机，额定转速一般为 $200\sim600r/min$，发电电动机与之同轴相连，两者转速一致，因此发电电动机比常规水轮发电机的转速高得多。此外，发电电动机需要进行发电和电动双向运行，其额定功率包括发电工况下的额定功率和电动工况下的额定功率。正常情况下，电动时的额定功率会略大于发电时的额定功率，可以达到 $200\sim400MW$，发电电动机的设计容量应综合考虑两种工况下的最大值，因此比常规单一工况运行的电机要大得多。额定转速高决定了发电电动机的极对数少、尺寸较小，容量大更是导致每极的容量增加，因此该电机的通风冷却设计难度较常规水轮发电机更为困难。

5.1.2 发电电动机的主要参数

抽水蓄能电站是一个系统性工程，需要各种装置的紧密配合，其中发电电动机作为核心部件之一尤为重要，对其参数的选择更要慎重。抽水蓄能电站中发电电动机的主要参数包括：

1. 额定功率和容量

发电电动机的额定功率包括发电机额定功率 P_G 和电动机的额定功率 P_M。发电机额定功率 P_G 需与水轮机在额定水头下的轴输出功率 P_T 相匹配，$P_G < P_T$；电动机额定功率 P_M 则与水泵在最小扬程下的最大轴输入功率 P_P 相匹配，$P_M > P_P$。根据抽水蓄能电站的水轮平衡和两种工况下工作小时数、扬程、水头等因素来看，两者接近，P_P 略大于 P_T。

相对应地，发电电动机的容量（即视在功率）也包括发电机容量 S_G 和电动机容量 S_M。发电电动机的容量与额定功率之间关系为

$$P_G = S_G \cos\varphi_G \tag{5-1}$$

$$P_M = S_M \cos\varphi_M \eta_M \tag{5-2}$$

式中　$\cos\varphi_G$、$\cos\varphi_M$——发电电动机在发电和抽水工况时的额定功率因数；

　　　　η_M——发电电动机在抽水工况时的额定效率。

发电电动机的容量 S 取 S_G 和 S_M 两者中的最大值。为了充分发挥发电电动机的在两种工况下的效益，设计时应尽量让 S_G 和 S_M 相等或接近。

2. 功率因素

抽水蓄能机组发电时，发电电动机作为电力系统的电源，向电网输出有功功率和无功功率。此时，功率因数过高会降低系统的稳定性，因此功率因数不宜过高。但在有功一定

的情况下，降低功率因数，必然导致电机容量增加，电机的体积和成本均会增加，因此一般发电机的功率因数取值范围为0.9～0.95。

抽水蓄能机组抽水时，发电电动机作为电力系统的负荷，从电网吸收有功功率和无功功率，其中无功功率主要是补充电站内变压器等设备的无功损耗，所占比例较小，因此电动机的功率因数可以取高一点的值，其范围一般为0.975～1.0。

3. 额定电压和调压范围

发电电动机的额定电压是一个综合性参数，它既与发电电动机的绝缘水平、容量、冷却方式等参数有关，也与电站内的断路器、变压器以及封闭母线等设备的电压等级有关。一般发电电动机的容量越大，额定电压则相应越高，以减小电机的铜损耗；但提高额定电压的同时需要提高电机的绝缘等级，也会导致材料成本的增加。根据相关国家标准，目前发电电动机的额定电压等级主要有6.3kV、10.5kV、13.8kV、15.75kV、18kV、20kV等。

由于抽水蓄能电站的工况变换频繁，潮流变化大，其实际运行中电机的端电压变化范围也较大，与额定电压之间往往存在一定偏差。一般发电电动机允许的调压范围为额定电压值的$\pm5\%$，部分发电电动机的调压范围可提高到$\pm7.5\%$或者$\pm10\%$。

4. 额定转速

抽水蓄能电站中，发电电动机与水泵水轮机相连，其转速主要取决于水泵水轮机的额定转矩，因此与水泵水轮机的工作水头、转轮型式、流量、效率等参数水平有关。除此之外，发电电动机的额定转速也与其本身的额定电压、定子绕组的并联支路数、槽电流等有关。

根据同步电机的原理可知，其转速与频率f和极对数p关系为

$$n = \frac{60f}{p} \tag{5-3}$$

我国电网额定频率为50Hz，由于极对数p只能取整数，其额定转速也只能取离散的一些值，如：600r/min（$p=5$）、500r/min（$p=6$）、428.6r/min（$p=7$）、375r/min（$p=8$）、333.3r/min（$p=9$）、300r/min（$p=10$）、250r/min（$p=12$）、214.3r/min（$p=14$）、200r/min（$p=15$）等。

5. 短路比

同步发电机短路比的含义是在对应于空载额定电压的励磁电流下三相稳态短路时的短路电流与额定电流之比。同步发电机的短路特性是一条直线，可转化为用标幺值表示的直轴同步电抗不饱和值的倒数乘以空载额定电压时的主磁路的饱和系数。因此短路比是一个计及饱和影响的参数，其表达式为

$$k_c = \frac{I_{k0}}{I_N} = k_\mu \frac{1}{X_d^*} \tag{5-4}$$

式中 I_{k0}——对应于空载额定电压的励磁电流下三相稳态短路时的短路电流；

I_N——额定电流；

k_μ——空载额定电压时的主磁路的饱和系数；

X_d^*——不饱和直轴同步电抗的标幺值。

短路比关乎发电电动机在电力系统中运行的静态稳定性。短路比大则稳定性会提高，但转子用铜量会增加，机组造价也会增加。短路比小虽然能降低机组成本，但负载变化时发电电动机的电压变化增大，稳定性会降低。由于抽水蓄能电站选择比常规水电站离负荷中心要近得多，为提高发电电动机的经济性，常选择较小的短路比，一般为 0.9～1.0 之间。

5.2 发电电动机的结构

5.2.1 基本结构与分类

抽水蓄能电站中，发电电动机的结构与常规水轮发电机相似，主要由定子、转子、轴承、上下机架、制动系统和冷却系统组成。按推力轴承布置的位置分，发电电动机可以分为悬式和伞式两种结构。

悬式结构的推力轴承布置在上机架上，与上导轴承形成一个系统。其中，推力轴承固定在机架上，其承受电机轴向的拉力，保证电机转子在旋转的同时轴向位置不变。而上、下导轴承受的是径向力，其作用是固定电子转子和转轴在水平方向的位置，防止其径向摆动。这种结构中，机组转动部分的全部重量和水轮机中水流的轴向力全部由推力轴承和上机架承受，相当于悬挂在机架上，因此称之为"悬式"，其结构示意图如图 5-1 所示。

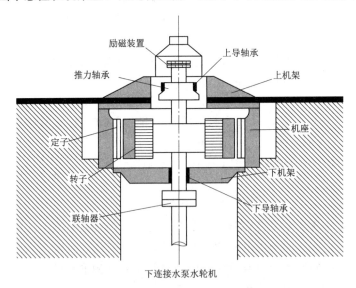

图 5-1 悬式发电电动机结构示意图

悬式机组结构的主要优点在于径向机械稳定性较好、轴承损耗较小、机组效率高、检修和维护方便。其缺点是机组较高、轴系长度长、电站地下厂房高度及开挖难度较大，对机组受力情况和轴系的摆度、振动均有不利影响。另外，由于悬式结构的所有重量都在上机架上，因此需要加强上机架和定子机座的机械强度，导致机组的重量和成本有所增加。

伞式结构的推力轴承设置在发电电动机的下机架上，与下导轴承形成一个系统。同样，推力轴承承受轴向的力，而下导轴承受径向的力。机组整个旋转部分的重量和水流轴向的力均由推力轴承传递到下机架上，相当于由推力轴承和下机架撑起来的，因此称之为"伞式"。伞式结构的机组又可以分为全伞式和半伞式两种：全伞式结构仅有下导轴承，没有上导轴承；而半伞式既有下导轴承，又有上导轴承。由于全伞式转子产生的径向力都由下导轴承承担，一旦发生故障时安全系数较低，因此很少采用。目前，抽水蓄能机组多采用半伞式结构，如图5-2所示。与悬式结构相比，半伞式结构机组的轴系长度较短，机组和厂房的总高度要低得多，而且发电机的重量较轻，缺点是机组损耗较大、效率稍低。

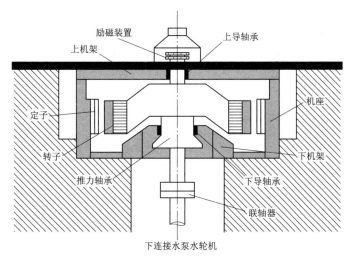

图5-2　半伞式发电电动机结构示意图

由于抽水蓄能电站建设时的差异性较大，因此各电站的机组的设计方案也多有不同。既要考虑电站建设的特点，也要兼顾电机厂已有的制造经验和设计惯例。一般来说转速较高的电机往往选择悬式，而中低速大容量机组多选择半伞式结构。国外制造商通常对额定转速在500r/min以上的机组才会在设计时进行悬式和半伞式结构的比较，低于这个转速的多采用半伞式结构。表5-1详细列出了悬式机组和半伞式机组的性能对比。

表5-1　　　　　　　　　　　　悬式机组和半伞式机组的性能对比

悬　式	半　伞　式
轴系长度长	轴系长度短
上下导轴承间跨距大、临界转速较低	上下导轴承间跨距可缩小、临界转速较高
上机架为承重机架、定子机座承受推力荷载	下机架为承重机架、定子机座不承受推力荷载
推力轴承损耗小、轴向刚度较低	推力轴承损耗大、轴向刚度较高
推力轴承检修空间较大	推力轴承检修空间较小
吊转子时需拆掉推力轴承	吊转子时无需拆掉推力轴承
机组的总高度大	机组总高度一般低于悬式结构
机组总造价较高	机组总造价较低

5.2.2 定子部分

定子是发电电动机实现电磁能量转换的重要部件之一，主要由机座、铁芯、绕组等元件组成。其结构示意图如图 5-3 所示。

1. 机座

由于抽水蓄能机组多为悬式或半伞式结构，因此发电电动机的机座一般为立式结构，外形呈圆形或者多边形，其中圆形机座占多数。机座的作用是固定定子铁芯，承受定子绕组短路时产生的切向力、磁极短路时产生的单边磁拉力以及电机运行时温度升高产生的热膨胀力，因此必须具有较好的刚度和弹性，不能产生有害变形。对于悬式结构的机组而言，机座还要承受推力轴承传递过来的轴向荷重，因此需在结构上增加轴向立筋以加强机座的刚度。

大型发电电动机的直径比较大，为了方便制造和运输，大部分需要分瓣制造。分瓣数根据机座的直径来决定，直径越大则分瓣数越多，一般可分为 2~8 瓣。为了增加大型发电电动机机座的刚度，消除因定子铁心拼装引起的磁路不平衡和振动，电机厂多在厂内对机座进行分瓣加工，运输到抽水蓄能电站后用小合缝板将其合成整圆，再通过焊接机座环板，使机座形成一个整体。

图 5-4 为安徽响水涧抽水蓄能电站发电电动机定子部分结构示意图。

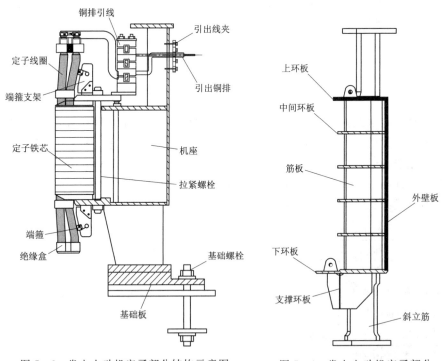

图 5-3　发电电动机定子部分结构示意图

图 5-4　发电电动机定子部分结构示意图

2. 铁芯

定子铁芯是发电电动机磁路的重要组成部分，其磁阻必须很小才能为磁场提供良好的通路，因此选择材料时需用磁导率比较高的铁磁材料。但由于发电电动机内的磁场是方向不定的旋转磁场，而纯铁在交变磁场中会产生较大的涡流损耗，因此并不适合直接铸造成铁芯。目前，发电电动机的定子铁芯多采用无取向的冷轧硅钢片叠压而成，这样先通过添加硅元素提高铁合金的电阻率降低涡流人小，再通过降低铁心轴向厚度减小涡流面积，可大大降低铁芯的涡流损耗，既提高了效率也缓解了铁芯发热情况。通常发电电动机采用的硅钢片的厚度多为0.5mm，对铁耗限制比较高的电机也可以采用0.35mm厚度的硅钢片，其表面均涂有0.015～0.02mm厚度的硅钢片漆。

大型发电电动机的定子铁芯直径较大，考虑到加工难度，多将冲片先做成扇形，再叠装成整圆。为便于安装，每个扇形冲片的槽数必须为整数，并且将接缝的位置设计在槽中心，且接缝处留有0.2～0.25mm的间隙，以防叠装的时候相邻两个冲片搭叠，产生气隙。为了尽可能减小铁心叠装时产生的气隙，保持其良好的导磁性能，扇形冲片采用交错叠装的方式进行组装。因此，每个扇形冲片轭部边缘处开两个鸽尾槽，距离控制在350～450mm，叠装时通过鸽尾筋固定。图5-5为扇形冲片。

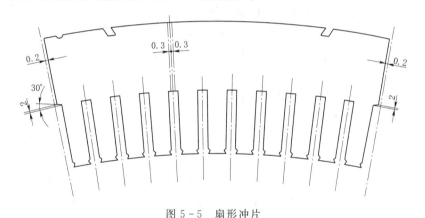

图5-5 扇形冲片

大容量的发电电动机的定子铁芯多采用径向通风冷却，因此其铁芯就不能叠成一个整体，必须在轴向设置一定数量由通风槽片构成的通风沟。通风槽片也必须做成扇形冲片，材料可采用0.65mm厚度的酸洗钢板或硅钢片本体，形状与硅钢片扇形冲片相似，但不同的是其槽部需要扩孔，以避免在焊接时齿部变形损伤定子绕组，通风槽片结构如图5-6所示。

3. 绕组

定子绕组是构成发电电动机电路的重要组成部分，是进行电磁能量转换必不可少的元件，其采用高电导率的金属材料制成，通常选择铜线或铜棒绕制。

抽水蓄能电站的发电电动机属于同步电机，其定子绕组需满足交流电机绕组的基本要求：

（1）定子绕组合成电动势和合成磁动势的波形要接近正弦波，基波电动势和基波磁动势的幅值要大。

（2）各相电动势和磁动势对称（节距、匝数、线径相同，空间上互差120°电角度），且要保持每一相的电阻和电抗相同。

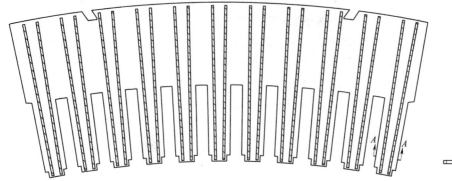

图 5-6　通风槽片结构

（3）绕组要求结构简单，用铜量要少、铜耗尽可能小。

（4）绕组绝缘可靠，机械强度、散热调节要好，制造方便。

电机绕组按照相数，可以分为单相绕组和多项绕组，常规交流电机多采用三相对称绕组；按照槽内的绕组层数，可以分为单层绕组和双层绕组；按照每极每相槽数是整数还是分数，可以分为整数槽绕组和分数槽绕组；按照绕组的绕制方法，可以分为叠绕组和波绕组。一般大型发电电动机的绕组为三相、双层、单匝条式波绕组或叠绕组。

组成绕组的基本单元称为元件。一个元件由两条元件边和端接线组成。元件边置于槽内，能切割主机磁场而感应电动势，亦称有效边。端接线在铁芯之外，不切割磁场，故不能产生感应电动势，仅起连接线作用。端部连线不同，绕组的绕制方式也就不同。

对于多级、支路导线截面积较大的电机，为了节约极间的连接线用铜量，常用条式波绕组，其结构及节距如图 5-7 所示。其连线形状呈波浪形，相串联的两个绕组对应的绕组边之间的距离（如图中上层边跟上层边之间的距离）称为合成节距 y，可由 y_1 和 y_2 相加得到，其表达式为 $y = y_1 + y_2$。

条式波绕组的匝间绝缘可靠，端部连接线少，嵌线方便，股线的直线部分还可以编织换位，以减少循环电流引起的附加损耗，被广泛应用在大、中型的发电电动机上。

与波绕组不同，条式叠绕组中两个线圈是相互"交叠"的，一般后一个线圈的端部会"叠"在前一个线圈上，其结构及节距如图 5-8 所示。

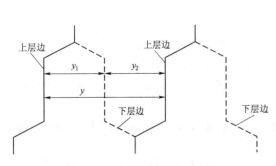

图 5-7　波绕组结构及其节距

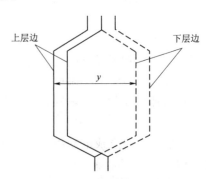

图 5-8　叠绕组结构及其节距

制造时，这种绕组每一个线圈的尺寸相同，节距 y 也相同，元件可以一次加工完成。其优点是短矩时可节省绕组端部用铜，也便于得到较多的并联支路。此外，当转子偏心时，由于气隙不均匀会导致不同线圈内的电动势不同，从而在各个支路中产生微小的环流，但这种环流恰好可以抵掉一部分由于气隙不均匀产生的不平衡磁拉力，从而阻止转子进一步偏心，增加机组的动态稳定性。其缺点是端部的接线较长，在多极的大电机中这些连接线较多，不便布置且用量也很大，故多用于中小型电机。

5.2.3 转子部分

发电电动机中，转子的作用是与水泵水轮机传递机械转矩，支撑旋转的励磁线圈，产生主磁场以实现电能与机械能之间的能量转换，其生产和安装质量的优劣是影响整个机组安全稳定运行的重要因素。因此，转子不仅需要有足够的机械强度，保持良好的电磁性能和通风效果，还需要满足运行所需要的转动惯量和安全要求。

发电电动机的转子主要由转轴、磁轭和磁极等部分组成，其结构示意图如图 5-9 所示。

1. 转轴

发电电动机的转轴是支撑其转子旋转的重要元件，其通过联轴器与水泵水轮机转轴相连传递机械能量。由于抽水蓄能电站的发电电动机采用的是立式结构，因此其转轴需要承受机组转动部分的所有重量和水流产生的拉应力、电磁转矩产生的剪应力以及单边磁拉力引起的弯曲应力。在设计上，转轴既需满足较高的机械强度和刚度，以保证在额定和常见故障工况下不会变形或损坏；同时，也要满足机组轴系的临界转速不低于飞逸转速的 120%，避免发生共振情况。

根据转轴的制造工艺，一般可以分为一根轴和分段轴，其结构如图 5-10 所示。

如图 5-10 所示，一根轴结构即转轴主体部分为一个整体，其优点是结构简单、制造方便，机组的轴线方便调整。分段轴结构通常由上端轴、转子支架中心体和下端轴三部分组成。该结构的中间段是转子支架中心体，没有轴，因此又称为无轴结构。分段轴的优点是便于锻造、便于运输和轮毂不需要热套等。通常，高转速、大容量的悬式发电电动机多选择一根轴结构，而大容量伞式发电电动机多采用分段轴结构。

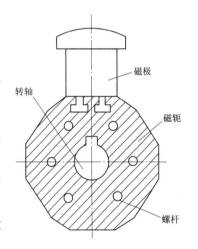

图 5-9　发电电动机转子部分结构示意图

2. 磁轭

对于中小型电机，一般转子磁轭和磁极铁心是一个整体，加工时无需分开制造再组装。但发电电动机的磁轭与磁极则是两个部件，磁轭内径与转子支架连接，外径与磁极相连。

磁场方面，转子磁轭是发电电动机主磁路的一部分，为磁场从转子一极到相邻一极提供了通路。机械方面，磁轭也是固定磁极的结构部件，是产生发电电动机转动惯量的主要来源。通风方面，磁轭是发电电动机通风系统的咽喉，是风循环的主要风压源。因此，磁轭结构的稳定性会直接影响机组的安全、可靠运行。

发电电动机的转子磁轭按照其制造和组装方式可以分为三类，即跟转轴一起锻造而成的整体实心磁轭、叠片磁轭以及整圆厚钢板磁轭，其结构示意图如图 5-11 所示。

其中，整体实心磁轭应用较少。而叠片磁轭由磁轭冲片、通风槽片、拉紧螺杆、磁轭压板和制动环等零部件组成，磁轭冲片采用交错的方式一层一层叠装，在叠装过程中以销钉定位，并通过拉紧螺杆沿轴向拉紧，形成一个整体。由于叠片磁轭的整体性较差，多适用于中低转速、中低容量机组中。第三种整圆厚钢板磁轭由高强度优质厚钢板组装而成，沿轴向分成若干段。每段由若干厚钢板装配而成，通过销钉螺栓固定，再形成一个整体。因此，该结构的整体性好，适用于大容量、较高转速机组，在发电电动机中得到了广泛应用。

3. 磁极

磁极是发电电动机产生主磁场的核心元件，主要由线圈和铁芯构成，如图 5-12 所示。由于磁极是旋转部件，线圈和铁芯除了要具备良好的导电和导磁性能之外，还需具备良好的机械性能。

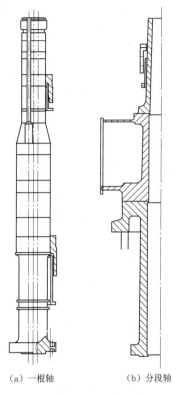

（a）一根轴　　（b）分段轴

图 5-10　发电电动机转子部分结构示意图

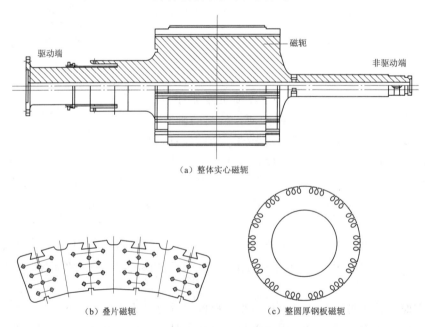

（a）整体实心磁轭

（b）叠片磁轭　　　　　　（c）整圆厚钢板磁轭

图 5-11　发电电动机磁轭结构示意图

磁极铁芯也是旋转部件，属于发电电动机主磁路的一部分，既要考虑材料的导磁性能，又要考虑机械性能，因此铁芯冲片多采用 1.5～3mm 厚的高强钢板冲制而成，分为极靴和极身。极靴的形状与气隙磁阻息息相关，而磁阻的分布会影响电机磁场的分布，进而影响电机的电磁性能。因此，极靴的圆弧半径往往小于定子内径，且与定子不同心，径向最大气隙设计成最小气隙的 1.5 倍，以改善电压波形、减少极间漏磁，并在一定程度减少励磁电流。磁极极身的形状多为塔形、弧形和矩形三种。极尾的形状主要有 T 尾和鸽尾两种，其尺寸和数量根据发电电动机在飞逸转速时的受力情况确定。

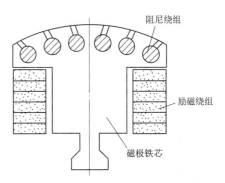

图 5-12　发电电动机磁极结构示意图

发电电动机的励磁线圈多采用扁绕铜排或焊接铜排的方式，形状主要有矩形、五边形、七边形和异形铜排几种，其截面积由电机的容量和励磁电流大小决定。一般中小型电机采用绕制线圈，采用软铜线圈，制造较为方便。大容量电机则可以选用焊接式铜排，这种线圈每一匝都需要拼焊，制造成本较高，优点是方便做成散热匝结构，有利于提高线圈的散热能力。

阻尼绕组的设计与机组的起动方式有关。如果发电电动机需要异步起动，则要加强转子磁极和阻尼绕组的结构，选用高电阻的阻尼绕组或实心磁极，以产生足够大的启动力矩并吸收起动过程中产生的大量热量。

5.3　可变速发电电动机

发电电动机结构上与水轮发电机相似，同属于凸极同步电机。但水轮发电机正常仅在单一的发电工况下运行，转子转速基本不变；而抽水蓄能电站中的发电电动机有发电、电动、调相三种运行工况，转子不仅要双向旋转还需要适应不同的转速。

根据同步电机的基本理论可知，只有定、转子的磁场相对静止才能实现稳定的机电能量转换。

三相交流电机的定子磁场是由定子绕组中的 A、B、C 三相对称交流电流产生。定子磁场旋转速度 n_1 与电流频率 f_1 之间的关系为

$$n_1 = \frac{60 f_1}{p} \tag{5-5}$$

式中　p——电机极对数。

转子磁场相对转子的旋转速度 n_2 与转子绕组电流频率 f_2 的关系为

$$n_2 = \frac{60 f_2}{p} \tag{5-6}$$

考虑到转子自身转速 n，则

$$n_1 = n \pm n_2 \tag{5-7}$$

因此，发电电动机的运行转速 n 与定子电流频率 f_1 关系为

$$n = \frac{60}{p}(f_1 \pm f_2) \tag{5-8}$$

对于常规同步电动机，其转子采用直流励磁，即 $f_2 = 0$，则

$$n = n_1 = \frac{60}{p}f_1 \tag{5-9}$$

因此，直流励磁的同步发电电动机实现变速运行主要有三种方法：①改变定子侧电流频率 f_1；②改变电机极对数 p；③同时改变定子侧电流频率 f_1 和电机极对数 p 的联合调速。

对于转子采用交流励磁的发电电动机，即 $f_2 \neq 0$，则实现变速运行的方式除了调节定子频率 f_1 和电机极对数 p 之外，还可以通过调节转子频率 f_2 来实现。

5.3.1　变极调速

变极是交流电机中较为常见的一种调速方式，也是应用广泛的传统调速方式。但对于电机而言，只有定、转子极对数相同才能正常工作，因此变极调速要同时改变定子极数和转子极数。

1. 定子绕组变极

改变定子绕组极对数有以下方法：

（1）双绕组变极，即在定子槽内放置两套独立的不同极对数的绕组，通过切换绕组的引线头改变电机极对数。

（2）单绕组变极，即定子槽内只有一套绕组，将每相绕组分成若干段，通过改变各段绕组之间的连接方式来改变极对数。

双绕组变极中的一套绕组放置在所有奇数槽的上层和偶数槽的下层，另一套则刚好相反。为了保证绕组端部的一致性，两套绕组每匝线圈的节距相同。图 5-13 为一台双绕组变极电机的绕组接线图，两套绕组的极数分别为 36 和 40。

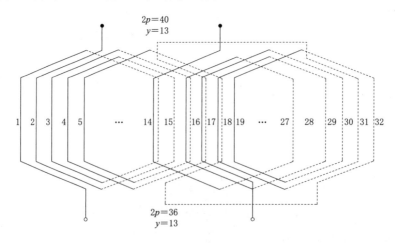

图 5-13　双绕组变极电极接线图

198

当发电电动机运行时，总是一套绕组在工作，另一套绕组闲置，因此从本质上来说浪费了电机内的空间，从而产生一系列问题，如绕组利用率低，用铜量增大，经济性变差；绕组的有效散热面积小，冷热不均的线棒之间容易活动、不易固定；每套绕组都是单层布置，绕组串联匝数少，并联支路数为1，单根线棒的截面积人，绕组端部空间紧张，线棒之间间隙小，易放电烧毁线棒；定子槽较深，槽漏抗大，电机动态稳定性变差；电枢反应磁动势谐波增加，可能存在次谐波激振。

与双绕组变极方法相比，单绕组变极方法在定子上仅设置了一套绕组，但这套绕组中的每一相都被分割成了若干段，可通过改变各段之间的连接来改变极数。连接方式主要有移相变极和反接变极两种。

移相变极是一种改变线圈属相，但不改变连接方向的变极方式。在移相变极中，每一相绕组分成 3 段，三相绕组共分成 9 相，一般需要 18 根引出线。变极的过程是通过将 9 段绕组打破原来的相的界限重新组合，以形成不同极对数和绕组相序。图 5-14 为响洪甸电站发电电动机定子绕组分段连接移相变极原理示意图，其通过定子变极开关切换可以形成发电工况（$2p=40$）、电动工况（$2p=36$）和电动工况（$2p=40$）三种情况。

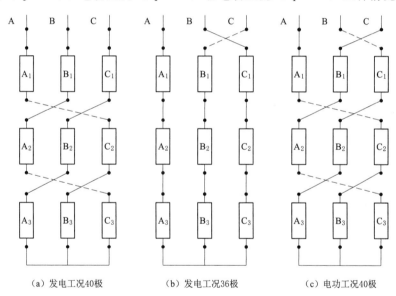

（a）发电工况40极　　　　（b）发电工况36极　　　　（c）电功工况40极

图 5-14　移相变极原理示意图

反接变极是应用极幅调制原理的变极方式，绕组引出线头数通常为 12。图 5-15 以 4 极变 2 极为例给出了反接变极的示意图。这种方式的优点是出线端少，开关部件简单。但其缺点是绕组分布系数低、谐波含量高，会导致电机损耗增大、温升高、效率低等一系列问题，因此实际应用价值并不大。

2. 转子绕组变极

同步电机中，定子改变极数的同时转子也必须同时改变极数，否则电机无法稳定运行。常规凸极同步电机，其转子励磁绕组只有两个接线端，与正、负极两个滑环相连。而需要变极的同步电机，其转子励磁绕组需要分段，与多个滑环相连，并通过切换转子变极

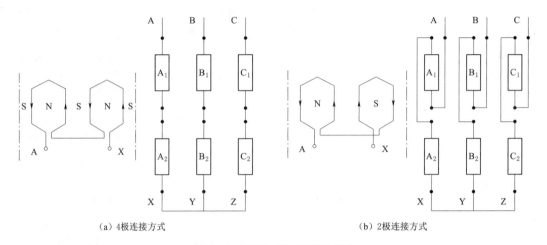

（a）4极连接方式　　　　　　　　（b）2极连接方式

图 5-15　反接变极原理示意图

开关改变转子绕组的连接方式，以产生不同的极数。目前，转子变极方式主要有丢极和并极两种。

采用丢极法的同步电机，转子磁极有大、小极两种。所谓"丢极"指的是电机由多极数变成少极数时，将小磁极通过变极开关切除（即丢极）。图 5-16 为潘家口电站发电电动机的丢极原理示意图。该发电电动机转子有 6 个对称的磁极组，每组 8 个磁极中包括 3 个小极和 5 个大极。当极数为 48 时，所有磁极均有效，相邻磁极相反。当将每个磁极组

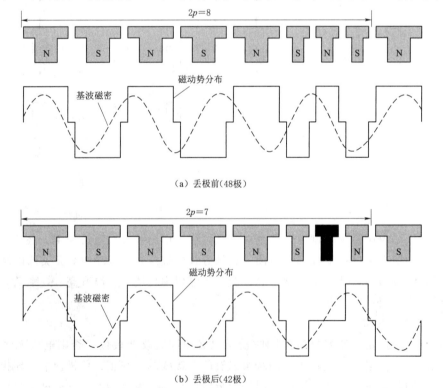

（a）丢极前（48极）

（b）丢极后（42极）

图 5-16　丢极原理示意图（1/6 圆周）

中 3 个小极中的中间小极短接（即丢掉），同时将下一个磁极组的励磁电流反向，则极数就变成 42 极。

并极法是指相邻两个小磁极变极后成为同极性的磁极，相当于合成为一个马鞍形的大磁极，从而将多极数变成少极数的情况。图 5-17 为采用并极法前后的原理示意图。该发电电动机转子有 4 个对称的磁极组，每组 6 个磁极中包括 2 个小极和 4 个大极。当极数为 24 时，所有磁极均有效，相邻磁极相反。当将 1、3 两个磁极组中的 2 个小极分别改接，使其极性一致，同时改变磁极电流的方向，使得相邻磁极间的极性相反，则极数就变成了 20 极。

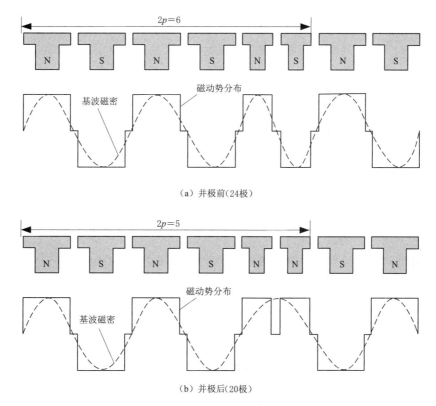

（a）并极前（24极）

（b）并极后（20极）

图 5-17　并极原理示意图（1/4 圆周）

综上所述，双速发电电动机主要通过改变定、转子极对数的方式改变电机转速。这种方式增加了电机结构的复杂性，需要较多的切换开关，且变极前后定、转子磁场的波形都有不同程度的畸变，增加了谐波含量。此外，由于极对数只能取整数，这种变速方式只能"有极"调速，即只能在两种转速之间切换，而不能任意控制转速大小。

5.3.2　变频调速

随着电力电子器件性能和控制技术的飞速发展，采用全功率变频器对发电电动机进行调速成为越来越主流的方式之一。全功率变频可变速发电电动机系统主要由变压器、整流装置、变频器以及发电电动机组成，其系统框图如图 5-18 所示。

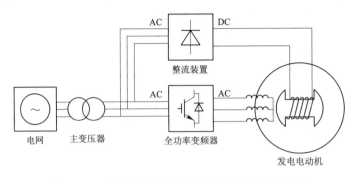

图 5-18　全功率变频可变速发电电动机系统框图

全功率变频可变速发电电动机系统是在发电电动机的定子与主变压器之间增加了一个与发电电动机功率相同的变频器。在发电工况下，变频器将发电电动机发出的非额定频率的交流电整流成直流电，再将直流电变成额定频率的交流电输送到电网。在电动工况下，变频器将电网额定频率的交流电也先整流成直流电，然后根据发电电动机的转速和转子位置逆变出与之相匹配的不同幅值和频率的交流电，以平稳驱动电机旋转，带动水泵水轮机进行抽水。可以看到，这种方式下变频器的容量必须与发电电动机相同或稍大于发电电动机，以满足电能转换的需要，因此叫全功率变频器。

采用全功率变频器实现发电电动机变速的方式具有如下优点：

（1）调速范围宽，可实现发电电动机平稳、无级调速，甚至在电网异常和故障状态下，变频器也具有一定的兼容能力。

（2）机组可以从静止状态以额定转矩启动和加速，同步并网操作方便，无时间延时。

（3）该方式对发电电动机无特殊要求，发电电动机可以为常规发电电动机。

当然，该方式也存在一定的不足和局限，具体如下：

（1）全功率变频器的成本较高，在中、小容量的抽水蓄能电站中具有较高的经济性，但大容量的机组需要配备大容量的变频器，经济性很低。

（2）变频器自身存在器件损耗，会降低整个机组的效率。

（3）大容量变频器装置及其冷却系统的尺寸往往也较大，需要额外占用电站内空间。

随着半导体功率器件技术的发展以及变频器成本的降低，采用全功率变频器方式会越来越受到人们的欢迎，对大容量机组的抽水蓄能电站的吸引力也会越来越高。

5.3.3 交流励磁调速

上述两种调速方式中，发电电动机的转子均采用直流励磁，转子电流频率为 0，因此只能通过改变极对数 p 和定子电流频率 f_1 进行调速。但如果对发电电动机转子结构进行改进，则可以采用交流励磁的方式，即通过调节转子电流频率 f_2 进行调速。

交流励磁发电电动机在结构上属于双馈电机，其定子侧直接与电网连接，转子上采用三相对称分布的励磁绕组，并且在转子绕组与励磁变压器之间设置了一个变频器，该变频器可以将额定电压转换成任意幅值、频率以及相位的电压给转子励磁绕组供电，其系统框图如图 5-19 所示。

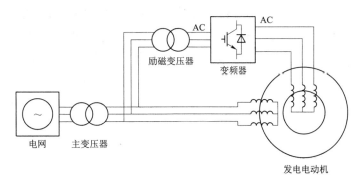

图 5-19　交流励磁可变速发电电动机系统框图

当发电电动机运行时，转子绕组中通以频率为 f_2 的对称交流电。根据交流电机的绕组理论，该电流会产生一个相对转子旋转的磁场，旋转速度为 n_2。发电电动机稳定运行的条件是定、转子磁场需相对静止，考虑到转子自身的旋转速度 n 和定子磁场的旋转速度 n_1，三者之间满足式（5-7）。

由于定子绕组直接与电网相连，其频率 f_1 必须等于电网频率，而发电电动机转子转速 n 则会随着工况不同在一定范围内变化，这就要求转子磁场的旋转速度 n_2 与转速 n 相适应，也就是转子绕组通入的交流电频率 f_2 应随着发电电动机转子的实际速度而变化，满足

$$n = n_1 \pm n_2 = n_1 \pm \frac{60 f_2}{p} \qquad (5-10)$$

由此可见，交流励磁可变速发电电动机与常规同步式发电电动机在工作原理上存在较大不同，其结构上也存在以下差别：

（1）常规发电电动机属于同步电机，转子为凸极型，励磁线圈为集中式；而交流励磁发电电动机本质上属于双馈电机，其转子为隐极型，转子励磁绕组为三相绕组。

（2）交流励磁发电电动机的励磁电压高，对转子线圈的绝缘性能要求更高。

（3）交流励磁发电电动机的转子绕组承受的离心力较大，因此对绕组线圈的槽内固定和端部固定应更加重视。

（4）交流励磁发电电动机转子滑环较多，有 4 个滑环甚至 6 个滑环。且由于励磁电压高、励磁电流大，因此滑环尺寸和间距都较大、制造难度增大。

（5）交流励磁发电电动机采用隐极式转子结构，其通风效果比凸极式差，因此多采用径向通风道，且适当增加冷却器的容量。

（6）交流励磁发电电动机的转速可以连续变化，因此在设计上要避免引起结构共振。

交流励磁调速是一种很有发展前途的调速方式，它可以用于各种容量的抽水蓄能机组中，转速调节范围一般为 0.7～1.3 倍的同步转速，调节范围广，特别是在 0.9～1.1 倍同步转速范围内的经济性较高。

与常规发电电动机相比，交流励磁可变速发电电动机的优点较为明显：变频器可以调节转子励磁电流的幅值、频率和相位角，因此它除了可以调节转速之外还可以调节无功功

率；负荷突变时，交流励磁发电电动机可以快速改变转子电流频率改变转速，对电网的扰动较小；与全功率变频可变速发电电动机相比，交流励磁发电电动机转子侧的变频器容量仅为机组总容量的小部分，故变流器的成本可大大降低，整个机组的效率也较高；交流励磁同步电机有亚同步、同步和超同步运行三种状态，调速方式非常灵活。

第6章 抽水蓄能电站电气设备

6.1 主 接 线 和 设 备

6.1.1 抽水蓄能电站主接线

6.1.1.1 主接线的概念及基本要求

在发电厂（包括抽水蓄能电站）和变电所中，发电机、变压器、断路器、隔离开关、电抗器、电容器、互感器、避雷器等高压电气设备，以及将它们连接在一起的高压电缆和母线，构成了电能生产、汇集和分配的电气主回路。这个电气主回路被称为电气一次系统，又叫作电气主接线。用规定的设备图形和文字符号，按照各电气设备实际的连接顺序而绘成的能够全面表示电气主接线的电路图，称为电气主接线图。主接线图中还标注出各主要设备的型号、规格和数量。由于三相系统是对称的，因此主接线图常用单线来代表三相（必要时某些局部可绘出三相），也称为单线图。

发电厂、变电所的电气主接线可有多种形式。选择何种电气主接线，是发电厂、变电所电气部分设计中的最重要问题，对各种电气设备的选择、配电装置的布置、继电保护和控制方式的拟定等都有决定性的影响，并将长期地影响电力系统运行的可靠性、灵活性和经济性。

电气主接线必须满足可靠性、灵活性和经济性三项基本要求。

1. 可靠性要求

供电可靠性是指能够长期、连续、正常地向用户供电的能力，现在已经可以进行定量的评价。例如，供电可靠性为99.80％，即表示一年中用户中断供电的时间累计不得超过17.52h。电气主接线不仅要保证正常运行时，还要考虑到检修和事故时，都不能导致一类负荷停电，一般负荷也要尽量减少停电时间。为此，应考虑设备的备用并留有适当的裕度。选用高质量的设备也可提高可靠性。但这些都将导致费用增加，与经济性要求矛盾。因此，应根据具体情况进行技术经济比较，需保证必要的可靠性，但不可片面地追求高可靠性。

2. 灵活性要求

（1）满足调度时的灵活性要求。应能根据安全、优质、经济的目标，灵活地投入和切除发电机、变压器和线路，灵活地调配电源和负荷，满足系统正常运行的需要。而在发生事故时，则能迅速方便地转移负荷或恢复供电。

（2）满足检修时的灵活性要求。在某一设备需要检修时，应能方便地将其退出运行，并使该设备与带电运行部分有可靠的安全隔离，保证检修人员检修时的方便和安全。

（3）满足扩建时的灵活性要求。规模较大的电力工程往往需要分期建设，主接线需从工程初期逐步过渡到工程结束，每次过渡都应便捷顺畅，做到对已运行部分影响小、改建的工程量小。

3. 经济性要求

在主接线满足必要的可靠性和灵活性的前提下，应尽量做到经济合理。

（1）节省投资：

1）主接线过于复杂可能反而会降低可靠性。应力求简单，断路器、隔离开关、互感器、避雷器、电抗器等高压设备的数量力求较少，不要有多余的设备，性能也要适用即可。

2）有时应采取限制短路电流的措施，以便可以选用便宜的轻型电器，并减少出线电缆的截面。

3）要能使继电保护和二次回路不过分复杂，以节省二次设备和控制电缆。

（2）降低电能损耗。应避免迂回供电增大电能损耗。主变压器的型号、容量、台数的选择要经济合理。

（3）减少占地。抽水蓄能电站一般是地下厂房，空间有限，主接线设计应使配电装置占地较少。

6.1.1.2 电气主接线的基本形式

电气主接线分为有汇流母线和无汇流母线两大类，如图 6-1 所示。

电气主接线的主体是电源（进线）回路和线路（出线）回路。当进线和出线数超过 4 回时，为便于连接，常需设置汇流母线来汇集和分配电能。设置母线使运行方便灵活，也有利于安装、检修和扩建；但会使断路器等设备增多，配电装置占地扩大，投资增加，因此又有无汇流母线的主接线形式。

1. 单母线接线

这种主接线最简单，只有一组（指 A、B、C 三相）母线，所有进、出线回路均连接到这组母线上，如图 6-2 所示。

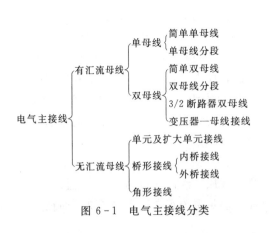

图 6-1 电气主接线分类

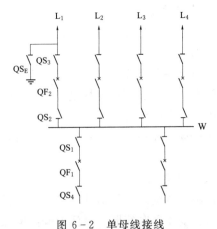

图 6-2 单母线接线

QF—断路器；QS—隔离开关；QS$_E$—接地隔离刀闸；

W—母线；L—出线

（1）断路器及隔离开关的配置。

1）若主接线中进线回路和出线回路的总数为 n，则单母线接线中断路器的数量也是 n，即每一回路都配置一台断路器。

2）隔离开关配置在断路器的两侧，以使断路器检修时能形成隔离电源的明显断口。这是隔离开关的主要作用，也是它命名的来源。其中紧靠母线一侧的称为母线隔离开关（如 QS_1、QS_2），而靠线路一侧的称为线路隔离开关（如 QS_3），靠近变压器（发电机）的称为变压器（发电机）侧隔离开关（如 QS_4）。

3）若进线来自发电机，则断路器 QF 与发电机之间常可省去隔离开关（QS_4）。但有时为了发电机试验方便，也不省去或设置一个可拆连接点。

4）QS_E 为接地闸刀。当电压在 110kV 及以上时，断路器两侧与隔离开关之间均可装设接地闸刀，每段母线上亦应装设 1～2 组接地闸刀。接地闸刀只在要检修的相关线路和设备隔离电源后（隔离开关断开）才能合上，并且互相有机械闭锁（例如图中的 QS_E 和 QS_3，互相闭锁）。接切闸刀可以取代需临时安装的安全接地线。

（2）单母线接线的优缺点。

1）优点：接线简单清晰，设备少、投资低，操作方便，便于扩建，也便于采用成套配电装置。另外，隔离开关仅仅用于检修，不作为操作电器，不易发生误操作。

2）缺点：可靠性不高，不够灵活。断路器检修时该回路需停电，母线或母线隔离开关故障或检修时则需全部停电。

2. 单母线分段接线

（1）断路器及隔离开关的配置。与一般单母线接线相比，单母分段接线增加了一台母线分段断路器 QF 以及两侧的隔离开关 QS_1、QS_2。当负荷量较大且出线回路很多时，还可以用几台分段断路器将母线分成多段，如图 6-3 所示。

（2）单母分段的优点及适用范围。单母分段接线能提高供电的可靠性。当任一段母线或某一台母线隔离开关故障及检修时，自动或手动跳开分段断路器 QF，仅有一半线路停电，另一段母线上的各回路仍可正常运行。重要负荷分别从两段母线上各引出一条供电线路，就保证了足够的供电可靠性。两段母线同时故障的概率很小，可以不予考虑。当可靠性要求不高时，也可用隔离开关 QS 将母线分段，故障时将会短时全厂停电，待拉开分段隔离开关后，无故障段即可恢复运行。单母线分段接线除具有简单、经济和方便的优点，可靠性又有一定程度的提高。

3. 双母线接线

双母线接线具有两组母线，如图 6-4 所示。图中 Ⅰ 为工作母线，Ⅱ 为备用母线，两组母线通过母线联络断路器 QF（简称母联）连接。每一回线路都经过线路隔离开关、断路器和两组母线隔离开关分别与两组母线连接。

（1）双母线接线的运行状况和特点。

1）正常运行时，工作母线带电，备用母线

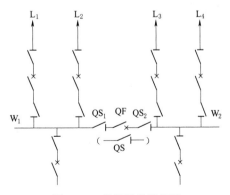

图 6-3　单母线分段接线

QS—分段隔离开关，QF—分段断路器

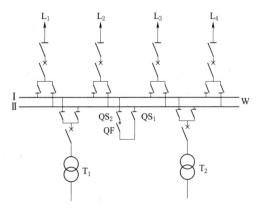

图 6-4 双母线接线
QF—母线联络断路器

不带电，所有电源和出线回路都连接到工作母线上（工作母线隔离开关在合上位置，备用母线隔离开关在断开位置），母联断路器亦断开，这是一种运行方式。此时相当于单母线运行。工作母线发生故障将导致全部回路停电，但可在短时间内将所有电源和负荷均转移到备用母线上，迅速恢复供电。

2）正常运行时，为了提高供电可靠性，也常采用另外一种运行方式，即工作母线和备用母线各自带一部分电源和负荷，母联断路器合上，这种运行方式相当于单母线分段运行。

若某一组母线故障，担任分段的母联断路器跳开，接于另一组母线的回路不受影响。同时，接于故障母线的回路经过短时停电后也能迅速转移到完好母线上恢复供电。

3）检修任一组母线都不必停止对用户供电。如欲检修工作母线，可经"倒闸操作"将全部电源和线路在不停电的前提下转移到备用母线上继续供电。这种"倒闸操作"应遵循严格的顺序，步骤如下：①合上母联断路器两侧的隔离开关；②合上母联断路器给备用母线充电；③此时两组母线已处于等电位状态。根据"先通后断"的操作顺序，逐条线路进行倒闸操作：先合上备用母线隔离开关，再断开其工作母线隔离开关；直到所有线路均已倒换到备用母线上；④最后断开母联断路器，拉开其两侧隔离开关；⑤工作母线已被停电并隔离，验明无电后，随即用接地闸刀接地，即可进行检修。

4）检修任一台出线断路器可用临时"跨条"连接，该回路仅需短时停电，其操作步骤为（图6-5）：①设原先以单母线分段方式运行，被检修断路器 QF_1 工作于 I 段母线上。先将 I 段母线上其他回路在不停电情况下转移到 II 段母线上；②断开母联断路器 QF，并将其保护定值改为与 QF_1 一致。断开 QF_1，拉开其两侧的隔离开关，将 QF_1 退出，并用临时"跨条"连通留下的缺口，然后再合上隔离开关 QS_2 和 QS_3，（这段时间即为该线路的停电时间，很短）；③最后合上母联断路器 QF，线路 L_2 重新送电。此时由母联断路器 QF 代替了线路 L_2 的断路器 QF_1。电流路径见图中虚线所示。

5）检修任一进出线的母线隔离开关时，只需断开该回路及与此隔离开关相连

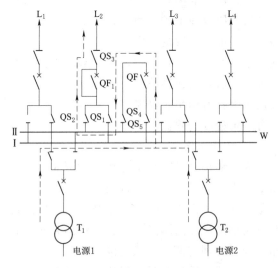

图 6-5 检修断路器时采用临时"跨条"
（注意一些隔离开关在断开位置）

的一组母线，所有其余回路均可不停电地转移到另一组母线上继续运行。

（2）双母线接线的优缺点。

1）双母线接线与单母线相比，停电的机会减少了，必须的停电时间缩短了，运行的可靠性和灵活性有了显著的提高。另外，双母线接线在扩建时也比较方便，施工时可不必停电。

2）双母线接线的缺点是使用设备较多，投资较大，配电装置较为复杂。同时，在运行中需将隔离开关作为操作电器。如未严格按规定顺序操作，会造成严重事故。

4. 双母线分段接线

双母线分段接线如图6-6所示。

这种接线将双母线接线的工作母线分为两段，可看作是单母线分段和双母线相结合的一种形式，它增加了一台分段断路器和一台母联断路器。图中分段断路器与电抗器 L 相串联，并可通过隔离开关连接到Ⅰ、Ⅱ、Ⅲ段母线的任意两段之间（也有采用图中虚线的接法），是为了限制短路电流，仅在 6～10kV 发电机电压汇流母线中采用。双母线分段接线具有单母线分段和双母线两者的特点，任何一段母线故障或检修时仍可保持双母线并列运行，有较高的可靠性和灵活性。

5. 3/2 断路器双母线接线

3/2 断路器双母线接线简称为 3/2 断路器接线，如图 6-7 所示。每两回进、出线占用 3 台断路器构成一串；接在二组母线之间，因而称为 3/2 断路器接线，也称一台半断路器接线。

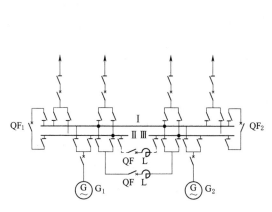

图 6-6　双母线分段接线

QF₁、QF₂—母联断路器；QF—分段断路器；
L—分段电抗器（仅用于 6～10kV 母线）

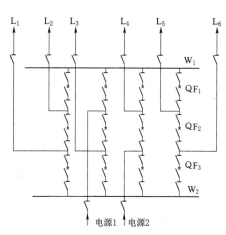

图 6-7　3/2 断路器双母线接线

3/2 断路器双母线接线的特点：

（1）可靠性高。任何一个元件（一回出线、一台主变）故障均不影响其他元件的运行，母线故障时与其相连的断路器都会跳开，但各回路供电均不受影响。当每一串中均有一电源一负荷时，即使两组母线同时故障都影响不大（每串中的电源和负荷功率相近时）。

（2）调度灵活。正常运行时两组母线和全部断路器都投入工作，形成多环状供电，调度方便灵活。

（3）操作方便。只需操作断路器，而不必用隔离开关进行倒闸操作，使误操作事故大为减少。隔离开关仅供检修时用。

（4）检修方便。检修任一台断路器只需断开该断路器自身，然后拉开两侧的隔离开关即可检修。检修母线时也不需切换回路，都不影响各回路的供电。

（5）占用断路器较多，投资较大，同时使继电保护也比较复杂。

（6）接线至少配成3串才能形成多环供电。配串时应使同一用户的双回线路布置在不同的串中，电源进线也应分布在不同的串中。在发电厂只有二串和变电所只有二台主变的情况下，有时可采用交叉布置（如图6-7中电源1靠近母线 W_1，而电源2靠近母线 W_2）。但交叉布置使配电装置复杂。

6. 变压器—母线接线

变压器—母线接线，如图6-8所示。

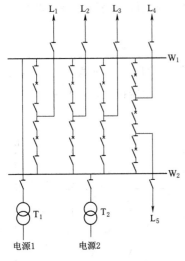

图6-8 变压器—母线接线

变压器母线接线有以下特点：

（1）由于超高压系统的主变压器均采用质量可靠、故障率甚低的产品，故可直接将主变压器经隔离开关接到两组母线上，省去断路器以节约投资。万一主变（如 T_1）故障时，即相当母线 W_1 故障，所有靠近 W_1 的断路器均跳开，但并不影响各出线的供电。主变用隔离开关断开后，母线即可恢复运行。

（2）当出线数为5回及以下时，各出线均可经双断路器分别接至两组母线，可靠性很高（图6-8中 L_1、L_2、L_3）；当出线数为6回及以上时，部分出线可采用3/2断路器接线形式（图6-8中 L_4、L_5），可靠性也很高。

7. 单元及扩大单元接线

（1）单元接线的特点。单元接线就是将发电机与变压器或者发电机—变压器—线路都直接串联起来，中间没有横向联络母线的接线。这种接线大大减少了电器的数量，简化了配电装置的结构，降低了工程投资。同时也减少了故障的可能性，降低了短路电流值。当某一元件故障或检修时，该单元全停。

（2）单元接线的几种接线形式。

1）发电机—双绕组变压器单元接线 ［图6-9（a）］。一般200MW及以上大机组都采用这种形式接线，发电机出口不装断路器，因为制造这样大的断路器很困难，价格十分昂贵。为避免大型发电机出口短路这种严重故障，常采用安全可靠的分相式全封闭母线来连接发电机和变压器，甚至连隔离开关也不装（但设有可拆连接点以方便试验）。

火电厂100MW及125MW发电机组以及25～50MW中、小水电机组也常采用发电机—双绕组变压器单元接线。

2) 发电机—三绕组变压器单元接线［图 6 - 9 (b)］。一般中等容量的发电机需升高两级电压向系统送电时，多采用发电机—三绕组变压器（或三绕组自耦变压器）单元接线。这时三侧都要装断路器和隔离开关，以便某一侧停运时另外两侧仍可继续运行。

3) 扩大单元接线［图 6 - 9 (c)］。为减少主变压器的台数（还有相应的断路器数和占地面积等），可将两台发电机与一台大型主变相连，构成扩大单元接线。也有的电厂将两台 200MW 发电机经一台低压侧分裂绕组变压器升高至 500kV 向系统送电。

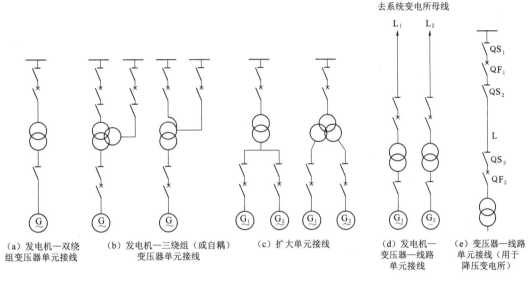

图 6 - 9　单元及扩大单元接线

4) 发电机—变压器—线路单元接线［图 6 - 9 (d)］。这种接线使发电厂内不必设置复杂的高压配电装置，使其占地大为减少，也简化了电厂的运行管理。它适于无发电机电压负荷且发电厂离系统变电所距离较近的情况。

5) 变压器—线路单元接线［图 6 - 9 (e)］。对于小容量的终端变电所或农村变电所，可以采用这种接线形式。有时图中变压器高压侧的断路器也可省去，当变压器故障时，由线路始端的断路器跳闸。若线路始端继电保护灵敏度不足时，可采取在变压器高压侧设置接地开关等专门措施。

8. 桥形接线

当只有两台变压器和两条线路时，常采用桥形接线。桥形接线分为内桥和外桥两种形式，如图 6 - 10 所示。

(1) 内桥接线。内桥接线如图 6 - 10 (a) 所示。相当两个"变压器—线路"单元接线增加一个"桥"相连，"桥"上布置一台桥断路器 QF₃，及其两侧的隔离开关。这种接线 4 条回路只用 3 台断路器，是最简单经济的接线形式。所谓"内桥"是因为"桥"设在靠近变压器一侧，另外两台断路器则接在线路上，当输电线路较长，故障机会较多，而变压器又不需经常切换时，采用内桥接线比较方便灵活。正常运行时桥断路器 QF₅ 应处于闭合状态。当需检修桥断路器 QF₅ 时，为不使系统开环运行，可增设"外跨条"（图中虚线所示），在检修期间靠跨条维持两台主变并列运行。跨条上串接两组隔离开关，是为了

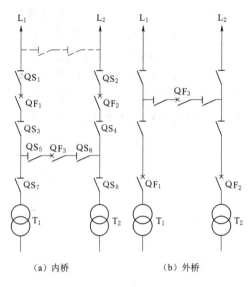

（a）内桥　　　　　　（b）外桥

图 6-10　桥形接线

在检修跨条隔离开关时不必为了安全而全部停电。

（2）外桥接线。外桥接线如图 6-10（b）所示。"桥"布置在靠近线路一侧。若线路较短，且变压器又因经济运行的要求在负荷小时需使一台主变退出运行，则采用外桥接线比较方便。此外，当系统在本站高压侧有"穿越功率"时，也应采用外桥接线。

（3）桥形接线的优缺点。桥形接线的优点是高压电器少，布置简单，造价低，经适当布置可较容易地过渡成单母分段或双母线接线。其缺点是可靠性不是太高，切换操作比较麻烦。

桥形接线多用于容量较小的发电厂或变电所中，或作为发电厂、变电所建设初期的一种过渡性接线。

9. 角形接线

将几台断路器连接成环状，在每两台断路器的连接点处引出一回进线或出线，并在每个连接点的三侧各设置一台隔离开关，即构成角形接线，如三角形接线、四角形接线、五角形接线等，如图 6-11 所示。

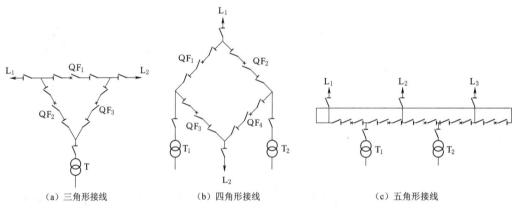

（a）三角形接线　　　　　（b）四角形接线　　　　　（c）五角形接线

图 6-11　角形接线

（1）角形接线的优点。

1）使用断路器的数目少，所用的断路器数等于进、出线回路数，比单母分段和双母线都少用一台断路器，经济性较好。

2）每一回路都可经由两台断路器从两个方向获得供电通路。任一台断路器检修时都不会中断供电。如将电源回路和负荷回路交错布置，将会提高供电可靠性和运行的灵活性。

212

3）隔离开关只用于检修，不作为操作电器，误操作可能性小，也有利于自动化控制。

（2）角形接线的缺点。

1）开环运行与闭环运行时工作电流相差很大，且每一回路连接两台断路器，每一断路器又连着两个回路，使继电保护整定和控制都比较复杂。

2）在开环运行时，若某一线路或断路器故障，将造成供电紊乱，使相邻的完好元件不能发挥作用被迫停运，降低了可靠性。

3）角形接线建成后扩建比较困难。

6.1.1.3 抽水蓄能电站主接线实例

1. 抽水蓄能电站主接线实例1

该抽水蓄能电站发电机采用单元接线，高压侧采用扩大桥型接线，如图 6-12 所示。

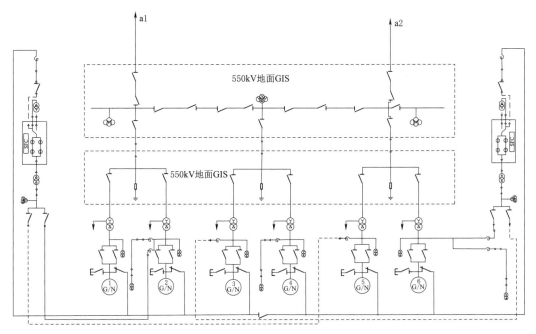

图 6-12 抽水蓄能电站主接线图 1

2. 抽水蓄能电站主接线实例2

该抽水蓄能电站发电机采用单元接线，高压侧为双母线接线，如图 6-13 所示。

3. 抽水蓄能电站主接线实例3

该抽水蓄能电站发电机采用单元接线，高压侧采用3/2接线，如图 6-14 所示。

6.1.2 抽水蓄能电站电气设备

6.1.2.1 主要电气设备

在发电厂和变电所中，根据电能生产、转换和分配等各环节的需要，配置了各种电气设备。根据它们在运行中所起的作用不同，通常将它们分为电气一次设备和电气二次设备。

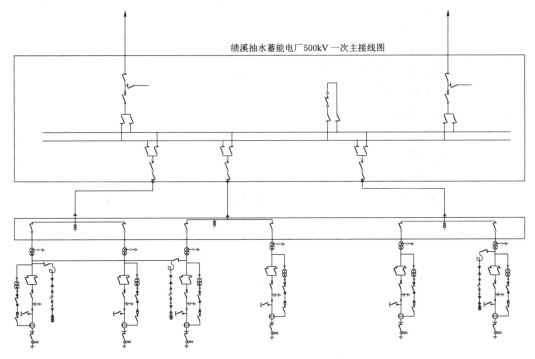

图 6-13　抽水蓄能电厂主接线图 2

1. 电气一次设备及其作用

直接参与生产、变换、传输、分配和消耗电能的设备称为电气一次设备，主要有：

（1）进行电能生产和变换的设备，如发电机、电动机、变压器等。

（2）接通、断开电路的开关电器，如断路器、隔离开关、自动空气开关、接触器、熔断器等。

（3）限制过电流或过电压的设备，如限流电抗器、避雷器等。

（4）将电路中的电压和电流降低，供测量仪表和继电保护装置使用的变换设备，如电压互感器、电流互感器。

（5）载流导体及其绝缘设备，如母线、电力电缆、绝缘子、穿墙套管等。

（6）为电气设备正常运行及人员、设备安全而采取的相应措施，如接地装置等。

2. 电气二次设备及其作用

为了保证电气一次设备的正常运行，对其运行状态进行测量、监视、控制、调节、保护等的设备称为电气二次设备，主要有：

（1）各种测量表计，如电流表、电压表、有功功率表、无功功率表、功率因数表等。

（2）各种继电保护及自动装置。

（3）直流电源设备，如蓄电池、浮充电装置等。

6.1.2.2　SF_6 高压断路器

由于 SF_6 气体的电气绝缘性能好，因此 SF_6 断路器的断口可承受更高电压，灭弧能力更强，触头从分离位置到熄弧位置的行程很短，且检修周期长。对于 110kV 及以上的

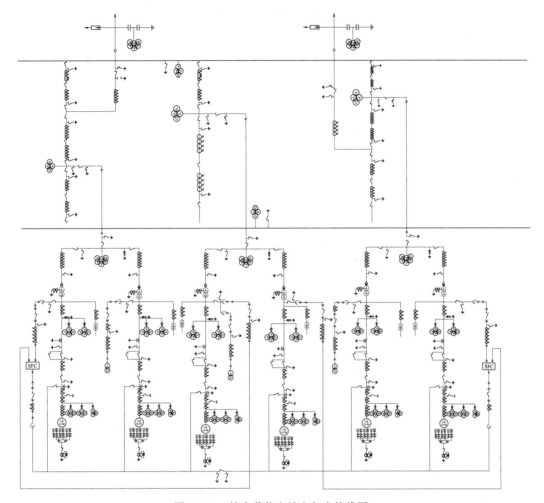

图 6-14 抽水蓄能电站电气主接线图 3

少油断路器，一个灭弧单元一般为两个断口，而 SF$_6$ 断路器仅一个断口。220kV 单断口 SF$_6$ 断路器已得到应用。

SF$_6$ 断路器产品外形及型号有多种。例如 LW 型断路器，既有瓷柱式，又有罐式。有直接购入的国外设备，也有引进技术生产的设备。其型号含义与我国基本相同。

断路器的主要参数有：

（1）额定电压 U_N。国产断路器的额定电压等级有：3kV、6kV、10kV、20kV、35kV、110kV、220kV、330kV、500kV 等。由于在同一电压等级下输电线路的始端电压与末端电压不同，又规定了断路器的最高工作电压，其值为额定电压的 1.15 倍，断路器可在此电压下长期正常地工作。

（2）额定电流 I_N。断路器的额定电流是指在规定环境温度下，导体不会超过长期发热允许温度的最大持续电流。常见的额定电流标准有：200A、400A、600A、1000A、1200A、1500A、2000A、3000A、5000A、6000A、8000A 等。

（3）额定开断电流 I_{br}。断路器在额定电压下能可靠断开的最大电流（即触头刚分瞬

215

间通过断路器的电流有效值），该参数表明了断路器的开断（灭弧）能力，是断路器最重要的性能参数。

（4）额定断流容量 S_K。$S_K = \sqrt{3} I_{br} U_N$，实际上仅是对 I_{br} 的另一种表达，现在已不采用。

（5）动稳定电流 i_{max}。其又称为极限通过电流，是断路器允许通过（不会因电动力而损坏）的短路电流的最大瞬时值。是反映断路器机械强度的一项指标。

（6）热稳定电流 I_t。在规定的时间内（一般为 4s），断路器通过此电流（以有效值表示）时引起的温度升高不会超过短时发热的允许值。热稳定电流是反映断路器承受短路电流热效应能力的参数。

（7）全分闸时间 t_{br}。断路器从接到分闸命令起到触头分开、三相电弧完全熄灭为止的时间称为全分闸时间，是反映断路器开断速度的参数。全分闸时间包含固有分闸时间和灭弧时间两段。从接到命令到触头刚分瞬间，称固有分闸时间。

6.1.2.3 隔离开关

隔离开关（俗称刀闸）没有灭弧装置。它既不能断开正常负荷电流，更不能断开短路电流，否则即发生"带负荷拉刀闸"的严重事故。此时产生的电弧不能熄灭，甚至造成飞弧（相间或相对地经电弧短路），会损坏设备并严重危及人身安全。

1. 隔离开关用途

隔离开关的用途有以下方面：

（1）隔离电压。在检修电气设备时，将隔离开关打开，形成明显可见的断点，使带电部分与被检修的部分隔开，以确保检修安全。

（2）可接通或断开很小的电流。如电压互感器回路，励磁电流不超过 2A 的空载变压器回路及电容电流不超过 5A 的空载线路等。

（3）可与断路器配合或单独完成倒闸操作。

2. 隔离开关结构和工作原理

隔离开关种类很多。按安装地点可分为户内式和户外式两种；按极数可分为单极和三极两种；按支持瓷柱数目可分为单柱式、双柱式和三柱式；按闸刀运动方向可分为水平旋转式、垂直旋转式、摆动和插入式等。另外，为了检修设备时便于接地，35kV 及以上电压等级的户外式隔离开关还可根据要求配置接地刀闸。

隔离开关的技术数据有额定电压、额定电流、动稳定电流和热稳定电流（及相应时间）。隔离开关没有灭弧装置，故没有开断电流数据。

6.1.2.4 电流互感器

互感器分为电流互感器和电压互感器，它们既是电力系统中一次系统与二次系统间的联络元件，同时也是隔离元件。它们将一次系统的高电压、大电流，转变为低电压、小电流，供测量、监视、控制及继电保护使用。

1. 互感器的具体作用

（1）将一次系统各级电压均变成 100V（或对地 $100V/\sqrt{3}$）以下的低电压，将一次系统各回路电流均变成 5A（或 1A、0.5A）以下的小电流，以便于测量仪表及继电器的小型化、系列化、标准化。

（2）将一次系统与二次系统在电气方面隔离，同时互感器二次侧必须可靠接地，从而保证了二次设备及人员的安全。

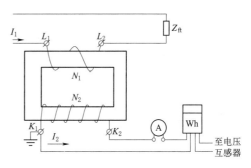

图 6 - 15　电流互感器原理接线图

电力系统中常采用电磁式电流互感器（电气符号为 TA）。其原理接线图如图 6 - 15 所示，它包括一次绕组 N_1，二次绕组 N_2 以及铁芯。

2. 电流互感器的特点

（1）一次绕组线径较粗而匝数 N_1 很少；二次绕组线径较细而匝数 N_2 较多。

（2）一次绕组 N_1 串联接入一次电路，通过一次绕组 N_1 的电流 I_1 只取决于一次回路负载的多少与性质，而与二次侧负载无关；而其二次电流 I_2 在理想情况下仅取决于一次电流 I_1。

（3）电流互感器的额定电流比（一、二次额定电流之比）近似等于二次与一次匝数之比，即

$$K_L = \frac{I_{1N}}{I_{2N}} \approx \frac{N_2}{N_1} \tag{6-1}$$

为便于生产，电流互感器的一次额定电流已标准化，二次侧额定电流也规定为 5A（1A 或 0.5A），因此电流互感器的额定电流比也已标准化。

（4）电流互感器二次绕组所接仪表和继电器的电流线圈阻抗都很小，均为串联关系，正常工作时，电流互感器二次侧接近于短路状态。

6.1.2.5　电压互感器

电压互感器（电气符号为 TV）是将高电压变成低电压的设备，分为电磁式电压互感器和电容分压式电压互感器两种。

1. 电磁式电压互感器工作原理

（1）电压互感器特点。电磁式电压互感器原理与变压器相同，其接线如图 6 - 16 所示。

由图中可以看出其特点有：

1）电磁式电压互感器就是一台小容量的降压变压器。一次绕组匝数 N_1 很大，而二次绕组匝数 N_2 较小。

2）一次绕组并接于一次系统，二次侧各仪表亦为并联关系。

3）二次绕组所接负荷均为高阻抗的电压表及电压继电器，故正常运行时二次绕组接近于空载状态（开路）。

（2）电压互感器的准确级和额定容量。电压互感器一、二次额定电压之比，称为额定电压比，即

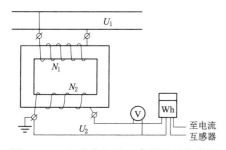

图 6 - 16　电磁式电压互感器原理接线图

217

$$K_u = \frac{U_{1N}}{U_{2N}} \qquad (6-2)$$

在理想情况下，$K_u U_2 = U_1$。而实际上两者并不相等，既有数值上的误差，也有相位上的误差。

二次侧电压U_2折算至一次侧的值$K_u U_2$与U_1存在着数值差，称为电压误差。电压误差通常用百分数表示，即

$$f_u = \frac{K_u U_2 - U_1}{U_1} \times 100\% \qquad (6-3)$$

此外，电压$\dot{U}_1$与旋转180°的二次折算电压$K_u \dot{U}_2$之间有一个小夹角，为其角误差，并且规定$-K_u \dot{U}_2$超前$\dot{U}_1$时角误差为正，反之为负。

2. 电容分压式电压互感器

电磁式电压互感器电压等级越高对绝缘要求也越高，体积越庞大，给布置和运行带来不便。

图6-17为电容分压式电压互感器原理接线图。若忽略流经小型电磁式电压互感器一次绕组的电流，则U_1经电容C_1、C_2分压后得到的U_2为

$$U_2 = \frac{C_1}{C_1 + C_2} U_1 \qquad (6-4)$$

但这仅是理想状况，当电磁式电压互感器一次绕组有电流时U_2会比上述值小，故在该回路中又加了补偿电抗器，尽量减小误差。阻尼电阻r_d是为了防止铁磁谐振引起的过电压。放电间隙是防止过电压对一次绕组及补偿电抗器绝缘的威胁。闸刀开关闭合或打开仅仅影响通信设备的工作（K合上通信不能工作），不影响互感器本身的运行。

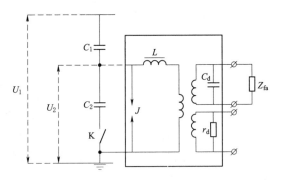

图6-17 电容分压式电压互感器原理接线
C_1、C_2—分压电容；K—闸刀开关；J—放电间隙；
L—补偿电抗；r_d—阻尼电阻；C_d—补偿电容

6.1.2.6 GIS

抽水蓄能电能电站升压站通常由地下气体绝缘金属封闭开关设备（gas insulated switchgear，GIS）、高压电缆、地面GIS、出线场设备等组成。

SF_6气体绝缘金属封闭开关设备由若干相互直接连接在一起的单独元件构成。它利用SF_6优异的绝缘性能和灭弧性能并将其作为绝缘和灭弧介质，将多种电器或附件由金属外壳封闭并组合为整体，具有结构紧凑，保护等级高，易于操作等优点。

GIS由多个隔室（如断路器隔室、母线隔室等）组成，每一隔室除了相互连接和控制需要的通道外，完全被封闭，相邻隔室之间由绝缘隔板（盆式绝缘子）分隔，这样便于安装和维护。

GIS主回路是指用来传输电能的所有导电部分，由电气元件如断路器、隔离开关、接地开关、避雷器、互感器、套管、母线等组成。辅助回路指控制、测量、信号及调节回路

中所有的导电部分。主回路大部分电气元件由内充 SF_6 气体的铝合金金属外壳封闭，为确保运行或维护人员工作或巡检安全，要求 GIS 外壳接地且外壳感应电压小于 36V。由于抽水蓄能电站主机设备一般布置在地下厂房，因此 GIS 也通常由干式电缆将地面 GIS 和地下 GIS 连接起来。

地下 GIS 的每套母线两端通常各接一台主变压器；母线中部布置避雷器（母线下方）和 500kV 电缆头（母线上方），每根水平母线设两只伸缩节（垂直母线各设一只）以弥补由温度变化引起的长度变化和施工误差。GIS 与主变之间设有连接元件，它的作用是：①移动变压器无须拆除 GIS；②拆除连接元件中的连接棒后可分别对 GIS 和主变压器进行试验。GIS 与 500kV 电缆终端之间也设有连接元件和可拆连接棒，拆除连接棒后即可对 GIS 和电缆分别进行试验或分别进行检修。

主变压器和 GIS 管道母线间设有振动伸缩节，防止将变压器的振动传到 GIS 上。GIS 管道母线外壳与变压器及与电缆外皮间设有绝缘板。绝缘板两侧设有 ZnO 避雷器，其作用是一方面防止 GIS 上的感应电流和热流传到主变压器、电缆上；另一方面又防止其自身由于各种原因而产生的外壳过电压传到主变压器和电缆上，进而影响它们。地面 GIS 为户内式，一般根据开关布置间隔，每个间隔设有一面现地控制柜，其伸缩节布置同地下部分。地面开关室内应设有装配场，其余三侧设有维护通道，其宽度应可通过维护手推车，有一侧通道还考虑检修断路器时抽灭弧室所需空间。GIS 室下方一般设有地下室，用于高压电缆的弯曲及预留部分放置。

6.2 监 控 系 统

6.2.1 监控系统任务和作用

6.2.1.1 监控对象和内容

抽水蓄能电站监控系统的监控对象包括的有：①发电设备，主要有主机、辅机、变压器等（具体有进水口闸门、水轮机及其辅助设备、发电机及其辅助设备、发电机出口断路器、主变压器设备等）；②开关站，主要有母线、断路器及隔离开关等（各线路断路器、隔离开关、接地开关、母线断路器等）；③公用设备，主要有厂用电系统、UPS 电源系统、厂用直流电系统、厂区及厂内排水系统、高低压气机系统、火灾报警消防系统和全厂通风及空调系统等；④闸门设备，主要有主阀和泄洪闸门等。监控系统在电站生产过程中采集发电信息，实现对电站总有功功率和无功功率设定值控制、实时自动发电控制（AGC）和自动电压控制（AVC）、高压设备（如 500kV 开关）和电站实时运行工况监视等功能，从而达到对生产过程的控制。

6.2.1.2 任务和作用

抽水蓄能电站监控系统是面向生产过程，对生产过程实施自动控制、监视、保护和数据采集等的控制系统。监控系统站中控层的操作员工作站主要是面向运行操作人员。操作人员通过显示画面对生产过程进行控制和监视，并处理生产过程中的各种数据等。抽水蓄能电站监控系统维护工具（COMPOSER）面向系统维护专业人员对各站和 PCU 监视和组态。总调通信链路（控制链路和操作链路）将电厂遥测、遥控信号送给调度监视，同时也将电厂非实时报表送给调度，链路同时也接收调度传过来的遥控和遥调命令。

6.2.2 监控系统结构和配置

6.2.2.1 结构类型

抽水蓄能电站监控系统的典型结构不外乎两种类型，一种是全分布结构的系统，如图6-18所示。另一种是分层分布结构的系统，如图6-19所示。

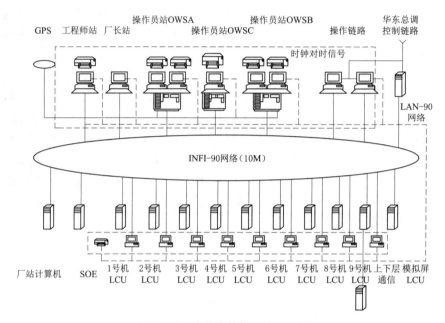

图6-18 全分布结构系统配置图

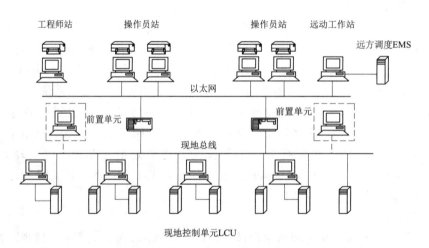

图6-19 分层分布式系统结构配置图

对全分布式结构的系统，全站所有的监控单元都连接在同一条网络上，直接分享网络

220

上的实时信息。

对分层分布式结构的系统，现地控制单元和抽水蓄能电站的集中操作监视系统（站控层操作员站）间用前置单元耦合。根据各个监控系统的应用，前置单元可作为站控层与现地控制单元间信号交换的网桥，或仅仅是操作员站的数据采集前置处理单元。

6.2.2.2 现地控制单元的控制器

现地控制单元由机组现地控制单元（1LCU～6LCU）、地下厂房公用现地控制单元（8LCU）、高压开关（如500kV开关）现地控制单元（9LCU）、地面厂房公用现地控制单元（10LCU）、上库现地控制单元（11LCU）等组成。现地控制单元采用冗余、分布处理。

机组现地控制单元（1LCU～6LCU）按功能要求一般配置6对多功能处理器（MFP），各MFP中的功能相对独立。同时，继电保护、调速器、励磁、变频器以及其他辅助设备都有独立的控制系统，这样可以做到将某一部分故障对整个控制操作的影响降至最小。

地下厂房公用现地控制单元（8LCU）的多功能处理器和电源配置也与机组控制单元相同。通常8LCU除了与变频启动装置有关的I/O采用冗余配置，其他部分均为非冗余I/O。为了提高整个电站的可用率，保证在8LCU退出运行后电站能安全运行，应另配独立于INF-NET的系统（如8AGU），直接采集重要的辅助设备报警信息，成组后直接送到中控室模拟屏显示。

高压一次设备现地控制单元（9LCU）和机组现地控制单元相似，仅是模块数量有所不同。

地面厂房公用现地控制单元（10LCU）的多功能处理器和电源采用与机组现地控制单元相同的配置，但10LCU的I/O一般都为非冗余配置，与8LCU一样一般也需配备用于独立报警显示的系统（如10AGU）。

上库现地控制单元（11LCU）的多功能处理器和电源一般采用与机组现地控制单元相同的配置，11LCU的I/O通常为非冗余配置，配备常规报警设备，用于独立报警显示。

6.2.2.3 软件

抽水蓄能电站监控系统的站控层（即上位机）通常采用无主机的分布式计算机控制系统。该系统主要由两种类型的单元组成：一类是由多功能处理器（MFP）构成的控制单元；另一类是由微机组成的工作站、计算机监控维护工具、与总调通信链路（控制链路和操作链路）及报表工作站组成。

该网是以同轴电缆、光缆作为传输媒介的高速通信网，其数据传送方式为无主站单方向串行数据通信，网络结构采用冗余结构，通信波特率为10MHz。该网采用数据压缩、例外报告打包（exception report）和多地址传送等技术，提高了数据处理效率和吞吐量，通过肯定应答和循环冗余检查等多次自检功能来保证数据的完整、准确，此时冗余网络切换不影响系统功能。同时，所有的工作站还与抽水蓄能电站管理网络LAN-90（局域网）相连进行批信息交换。

6.2.2.4 监控系统站控层和LCU层功能

抽水蓄能电站控制层主要由操作员工作站、工程师工作站和抽水蓄能电站成组控制器组成，另外还配有模拟屏接口单元、上库通信接口单元和卫星时钟。其中操作员工作站的作用是：实现运行人员对全厂生产过程的监视和控制，对运行中的事件和报警进行管理，并对有关数据进行趋势跟踪显示和存档，此外还具备对网络（如INFI-90）系统进行状态诊断、控制过程组态和设定以及数据库管理的功能；工程师工作站的作用是实现维护工程师对监控系统进行组态、维护及故障诊断。

LCU层接受电站计算机监控系统或操作员的指令，实现对机组过程的控制和数据的采集。机组现地控制单元（1LCU～6LCU）接受电站计算机监控系统或操作员的指令，可实现对机组过程的控制和数据的采集。地下厂房公用现地控制单元（8LCU）主要用于SFC控制和监视、启动母线监视和控制、厂用电系统控制和监视、地下厂房厂用电监视、直流系统监视、高压空压机系统监视；高压一次设备现地控制单元（9LCU）除了开关、断路器和接地开关操作、记忆相应的闭锁逻辑控制外，主要是对高压一次设备的状态和有关报警进行显示；地面厂房公用现地控制单元（10LCU）的主要用于：下库闸门控制和水位测量、地面厂用电系统控制和监视、地面直流系统监视、通信设备监视、火灾报警系统监视、主UPS/模拟盘/电梯和柴油发电机等设备监视；上库现地控制单元（11LCU）的主要用于光纤链路和无线电链路的接口、上库闸门控制和水位测量、上库厂用电监视、上库直流系统监视、通信设备监视。

6.2.2.5 性能指标

1. 实时性

（1）状态和报警点采集周期不大于1s。

（2）电量模拟点采集周期不大于1s。

（3）非电量模拟点采集周期不大于1s。

（4）事件顺序记录点（SOE）分辨率不大于1ms。

2. 响应速度

（1）LCU接受控制指令到开始执行的时间不大于1s。

（2）调用新画面的响应时间不大于2s（90％画面）。

（3）在已显示画面上实时数据刷新时间不大于1s（从数据库刷新后算起）。

（4）操作员执行命令发出到控制单元回答显示的时间不大于3s。

（5）报警或事件产生到画面字符显示和发出音响的时间不大于2s。

3. 可靠性及可维修性

（1）主控计算机（含磁盘）MTBF不小于20000h。

（2）LCU装置MTBF不小于50000h。

（3）平均修复时间MTTR不大于0.5h（不包括管理辅助时间和运送时间）。

6.3 电气设备故障诊断

抽水蓄能电站电气设备故障诊断是一种在电气设备不拆卸、不强制停止其运行状态下，通过对电气设备在线监测，采集设备运行中的状态参数，分析设备所处的运行状态以及设备产生故障的原因，判断故障类型和故障部位。并且可以预测设备故障趋势的技术。

抽水蓄能电站一般采用可逆式水泵水轮机,针对抽水蓄能电站的特点设计出的水泵水轮机组状态监测与故障诊断系统,用于机组稳定性状态监测及跟踪分析。抽水蓄能电站使用的水泵水轮机组状态监测与故障诊断系统包括状态监测、信号分析、故障诊断 3 个主要功能模块以及其他辅助模块。

6.3.1 电气设备故障分析技术

6.3.1.1 振动理论

抽水蓄能电站设备诊断的类型分为简易诊断技术和精密诊断技术。简易诊断技术一般用于设备状态的振动监测,精密诊断技术一般用于设备故障的振动诊断。当设备产生故障时,设备会产生异常的振动,我们应用精密诊断技术通过对异常振动型号的分析,根据各种故障的振动特征,识别故障和确定设备(或电机)的故障,确定故障的性质、类别、程序、发生的部位和产生的原因,为设备的维修提供依据。

在抽水蓄能电站水泵水轮机组状态监测与故障诊断系统信号分析模块中,把信号分析分为 5 个部分——转子轴承系统分析、过流部件振动分析、电机气隙和定子振动分析、机架和结构振动分析、推力轴承系统分析。工程技术人员利用该模块对机组检测到的振动信号进行全面深入分析,以掌握影响机组运行稳定性的关键因素,揭示机组振动的本质原因。

6.3.1.2 噪声控制技术

噪声是由一系列不同频率和强度的声波无规律地组合形成,它的时域信号杂乱无章,频域信号包含了一定的连续宽带频谱。机械噪声是由于机械设备运转时部件间的摩擦力、撞击力或非平衡力,使机械部件和壳体产生振动而辐射噪声。噪声已经和水污染、空气污染、垃圾并列成为现代城市的四大公害。噪声控制技术包括降低噪声源、控制噪声的传播途径和个人防护几个方面,对它们既要分别研究又要作为一个系统综合考虑。在噪声传播途径上采用吸声、隔声、消声等技术,是工程上常用的依据声学和振动原理来控制噪声的措施。

抽水蓄能机组与常规水轮发电机组相同,抽水蓄能机组也存在机械、电磁和流体振动以及噪声等问题,不同的是,抽水蓄能电站具有发电、抽水两种运行工况,且具有机组水头高、容量大、转速快、工况转换频繁、运行区域跨度大、水力动态特性复杂等特点,致使蓄能电站的机组和厂房振动不稳定、噪声较大等现象比较突出。抽水蓄能电站厂房内噪声产生主要是由水力因素引起的,是厂房噪声产生的主要来源。另外,抽水蓄能电站通风系统、空压机系统、技术供排水系统等运行中产生的噪声,也是厂房噪声的来源之一。抽水蓄能电站厂房内噪声现象是普遍存在的,利用噪声控制技术降低厂房内噪声,是电站亟须解决的问题。工作人员长期在高强度噪声的环境下工作,会产生身体的不适,影响身体健康,进而对正常的工作和生活产生不良影响。

6.3.1.3 电气绝缘测试技术

高电压或高场强电工、电子产品,在研究、设计、制造和运行中,都要进行一系列绝缘性能试验。在绝缘系统设计中,对绝缘结构的设计、参数的选定是否合理,要进行产品模拟试验;在产品制造中,对原料、半成品、成品是否合格,要进行例行试验;在新产品试制或原材料、工艺有重大改变时，要进行型式试验（比例行试验项目更全、条件更严）；产品出厂安装好后，要做验收试验；产品在运行中，要做预防性试验或状态试验。此外，在电介质的理论研究中，各特性参数的机理、各种相关的规律，也都要靠电介质绝缘性能测试来验证。

无论是抽水蓄能电站或者其他发电站设计、运行、维修等都与绝缘测试技术分不开。例如，我国惠州抽水蓄能电站定子拉紧螺杆因其设计结构原因会导致绝缘降低，根本原因是拉紧螺杆绝缘套管上端面平台上堆积金属粉尘引起短路电流，我们通过电气绝缘技术计算其短路电流，结果显示即便发生短路故障也并不会引发严重事故。但定子拉紧螺杆绝缘降低由于结构原因无法从根本上得以解决，还需通过长期的观察和检验。这一结果让我国其他抽水蓄能电站在未来的建设中采用定子拉紧螺杆整体套管绝缘，从设计结构上根本解决定子拉紧螺杆绝缘降低的问题，保证机组可靠运行，积累了经验。

6.3.1.4 温度监测技术

随着社会用电量的增加，抽水蓄能电站承载着越来越重的负荷调配任务，电厂中各类电气设备的负载也随之日益增加。随着负荷增加，温升、膨胀、收缩甚至氧化等不良变化都可能会影响机组日常运行的稳定性。因此，温度逐渐成为影响机组稳定运行的重要一环，可靠的温度监测系统在电厂稳定运行中充当着颇为重要的角色，实现温度实时准确地在线监测成为保证设备安全运行的重要手段。通过准确的温度显示，可实时获知设备运行温度状态有无异常；全面的数据记录，为设备运行状态分析提供了全面的数据依托；严格的报警控制，最大限度地实现了设备故障预控。进而为设备有效的状态检修提供依据，提高了机组运行的安全性、稳定性与可靠性。

抽水蓄能电站机组温度保护主要是由自动化元件和可编程控制器 PLC 组成。按照被保护设备类型，可将其分为两大部分，即为发电机监测部分和水轮机监测部分。按照安装位置进而细分：发电机部分，自上而下可分为上导、风洞、下导和推力四部分；水轮机及其辅助设备，自上而下，由内至外可分为主轴密封、水轮机导轴承和水泵水轮机转轮三部分。

温度传感器是抽水蓄能电站温度监测中的重要元件，也称为电阻温度探测器（RTD），是把温度变化转换为电阻值变化的一次元件，实际上是一根特殊的导线，它的电阻随温度变化而变化，通常 RTD 材料包括铜、铂、镍及镍/铁合金。目前 RTD 的引线接法主要有二线制、三线制、四线制三种方式。在选择接线方式时除了需要考虑温度监测采集数据的精确性外，需考虑设备成本与后期维护等工作的最优。由于二线制只适用于精度低的场合，在工程实际用中不采用此种接线。三线制相较于四线制比较简单，并且精度可以达到要求，我国抽水蓄能电站多采用三线制接线。

温度监测系统在机组的整体监控中，作为一个相对独立的系统，要根据不同抽水蓄能电站的数值要求，在温度控制程序中，编写不同程序，完成温度的线性化、报警值比较及报警功能。

6.3.1.5 光谱分析技术

利用被检查材料中原子（或离子）发射的特征线光谱，或某些分子（或基团）所发射的特征带光谱的波长和强度，来检查元素的存在及其含量的方法被称为光谱分析。各种化学物质都有一定的光谱特性，表现在能选择性吸收、发射或散射某种波长的光。利用物质的吸收光谱、发射光谱或散射光谱特征对物质进行定性、定量分析的技术称为光谱分析技术。

目前我国电力工业高参数大容量机组和更高电压等级输配电设备不断投入运行，抽水蓄能电站不断建设发展，所用金属材料等级越来越高，检测手段也不断更新。为了避免电力设备金属材料错用现象的发生，减少事故的出现，我国在《火力发电厂金属色谱分析导则》（基建司〔1993〕15 号文）基础上，制定了《电力设备金属光谱分析技术导则》。在进行光谱分析时，应严格按照上述标准执行。

6.3.2 GIS 设备常见故障分析

近年来，随着我国抽水蓄能电站发展速度迅速，气体绝缘全封闭组合电器 GIS 使用数量逐年增长，但 GIS 设备故障量占比逐年增加，GIS 设备已经成为影响电网安全稳定运行和可靠运行的重要问题。

GIS 主要由断路器、隔离开关、接地开关、互感器、避雷线、母线、连接件和出线终端等组成。这些设备或部件全部封闭在金属接地的外壳中，在其内充有一定压力的 SF_6气体，故也称为 SF_6全封闭组合电器，如图 6-20 所示。

图 6-20　GIS 组合开关

6.3.2.1 GIS 设备常见故障分类

GIS 的常见故障可分为两大类。

（1）与常规设备性质相同的故障，如断路器操动机构的故障等。

（2）GIS 的特有故障，如 GIS 绝缘系统的故障等。这类故障的重大故障率为 $0.1 \sim 0.2$ 次/（所·年）。一般认为，GIS 的故障率比常规变电所低一个数量级，但 GIS 事故后的平均停电检修时间则比常规变电所长。

运行经验表明，GIS 设备的故障多发生在新设备投入运行的一年之内，以后趋于平稳。

GIS 的常见特有故障如下：

（1）气体泄漏。气体泄漏是较为常见的故障，使 GIS 需要经常补气，严重者将造成 GIS 被迫停运。

（2）水分含量高。SF_6气体水分含量增高通常与 SF_6气体泄漏相联系。因为泄漏的同时，外部的水汽也向 GIS 其室内渗透，致使 SF_6气体的含水量增高。SF_6气体水分含量高是引起绝缘子或其他绝缘件闪络的主要原因。

（3）内部放电。运行经验表明，GIS 内部不清洁、运输中的意外碰撞和绝缘件质量低劣等都可能引起 GIS 内部发生放电现象。

（4）内部元件故障。GIS 内部元件包括断路器、隔离开关、负荷开关、接地开关、避雷器、互感器、套管、母线等。运行经验表明，其内部元件故障时有发生。根据运行经验，各种元件的故障率见表 6-1。

表 6-1 元件故障率

元件名称	开关①	盆式绝缘子	母线	电压互感器	断路器	其他
故障率	30%	26.6%	15%	1.6%	0%	6.7%

① 开关包括隔离开关和接地开关。

6.3.2.2 GIS 设备故障原因

1. 设计、制造和安装问题

（1）设计不合理或绝缘裕度较小，是造成故障的原因之一。例如，GIS 中支撑绝缘子的工作场强是一个重要的设计参数。目前，环氧树脂浇注绝缘子的工作场强可高达 6kV/mm 而不致发生问题。如果场强高达 10kV/mm，起初可能没有局部放电现象，但运行几年后就可能会被击穿。

（2）装配清洁度差。GIS 制造厂的制造车间清洁度差，特别是总装配车间，金属微粒、粉末和其他杂物残留在 GIS 内部，留下隐患，导致故障。在装配过程中，可动元件与固定元件发生摩擦，从而产生金属粉末和残屑并遗留在零件的隐蔽地方，在出厂前没有清理干净。

（3）不遵守工艺规程装配。在 GIS 零件的装配过程中，不遵守工艺规程，存在把零件装错、漏装及装不到位的现象。当 GIS 存在材料质量不合格缺陷时，在投入运行后，可能导致 GIS 内部闪络、绝缘击穿、内部接地短路和导体过热等故障。

（4）不遵守现场安装规程。安装人员在安装过程中不遵守安装规程，金属件面被划损、凸凹不平之处未得到处理；安装现场污染物过多，导致绝缘件被腐蚀、受潮，外部的灰尘、杂质等侵入 GIS 内部；安装人员在安装过程中出现装错、漏装的现象，例如螺栓、垫圈忘记安装或者紧固不牢。

2. 运行和维护问题

（1）在 GIS 运行中，由于操作不当也会引起故障。例如将接地开关合到带电相上，如果故障电流很大，即使是快速接地开关也会损坏。在运行中，GIS 可能受到雷电过电压、操作过电压等的作用。雷电过电压往往使绝缘水平较低的元件内部发生闪络或放电。隔离开关切合小电容电流引起的高频暂态过电压可能导致 GIS 对地（外壳）闪络。

（2）运动部件运动时可能脱落粉尘，导致 GIS 内部闪络。

（3）维修过程中，由于绝缘件表面破坏，绝缘件表面没有清理干净，粉尘粘在绝缘件上，密封胶圈润滑硅脂油过多等，在 GIS 投入运行后，可能导致其发生内部闪络、绝缘击穿、内部接地短路和导体过热等故障。

第7章 抽水蓄能电站机组工况转换

抽水蓄能机组具有发电、抽水、发电调相、水泵调相四种运行工况。现代抽水蓄能机组都要能做旋转备用（为节省动力使水泵水轮机在空气中向水轮机方向或水泵方向旋转），以便在电网有需要时可快速地带上负荷或投入抽水、调相等。在蓄能机组抽水时，如需快速发电可以不通过正常抽水停机而直接转换到发电状态，即在电机和电网解列后利用水流的反冲作用使转轮减速并使之反转，待达到水轮机同步转速时迅速并网发电。抽水蓄能一般实现如下工况转换：静止至发电空载；发电空载至满载；静止至空载水泵；空载水泵至满载水泵；满载抽水至满载发电；满载抽水至静止；发电满载至发电调相；发电调相至静止；抽水满载至空载。

7.1 可逆式机组工况转换

图 7-1 为一台大型可逆式水力机组（$H=286\text{m}$，$P=200\text{MW}$，$n=333\text{r/min}$）几种工况之间的转换过程，这台机组抽水工况启动时使用全电压异步启动（可逆式水力机械压气充水），故启动的速度比较快。图中横坐标为时间，纵坐标为功率，图的上部为发电工况，下部为抽水工况。

图 7-1（a）表示由发电转换至抽水的过程：水轮机在 35s 内卸完负荷，电机即与电网解列，转速开始下降，球形阀与导叶同时关闭，到 45s 时全关。导叶全关后转速还相当高，依靠转轮室内水流的撞击作用来使转轮减速，转速降为 30% 时加电气制动，到 15% 时转轮室开始压气，到 165s 时机组停止，水已压下。此时即并网全电压启动，100s 后机组达到泵方向额定转速，再用 25s 时间排气造压，随即打开导叶及主阀，20s 后达到满负荷抽水。由全发电到零转速共用了 165s，由零转速到全抽水用了 145s，总共 310s（5.2min）。

图 7-1（b）表示由抽水转换至发电的过程：主阀保持开度不变。在电机与电网解列后 6s 内水流反向，水流对转轮冲击使其减速，到 18s 时转速到达零值即转入水轮机方向。在 35～50s 时间内调整同步并倒闸换相，至 50s 时和电网再并列，至 90s 时带满全负荷。增加负荷可用两种速度进行，平均增荷速率为 4MW/s。由全抽水至换相点为 42s，由此点至全发电为 48s，总共历时 90s。

（1）近年大型蓄能机组多数以变频器启动为电动机启动的主要方式。我国天荒坪抽水蓄能电站的 6 台可逆式水力机组（$H=526\text{m}$，$P=306\text{MW}$）的工况之间的预期转换时间如下：

由静止至发电满载：120s；至抽水：变频 395s，背靠背 310s；至抽水调相：300s。

由发电满载至静止：400s；至发电调相：180s。

由发电调相至静止：400s；至发电满载：60s。

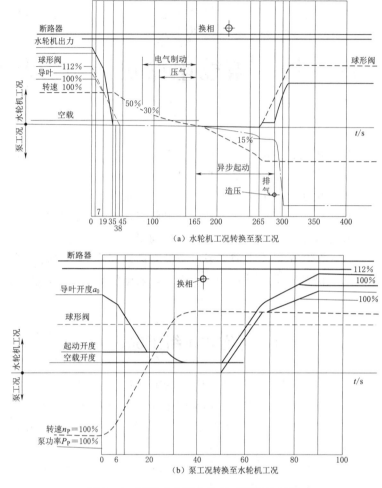

图 7-1 可逆式水泵水轮机工况转换过程

由抽水至静止：360s；至发电满载：正常 520s，紧急 300s；至抽水调相：120s。

由抽水调相至静止：300s；至抽水：120s。

（2）用同步启动（背靠背）是大中型蓄能机组都有的备用起动功能，视电站具体情况，其启动时间可能比用变频器启动时间差不多，也可能更长些，如日本奥多多良木抽水蓄能电站的 4 台可逆式水力机组（$H=406\text{m}$，$P=310\text{MW}$）的实际工况转换时间为：

静止至全发电：5min53s；至全抽水：6min42s。

全发电至停止：10min12s。

全抽水至停止：7min1s。

全发电至全抽水：17min49s。

全抽水至全发电：13min51s。

（3）多级可逆式水轮机只能在水中启动（压气效果不好），启动功率虽然很大，但工况转换时间较短。法国圣海伦那蓄能电站的 5 级可逆式水轮机（$H=931\text{m}$，$P=80\text{MW}$）在水中空转的耗电量在水轮机方向为 32MW，在水泵方向为 45MW。实测的工况转换时间如下：

水轮机启动：释放球形阀的密封环、机壳充压 20～24s，同步操作 6～8s，球形阀打开 30s，总共 56～62s。

水泵全电压启动：加速到同步转速 18s，打开密封环并开球形阀 40～45s，总计 58～63s。

由发电至抽水：水轮机停机 180s，换相及辅助设备投入 45s，启动水泵并带上负荷 60s，总计 285s。

由抽水至发电：水泵停机 120s，换相及辅助设备投入 45s，启动水轮机并带负荷 60s，总计 225s。

根据许多蓄能电站运行的实际情况，国外制造厂归纳出一个各工况之间转换所需最低时间如图 7-2 所示。

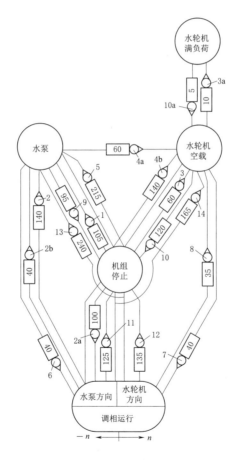

图 7-2 混流可逆式蓄能机组启动及工况转换的最低时间

1—由停机至全抽水；2—由停机经过泵方向调相至全抽水（2a+2b）；3—由停机至水轮机空载；3a—由空载至全发电；
4a—由抽水直接转至发电；4b—由抽水经过停机转发电；5—由发电经过停机至抽水；6—由抽水至水泵方向调相；
7—由发电至水轮机方向调相；8—由水轮机方向调相至发电；9—由抽水至停机；10—由水轮机空载至停机；
10a—由全发电至空载；11—由水泵方向调相至停机；12—由水轮机方向调相至停机；
13—由水轮机方向调相经过停机转抽水；14—由水泵方向调相经过停机转发电

7.2 组合式机组工况转换

1. 工况转换

组合式水泵水轮机因旋转方向不变，可以用水轮机来启动水泵，并网后水轮机再关闭，水轮机为混流式或冲击式都可以这样操作。也有的卧式组合式机组用一个专门的小冲击水轮机来启动水泵，水斗装在联轴器的外面。

一台中型组合式抽水蓄能机组的工况转换过程如图 7-3 所示。这台机组是卧轴的，单向旋转，并装有液力联轴器。

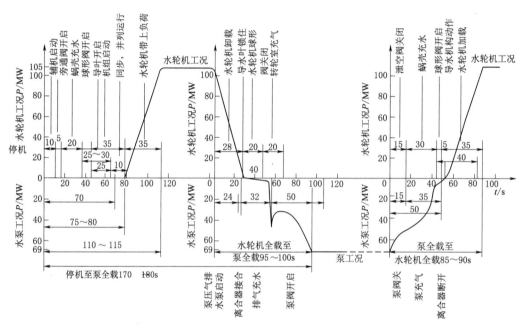

图 7-3 组合式抽水蓄能机组工况转换过程

图 7-3 的左半部分为机组由静止到发电的过程：启动前先开旁通阀充水，再开水轮机球形阀，到 50s 时开导叶，到 80s 时电机并列，到 115s 时带满负荷 105MW（增荷速度为 3MW/s）。

图 7-3 的中部为由发电转换至抽水的过程：在头 28s 内将水轮机负荷卸掉，同时已向水泵涡壳内充气准备启动。在功率降为零时即合上联轴器，水泵在 20s 内加速到额定转速，随即排气造压。总历时 60s 时已建立全压，所耗功率近 50%。并网后水泵即开始抽水，在 95～100s 时全负荷抽水。泵抽水后水轮机的球形阀即开始关闭，20s 关完，随即充气空转。

图 7-3 的右半为由抽水转换至发电的过程：先在水轮机室充气，开导叶和关闭水泵球形阀，这与脱开联轴器同时进行，由全抽水转换至全发电只需 85～90s。在上述转换过程中，电机始终与电网联结，同时电机的旋转方向不变，故能达到很快速的工况转换。

230

2. 水力回流

组合式蓄能机组因为水轮机和水泵各有一套进出水管，这些管道在电站以外又是连通的，故通过机组可以形成一个循环通道。为使水泵启动时不对电网造成过大冲击，或在运行中需要调节抽水功率时，都可以利用这样的循坏通道人为造成水的回流，以达到调节机组水量来调节功率的目的，这一运用方式叫作"水力回流"，或称三机同时运行方式。

在水泵启动时，同时打开水轮机的进口球阀和水泵的进水（尾水）蝶阀，开启水轮机，使水轮机和充了水的水泵同时旋转。转速升高到水泵出口压力略高于压力管道压力时，打开水泵的出口球阀，机组即进入"水力回流"状态：水流由水轮机排出后在尾水管部分折回到水泵的吸水口，由水泵打出的水在上游侧管道交汇处又折回到水轮机的进口。当机组达到额定转速时，电动发电机并入电网，水轮机导水机构可逐渐关小，抽水的功率一部分仍由水轮机提供，和水泵所需功率的差值由电网供应。如果电网能够供应全部电力，则水轮机可以全部关闭；如电网不能提供全部电力，则可持续地部分开启水轮机，使多余的水流反复循环。这种操作在开停机时也都可使用有助于减轻工况转变时的水力冲击。我国西藏羊卓雍湖抽水蓄能电站的组合式机组（水轮机为冲击式）在设计中就考虑了"水力回流"的操作方式。

第8章　抽水蓄能电站过渡过程三维数值模拟

8.1　水力机械及系统过渡过程数值模拟概述

数值计算法是目前应用最为广泛的一种研究水力机械过渡过程的方法，按照水力机械边界的处理方式，传统常用的数值解法主要包括外特性数值解法和内特性数值解法两大类。目前这两类方法在水力机械过渡过程计算都有相应的运用，其计算成果为工程的设计、建设与运行提供了重要的参考依据。

外特性数值解法的基本思路是：将水轮机完整的综合特性曲线或全特性曲线作为边界条件，将该边界条件赋予机组转动部分的运动方程以及基于弹性理论的一元非恒定流基本方程组成的方程组中，通过特征线法将其转化为常微分方程组，再改写为差分形式，通过选择合适的时间步长，来满足库朗数稳定，最后再次通过特征线法求解方程组中所涉及的过渡过程各工况参数变化规律。外特性数值解法很大程度上依赖于作为边界条件所需的水轮机特性曲线，如若缺少这类曲线，则该方法难以实现，而全特性曲线需要借助大量试验才能获得，所需周期长、投资大。此外，水轮机综合特性曲线也称静特性曲线，是在恒定流状态下所测，因而与动态特性存在一定的差异，这个差别有时较大，给计算带来一定的误差。

内特性数值解法的基本思路是：根据水轮机装置集合参数、基本结构参数以及所涉及过渡过程计算的初值条件，基于过水轮机广义基本方程组来建立非恒定工况下水轮机动态水头和力矩表达式，通过已知的调节机构运动方案，联立有压非恒定贯流基本方程求解过渡过程中所涉及的各工况参数动态变化规律，整个求解过程无须水轮机综合特性曲线或全特性曲线。经大量的现场原型试验结果验证，内特性数值解法在工程实用上具备一定的计算准确度。然而，这种方法也具有一定的局限性，体现在建立动态力矩和水头表达式时将介质假设为不可压理想流体，并假设相邻流动曲面间互不干扰，液体轴对称流经转轮，并且用转轮中间流动曲面的各参数来代表完整转轮的具体工作情况，即平均参数法，然而这种简化与假设与实际的流动状态存在一定的差异性。

纵观前人的研究发现，采用特征线法开展管路系统的过渡过程研究，然而特征线法采用平均参数法，基于一元流假设，忽略不同管道截面上各水力参数的差异性，仅以截面上水力参数的均值来代表整个截面的水力特性，这对以管路系统为主要研究对象时具有较好的工程实用精度，但对于以水力机械装置本身为主要研究对象并考察其动力学特性时，因其过流截面形状不规则并具有强三维特性的流动，常规特征线法无法精细描述其内部流动特性，因此需要构建新的数值模拟方法。

近年来，依托高性能计算机的快速发展，计算流体动力学（computational fluid dynamics，CFD）方法因其具备观察流动细节等优势逐渐成为主流发展趋势。从某种程度上说，CFD 方法与试验研究相似，故该方法也叫作数值试验法。相比于常规试验方法，其优点在于没有原型和模型试验条件的约束，只要计算机硬件和软件性能条件允许，理论上可以计算任何复杂条件下的流动，并且投入成本相对较低，计算周期相对较短。随着CFD 技术的发展，研究流体流动的方法从一维拓展到三维，三维方法在流体的精细模拟与准确预测中的优势逐渐凸显，成为水力机械及系统流动模拟与分析的主流方法。在计算模型方面，计算流体力学方法提出了许多新的模型，这些模型在复杂流动预测中充分发挥了重要作用，使得计算流体力学方法由最初的 Euler 方程和 Navier – Stokes（N – S）方程扩展到了湍流及多相流计算当中。在计算方法方面，新的遗传算法、无网格算法、混合网格技术、动网格技术等新的计算方法在计算流体力学中得以实现，目前的计算方法集中追求三阶以上精度来解决实际问题，在稳定性与收敛性等方面也越来越完善。从研究成果来看，目前三维湍流数值模拟主要应用于水力机械稳态工况，即边界条件恒定情况下的定常与非定常计算，如采用三维湍流数值模拟进行水力机械水力性能预测及优化，空化性能预测、压力脉动分析，外加激励对流场影响等，还有各湍流模型的对比研究，以及流场的涡动力学分析，成果颇丰。

为了能够更加精确地捕捉过渡过程中的瞬态流动状态，依托高性能计算机技术及计算流体力学的高速发展，许多学者尝试将三维湍流数值模拟方法应用到求解水电站、泵站以及抽蓄电站过渡过程研究当中，并取得了一定的成果。周大庆等对轴流式模型水轮机飞逸过程进行了三维湍流数值模拟，计算得到最大逸速及达到最大逸速所需时间，并对该过程内部流场变化进行了详尽分析，此外他还将此方法应用到模拟轴流泵装置模型断电飞逸过程求解中；李金伟等对混流式水轮机的飞逸暂态过程以及甩负荷暂态过程进行了三维非定常数值模拟，获得了暂态过程中转速变化及测点压力脉动情况，并与试验结果进行对比，两者较为接近；Cherny 等基于不可压缩雷诺时均 Navier – Stokes（N – S）方程、转轮旋转方程和水锤方程，计算了混流式水轮机飞逸过渡过程中尾水管涡结构变化及脱落过程；Avdyushenko 等对混流式水轮机瞬态过渡过程进行了非定常三维计算，考虑了压力钢管与水轮机间流动参数交换问题，给出了启动过程、减负荷过程以及功率波动过程中暂态仿真结果，并与试验结果进行了比较；Cherny 等利用三维手段对仅考虑导叶、转轮和尾水管三个重要部件的水轮机进行飞逸过程的数值模拟，采用简化方法处理蜗壳段流动，分析了不同湍流模型对计算结果的影响。在某些带有长距离输水管道系统的抽水蓄能电站中，常常设置调压井来抑制管道水锤压力的上升，在这种系统中通常使用两相流模型（volume of fluid，VOF）模拟调压井对过渡过程压力上升的减缓作用。程永光等利用VOF 模型对水电站甩负荷和增负荷过渡过程中斜背式气垫调压井内水和空气流动情况进行了三维数值模拟，此外他还对替代尾水调压井的顶棚倾斜尾水隧洞内复杂表面瞬态流动进行了模拟；张蓝国等采用 VOF 两相流与单相流动（single phase，SP）模型相结合的方式对某抽水蓄能电站的水泵水轮机全过流系统泵工况的停机及断电过渡过程进行了数值试验研究，获得了若干工作参数的变化规律及内流特性；周大庆等通过建立带上下游水池、调压井及引水、尾水系统抽蓄电站全过流系统集合模型，对水泵水轮机组水泵抽水工况下的断电飞逸、发电工况下甩负荷过渡过程进行了模拟，开发了一种 VOF 与 SP 耦合方法，捕捉调压井自由液面的变化情况，分析了水锤现象发生的位置及原因。此外，Zhou 等还对一洞两机布置的抽水蓄能电站机组同时甩负荷工况引水系统内水流状态进行了三维模拟，利用 VOF 模型模拟调压井水位变化，首次发现引水管道内水体存在自激螺旋流动，该流动也是造成引水管道末端压力衰减较快的原因，为研究管道压力波衰减机理提供了新的思路。

对某些引水管道系统较短，影响较小的电站，为了降低计算成本，一些学者将研究重点只放在水轮机或水泵机组上，旨在研究机组内部的瞬态流动。众所周知，在多数水轮机瞬态过程中，如启动、停机和甩负荷等过程中，桨叶、活动导叶或者阀体等调节机构往往会产生运动，引起叶轮转速变化，这些都将引发水锤现象，从而导致剧烈的流场变化。加拿大学者 J. Nicolle 等通过对水电站开机过程的计算发现，启动过程中水轮机活动导叶的运动会造成该部分区域网格质量降低，导致模拟精度下降，提出了水轮机三维过渡过程模拟的难点；Fu 和 Li 等采用动网格方法实现水泵水轮机甩负荷过程中导叶关闭过程的模拟，分别从内流特性、间隙流角度、能量特性以及压力脉动角度全面分析了该过程中的瞬态特性；李文锋等基于动网格技术对混流式水轮机转轮内部瞬态流动进行数值模拟，分析导叶关闭过程内部压力场与速度场变化，结果表明动网格技术能够较好模拟水轮机转轮内部流场动态变化；Mao 等采用一种网格壁面滑行技术，解决了过渡过程连续性模拟问题，保证了计算网格精度，但该方法的缺点是外部网格重构过程相对复杂，需要耗费大量的计算时间；Li 等在 STAR - CCM＋软件平台计算了原型水泵水轮机正常停机和开机至空载状态下的过渡过程特性，采用重叠网格法实现了导叶的开启和关闭过程；李师尧等采用浸没边界—格子玻尔兹曼格式模拟贯流式水轮机增负荷和甩负荷两种过渡过程工况下的三维特性，开辟了一种实现导叶运动的新思路。此外，国内外许多学者采用不同的边界条件及湍流模型对水力机械三维过渡过程进行了细致研究。Fu 等，Li 等采用了非定常边界条件，即根据试验测得的进出口压力变化，将该数据赋值给数值模拟进出口边界；Liu 等结合动网格方法，在 v^2—f 湍流模型基础上考虑近壁面湍流的各向异性和非局部压力—应变效应计算了水泵水轮机甩负荷过渡过程，结果表明该模型在预测机组过渡过程瞬态特性方面具有一定精度；Xia 等利用 SAS 湍流模型计算了水泵水轮机飞逸工况瞬态特性，并且分析了 S 区工况特点及形成机理，验证了该模型的模拟精度；Pavesi 等采用分离涡（detached - eddy simulation，DES）模型对水泵水轮机负荷变化、变转速功率波动瞬态工况下的流动状态进行了模拟；Chen 等采用剪切压力传输（shear - stress transport，SST）k—ω 湍流模型对轴流转桨式水轮机甩负荷工况下的外特性参数变化及内流场演变规律进行了模拟，并与试验结果对比，两者吻合较好，验证了该模型的模拟精度。

如前面所述，一维特征线法不能准确模拟瞬态过程中的非线性波动特征，而整个过流系统的三维模拟需要耗费大量的计算资源。因此对于某些含有长距离输水管道系统的电站，为了模拟整个过流系统及机组过渡过程中非稳态流动，一种将一维与三维相结合的办法应运而生，即 1D - 3D 耦合求解过渡过程方法：长输水管道的瞬变流采用 1D - MOC 的方法，机组段采用 3D 方法进行模拟。武汉大学张晓曦等提出一种新的基于显格式的 1D 输水系统和 3D 水轮机耦合的方法对抽水蓄能电站水泵水轮机飞逸过程和甩负荷过程动态特性进行了模拟，重点解决了三维部分水击压力模拟和一维与三维之间数据传递问题；Wu 等采用 1D-3D 耦合的方法研究了阀激水锤与水泵在阀门快速关闭过程中的相互作用，并与单独采用 1D-MOC 方法的计算结果进行对比，结果表明考虑水体惯性的 MOC-CFD 耦合分析方法更接近实际情况，刘巧玲以离心泵为研究对象，重点研究了离心泵系统关键部件的 1D/3D 耦合算法，探索部件与系统相互作用机理，耦合边界数据传递及提高计算稳定性的迭代算法；杨帅开发了 MOC-CFD 耦合计算程序，并对水泵瞬态特性进行计算分析，结果与试验数据吻合较好。

综上所述，目前国内外水力过渡过程研究主要集中于一维特性，而在水力机械三维复杂流场的过渡过程数值计算方面，国内外的研究工作刚刚开始，有了一些初步成功的尝试，但总体成果较少，这是由于水力机械及系统过渡过程的复杂性，开展三维湍流非定常数值模拟研究工作，在方法及理论上仍面临许多挑战，亟待我们研究解决。本研究建立了抽水蓄能机组过渡过程的三维非定常湍流数值模拟方法，并通过现场实测数据验证其精度及准确性，揭示抽蓄机组水轮机与水泵工况过渡过程整体水力系统瞬态内流演变规律，剖析水力机组重要外特性参数的瞬变机理，从而发展与促进了水力机械过渡过程流动分析与研究理论，为抽水蓄能电站工程技术方案决策提供了科学依据。

8.2 抽水蓄能机组全过流系统过渡过程三维数值模拟方法

研究抽蓄机组全过流系统过渡过程的三维湍流数值计算方法是基于计算流体动力学（CFD），在常规三维湍流数值模拟的基础上，通过对软件二次开发，实现边界条件及内部流场动态仿真的一种数值计算手段。

8.2.1 控制方程

8.2.1.1 基本控制方程

流体流动控制方程包括质量守恒方程、动量守恒方程和能量守恒方程等，抽水蓄能电站主要工作介质是水，假如忽略热量交换，其有效控制方程只包括质量守恒方程（连续性方程）和动量守恒方恒（Navier-Stockes 方程）。

连续性方程

$$\frac{\partial \rho}{\partial t} + \nabla \cdot (\rho u) = 0 \tag{8-1}$$

Navier-Stockes 方程

$$\frac{\partial \rho u}{\partial t} + (\rho u \cdot \nabla) u = -\nabla p + \mu \nabla^2 u + \rho g \tag{8-2}$$

式中　ρ——密度；

　　t——时间；

　　u——速度；

　　∇——哈密顿算子；

　　p——静压强；

μ——动力黏度系数；

∇^2——拉普拉斯算符；

g——重力加速度。

式 (8-2) 是原始状态的 Navier-Stockes 方程，在计算流体动力学中形式做了改变，即

$$\frac{\partial \rho u}{\partial t} + (\rho u \cdot \nabla) u = -\nabla p + \nabla \cdot \overline{\overline{\tau}} + \rho g + F \qquad (8-3)$$

式中 $\overline{\overline{\tau}}$——应力张量；

F——额外的体积力项，并且包括一些用户自定义源项。

应力张量 $\overline{\overline{\tau}}$ 的公式为

$$\overline{\overline{\tau}} = \mu \left[(\nabla \cdot u + \nabla \cdot u^{\mathrm{T}}) - \frac{2}{3} \nabla \cdot u I \right] \qquad (8-4)$$

式中 I——单位张量。

以上公式是在以水为主要介质的单相流模型中讨论的，但是在抽水蓄能电站过渡过程中，像调压井等部件包含自由波动的水面，这属于两相流问题，必须用多相流模型进行模拟，例如 VOF 模型。

在 VOF 模型中，控制方程 (8-1) 和方程 (8-3) 的形式不变，通过求解单一的控制方程组所获得的速度场由各相共享，但应力张量 $\overline{\overline{\tau}}$ 的公式改为

$$\overline{\overline{\tau}} = \mu (\nabla \cdot u + \nabla \cdot u^{\mathrm{T}}) \qquad (8-5)$$

并且，ρ 和 μ 等物性参数由各分相体积分数决定，以 ρ 为例：

$$\rho = \alpha_1 \rho_1 + \alpha_2 \rho_2 \qquad (8-6)$$

式中 α_1、α_2——水和空气的体积分数，$\alpha_2 = 1 - \alpha_1$；

ρ_1、ρ_2——水和空气的密度。

水和空气的交界面是通过求解其体积分数的连续性方程得到的，形式为（以水的连续性方程为例）：

$$\frac{1}{\rho_1} \left[\frac{\partial \alpha_1 \rho_1}{\partial t} + \nabla \cdot (\alpha_1 \rho_1 u) \right] = S_{\alpha 1} + \sum_1^2 (\dot{m}_{21} - \dot{m}_{12}) \qquad (8-7)$$

式中 $S_{\alpha 1}$——源项，默认情况下，$S_{\alpha 1} = 0$；

$\dot{m}_{21}$、$\dot{m}_{12}$——从水流向空气和空气流向水的质量。

8.2.1.2 时均化的控制方程

湍流作为自然界中广泛存在的一种流动状态，它的任何物理量都随时间和空间不断变化，但 Navier-Stockes 方程的非线性使得精确描述湍流流动的全部细节十分困难。即使能真正得到这些细节，有时候对于解决实际问题也没有太大意义，人们更加关注的是湍流引起的平均流场的变化，因此产生了 Reynolds 平均法。它的核心是不求解瞬时的 Navier-Stockes 方程，而是想办法求解时均化的 Navier-Stockes 方程。

根据 Reynolds 平均法法则，把湍流看作是由两个流动的叠加，对任意物理量 $\phi(t)$，它的时间平均值定义为

$$\overline{\phi} = \frac{1}{\Delta t} \int_t^{t+\Delta t} \phi(t) \mathrm{d}t \qquad (8-8)$$

如果用上标"′"代表脉动值，则物理量的瞬时值 ϕ、时均值 $\bar{\phi}$ 与脉动值 ϕ' 的关系为

$$\phi = \bar{\phi} + \phi' \tag{8-9}$$

将物理量的时均值代入到瞬时控制方程（8-1）和方程（8-3）中，得到时均化的控制方程，省略表示时均值的上标"—"，用笛卡儿张量的形式叫表示为

$$\frac{\partial \rho}{\partial t} + \frac{\partial \rho u_i}{\partial x_i} = 0 \tag{8-10}$$

$$\frac{\partial \rho u_i}{\partial t} + \frac{\partial \rho u_i u_j}{\partial x_j} = -\frac{\partial p}{\partial x_i} + \frac{\partial}{\partial x_j}\left[\mu\left(\frac{\partial u_i}{\partial x_j} + \frac{\partial u_j}{\partial x_i} - \frac{2}{3}\delta_{ij}\frac{\partial u_l}{\partial x_l}\right)\right] + \frac{\partial}{\partial x_j}(-\rho\overline{u_i' u_j'}) \tag{8-11}$$

其中，角标 i 和 j 的取值范围是（1，2，3），δ_{ij} 是克罗内克符号，当 $i=j$ 时，$\delta_{ij}=1$；当 $i \neq j$ 时，$\delta_{ij}=0$。方程（8-10）是时均形式的连续方程，方程（8-11）是时均形式的 Navier-Stokes 方程，常被称为 Reynolds 时均 Navier-Stockes 方程（RANS）。可以看出，RANS 方程里多出了与 $-\rho\overline{u_i' u_j'}$ 有关的项，定义该项为 Reynolds 应力项，即

$$\tau_{ij} = -\rho\overline{u_i' u_j'} \tag{8-12}$$

式中，τ_{ij} 对应 6 个不同的 Reynolds 应力项，再加上原来的时均未知量，导致方程组不封闭，必须引入新的湍流模型才能使方程组封闭。

8.2.2 湍流模型

基于涡黏假定，人们提出了很多两方程湍流模型，应用最广泛的是 $k-\varepsilon$ 模型、$k-\omega$ 模型和它们的改进模型。总的来说，它们的计算精度可以大体满足工程需要，但是在部分细节考虑上各有千秋。例如，标准 $k-\varepsilon$ 模型用于强旋流、弯曲壁面或弯曲流线运动时，会产生一定的失真；RNG $k-\varepsilon$ 模型针对充分发展的湍流效果较好，而对近壁区或者低 Re 运动结果不理想。本研究主要采用 Realizable $k-\varepsilon$ 模型。

在 Realizable $k-\varepsilon$ 模型中，关于 k 和 ε 的输运方程为：

$$\frac{\partial(\rho k)}{\partial t} + \frac{\partial(\rho k u_j)}{\partial x_j} = \frac{\partial}{\partial x_j}\left[\left(\mu + \frac{\mu_t}{\sigma_k}\right)\frac{\partial k}{\partial x_j}\right] + G_k - \rho\varepsilon - Y_M \tag{8-13}$$

$$\frac{\partial(\rho\varepsilon)}{\partial t} + \frac{\partial(\rho\varepsilon u_j)}{\partial x_j} = \frac{\partial}{\partial x_j}\left[\left(\mu + \frac{\mu_t}{\sigma_\varepsilon}\right)\frac{\partial\varepsilon}{\partial x_j}\right] + \rho C_1 S\varepsilon - \rho C_2 \frac{\varepsilon^2}{k + \sqrt{v\varepsilon}} + C_{1\varepsilon}C_{3\varepsilon}G_b \tag{8-14}$$

其中，

$$C_1 = \max\left(0.43, \frac{\eta}{\eta+5}\right), \eta = S\frac{k}{\varepsilon}, S = \sqrt{2S_{ij}S_{ij}}$$

式中　G_k——由于平均速度梯度产生的湍动能项；

　　　G_b——由于浮力产生的湍动能项；

　　　Y_M——湍流波动扩散对耗散率的影响；

　C_2、$C_{1\varepsilon}$——常数，$C_2=1.9$，$C_{1\varepsilon}=1.44$；

　σ_k、σ_ε——k 和 ε 的湍流普朗特数，$\sigma_k=1.0$，$\sigma_\varepsilon=1.2$。

计算得出 k 和 ε 的数值后，跟其他 $k-\varepsilon$ 模型一样，湍动黏度 μ_t 为

$$\mu_t = \rho C_\mu \frac{k^2}{\varepsilon} \tag{8-15}$$

为使流动符合湍流的物理规律，Realizable $k-\varepsilon$ 模型对正应力进行了某种数学约束，系数 C_μ 不再是常数，而是与应变率联系起来，即

$$C_\mu = \frac{1}{A_0 + A_s \dfrac{kU^*}{\varepsilon}} \tag{8-16}$$

$$U^* = \sqrt{S_{ij}^2 + \widetilde{\Omega}_{ij}^2}$$

$$\overline{\Omega}_{ij} = \overline{\Omega}_{ij} - 3\varepsilon_{ijk}\omega_k$$

$$A_0 = 4.04$$

$$A_s = \sqrt{6}\cos\phi$$

$$\phi = \frac{1}{3}\cos^{-1}(\sqrt{6}W)$$

$$W = \frac{S_{ij}S_{jk}S_{ki}}{\sqrt{(S_{ij}S_{ij})^3}}$$

$$S_{ij} = \frac{1}{2}\left(\frac{\partial u_j}{\partial x_i} + \frac{\partial u_i}{\partial x_j}\right)$$

与之前湍流模型相比，Realizable $k-\varepsilon$ 模型改进了许多地方，引入了与旋转和曲率有关的内容，目前已被有效地用于各种不同类型的湍流模拟，包括旋转均匀剪切流、包含有射流和混合流的自由流动、管道内流动、边界层流动，以及带有分离的流动等。

Realizable $k-\varepsilon$ 模型属于高 Re 数的湍流模型，针对充分发展的湍流效果较好，而在壁面等 Re 数较低的区域，流动有时甚至处于层流，此时前面提到的湍流模型精确度就会下降。目前解决这个问题的方法有两个：一种是采用低 Re 数 $k-\varepsilon$ 模型对黏性影响比较明显的区域进行求解，但这一方法对近壁面网格要求较高；另一种是用一组半经验公式将壁面上的物理量与湍流核心区联系起来，不对黏性影响比较明显的区域直接求解，称作壁面函数法。

在动量方程中，当流动处于对数率层时，平均速度的计算方法为

$$U^* = \frac{1}{\kappa}\ln(Ey^*) \tag{8-17}$$

其中

$$y^* = \frac{\rho C_\mu^{1/4} k_P^{1/2} y_P}{\mu}$$

在近壁面上，ε 计算公式为

$$\varepsilon = \frac{C_\mu^{3/4} k_P^{3/2}}{\kappa y_P} \tag{8-18}$$

式中　k_P——P 点的湍流动能；

　　　y_P——P 点到壁面的距离。

其中 $\kappa = 0.4187$；$E = 9.793$。

8.2.3　转动平衡方程

根据转子动力学，抽水蓄能发电机组的转动平衡方程为

$$M = J \frac{\mathrm{d}\omega}{\mathrm{d}t} \qquad\qquad (8-19)$$

式中　M——转轮所受的合力矩，N·m；

　　　J——机组的转动惯量，kg·m²；

　　　ω——转轮角速度，rad/s；

　　　t——时间，s。

将转动平衡方程［式（8-19）］离散成差分方程，即

$$\frac{M_i}{J} = \frac{\omega_{i+1} - \omega_i}{t_{i+1} - t_i} \qquad\qquad (8-20)$$

从而有

$$\omega_{i+1} = \omega_i + \frac{M_i}{J}(t_{i+1} - t_i) \qquad\qquad (8-21)$$

将离散后的代数方程［式（8-21）］编制成 FLUENT 用户自定义函数（UDF）并加载到变速滑移网格的转速控制参数选项中，并在非定常流场计算的每一个时间步迭代过程中调用，从而将机组转轮的转速计算与流场计算耦合到一起。

8.2.4　数值离散和求解方法

由于计算时必须将控制方程和湍流模型方程在模型网格上进行数值离散，即把微分方程组转化为各个计算节点上的代数方程组，然后求解这些代数方程组，得到节点上的解。节点界面的物理量可以用插值方法确定。如果网格节点足够密，离散方程的解将近似等于相应微分方程的精确解。

8.2.4.1　离散方法

常用的离散方法有三大类：有限差分法、有限元法和有限体积法。

有限差分法是一种比较古老的算法，将偏微分方程的导数用差商代替，推导出含有离散点上有限个未知数的差分方程组。

有限元法是根据极值原理，将问题的控制方程转化为所有单元上的有限元方程，把总体极值作为各单元极值之和，即将局部单元总体合成，形成嵌入了指定边界条件的代数方程组，求解该方程组就得到各个节点上的待求函数值，它在固体分析软件中应用极为广泛。

有限体积法是将计算区域划分为网格，并使每个网格点周围有一个互不重复的控制体积，将待解的微分方程对每一个控制体积积分，从而得出一组离散方程。为了求出控制体积的积分，必须假定因变量在网格点之间的变化规律。有限体积法可视为有限元法和有限差分法的中间物，它的计算效率较高，目前大多数 CFD 软件都采用这种方法，近年发展非常迅速。

8.2.4.2　离散格式

离散格式是数值计算方法中微分以及偏微分导数的一种离散化方法，即用相邻两个或者多个数值点取代偏微分方程中导数或者偏导数的一种算法。

常用的空间域离散格式有中心差分格式、一阶迎风格式、混合格式、指数格式、乘方格式、二阶迎风格式和 QUICK 格式等。其中，前五种属于低阶离散格式，二阶迎风格式和 QUICK 格式属于高阶离散格式。所谓二阶迎风格式就是通过两个上游单元节点来确定控制体积界面上的物理量。QUICK 格式是在中心插值的基础上加了二阶迎风格式的修正项，使插值结果更精确。对于流动方向对齐的结构网格而言，QUICK 格式将产生比二阶迎风格式等更精确的计算结果，因此 QUICK 常用于六面体网格或四边形网格，对于其他类型的网格，一般使用二阶迎风格式。这些离散格式是针对控制方程中的对流项而言的，对于扩散项，总是使用中心差分格式进行离散。

时间域上的离散格式有显式时间积分方案、全隐式时间积分方案和隐式积分方案。

（1）显式积分方案是用上一个时间点的变量值代表整个时间步长的值，从而求出新时刻的变量值的时间离散格式，显式积分方案的编程比较简单，内存占用较小，但它具有一阶截差精度且是条件稳定的，时间步长的大小受到限制。

（2）全隐式时间积分方案用新变量值代表整个时间步长的变量值对控制方程进行离散。它是无条件稳定的，即无论采用多大的时间步长，都不会出现解的震荡，但是在时间域上具有一阶截差精度，因此需要使用小的时间步长。由于这种算法无条件稳定，在瞬态问题求解过程中，得到了广泛的应用。

（3）隐式积分方案特点介于前两种方案之间，不多做介绍。

8.2.4.3　数值解法

通过离散后的控制方程在计算节点上建立了数量庞大的方程组，数值解法是指优化方程组中未知量求解顺序的方法，常规 CFD 数值解法分类图如图 8-1 所示。

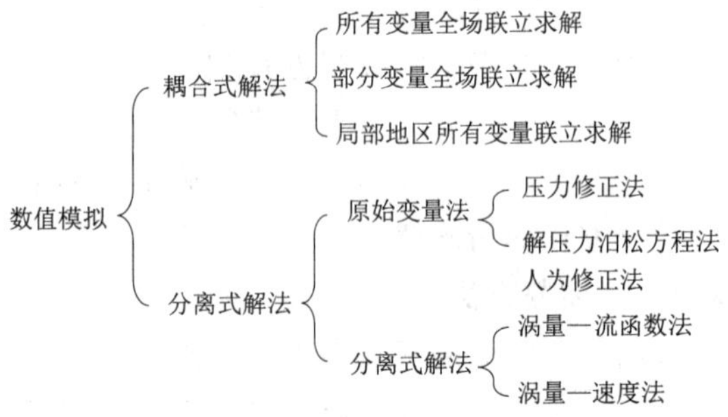

在水力机械领域应用较多的 SIMPLE 算法属于图 8-1 中的压力修正法，它有众多改进算法，如 SIMPLIC 算法和 PISO 算法。

图 8-1　CFD 数值解法分类图

SIMPLE 算法意为"求解压力耦合方程组的半隐式方法"，是一种主要用于求解不可压流场的数值方法。该算法的基本思想是对于给定压力场，求解离散形式的动量方程，得到速度场。因为压力场是假定的，并不精确，由此得到的速度场一般不满足连续方程，所以必须对给定压力场加以修正。修正的原则是与修正后的压力场相对应的速度场能满足这一迭代层次上的连续方程，然后根据修正后的压力场，求得新的速度场。最后检查速度场是否收敛，若不收敛，用修正后的压力场重新计算，直至收敛。

SIMPLEC 是英文 SIMPLE Consistent 的缩写，意为协调一致的 SIMPLE 算法。它与 SIMPLE 算法的主要区别是没有直接略去速度修正值方程中的 $\sum a_{nb} u'_{nb}$ 项，从而得到的压力修正值比较合理，使流场的迭代收敛速度加快。

PISO 是英文 Pressure Implicit with Splitting of Operators 的缩写，表示压力的隐式

算子分割算法。它与 SIMPLE 等算法的主要区别是增加了一个修正环节，而其他的算法只包括一步预测和一步修正两个环节。通过计算效果来看，PISO 适合于瞬态计算，而对于稳态问题，SIMPLEC 或者 SIMPLE 算法更有优势。

8.2.5 边界条件与初始条件

1. 边界条件

所谓边界条件，是指在求解域的边界上所求解的变量或其一阶导数随地点及时间变化的规律。用 CFD 求解问题的过程实际上是将边界上的数据外推扩散到计算域内部的过程，因此提供符合物理实际且适当的边界条件是极其重要的，常用的基本边界条件包括流动进口边界、流动出口边界、给定压力边界、壁面边界和对称边界等。以下将主要介绍与本计算有关的速度进口边界和压力进出口边界。

速度进口边界可以设定进口速度大小和方向，以及需要计算的其余物理量，一般用于不可压缩流动。若采用 $k-\varepsilon$ 湍流模型，还需要指定边界上的 k 和 ε 值，估算公式为

$$k = \frac{3}{2} (u_{\mathrm{avg}} I)^2 \tag{8-22}$$

$$\varepsilon = C_\mu^{3/4} \frac{k^{3/2}}{l} \tag{8-23}$$

$$I = 0.16 (Re_{\mathrm{DH}})^{-1/8}$$

$$Re_{\mathrm{DH}} = \frac{\rho u_{\mathrm{avg}} D_{\mathrm{H}}}{\mu}$$

$$l = 0.07 D_{\mathrm{H}}$$

式中　u_{avg}——进口平均速度；

D_{H}——进口水力半径；

C_μ——常数，$C_\mu \approx 0.09$。

压力进口和压力出口边界通常用于定义流体进口和出口的压力和其他标量参数。压力边界给定值有总压和静压之分，对于不可压缩流动，它们的关系为

$$p_0 = p_{\mathrm{s}} + \frac{1}{2} \rho u_{\mathrm{avg}}^2 \tag{8-24}$$

式中　p_0——总压力；

p_{s}——静压力。

在计算中常根据输水管路在上下库的实际淹没深度给定相应的进出口压力。

2. 初始条件

常规的水力过渡过程计算方法，一般都需要先确定研究对象的初始参数值，然后才能够按照边界条件的假定变化规律进行预测。与之类似，抽水蓄能电站过渡过程三维湍流数值计算也需要一个初始工况。水泵水轮机过渡过程流场计算是一种瞬态流动计算，后一个时间步计算结果的好坏直接受到前一个时间步的计算收敛性的影响。因此，初场的准确计

算对整个水泵水轮机过渡过程计算至关重要。本研究以水泵水轮机刚进入过渡过程的临界工况点定常计算的结果作为水泵水轮机过渡过程瞬变流计算的初场。

8.2.6 动网格技术

网格是对几何模型的空间离散，是数值计算过程中的基本单元，它的质量好坏关系到计算结果的准确性和精确度。按相邻网格间关系可分为两大类：一类是结构化网格，它的网格节点排列有序、相邻节点间关系明确，网格质量较好，数据结构简单，但是对于几何结构复杂的模型划分难度很大；另一类是非结构化网格，它的网格排列杂乱，节点位置无法用固定的法则有序的命名，但是在边界复杂的模型中具有良好的适应性，因此广泛应用于工程计算。

动网格技术可以使网格的几何结构在数值模拟过程中发生变化，能够用来模拟流场形状由于边界运动而随时间改变的问题。在抽水蓄能电站过渡过程中，不仅转轮旋转速度会发生变化，而且有时导叶或者主阀也会受控关闭，因此动网格技术是决定过渡过程三维湍流数值研究能够成功的关键因素之一。动网格技术主要包含两方面的内容：一是体网格的再生；二是边界运动形式的指定。

对于体网格的再生，Fluent 软件提供了三种基本算法：一是铺层法（layering），该算法会根据计算区域的扩张或收缩来相应地生成或者合并网格，比较适用于边界线性运动的情况（如内燃机中的活塞运动）；二是弹性光顺法（smoothing），该算法能使计算域中的网格像弹簧一样被拉伸或压缩，当单独使用时，仅限于边界变形和运动幅度比较小的情况，如果变形和运动幅度过大时会导致网格质量变差；三是局部重构法（remeshing），假如计算域逐渐扩张，网格被逐渐拉伸，当扭曲率过大或者尺寸过大时，网格会自动局部重构以满足预设的扭曲率和尺寸的要求，网格节点的总数也会随之变化，它适用于大变形或大位移的情况，一般情况下与弹性光顺法联合使用。

对于边界运动形式，软件中有静止（stationary）、刚体运动（rigid body）、变形（deforming）和用户自定义（user defined）四种，具体运动规律的指定则需要借助用户自定义程序（UDF），它是用 C 语言编写的程序，具体内容可参阅相关文献，在此不再赘述。

8.2.7 抽蓄电站过渡过程三维数值模拟算法实现

本研究的数值模拟工作是在 Fluent 软件平台上完成，根据机组过渡过程特点对软件进行二次开发和调试，控制水泵水轮机转速变化以及导叶动态变化过程。具体计算步骤如下。

（1）首先进行稳态工况定常计算，以获得用于过渡过程计算前的初始工况流场。

（2）开始过渡过程计算的第一个时间之初，计算并记录稳态工况流场所产生的转轮扭矩、轴向与径向力，导叶水力矩，机组转速、流量以及测点压力。

（3）更新进出口边界条件，并根据转轮旋转平衡方程式，得到转轮区网格新的旋转角速度，另外若活动导叶或阀门动作，则根据活动导叶或阀门的关闭规律，给定活动导叶或阀门面网格的旋转角速度，并通过二次开发接口程序，更新转轮区与活动导叶区网格新的运动速度。

（4）在过渡过程数值模拟中，根据新的角速度值，来更新转轮区与活动导叶区或阀门区网格的几何位置，同时对网格上的流动参数进行插值更新。

（5）完成前面步骤后，调用商业 CFD 软件提供的解算器求解控制方程，在本时间步内迭代直至收敛。

（6）本时间步计算完成后，输出并保存机组流量、转速、转轮扭矩、径向与轴向水推力、导叶水力矩以及相关测点速度与静压大小等物理量数值，并选择合适时间间隔保存全部流场数据信息。

（7）判断转速 n 是否小于一个给定的很小的数，或时间大于指定时间，若否，则重复步骤（3）至（7）；若是，则计算结束。

具体算法流程如图 8-2 所示。

8.2.8 小结

本节主要介绍了过渡过程三维湍流数值计算中涉及的 CFD 基础知识。结合抽水蓄能电站特点，先后讨论了流动基本控制方程及其时均化处理方法、湍流数值模拟方法、控制方程数值离散以及边界条件的设定等内容，最后概述了过渡过程三维湍流计算依靠的动网格技术。本节主要目的是为后续的过渡过程三维湍流计算工作做理论铺垫。

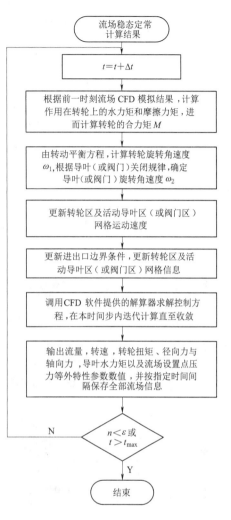

图 8-2　水力机械及系统过渡过程
三维数值模拟算法流程

8.3　水轮机工况三维过渡过程数值模拟

8.3.1　抽水蓄能电站 A 6 号机组全过流系统三维建模

抽水蓄能电站 A 水泵水轮机型式为立轴、单级、混流式，其型号为 HLNA849-LJ-522，转轮直径 5226.5mm，转轮叶片数量 7 片；水轮机活动导叶及固定导叶数量为 20 个，活动导叶体长度 1106mm。水轮机工况额定水头 105.80m，最大水头 123.90m，额定转速为 200r/min，飞逸转速为 320r/min，额定流量为 148.70m³/s；水泵工况最大扬程 130.40m，最小扬程 108.20m，最大流量 138m³/s，最小流量为 113m³/s。发电机工况额定功率 165MW，电动机工况额定功率 167.5MW；发电机工况为俯视顺时针，电动机工况为俯视逆时针。

根据已有资料,建立机组及管路三维模型,抽蓄电站 A 6 号机组全过流系统三维图如图8-3所示;各组成部分三维模型如图8-4~图 8-9所示。

图 8-3　抽蓄电站 A 6 号机组全过流系统三维图

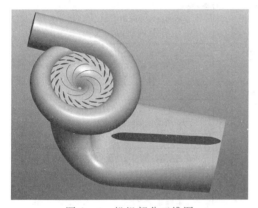

图 8-4　机组部分三维图

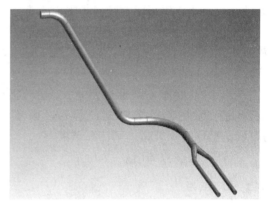

图 8-5　上游输水管道三维图

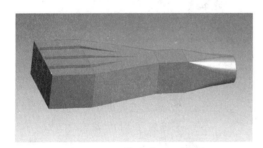

图 8-6　上游出水口三维图

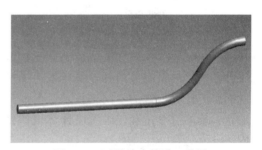

图 8-7　下游输水管道三维图

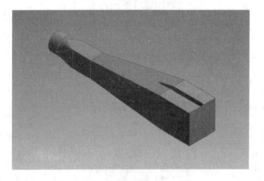

图 8-8　下游进水口三维图

图 8-9　蜗壳三维图

结构化网格可以很容易地实现区域的边界拟合，适于流体和表面应力集中等方面的计算。它相对于非结构化网格具有网格生成的速度快，网格生成的质量好，数据结构简单的特点。对曲面或空间的拟合大多数采用参数化或样条插值的方法得到，其区域光滑，与实际的模型更容易接近等优点。为排除网格因素干扰，提高计算精度，对全过流系统采用正交性较好的结构化网格。本计算中除了活动导叶区域外其余流体计算域均采用结构化网格进行空间离散。全过流系统结构网格划分如图 8-10 所示。为便于采用动网格方法来模拟水泵水轮机甩负荷过程中活动导叶的动态关闭过程，对活动导叶区域采用如图 8-10 (g)所示的混合网格进行空间离散。

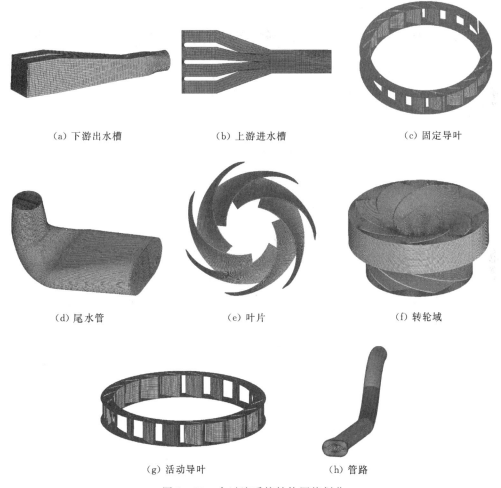

(a) 下游出水槽　　　　　　(b) 上游进水槽　　　　　　(c) 固定导叶

(d) 尾水管　　　　　　(e) 叶片　　　　　　(f) 转轮域

(g) 活动导叶　　　　　　(h) 管路

图 8-10　全过流系统结构网格划分

在 CFD 数值计算中，空间网格数对计算的准确性影响较大。为了确定出合理有效的计算网格数，对活动导叶开口下的全过流系统计算域绘制了网格数约 500 万～1200 万的 7 套计算网格，采用压力进出口边界条件进行定常计算，经网格无关性检验后，最终确定网格总数为 789 万一套网格进行后续的水泵水轮机甩负荷过程瞬变流计算。各部件网格数量见表 8-1。

表 8-1			各 部 件 网 格 数 量			
区域	蜗壳	固定导叶	活动导叶	转轮	尾水管	全部流道
节点数/个	502458	812354	627430	1665861	635841	6812875
网格数/个	693658	830354	1186420	1685214	636145	7895614

整个甩负荷过渡过程模拟在 Fluent 16.0 软件平台上完成，选用 Realizable $k-\varepsilon$ 湍流模型对控制方程进行封闭，采用有限体积法离散方程组，方程组中压力项采用二阶中心差分格式，对流项、湍动能以及耗散率均采用二阶迎风格式，近壁处用壁面函数处理，应用 SIMPLEC 方法对流场进行联立求解。模型不同区域间用 interface 连接，用滑移网格技术处理转轮旋转区域。时间步长取 0.005s，每个时间步长迭代 20 次。

8.3.2 抽蓄电站 A 6 号机组甩 100％负荷过渡过程分析

本节根据现场机组甩负荷实验相关数据选取了初始活动导叶角度 $\gamma=25.5°$，试验上游水位 404.70m，下游水位 290.38m。模拟过程中，0s 时刻机组进行甩负荷开始，活动导叶开始关闭，活动导叶关闭规律见表 8-2。

表 8-2		活 动 导 叶 关 闭 规 律		
甩前开度	导 叶 关 闭 时 间/s			拐点开度
	第一段	第二段	总时间	
78.91％	4.8	33.0	37.8	59.96％

8.3.2.1 机组甩负荷动态外特性计算分析

在水泵水轮机甩负荷过程的数值模拟过程中机组转速的准确计算至关重要。因而本文就将甩负荷过程中机组外特性参数变化的相对值计算结果与试验值变化的相对值进行比较，如图 8-11 所示，图中"Exp"表示试验值，"Simul"表示模拟值。甩负荷数值计算转速变化曲线与试验值吻合度较高，由此可见水泵水轮机甩负荷过程 CFD 计算结果具有一定的可信度，可以用于预测甩负荷过程水泵水轮机的相关性能。

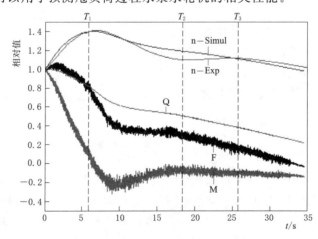

图 8-11　甩 100％负荷外特性参数变化

抽蓄电站 A 6 号机组 0s 时刻机组甩负荷开始，机组处于飞逸过程转速迅速升高，甩负荷开始至 $T_1=6.51s$ 时刻机组达到飞逸转速为 280.04r/min，转速上升率 40.02%，与现场试验所测值 41.54% 较接近，此时转轮叶片所受的瞬时轴向力 F_z 与瞬时水力矩 M 分别为 3127.226kN（方向竖直向下）和 313.97kN·m（方向与转轮转向相反，时均值趋于 0），瞬时流量为 118.93m³/s。之后 $T_1 \sim T_2$ 时段转轮转速下降，机组处于制动过程，可以观察到叶轮所受到的水力矩先反向增大之后减小趋近于 0；而机组流量变化源于导叶关闭与转速上升两方面因素，流量减小较快，短时间内甚至会引起倒流现象；由于转轮流道狭长，相应离心力较大，即使在水轮机方向旋转，也存在部分水泵作用，产生阻止水流进入转轮的作用力，当转速达到飞逸时，离心力急剧增大，尽管接力器行程不大，但流量变化率明显高于其他时段，产生较剧烈压力波动，因此该时段内转轮转矩波动幅值明显。

8.3.2.2 机组甩负荷活动导叶水力矩计算

计算过程每个时间步长监测一次各个导叶所受的合水力矩数值（采集频率 200Hz），通过数值计算监测得到甩负荷过程 20 个活动导叶所受水力矩变化，如图 8-12 所示，可以看到整个甩负荷过程中导叶水力矩方向基本都与导叶关闭转向相反，变化规律基本一致，但都存在数值大幅度剧烈震荡变化现象，这是由于机组甩负荷过程中活动导叶关闭，导叶区域瞬态内流特性复杂且不稳定，翼型两侧流动压差变化剧烈引起导叶合力矩大小方向以及作用点的瞬时变化。甩负荷发生时，水力矩波动幅度增加，当机组转速接近飞逸转速时，水力矩出现瞬时最大值，通过对比可以发现，导叶 3 水力矩监测相对其他导叶最大瞬时数值较大，约为 80kN·m，其余导叶瞬时水力矩最大值均在 70kN·m 左右，活动导叶相对于蜗壳的位置以及水流流态受蜗壳形状变化是造成各个导叶水力矩数值变化大小不完全一致的主要因素；进入制动过程后，水力矩震荡减小，伴随机组转速降低流量减小，各导叶水力矩基本维持相对稳定变化，幅值呈现减小趋势。为明确甩负荷过程中活动导叶水力矩数值变化趋势，将所监测到水力矩进行时均化处理，每隔 20 个步长数值进行时均化，所得到的水力矩时均变化曲线如图 8-12 所示，可以看到时均处理后的各导叶水力矩随时间变化规律较为明显并且平均值远小于瞬时最大值。

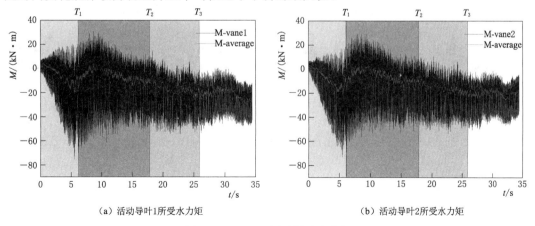

（a）活动导叶1所受水力矩　　　　　　　（b）活动导叶2所受水力矩

图 8-12（一）　活动导叶水力矩

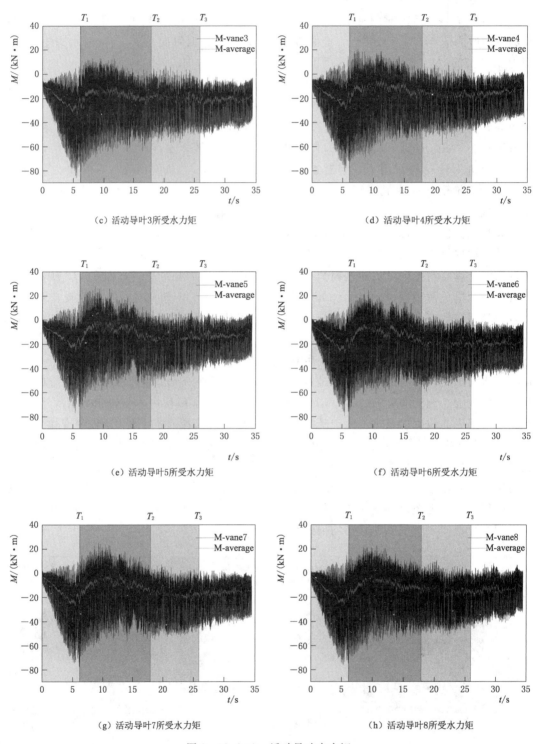

（c）活动导叶3所受水力矩

（d）活动导叶4所受水力矩

（e）活动导叶5所受水力矩

（f）活动导叶6所受水力矩

（g）活动导叶7所受水力矩

（h）活动导叶8所受水力矩

图 8-12（二） 活动导叶水力矩

248

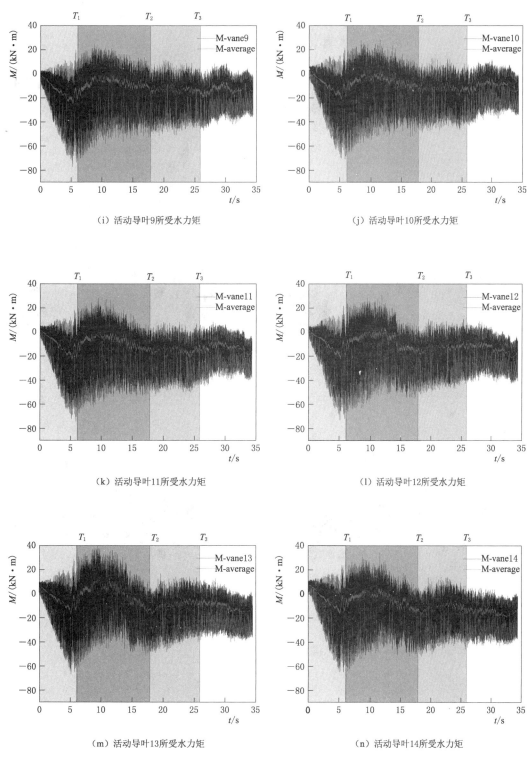

（i）活动导叶9所受水力矩

（j）活动导叶10所受水力矩

（k）活动导叶11所受水力矩

（l）活动导叶12所受水力矩

（m）活动导叶13所受水力矩

（n）活动导叶14所受水力矩

图 8-12（三） 活动导叶水力矩

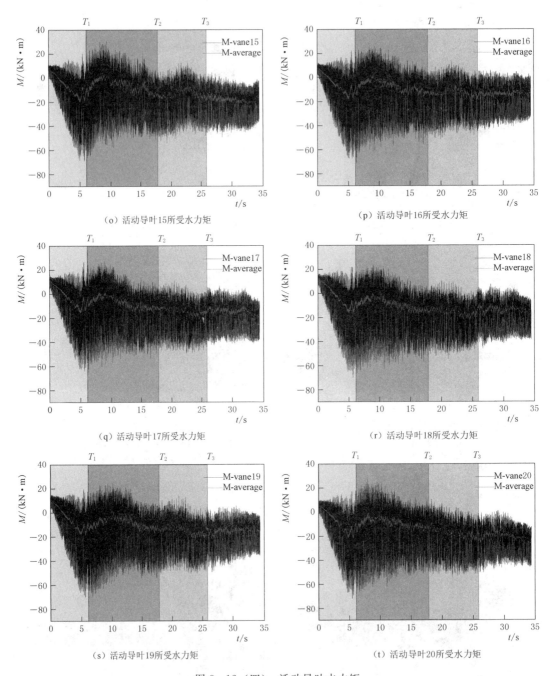

（o）活动导叶15所受水力矩

（p）活动导叶16所受水力矩

（q）活动导叶17所受水力矩

（r）活动导叶18所受水力矩

（s）活动导叶19所受水力矩

（t）活动导叶20所受水力矩

图 8-12（四） 活动导叶水力矩

8.3.2.3 机组甩负荷测点静压变化

6 号机组甩 100％负荷测点静压变化如图 8-13 所示，图中"Exp"表示试验值。通过图 8-13（b）可以看到蜗壳进口处测点 3 与试验所测数值变化规律较为吻合，进一步证明数值模拟的可信性。而造成曲线拟合不完全一致的主要原因可能是采样频率和采样点的选取不完全一致。

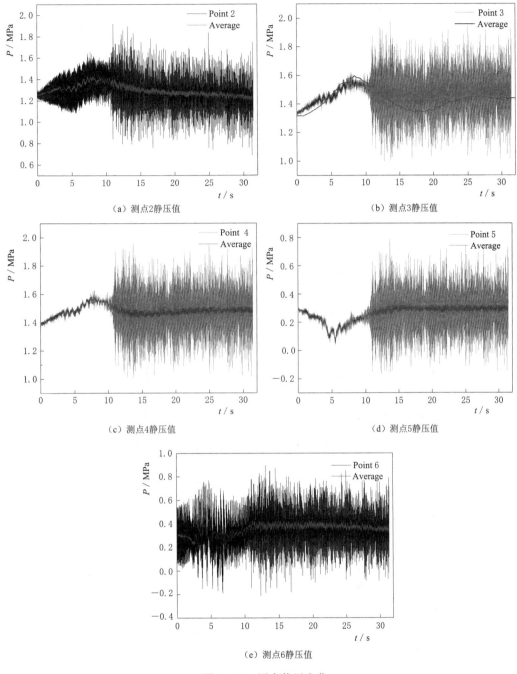

（a）测点2静压值 （b）测点3静压值

（c）测点4静压值 （d）测点5静压值

（e）测点6静压值

图 8-13　测点静压变化

通过对比图 8-11、图 8-13（b）可以看到较高的转速伴随着较大的压力脉动，最高转速时开度较大，压力脉动相对较大，持续约 3～5s，并且机组飞逸后（力矩为 0 的 6.51s 时刻附近）进入反"S"不稳定区域，机组转速微小变化也会引起流量较大幅度改变，而导叶关闭规律及上下游水库压力波动反射减压波对机组段影响相对较小，由此带来了大幅度的压力变化导致蜗壳末端测点 3 压力出现峰值。

将其余测点进行时均化处理后可以较清楚地观测到甩负荷过程各测点静压值随时间变化规律，其中尾水管进口处截面因存在真空涡带变化消散导致不同位置测点静压变化规律不尽相同，靠近断面中心位置静压值相对较小，外缘侧则变化相对剧烈。

8.3.2.4 机组甩负荷动态内流特性

1. 活动导叶区压力及流速变化

图 8-14 为甩负荷过程活动导叶速度矢量图，机组甩负荷后活动导叶关闭，过流面积减小流量降低，可以看到导叶外侧区域流速呈现递减趋势；但伴随甩负荷过程转轮转速的增加，活动导叶靠近转轮域侧流速增加，形成旋水环，导叶两侧压差增大，随着无叶区域增大，动静干涉剧烈，引发测点静压数值剧烈波动，但随导叶开度减小，转轮所受阻力矩影响，转轮转速下降，无叶区水流流速降低，静压波动减小。

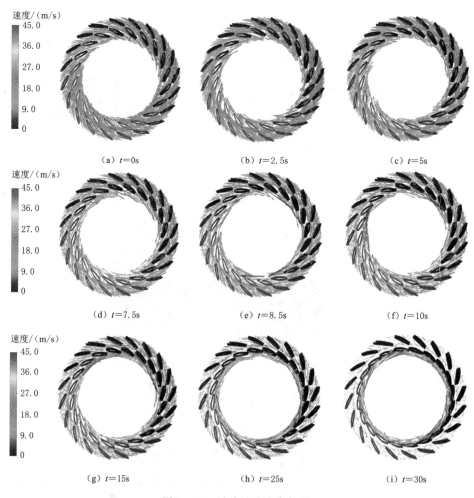

图 8-14 活动导叶速度矢量

导叶关闭过程，随着机组转速与流量的变化导致导叶内外侧压力发生相应改变，通过图 8-15 可以看出甩负荷发生后，因关闭过程中导叶位置发生改变，导叶受水压力作用面

252

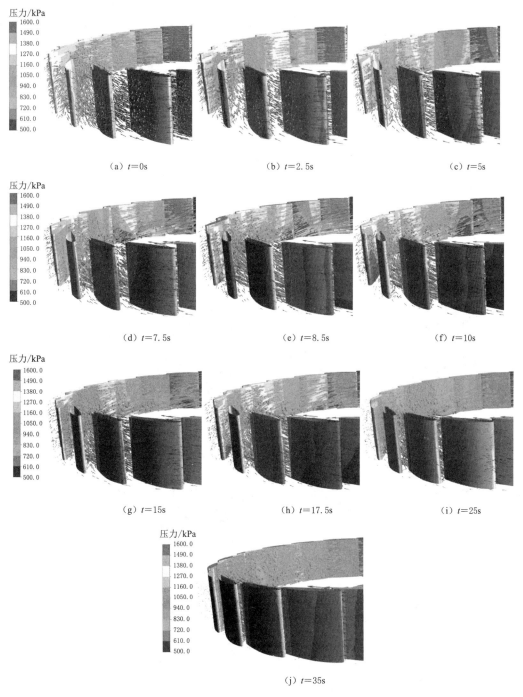

（a）t＝0s　　　　　　　　（b）t＝2.5s　　　　　　　　（c）t＝5s

（d）t＝7.5s　　　　　　　　（e）t＝8.5s　　　　　　　　（f）t＝10s

（g）t＝15s　　　　　　　　（h）t＝17.5s　　　　　　　　（i）t＝25s

（j）t＝35s

图 8-15　活动导叶区压力云图

位置发生变化，伴随水流流速降低，水体的动能转化为压力能作用在导叶外侧区域，致使导叶外侧压力明显升高；流量转速以及导叶相对位置的瞬时变化导致活动导叶冲角增加，导致水流直接撞击翼型外侧，使得导叶外缘靠近进水边出压力增大。通过对比图 8-11 可知，甩负荷进入制动区，导叶受压升高，水力矩波动增加；至25s后则因转速和流量的降低，动能减小，导叶内侧区域压力相对增加，导致水力矩数值变化相对稳定，可以看到进入制动区后活动导叶压力呈现较大周期的波动变化。

2. 中心截面内流变化

通过观察甩负荷过程中心截面湍动能变化图8-16可以看出，甩负荷发生后，伴随转速升高，流态变化，湍流强度由叶片压力面中心流域处逐渐增大。而当机组达到飞逸转速时（6.51s），湍流强度并非到达极值，而是存在于进入反水轮机工况1s左右时；可以看到叶片进水边处湍流强度相对较大，这是因为机组转速流量的降低以及活动导叶关闭过程中出水角的改变影响到转轮入流角的变化，形成脱流，并且转轮外缘侧周向流速较大，导致叶片靠近进水区域流道湍动能较大，但随后伴随转速流量的持续下降，湍流强度逐渐降低。

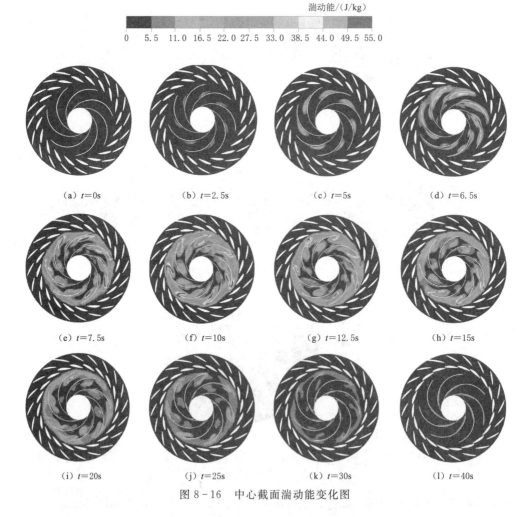

图8-16 中心截面湍动能变化图

中心截面涡核分布图如图8-17所示。由图8-17可见，甩负荷发生后，无叶区附近涡核分布略有减小；而通过涡核变化趋势可以看出，涡核发生于叶片吸力面靠近出水边一侧，因水泵水轮机转轮尺寸较大，叶片流道相比于常规水轮机转轮较为狭长，因此伴随转速升高，即使处于水轮机工况，但依旧存在显著的水泵离心作用，涡核受离心作用影响逐渐向转轮进口扩散，但因流量转速的瞬时变化，水流流向抑制涡核向无叶区扩散，在转轮力矩趋于0的时刻（$t=6.51s$），涡核在叶片流道内出现破碎，逐渐向叶片进口处发展分布，逐渐堵塞流道且现象随时间变化愈加明显，而涡核破碎过程伴随的能量变化刚好与前面的转轮水力矩、轴向水推力外特性以及活动导叶水力矩的剧烈脉动区域及压力脉动的高幅值或高强度区域（图8-11、图8-12和图8-13）相对应，由此可以断定甩负荷过程中转轮和活动导叶水力矩水泵水轮机的外特性和压力脉动的动态不稳定特性是由转轮域至无叶区的大量涡核发展分布对应的特殊流动导致的；而旋涡伴随转轮也以一定的角速度转动，形成旋转失速现象，引发转轮内部流量分布极为不均匀，并造成流道阻塞流量减小，转轮受力呈现非对称性，诱发转轮乃至整个机组水力激振，可能导致叶片及相关部件疲劳断裂情况发生，失速涡中心产生的低压区造成转轮出口的周期性横流流动对主轴也有一定冲击；且伴随涡核破灭耗散，对导叶内侧压力变化产生较大影响，可以看到图8-15导叶内侧压力梯度变化较大，致使导叶水力矩变化波动幅值较大。

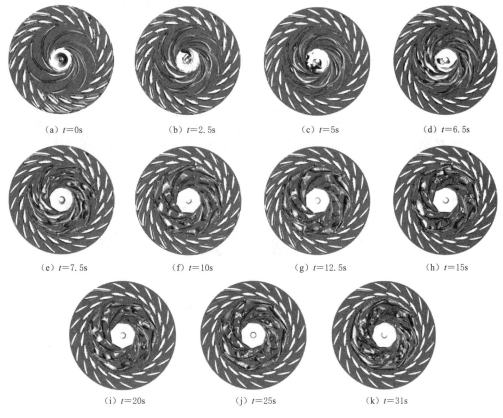

(a) $t=0s$　　　　(b) $t=2.5s$　　　　(c) $t=5s$　　　　(d) $t=6.5s$

(e) $t=7.5s$　　　　(f) $t=10s$　　　　(g) $t=12.5s$　　　　(h) $t=15s$

(i) $t=20s$　　　　(j) $t=25s$　　　　(k) $t=31s$

图8-17　中心截面涡核分布图

3. 叶轮内流变化

通过转轮纵截面流线变化图8-18可以看出，甩负荷发生后，转轮出水边脱流现象明显，率先诱发涡旋流动，随后伴随转轮高速转动下的水泵效应漩涡逐渐向转轮流道区域扩展耗散直至无叶区，漩涡的发展演变伴随着大量的能量转换，转轮叶片受力稳定性差，引发水力激振，这也是引起转轮以及导叶水力矩波动变化的原因之一。对于叶片，出现旋转失速后，流动在叶片背面存在分离，叶片正面受到水流的冲击，旋涡初生于叶片背面。因此在制动工况下，叶片将承受较大的交变应力，这对叶片强度及表面材料都提出了更高的要求。

通过对比图 8 - 18 可以看出，从转轮流道流线分布可以看出约从 $t=10$s 时刻开始叶片流道涡核发展破碎延伸到转轮出口，造成活动导叶出口形成涡核占据无叶区，这种涡旋会压缩过流区间，使得水流被迫从导叶出水侧以极高的流速冲击到叶片的压力面，这也是叶片压力面以及活动导叶内侧面区域形成局部高压的原因。随着时间演进，转轮叶片内的流线愈发紊乱，叶片背水面进口形成回流涡的结构越来越大，整个涡的纵向尺寸占据了流道的 $1/2 \sim 2/3$，使得主流被更多地挤向转轮上冠下环区域，而这些涡旋的阻塞流动是造成水泵水轮机反"S"区特性和机组振动的一个重要原因。

而机组进入飞逸转速代表着甩负荷进入反"S"区，此时导叶相对开度较大，水流与转轮叶片进口间有较大冲角，参照图 8 - 16 可以看出，狭长的转轮叶片产生的较大离心力，使得在活动导叶和转轮进口的无叶片区域形成的旋水环，大大阻碍了进入转轮的流量；同时，导叶低压面少量涡形成脱流，转轮叶片低压面延伸到相邻叶片高压面附着的较大的涡，以及在叶片尾部脱流产生二次涡，都使得流量减小。

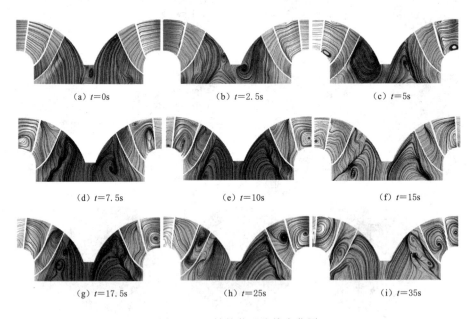

(a) $t=0$s   (b) $t=2.5$s   (c) $t=5$s

(d) $t=7.5$s   (e) $t=10$s   (f) $t=15$s

(g) $t=17.5$s   (h) $t=25$s   (i) $t=35$s

图 8 - 18 转轮截面流线变化图

受水流冲击作用，转轮叶片压力大小沿径向向内侧呈逐渐递减变化，伴随甩负荷开始，转轮叶片压力面变化集中在上冠叶片出水边处，这是由于出叶片水边脱流诱发漩涡产生，集中在转轮出水侧区域导致涡旋分布影响叶片压力变化；而甩负荷过程冲角的改变导致叶片进水侧出现局部低压区,引发进水流道涡旋流的产生。

而甩负荷发生后,由于漩涡的产生发展使流场的压力变化直接作用于叶片吸力面侧,导致叶片吸力面一侧压力变化较为显著(图8-19)。伴随涡旋的扩展,无叶区及导叶内部出现涡阻滞流动,局部高压向叶片内部发展范围扩人,这种叶片进口高压区会逐渐在所有叶片上出现,且逐渐向转轮内部延伸,使得转轮内部出现了明显的高压区与低压区的分界。

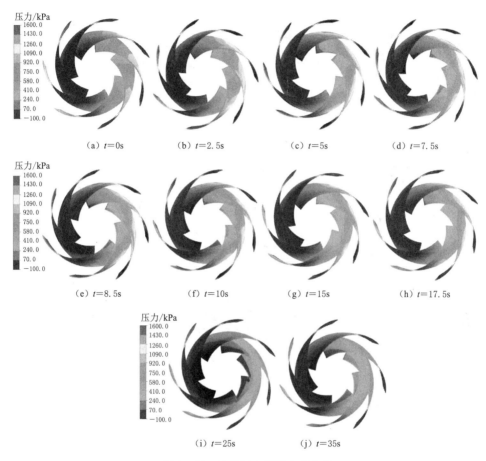

图8-19 叶片压力面压力变化图

通过图8-20叶片吸力面压力变化图可以看到,甩负荷发生后,低压区明显增多,且呈现周向不均匀分布,集中分布在靠近叶片出水侧;并且25s前后出现压力分布整体骤降现象,这可能是因为甩负荷过程中机组转速流量的变化引起流场复杂变化导致水击现象的产生。

机组达到飞逸转速后进入制动区,此时活动导叶开度依旧较大,由于转速和流量的减少使得机组转轮进口冲角瞬时增大率大于活动导叶出水角的降低率,水流在叶片吸力面进水侧靠近叶缘处发生撞击形成高压,在叶片压力面进水侧叶缘处出现脱流产生负压,转轮叶片受力变得极为不均匀容易引起疲劳破坏,但伴随转速流量的降低以及活动导叶出水角的改变,高压区逐渐减小。

而转轮进出口存在的这些脱流在部分流动内逐步发展成面积较大的环流，造成流道拥塞。水流被迫流向其他流道，引起流量的重新分配，进而导致转轮的转动矩、转速的波动以及运行的不稳定。这点可以根据活动导叶流道内的流态变化得到进一步的解释，当活动导叶部分流道内出现涡流时，流道间的流量同样会重新分配，由此初步判断将导致活动导叶所受水力矩产生波动，进而引起导叶开度出现波动（这需要在结构设计时采取相应的措施，以保持导叶开度），加剧转速的波动。

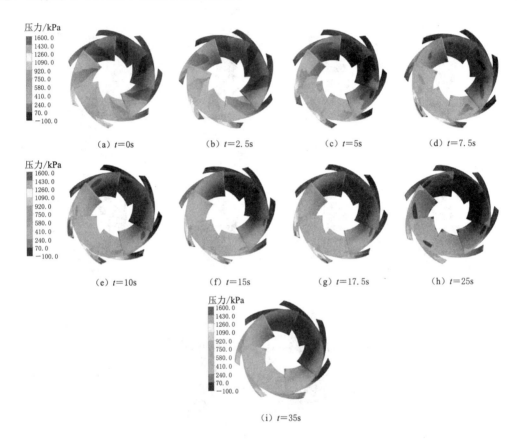

(a) $t=0s$ (b) $t=2.5s$ (c) $t=5s$ (d) $t=7.5s$

(e) $t=10s$ (f) $t=15s$ (g) $t=17.5s$ (h) $t=25s$

(i) $t=35s$

图 8-20　叶片吸力面压力变化图

4. 尾水管流态变化

进一步分析尾水管处内流特性，通过图 8-21 尾水管内流变化图可以看到，机组甩负荷过程转速的增加使得转轮出口环量增加，可以看到 5s 前后尾水管进口处产生较大的偏心旋转涡带，涡带的形成引起直锥段出现较大面积负压区域，引起测点 6 的压力脉动是由转轮与尾水管动静干涉和涡带变化共同决定的，振动幅度较大，不利于机组的安全稳定运行，但机组达到飞逸转速后，涡旋流动伴随着尾水管压力变化逐渐趋于平稳；水流经旋转转轮以一定速度环量进入尾水管，但由于支墩的隔绝作用，可以看到甩负荷过程尾水管支墩两侧流道流态呈现非对称流动。

本研究采用涡旋强度评判标准——Q 准则（Q-criterion）进行流场涡量采集。

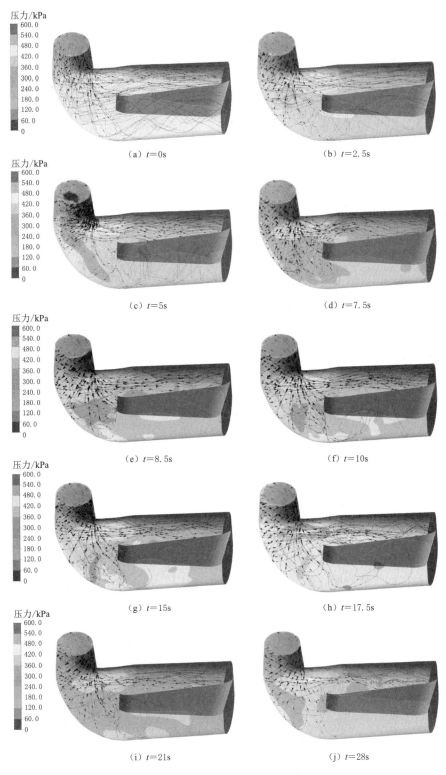

图 8 - 21（一） 尾水管内流变化图

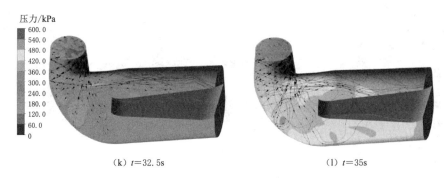

(k) $t=32.5\text{s}$　　　　　　　　　　　　　(1) $t=35\text{s}$

图 8-21（二）　尾水管内流变化图

对于速度张量，可表示为矩阵形式，即

$$C=[C_{ij}]=\begin{bmatrix} c_{11} & c_{12} & c_{13} \\ c_{21} & c_{22} & c_{23} \\ c_{31} & c_{32} & c_{33} \end{bmatrix}=\begin{bmatrix} \dfrac{\partial u}{\partial x} & \dfrac{\partial u}{\partial y} & \dfrac{\partial u}{\partial z} \\ \dfrac{\partial v}{\partial x} & \dfrac{\partial v}{\partial y} & \dfrac{\partial v}{\partial z} \\ \dfrac{\partial w}{\partial x} & \dfrac{\partial w}{\partial y} & \dfrac{\partial w}{\partial z} \end{bmatrix} \tag{8-25}$$

其特征值满足特征方程

$$\lambda^3+P\lambda^2+Q\lambda^2+R=0 \tag{8-26}$$

其中

$$P\equiv-tr(C)=-\nabla\cdot u=-(c_{11}+c_{22}+c_{33}) \tag{8-27}$$

$$Q\equiv\frac{1}{2}[P^2-tr(CC)]$$

$$=(c_{22}c_{33}-c_{23}c_{32})+(c_{11}c_{22}-c_{12}c_{21})+(c_{33}c_{11}-c_{13}c_{31}) \tag{8-28}$$

$$R\equiv\frac{1}{3}[-P3+3PQ-tr(CCC)]$$

$$=d_{11}(d_{23}d_{32}-d_{22}d_{33})+d_{12}(d_{21}d_{33}-d_{31}d_{23})+d_{13}(d_{31}d_{22}-d_{21}d_{32}) \tag{8-29}$$

速度梯度张量特征值表达式中第二个不变量即为 Q 准则中的 Q 值。研究以 Q 准则为评判标准进行等涡量面判断，通过对比涡流核心强度在求解区域占内前 0.2%（即 $CQ=0.002$）与前 0.5%（即 $CQ=0.005$）两种参数下的尾水管涡带与流线的拟合程度，发现采用 $CQ=0.002$ 具有更好的拟合度。因此，在对涡旋特性的研究中，均以 Q 准则为涡量评判标准且 $CQ=0.002$ 时的等涡量面作为涡旋特性的分析基础。

尾水管涡带演变图如图 8-22 所示。通过图 8-22 可以看到机组处于稳态运行工况时，受上冠的锥形结构影响，尾水管直锥段形成正压螺旋涡带，并且转轮出水侧靠近管壁位置伴随产生片状涡带；甩负荷发生后，随着飞逸过程的进行，机组转速越来越高，尾水管进口环量逐渐增大，尾水管进口处有涡旋产生，随着飞逸进行形成多个低速回流区并向下游传播的同时又反作用于转轮叶片吸力面一侧引发吸力面侧压力波动变化；随着进口环量的增加，正压涡带逐渐减小脱落消失，片形涡带体积逐渐增大延伸粘连沿直锥管壁分布呈现管状形态；涡核半径逐渐增大，涡旋向两侧管壁靠近发生撞击，容易引起振动。伴随转速继续升高，流量降低，转轮搅水愈加剧烈，涡带压力逐渐减小，管状涡带体积逐渐减小的同时伴随着直锥段中心螺旋反向螺旋负压涡带的产生；而当机组达到飞逸转速（6.51s）后

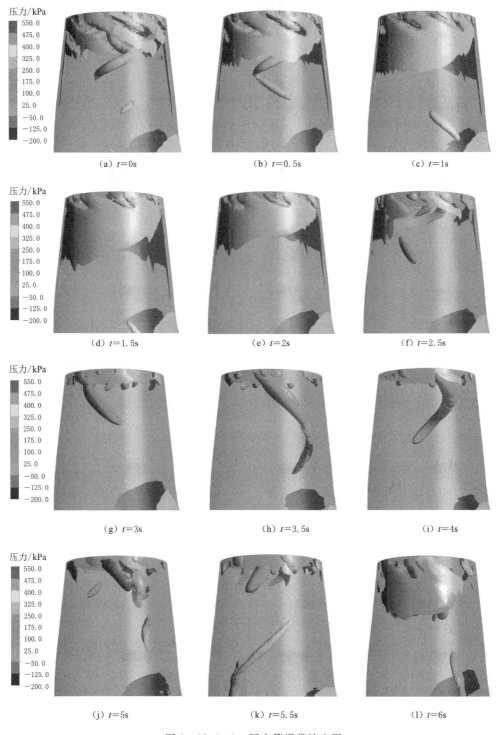

图 8 - 22（一） 尾水管涡带演变图

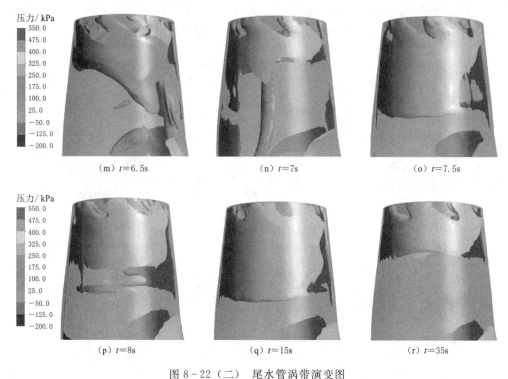

图 8 - 22（二） 尾水管涡带演变图

1s 之内，直锥段涡带演变，涡态较为混乱，正负压力涡带交替，涡带出现粘连黏合，这说明管边壁片状涡带中存在能量较强螺旋锅结构，但伴随甩负荷发展最终中心涡带消失，只存在管状涡带，但螺旋涡带能量相对于上一时刻的螺旋涡带能量较小，这说明涡带的形态在进一步转化，能量在进一步转移。

8.4 抽水蓄能电站水泵工况断电停机三维过渡过程

抽水蓄能电站在水泵工况正常运行时如果突然断电，转轮失去动力，扬程和流量迅速降低，继而会发生水流倒流、转轮反转等现象，它是抽水蓄能电站最危险的过渡过程之一。为了降低事故危害，出现这种情况时一般会将活动导叶紧急关闭，使机组迅速停机。本计算即采用三维湍流数值研究方法对上述过渡过程进行研究，分析外特性参数和测点压强变化规律，探讨内部流场变化机理。

8.4.1 研究对象

根据抽水蓄能电站 B 相应设计资料，本电站建立了电站全过流系统几何模型，它包括上下水库（简化模型）、引水隧洞、高压钢管、调压井、尾水隧洞和水泵水轮机组等部件，全过程系统几何模型如图 8 - 23 所示。引水系统与尾水系统分别采用一洞两机和两机一洞的布置型式，调压井设在上游。引水隧洞、高压钢管和尾水隧洞长度分别为 1260m、190m 和 355m，内径分别为 9m、5.6m 和 10m。

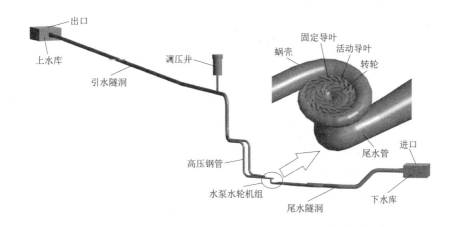

图 8 - 23　抽水蓄能电站全过流系统几何模型

如图 8 - 22 所示，该电站机组采用蜗壳式引水室、双列导叶、混流可逆式转轮和窄高型尾水管，旋转部分转动惯量 $J=4825000\text{kg}\cdot\text{m}^2$，泵工况额定转速 $n_r=250\text{r/min}$。机组结构参数见表 8 - 3。

表 8 - 3　　　　　　　　　　水泵水轮机组结构参数

转轮直径 D_1/m	叶片数/个	活动导叶数/个	固定导叶数/个	导叶高度 b_0/m
3.57	9	20	20	0.794

水泵工况断电停机过渡过程初始流量 $Q_0=140\text{m}^3/\text{s}$，初始扬程 $H_0=205.00\text{m}$，初始导叶角度 $\gamma_0=23.75°$（相对开度为 75%），调压井初始流量 $Q_{c0}=0\text{m}^3/\text{s}$，此时输入功率 $P_0=306\text{MW}$，计算可得叶片阻力矩 $M_0\approx11.7\times10^6\text{N}\cdot\text{m}$。

导叶关闭规律为

$$\Delta\gamma_n=\begin{cases}0.01674\Delta t & t<22.95\text{s}\\ 0.023\Delta t-0.0007074t_{n-1}\Delta t & 22.95\text{s}\leqslant t\leqslant30\text{s}\end{cases}\qquad(8-30)$$

式中　$\Delta\gamma$——活动导叶旋转角度；

　　　　t——时间；

　　　　Δt——时间步长；

n、$n-1$——当前时刻和前一时刻物理量。

8.4.2　不同区域多数值模型耦合算法

研究对象设有调压井，其水面在过渡过程中肯定会发生波动，目前能够较准确追踪这种变化的三维数值模型不多，大多数专家学者选择 VOF 模型。为了既能保证抽水蓄能电

263

站各部件流场模拟结果的准确性，又能尽量提高计算速度，故提出一种新型算法——不同区域多数值模型耦合算法，即对调压井区域采用 VOF 多相流模型进行模拟，在其余区域则采用单相流模型，速度、压强等物理量通过共同交界面实时传递。

交界面物理量的传递规律为

$$\varphi_n^1 = \beta\varphi_n^2 + (1-\beta)\varphi_{n-1}^2 \qquad (8-31)$$

式中 φ——压强、速度等物理量；

    1 和 2——表示不同模型；

 下标 n、$n-1$——时间步数；

       β——松弛因子，此处 $\beta=0.9$。

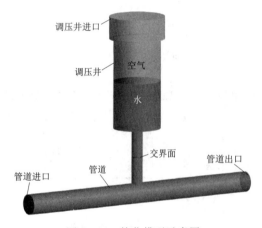

图 8-24   简化模型示意图

为了验证不同区域多数值模型耦合算法的精度和可靠性，首先建立了一个如图 8-23 所示的由调压井和一小段水平直管组成的简单模型；然后，给定相同的边界条件，分别用 VOF 模型和不同区域多数值模型耦合算法对相同的过渡过程进行模拟；最后，比较两种算法交界面物理量的变化情况。模型初始状态如图 8-24 所示，边界条件如下：①调压井与大气相通，其进口压强为 0；②水平管道进口的水流量为 $100\text{m}^3/\text{s}$；③出口流量按照图 8-25 曲线所示规律变化。

图 8-26 显示，用耦合算法得到的交界面流量变化曲线略有波动，但与用 VOF 模型得到曲线基本吻合，最大误差在 5s 附近，为 1.32%。抽水蓄能电站空间规模远大于简化的调压井模型，耦合算法引起的误差对其余部分的影响可能会更小。因此，认为将不同区域多数值模型耦合算法应用到抽水蓄能电站过渡过程计算方法可行，能够得到较准确的结果。

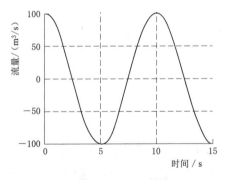

图 8-25   管道出口流量变化曲线

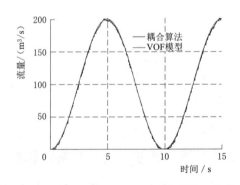

图 8-26   交界面流量变化曲线

8.4.3 计算无关性验证

除了边界条件和湍流模型之外，网格和时间步长也是影响非稳态数值计算的重要因素。相同条件下，网格数量越多，时间步长越小，计算结果的精度就会越高，但是由于计算机等硬件资源的限制，网格数量和时间步长尺寸不可能任意取值。一般情况下，只要它们对计算结果的影响能够控制在很小范围内，换句话说，也就是对研究的问题影响不大，就可以被接受。

8.4.3.1 网格无关性验证

为了保证网格数量的合理性，制订了 3 种网格划分方案，其网格单元总数分别为 250 万个、350 万个和 450 万个；然后，在相同的条件下分别对抽水蓄能电站泵工况断电停机过渡过程进行预计算；最后，将计算得到的机组转速变化和蜗壳进口压强监测值进行对比，如图 8-27 所示。发现网格数量不同对结果局部细节略有影响，但不改变整体趋势，并且方案二的结果与方案三非常接近。因此，综合考虑计算成本和结果精确度，选择方案二作为网格最终划分方法，各部件的网格单元数量见表 8-4。

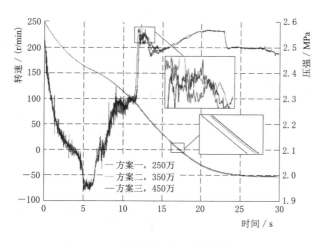

图 8-27　不同网格数量计算结果对比

表 8-4　　　　　　　　　　　　　方案二各部件网格单元数量

部件	上库	引水系统	调压井	蜗壳	导叶	转轮	尾水管	尾水系统	下库
网格单元数/10^4	9.4	48.1	25.3	41.5	65.7	71.5	48.6	32.1	9.4

8.4.3.2 时间步长无关性验证

基于网格无关性验证的结论，又对时间步长的影响做了探究，如图 8-28 所示，共采用了 3 种时间步长进行计算，分别为 0.02s、0.01s 和 0.005s。对比机组转速变化曲线，可以发现随着时间步长的减小，曲线之间的差距越来越小，说明计算结果已经越来越接近数值计算的"真实值"。为了能够更好地捕捉抽水蓄能电站泵工况断电停机过渡过程变化的细节，最终在时间步长为 0.005s 时计算的结果上进行深入分析。

8.4.4 结果与分析

8.4.4.1 模拟结果与实测数据对比

在机组段较有代表性的位置，设置了 3
个测点来监测瞬变过程中压强变化情况。如
图 8-29 所示，测点 1 位于转轮泄水锥下方
即尾水管进口断面中心；测点 2 位于活动导
叶和转轮之间；测点 3 位于蜗壳进口断面
中心。

为了验证数值计算结果的准确性，图
8-30 给出了上述测点压强和机组转速变化
模拟值与原型实测值的对比曲线。可以看到

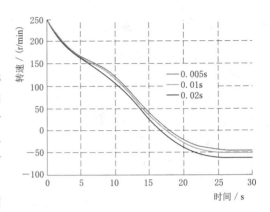

图 8-28 不同时间步长计算结果对比

测点的瞬时波动幅值差别较大，这可能是因为在模拟时忽略了水体密度变化和固体弹性形
变，或者原型实测数据夹杂了"干扰噪声"，但是两者曲线整体变化趋势基本一致，尤其
是转速变化曲线。因此，图 8-30 说明了数值计算结果具有一定的可靠性，基本能够反映
泵工况断电停机过渡过程的变化情况。

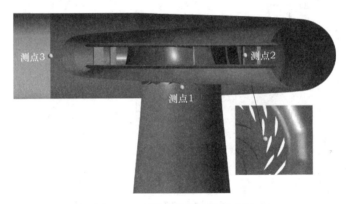

图 8-29 压强测点位置示意图

8.4.4.2 外特性变化规律分析

图 8-31 展示了计算获得的泵工况断电停机过程中部分特性参数变化的规律，相对值
等于瞬态值与相应初始值相比，其初始值大小为稳态工况计算所得。

如图 8-31 所示，抽水蓄能电站在断电停机过程中依次经历水泵工况、制动工况和水
轮机工况三个瞬态工况。刚开始电站与电网突然分离，机组失去动力，因此机组转速、扬
程、流量以及叶片力矩迅速下降，同时调压井的压力平衡也被打破，水流流出。

当时间 $t=6.4\mathrm{s}$ 左右，机组流量约为 0，标志着电站处于水泵工况和制动工况临界状
态，此时机组扬程和叶片力矩到达最小值。电站处于制动工况时，扬程和叶片力矩变化过
程可分为两个阶段：首先随着机组反向流量的升高而增大，并且在 $t=11.6\mathrm{s}$ 时产生突变，
表现为各自曲线上存在拐点，此时反向流量、叶片力矩和扬程均达到最大值；然后，叶片
力矩随着流量的降低而减小，而扬程逐渐恢复靠近初始值。当 $t=17.8\mathrm{s}$ 时，转轮旋转方

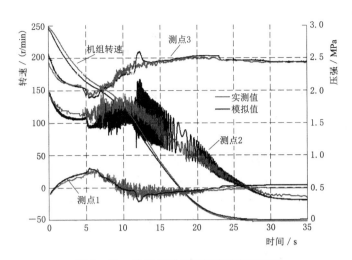

图 8-30 数值模拟与原型实验结果对比

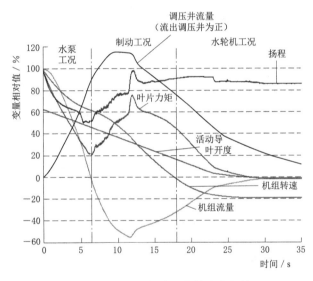

图 8-31 电站外特性参数变化规律

向发生改变，电站进入水轮机工况，机组转速在反向水流的推动下持续升高。当 $t=$ 22.95s 时，活动导叶关闭规律的改变对部分参数变化规律产生轻微影响，如扬程、叶片力矩和机组流量。当 $t=30$s 时，导叶几乎完全关闭，水流被切断，此时叶片力矩和机组流量均为零，机组反转转速达到最大值，为 43.8r/min。由于活动导叶关闭规律在最后阶段缓慢过渡，没有产生较大的水击现象。最后，机组段扬程的稳定值比初始值小 10% 左右，这可能是由于调压井此时水位较低，并且初始扬程中包含输水管道的水力损失。在整个模拟阶段，调压井水流流量虽然一直在变化，但始终流出调压井，因此其内部水面不断降低。

过渡过程中，叶片所受轴向力和径向力是影响电站安全的重要参数。叶片轴向力与径向力变化规律如图 8-32 所示。

267

（1）叶片轴向力变化在泵工况断电停机过程中：叶片轴向力在 $t=11.6s$ 改变方向前不断减小，方向始终向下；改变方向后虽然略有增加，最大值约为 0.9×10^6N，但是估计不可能大于机组转动部件重力，因此在泵工况断电停机过程中叶片轴向力的变化不会引起抬机事故。

（2）叶片径向力变化。当 $0s<t<5s$ 时，叶片径向力大小基本没有变化，而在 $5s<t<15s$ 时强烈波动，此时机组流量较小，而转速较高，并且电站主要处于制动工况。当进入水轮机工况时，叶片径向力很小，约等于0。

（3）叶片径向力分量变化规律。为了明确径向力方向变化规律，图 8-33 显示了不同时刻径向力在 X 方向和 Y 方向的分量，当 $0s<t<5s$ 时，叶片径向力主要偏向 $-X$ 方向，这可能是不均匀出流导致叶片受力不平衡造成的，其变化过程形成了一个类似"＞"的轨迹；当 $5s<t<15s$ 时，径向力方向具有很强的不确定性；当 $t>15$ 时，随着径向力数值的减小，代表不同时刻的数据逐渐集中于零点。

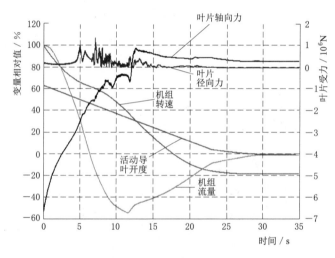

图 8-32　叶片轴向力与径向力变化规律

1. 测点压强波动规律分析

图 8-34 显示了上述测点压强随时间的变化规律，同时为了方便分析，保留了部分电站外特性参数变化曲线。

在水泵工况，由于转轮泵水能力变弱，测点 3 压强不断降低，在 $t=6s$ 左右达到最小值，据此可以推断蜗壳进口的压强在泵工况一直是减小的。进入制动工况后，测点 3 的压强呈上升趋势，并当流量曲线出现拐点时，即 $t=11.6s$ 时，产生一个阶跃突变，突变峰值为 2.63MPa。

在水轮机工况，由于活动导叶关闭规律改变，测点 3 压强产生了一个突变。与测点 3 类似，测点 2 的压强在泵工况也是一直降低的，不同的是在制动工况测点 2 压强呈现强烈的波动特点，并且波动频率与转速有关，其波动振幅在 $t=11.6s$ 时达到最大值（峰峰值约为 1MPa），随后持续减小。在整个过程中，测点 2 压强从刚开始的 2MPa 变为最后的 0.35MPa，变化范围最大。测点 1 整体的压强变化趋势与测点 3 的相反，即当蜗壳进口压

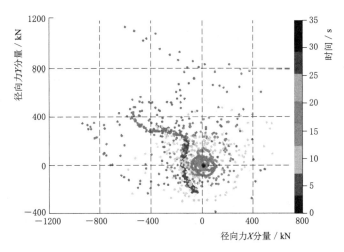

图 8 - 33　叶片径向力分量变化规律

强增大时，尾水管进口压强会减小；当蜗壳进口压强减小时，尾水管进口压强便会增大，说明导致压强变化的主要原因在测点 1 和测点 3 之间，即蜗壳进口和尾水管进口之间。

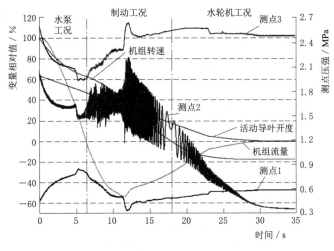

图 8 - 34　测点压强变化规律

2. 内部流场演变规律分析

抽水蓄能电站外特性的变化是内部流场演变的集中体现，以下将对各个部件流场变化过程进行分析。

如图 8 - 35（a）所示，因为在初始泵工况机组运行效率较高，所以蜗壳和导叶附近的流态较好，表现为水流规律有序，壁面压强均匀。随着时间的增加，水流向上游流动的趋势逐渐被强大的重力势能改变，当 $t=6.5s$ 时，机组处于泵工况末段，蜗壳和导叶附近的水流发生转向，如图 8 - 35（b）所示；在发生转向的临界时刻，水流处于近似失重状态，因此壁面压强较低。在制动工况，虽然流体压强波动较大，但是蜗壳内的水流方向依然整齐，如图 8 - 35（c）所示，说明造成流体压强波动主要原因不在蜗壳区域。当 $t=$

269

33s时，完全关闭的活动导叶阻断了水流流动，此时活动导叶上下游侧压差明显，同时由于惯性，在导叶之间形成了少量环流，如图8-35（d）所示。

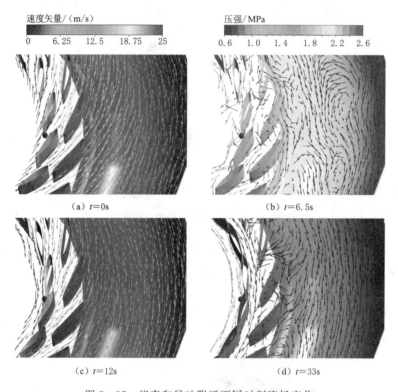

图8-35　蜗壳和导叶附近不同时刻流场变化

　　总体来看，蜗壳内的水流流速主要随着流量变化而变化，而水流压强则主要受相邻区域压强的变化影响。

　　转轮是最重要的过流部件，其内部流态的演变会影响整个抽水蓄能电站的过渡过程。图8-36（a）所示，在初始工况的转轮性能良好，叶片压力梯度均匀，水流涡量小。但是失去动力后，随着流量和转速等外特性的变化，转轮区域流态急剧恶化：当$t=6.5s$时，由于转轮内外的速度梯度较大，在转轮进口处形成涡流，如图8-36（c）所示；之后，机组流量改变方向，但是转轮的旋转方向仍然是逆时针，导致涡流进一步加强，水流和叶片之间存在强烈撞击，使叶片头部压力升高。水流在撞击叶片后，主要沿着叶片泵工况压力面流向下游，过高的流速使叶片中间段压强骤降，很可能会发生空化现象，如图8-36（d）和图8-36（e）所示。上述现象可能是制动工况典型的流动特征。随着反向流量的增加和导叶开度的减小，水流对叶片的冲角不断发生变化：首先，从锐角变为直角，在这个过程中，水流在叶片上的垂直分量不断增加，导致水流对叶片的撞击越来越强烈，如图8-36（c）～图8-36（e）所示，因此叶片阻力矩也越来越大；然后，从直角变为钝角，此时水流在叶片上的垂直分量不断减少，撞击越来越弱，叶片阻力矩也就越来越小，如图8-36（e）～图8-36（f）所示。同理，水流平行于叶片骨线的分量也会发生改变，当$t=12s$左右，由原来的向内流动变为向外流动，整个转轮的流动阻力瞬间增加，

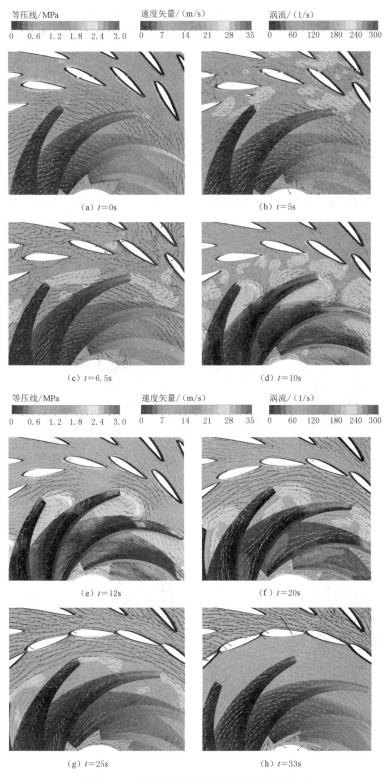

图 8-36 转轮和导叶附近不同时刻流场变化

形成水锤现象，表现为转轮上游侧压强突然升高，而下游侧突然降低，并且流量变化曲线上形成拐点，如图 8-34 所示。在水轮机工况，转轮与水流经过长时间的相互作用，在活动导叶全关后几乎保持同步旋转，最终叶片压强分布均匀，梯度较小，转轮内涡流也逐渐消失，如图 8-36（g）和图 8-36（h）所示，转轮区的能量损耗主要是水流与活动导叶和转轮室壁面的摩擦造成的。结合图 8-34 中测点 2 的压强变化规律和上述转轮区域流场变化过程，可以推断测点 2 的压强波动振幅主要与转轮与导叶之间的压强梯度有关，即压强梯度越大，脉动振幅越大；压强梯度越小，则脉动振幅越小。

尾水管虽然结构简单，但是由于它与转轮直接相连，因此其重要性不容忽视。当 $t=$ 0s 时，尾水管作为泵工况的引水部件，内部流线平顺，流速均匀，并且随着转轮吸水能力的减弱，其壁面压强逐渐升高，如图 8-37（a）和图 8-37（b）所示。在 $t=6$s 附近，电站处于泵工况和制动工况的临界状态，机组流量第一次变为 0，但是尾水管进口的水在

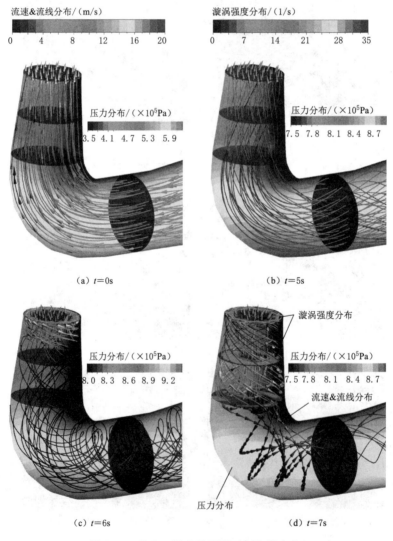

图 8-37（一）　尾水管不同时刻流场变化

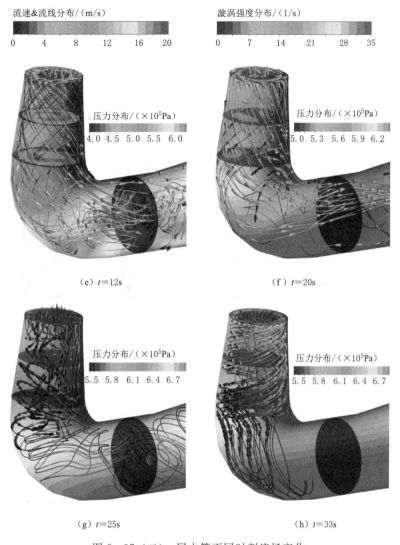

流速&流线分布/（m/s）

漩涡强度分布/（1/s）

压力分布/（×10⁵Pa）

压力分布/（×10⁵Pa）

（e）t=12s

（f）t=20s

压力分布/（×10⁵Pa）

压力分布/（×10⁵Pa）

（g）t=25s

（h）t=33s

图8-37（二） 尾水管不同时刻流场变化

转轮叶片的搅动下随之旋转，从尾水管外侧流入然后又从内侧流向转轮。随着反向流量的增加，叶片搅动的影响也不断深入，于是在尾水管直锥段形成了一个逆时针旋转的涡带，涡带中间存在回流，如图8-37（d）所示。当反向流量进一步增加时，转轮内形成的涡流就顺着叶道流入尾水管，如图8-37（e）所示，尾水管进口明显存在9股强烈涡流（转轮叶片数为9个）。这些涡流相互混合，使本来已经极不稳定的制动工况的流态更加复杂，并且制动工况转轮下游侧内会产生负水锤，因此此时尾水管内发生水柱分离的可能性较大。由图8-37（f）和图8-37（g）可知，当电站进入水轮机工况后，尾水管内的流态逐渐好转，一方面因为流量慢慢降低，另一方面壁面压强也逐渐恢复。即使水流流线比较凌乱，也不会对电站安全造成较大影响。当导叶完全关闭后，机组流量再次为0，此时尾水管直锥段存在顺时针转动的低速涡带，水平段水流近似静止，重力作用凸显，壁面压强呈层状分布，如图8-37（h）所示。

本计算模型中的调压井为阻抗式，波动周期为 200s 左右。由于刚开始机组上游侧压强减小，调压井与管道的平衡被打破，水流流出调压井，并且水流流出速率的改变与测点 1 的压强变化有关，例如当 $t=11.8s$ 左右，水锤现象使上游压强突然增加，同时调压井水流流出速度发生转折。由于模拟时间较短，调压井水面一直降低，如图 8 - 38 所示，到 $t=30s$ 时，水面已经降低了 6.9m。

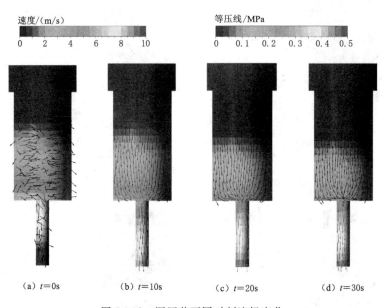

（a）$t=0s$　　　（b）$t=10s$　　　（c）$t=20s$　　　（d）$t=30s$

图 8 - 38　调压井不同时刻流场变化

8.4.5　小结

本节主要围绕抽水蓄能电站泵工况断电停机过渡过程展开相关研究工作，得到以下主要结论：

（1）不同区域多数值模型耦合算法解决了由于模型空间大、物理问题复杂等原因导致的单一数值模型无法准确模拟的问题，它既能提高计算速度，又能保证计算精度，尤其适用于过渡过程三维湍流数值研究，为数值计算方法的研究提供了新思路。

（2）将常规过渡过程三维湍流数值算法与不同区域多数值模型耦合算法相结合，对抽水蓄能电站全过流系统泵工况断电停机过渡过程进行研究，能够准确获得外特性的变化规律和内部流场的演变过程。

（3）抽水蓄能电站在泵工况断电停机过程中，会依次经历水泵、制动和水轮机瞬态工况，其内外特性变化剧烈，相互影响。由于水流对叶片冲角的变化，在制动工况机组反向流量最大时会发生水击现象，相应时刻转轮内涡流严重，叶片上局部高压和局部低压同时存在，有可能发生空化，叶片与导叶之间压力脉动强烈，蜗壳压强骤增，尾水管压强骤降，是整个过渡过程中最危险的时刻。

（4）不同位置的压强变化规律不同，其中活动导叶和转轮之间的压强变化范围最大，瞬时脉动最剧烈，其脉动频率与机组转轮有关，脉动幅值则与转轮和活动导叶之间的压强梯度有关。叶片轴向力整体呈减小趋势，水击现象会使其突然增加，而叶片径向力会在泵工况末期和制动工况有大幅波动，并且方向不定。

（5）根据上述研究结论，建议相关电站优化泵工况断电停机导叶关闭规律，使反向流量不要过大，避免结论（3）中的水击现象。活动导叶理想的关闭规律是在泵工况与制动工况临界状态，机组流量为 0 时恰好完全关闭。

第9章　抽水蓄能机组振动与分析

从 1882 年世界上第一座抽水蓄能电站建于瑞士苏黎世开始，抽水蓄能电站已经经历了一个多世纪的建设与发展。早期西欧国家发展比较迅猛，自 20 世纪 90 年代开始转移到亚洲，美国以及西欧等发达国家的增长速度明显放缓。我国的抽水蓄能电站发展从 1968 年建成的第一座岗南抽水蓄能电站开始，迄今为止，已经建成的抽水蓄能电站贯穿华东、南方、华北、华中等电网，分布在广东、浙江、江苏、安徽等省份。根据可再生能源发展"十三五"规划，要求我国抽水蓄能电站运行容量达 4000 万 kW，新开工装机容量 6000 万 kW。预计 2030 年装机容量达到 1.2 亿～1.4 亿 kW。届时，我国已投产的抽水蓄能电站将达到 31 座，共计 112 台机组，总装机容量达 2552.5 万 kW，我国的抽水蓄能装机容量将跃居世界首位。2020 年前已建及拟建的抽水蓄能项目见表 9-1。

表 9-1　　　　　　　　　　　2020 年前已建及拟建的抽水蓄能项目

地区	东北	华北	西北	华中	华东	华南	西南
项目数	14	35	7	7	732	14	4
总装机容量/MW	16100	37423	7600	6570	39570	19480	2492
已运行的电站数	2	10	0	3	11	6	2
已运行电站名称、单机容量/(MW×机组数)	白山电站 150×2；蒲石河电站 300×4	密云电站 11×2；十三陵电站 200×4；呼和浩特电站 300×4；岗南电站 11×1；潘家口电站 90×3；张河湾电站 250×4；泰安电站 250×4；西龙池电站 300×4；回龙电站 60×2；宝泉电站 300×4		黑麋峰 300×4；天堂 35×2；白莲河 300×4	溪口 40×2；天荒坪 300×6；桐柏 300×4；仙居 375×4；沙河 50×2；宜兴 250×4；溧阳 250×6；响洪甸 40×2；琅琊山 150×4；佛磨 80×2；响水涧 250×4	广州一期 300×4；广州二期 300×4；惠州 300×8；清远 320×4；深圳 300×4；仙游 300×4	寸塘口 1×2；羊湖 22.5×4

从国家的"三五"计划到"十二五"计划，我国抽水蓄能电站建设走过了一个起步→停滞→国外进口、引进→消化吸收→自主研发→积极发展的过程。与世界其他国家和地区相比，我国当前抽水蓄能电站投产数量和装机容量增长速度都取得了长足发展。仅 2021 年，就有敦化、长龙山、沂蒙及丰宁抽水蓄能电站等多台机组投产，加强了调峰能力，对改善电源结构和电网经济运行起到了很大作用。但是，近年来，抬机、扫膛、球阀自激振荡、水淹厂房、过流部件损害、机组和厂房振动等危险事故先后发生，严重影响了抽水蓄

能电站的安全稳定运行，在业内引起了对抽水蓄能电站主机设备稳定性和振动问题的极大关注。

抽水蓄能电站的设计和运行工况复杂，造成振动和噪声的原因众多，有机械、电磁、水力和流道系统以及水轮机和发电机结构等多种因素。因此，抽水蓄能机组振动和噪声问题的分析是一项异常复杂的工作，本章主要对机组机械振动、电磁振动和水力振动的常见类型进行阐述。

9.1 机 械 振 动

机械振动是由机械缺陷产生的机械不平衡力所引起的振动，是最常见的振动形式，其频率多为转频或转频的倍数。机械振动的类型主要包括：机组转动部件不平衡、弯曲或部件脱落造成的振动；机组不对中、法兰连接不紧或固定件松动造成的振动；固定部件与转动部件碰摩造成的振动；导轴承间隙过大或者推力轴承调整不良引起的转子不稳定运动等。对于各类不同装置型式和轴承结构的水力机组，机组各部位的振摆在不同额定转速下均有一个允许范围。如果超过阈值，不仅会引起机组动静碰摩、加速零部件磨损，严重时还会造成机组毁坏的特大事故。2009 年，俄罗斯萨扬-舒申斯克水电站发生的特大事故就是典型案例。8 月 17 日 8 点 13 分 2 号机组功率调节，进入不推荐运行工况区，水轮机顶盖轴承的振动振幅由 $600\mu m$ 增加到 $840\mu m$，远远超过允许振动阈值 $160\mu m$。但是电站未按照运行要求减负荷并停机，致使水轮机顶盖固定螺栓拉断，顶盖飞出，高压水流将发电机转子冲毁，水电站墙体损坏，水淹厂房，造成 75 人死亡，13 人受伤，经济损失约为 70 亿卢布（约 17 亿人民币）。

目前，机组常见的机械振动以及其原因见表 9-2。

表 9-2　　　　　　　　　　机 械 振 动 及 其 原 因

序号	振 动 状 态	振 动 原 因
1	机组空载低转速时产生振动	主轴弯曲或挠曲； 推力轴承调整不良； 轴承间隙过大； 主轴法兰连接不紧； 机组对中心不准
2	振动激烈，伴有声响	机组转动部件与固定部件相碰
3	随机组转速上升振动增大 （与负荷无关）	机组转动部分质量不平衡
4	随负荷增加振动增大	轴承间隙过大； 主轴过细； 轴的刚度不够

9.1.1 转动部件质量不平衡

水力机组的转动部件主要包括水轮机转轮和发电机转子。由于尺寸较大、材质不均、毛坯缺陷、加工装配误差等原因，转动部件存在一定的质量不平衡现象。一般机组产生较大的初始不平衡可能有以下原因：发电机转子部件脱落；转子组装不同心和安装不对中；转子热胀冷缩产生质量不平衡；发电机转子结构不合理等。

水力机组转动部件不平衡将产生不平衡的离心惯性力，该力的方向会随着机组旋转速度而变化，从而引起转子弓状回旋，增加轴承磨损，降低机组的效率，使得转动部件及整个机组产生振动。该不平衡离心惯性力越大，机组振动就越剧烈。此外，转子质量不平衡还会引起转子与定子之间的空气间隙及水轮机止漏间隙的改变，从而引起电磁和水力不平衡等继发反应，导致机组在开机—空载—加励磁—带负荷等过程中，振摆梯级增大。

发电机转子因原始质量不平衡引起的振动的特征是：特征频率为机组转频，振幅或相位变化很小，时域波形为正弦波，常伴频率较小的高次谐波，轴心摆动轨迹为椭圆。当转子因材质不均、转子热不平衡、转子热弯曲等因素引起振动时，机组振幅随机组转速变化比较明显，机组振幅与机组转速的二次方成正比，而且水平振动较大。此外，转子系统振动会随着质量偏心增加而相应增大。

某抽水蓄能电站安装有 6 台单机容量为 250MW 机组，水泵水轮机为立轴、单级混流水泵水轮机，型号为 HLNA1094 - LJ - 474；发电电动机为三相、立轴、半伞式、空冷、可逆式同步发电电动机，型号为 SFD250 - 20 /7500。2016 年 6 月 6 日机组调试期间多次启动实验过程中发现，机组在冷态状态下启动时初始摆度较小，连续运行 30min 后基本稳定。机组在热状态下启动时初始摆度较大，随后摆度爬升并稳定在一个较高水平。试验表明发电机转子初始不平衡质量较小，带负荷后随着发电机转子温度升高，发电机转子变形产生热不平衡，热不平衡质量与转子原始不平衡质量相位基本一致，摆度增大。后检查发现发电机转子励磁铜引线布置于键相位置 0°，铜引线总重达 245kg，在发电机转子下部 180°位置内筒留有一用于安装螺栓的进人孔，开孔去除质量达 175kg，两处位置设置不当，导致偏重过大，产生不平衡力达 58t，励磁铜引线与电机转子下部进人孔位置设置不当使发电机转子产生较大的原始质量不平衡，是机组产生振摆的根本原因。配重方案为在发电机励磁引线对面 180°位置发电机转子上部和下部均加重 100kg，配重后机组首次启动均能顺利升速至额定转速，经过 1~2 次精调后机组振动摆度均达到优秀水平。

9.1.2 大轴不对中

水轮机组轴系统的横向振动是主要的振动形式，径向的不平衡力是主要的动态载荷。根据一般的抗震结构设计要求，机组轴系统临界转速应高于工作转速 20% 以上。

水力机组的大轴多采用分段式对接，由于安装误差、承载后的变形以及基础的不均匀沉降等原因，用联轴节连接起来的两根轴中心线会存在一定的偏差，在法兰对接处会出现平行不对中、角度不对中和平行角度不对中等问题，容易引起机组的振动、轴承磨损、油膜失稳、轴的挠曲变形、转子与定子之间的碰摩等。

大轴不对中造成的振动特征是：当机组在空载低转速运行时，便会产生明显的振动，其特征频率为驱动轴的转频及转频的高倍频，尤其是二倍频。据统计，当二倍频振幅是转频振幅的 75%~150% 时，某一联轴节可能发生故障；当二倍频振幅超过转频振幅时，会对联轴节产生严重影响。

某抽水蓄能电站安装有 2 台单机容量为 60MW 的立轴、单级、混流可逆式机组，电动发电机为悬吊结构。该电站 1F 机组于 2005 年 12 月投入运行。2009 年 1F 机组 A 级检修时，处理了推力卡环，机组轴线基本达到国家标准 0.02mm/m 的要求。修后运行之初，机组上导摆度只有 0.20mm 左右，但经过一段时间机组运行，到 2013 年 11 月机组上导摆度已将近 0.50mm 左右，已严重超标。通过分析发现，1F 机组上导摆度异常增大的原因与大修中采用的校正机组轴线方法不合适有关。常规校正轴线的方法应处理推力头与镜板的配合面，而不宜采用研磨卡环的方式。但由于 1F 机组设计为推力头和轴间紧量配合，现场修磨推力头底面难度大、无法控制质量和工期，一直采用了研磨卡环的方式校正轴线。研磨卡环校正机组轴线，卡环与键槽配合接触面小，单位压强较大，同时该电站承担电网的调峰、填谷作用，机组启动频繁，机组长期运行轴线易于发生改变，从而引起机组摆度的增大。通过以上的分析，在机组检修中应做如下处理：机组轴线调整（包括大轴法兰处理），通过修磨推力头下平面调整机组轴线；按图纸要求重新加工并安装新卡环，盘车时除对导轴承位置设置百分表外，还应在各法兰面设置百分表，监测整个轴系旋转情况。经过处理后，通过调整上机架中心，使得机组固定部件中心基本满足国家标准要求（机组中心偏差小于 1mm），机组旋转中心与推力挡油圈中心基本一致。通过修刮推力头底平面调整机组轴线，大轴倾斜值为 0.0055mm/m，低于国家标准 0.02mm/m 要求。

9.1.3　转动部件和固定部件的摩擦

转动部件在旋转过程中主要承受离心力和电磁拉力，固定部件与机组基础相连，用于侧承受反作用力，进而约束转动部件。旋转机械在运行过程中，由于质量不平衡、热弯曲、不对中以及油膜、密封涡动等原因，导致转动部件与固定部件之间会产生摩擦。比如当转轴轴线偏离中心位置时，在旋转时就会冲击旁边的轴承，产生摩擦。该故障可能造成转子振动增大、转子磨损、转轴永久热弯曲甚至破坏，不利于机组的安全稳定运行。

该原因产生振动的特征是：振动强烈，主频为转频及转频的高倍频成分，同时还伴有复杂的低频部分，且常伴有撞击响声，振动有时会随时间发生缓慢的变化。

发生大轴不对中的机组在 2009 年大修盘车时还发现大轴与推力轴承内挡油圈外侧剐蹭的现象。虽然当时对剐蹭进行了处理，但随着运行时间的增长，大轴与推力轴承内挡油圈外侧可能会再次剐蹭。大轴与推力轴承内挡油圈外侧发生剐蹭，剐蹭对大轴的作用力可致使机组旋转中心偏移，继而再次引发机组轴线不正问题而引起机组振摆增大。为此，为根除大轴与推力轴承内挡油圈外侧剐蹭问题，在机组检修中做如下处理：测量机组固定部件中心，校核固定部件中心是否满足要求；检查推力内挡油圈同心度及垂直度，视现场检查情况，确定是否补焊推力内挡油圈外环；通过上机架腿底部加垫调整上机架水平，并调整镜板水平。

9.1.4　导轴承轴瓦间隙大

导轴承轴瓦间隙的大小会直接影响轴承油膜的厚度，进而影响轴承的承载能力，从而间接地影响轴系摆度的大小。导轴承轴瓦间隙增大后，油膜的刚度降低，轴承的承载能力减小，对转轴的约束能力减弱，导致摆度增大，轴系的自振频率（临界转速）降低，不易于机组的稳定运行。

导轴承轴瓦间隙增大的原因主要包括径向不平衡力较大，导轴承受载过大；轴瓦的支承结构设计不合适，在不平衡力作用下会产生较大的弹性或永久变形或移位。此类振动的特征是机组振幅随机组负荷变化比较明显。当然，轴瓦间隙亦不能过小，过小的间隙会使得油膜厚度减小，虽然会提高轴承油膜的承载力，但同时油膜的润滑和散热效果会大大减弱，导致轴瓦瓦温过高，容易引发烧瓦现象。

某抽水蓄能电站装有 4 台单机容量为 250MW 的机组，机组额定转速为 335r/min。水泵水轮机为立轴、单级混流可逆式，发电电动机为立轴、悬式、三相空冷可逆式同步电机。其中 4 号机组在近两年的时间，无论处在抽水还是发电工况，在机组进入稳态工况后，摆度数值波动较大，并且持续时间较长，有时甚至 2～3h 才会逐渐稳定。而且在稳定之前，各部件的摆度幅值大大超过相关标准。经过多次动平衡，摆度数值仍然较高，最高甚至达到 400μm，而机架振动相对较小，不超过 0.3mm/s，最小值为 0.1mm/s，这种现象在国内其他抽水蓄能机组已属罕见。为此，对 4 号机组进行了稳定性试验，包括满负荷工况、抽水调相工况和抽水工况，并观察上导瓦和下导瓦、上机架和下机架的振动幅值。对满负荷发电和抽水的振摆数据进行频谱分析，发现一倍频占比成分超过 80%，随后进行多次动平衡，但振摆数值均没有改善。水导轴承的摆度无论在何种工况都不超过 100μm，说明机组产生振摆的原因不是来自水力方面。再对 4 号机组进行了零起升压试验，从结果来看，没有发现明显随励磁增大而使振摆增大或者减小的趋势。由此可知 4 号机组不存在电气方面的故障。后查阅检修机组导轴承轴瓦间隙数据，发现上导瓦间隙单边 35μm，下导瓦间隙单边 32μm，而主机厂家给出的机组轴瓦间隙设计值为单边 0.26～0.36mm，故猜测是否是由于上导瓦间隙过大导致机组振摆异常。因为作用在轴径上的油膜力传递到支撑基础上，导轴承座和机架联接，如果机组摆度过大，在导轴承间隙正常的情况下，必然会导致机架振动增大。而如果导瓦间隙过大，导致油膜刚度降低，使导瓦对大轴的约束力减小，导致摆度偏大，但是机架振动偏小，同时导瓦温度也一直较低，也使动平衡对机组没有任何影响。通过对 4 号机组导瓦间隙调整后，上导瓦摆度无论在抽水还是发电工况初始数值明显减小，最大减小约 160μm，且经过 30min 可达到 ISO 7919-5 标准的 B 区。下导瓦摆度无论在抽水还是发电工况初始值比调整前高约 50μm，但其稳定后数值基本相同。导轴承轴瓦间隙调整后，上机架振动明显增大。由上述试验可以判断，4 号机组振动异常的原因为上导瓦间隙过大，调整导瓦间隙后，异常可以得到很好地解决。

9.1.5 推力头松动或者推力轴瓦不平

整个机组在轴向上的不平衡力主要由推力轴承来承担，因此推力轴承及其支持系统（转子支臂、承载机架）要有足够的刚度，来保证轴系在竖直方向上的稳定。

推力头松动时，运行中的动态轴线形状和方位在某一工况下可能会发生突变，在突变即将发生而尚未发生的临界情况下，机组的振动和摆度幅度忽大忽小，明显呈不稳定状态；机组大轴的摆度较大，在其影响下水封中的压力脉动也比较大。当推力头与轴颈有间隙时，尽管在保持推力轴承水平的情况下，轴线仍能作一定幅值的摆动，距推力轴承较远的水轮机轴和转轮的摆度相对较大，其摆动方向和大小的突变，则反映出了作用在轴系统上各种不平衡力的大小和方向的相对变化。

某抽水蓄能电站安装 4 台 300MW 混流可逆式抽水蓄能机组，额定水头 430.00m，机组额定转速 428.6r/min，发电电动机为悬式结构，推力轴承支座与上机架连接，将轴向受力传递基础，推力油槽采用强迫外循环冷却方式，推力轴瓦共 12 块巴氏合金瓦。2016年 7 月，2 号机试转，单步开机至开球阀退制动闸后发现机组无蠕动转速，通常此时的导叶漏水量即可使机组蠕动，遂电手动开导叶至 2.6%，机组仍无转速，随即将导叶和球阀全关，申请机组隔离检查。陪停期间 2 号机未转动过，在陪停前机组抽水正常，瓦温和振摆未出现任何异常。检查发现问题根源是高压注油泵出口溢流阀（安全阀）动作压力整定值过低，在机组启动时导致镜板与轴瓦不能完全脱开，同时推力轴瓦、高压注油系统流量设计安全裕度不足，最终导致在机组低转速运行时造成推力轴瓦表面不平尤其是外缘磨损严重。当机组启动初期，由于推力轴承轴瓦采用微量凹形设计，轴瓦温度还未升起，轴瓦实际呈凹变形，即轴瓦边缘翘起。高压注油泵启动后，推力轴瓦外缘油膜压力低，油膜厚度最小，在机组启动低速运行时，若推力轴瓦高压注油系统油压波动或无法正常建压时，引起轴瓦与镜板之间油膜不能正常建立，最终造成轴瓦磨损拉伤。鉴于轴瓦设计已成定型，因此该电站从优化改善推力轴瓦高压注油系统着手解决轴瓦磨损问题。主要方法是增大高压油注油系统流量、提高溢流阀整定值和优化高压注油控制，保证推力轴瓦在机组低速运行时油膜正常建立，避免推力轴瓦磨损拉伤。

9.1.6 发电机基础松动

发电机基础与机组上机架直接相连，上机架径向刚度是一系列部件刚度的串联组合，包括油膜刚度、导瓦及其支撑刚度、机架结构刚度、连接键刚度、基础板刚度等。若基础板出现松动，则会直接影响到上机架的径向刚度，导致该方向上连接刚度下降，降低系统的抗振能力，使转子原有的不平衡、不对中所引起的振动更加剧烈，从而引起轴系摆动。当基础松动故障严重时，振幅的增加可能引起转静件碰撞、摩擦等故障，还可能使原有的裂纹等潜在故障加剧。

基础松动情况下振动的频率特征为除转频成分外，还有幅值不等的各次谐波频率成分，包括分数次谐波频率成分，且含有显著的高次谐波频率成分。

某抽水蓄能电站安装有 6 台单级、立轴、混流、可逆式抽水蓄能机组，单机容量300MW；发电电动机为悬式结构，机组转速 500r/min。1 号机组开机后，随着时间延长，上导、推力轴承瓦温和润滑油温逐渐稳定，而上机架水平振动持续增大且不收敛。为了弄清上机架水平振动情况，采用水平振动传感器对振动情况进行全面测试，测点包括上导轴承处大轴摆度、上机架水平振动、上机架基础板水平振动以及与基础板连接处上机架水平振动。结果显示，机组在发电工况运行时，X 方向水平振动不收敛，随着运行时间的延长也有逐渐增大的趋势；Y 方向水平振动收敛，最终振幅值趋于稳定；在初始阶段一个小时，Y 方向水平振动较 X 方向水平振动大；随后 X 方向水平振动超过 Y 方向水平振动，发电 4h 后，X 方向水平振动较 Y 方向水平振动明显偏大。由上机架水平振动和上导摆度传感器的频谱图可知，上机架水平振动和上导摆度均以转频分量为主频，基本无谐波成分；随着运行时间的延长，机组轴心位置从起始位置逐渐向 ＋Y 方向偏移。抽水工况下的长时间运行趋势与发电工况基本一致。

从测点的频率成分看，各个测点的频谱中并没有明显的水力激振引发的诸如动静干涉、叶片过流等高频成分，也没有诸如涡带等低频成分，可以排除水力因素引发上机架水平振动不收敛；测点中无50Hz及其倍频成分，可以排除电机极频振动引发的振动问题；因此，主要应从机械方面寻求引发问题的原因。X方向上振动大且不收敛，表明该方向上随着运行时间的延长，存在结构刚度减弱的情形；而在Y方向上振动小且收敛则表明该方向刚度随着运行时间的延长（瓦温、油温、环境温度等趋于稳定）趋于稳定；同一时刻X方向振动大于Y方向的振动，因此X方向的刚度弱于Y方向的刚度，机组上机架刚度呈现明显的各向异性。基础部位的频谱中，除转频成分外，已明显激发出幅值不等的各次谐波频率成分，且含有显著的高频成分。这符合基础松动情况下被测部位频率特征。但是各测点中并不包含有分数次谐波频率成分，这与常规的基础松动特征有差异。基础板为固定部件，埋在发电机机坑混凝土中，正常情况下其振动应小于连接件振动。但基础板处水平振动大于与基础板连接处上机架水平振动，因此实际情况是基础板与被连接件处的紧固连接存在失效，基础板已不能实现对该方向上机架的水平约束，导致离上机架中心越远处振动越大的情形。

机组停机后，采用液压扭力扳手检查发现基础板与上机架连接处连接螺栓松动约1/4圈，同时检查基础板处的周边混凝土发现，该处二期混凝土出现裂缝，其中顶部裂缝宽度最大，裂缝为水平方向，最大裂缝宽度约1cm，缝内有混凝土碎块，裂缝较深；该裂缝垂直方向向下发育几条细裂缝，向下延伸至上机架埋件。对于该裂缝，根据上机架基础二期混凝土裂缝分布及开展情况，清理裂缝表面，预埋灌浆管并封闭裂缝后，采用环氧基液灌浆处理；处理后机组在稳定带负荷运行情况下，上机架水平振动收敛，由原来的$89\mu m$降为$31\mu m$，大幅降低，振动数值在标准规定的限值范围内，机组能够安全稳定运行，表明机组修复成功。

9.2 电 磁 振 动

电磁振动包括发电机转动部件因受不平衡力作用下产生的振动、发电机定子绕组的磁场特殊谐波成分引起的振动、定子铁芯组合缝松动或定子铁芯松动引起的振动、定子绕组固定不良在较高电气负荷和电磁负荷作用下引发的振动。

机组电磁振动有转频振动和极频振动两种。转频振动频率为转频或转频的整数倍，即

$$f_{\text{转}} = \frac{kn}{60} \tag{9-1}$$

极频振动频率为

$$f_{\text{极}} = \frac{3000k}{60} = 50k \, (k = 1, 2, 3, \cdots) \tag{9-2}$$

1. 转频振动

大直径水轮发电机组主要振源之一是由于定子内腔和转子外圆间气隙不均匀，在定子和转子间产生不均衡磁拉力，从而对转子和定子形成转频激扰力。

发电机产生电磁不平衡力的原因有：①转子外圆不圆，有的磁极突出；②定子内腔和转子外缘均为圆形，但转子、定子非同心；③转子动、静不平衡；④转子各磁极电气参数相差较大或局部颈间短路。

当前，由于发电机电磁不平衡发生的发电机故障也是常见的，经常发生的是发电机定子线棒击穿、两相线棒绝缘击穿、相间短路烧坏线圈、励磁机绝缘破坏、励磁机匝间短路等故障。有的水冷定子、转子，由于水冷焊接管破裂漏水引起定子相间短路，烧毁定子线棒；发电机定子、转子之间气隙控制和变化，是按最小气隙是否小于额定气隙的70%来衡量的，如果小于70%，说明发电机运行处于异常状态，可能会引起发电机定子扫膛故障。此时，发电机转子磁极趋向外膨胀，定子的线棒趋于转子方向弯曲，磁极表面过热和阻尼条，因此，可能由于过热遭到严重破坏。实际运行时，发电机的电磁不平衡气隙监测与控制，对抑制故障、分析诊断故障、保证发电机运行稳定是有好处的。

由于电磁不平衡产生的转频振动特征是振动随励磁电流增大而增大，且上机架处振动较为明显。

2. 极频振动

产生100Hz极频振动的主要原因有：

(1) 定子分数槽次谐波磁势。当采用分数槽绕组时，某些发电机的磁势和力波谱可能很宽，某些谐波可能引起定子共振或倍频共振，从而引起定子铁芯和其他部件产生明显甚至剧烈的振动。在这种状态下长期运行，会引起定子线圈和其他结构部件受到损伤，甚至发生重大事故。这种振动随定子电流增大而增大，振幅与电流几乎呈线性关系，且上机架处振动较为明显。

(2) 定子并联支路内环流产生的磁势。并联支路有两种布置方式，一种是分布布置，另一种是集中布置。

集中布置的优点是：若定子或转子间气隙不均匀，则各支路内感应电动势不一样，支路之间就有环流通过，环流所产生的磁场将力图使气隙不均匀磁场恢复平衡。因此使局部不均衡磁拉力降低，铁芯局部过热也不严重，故水轮发电机的并联支路都采用此法。

支路集中布置时，由于定、转子间的气隙均匀，在支路中所引起的环流将产生一系列不对称的次谐波磁势，从而使铁芯振动加大。

(3) 负序电流引起的反转磁势。当定子三相负载不对称时，绕组会产生负序电流，它产生一个极对数与主磁极相同而旋转方向相反的磁场，它与主磁场叠加产生一个空间阶数为零的磁场，引起定子铁芯作驻波式的振动。

(4) 定子不圆，机座合缝不好。由于加工、组装等各种原因使得定子稍为扁圆形，气隙就可能出现附加磁导和磁场。附加磁场与主波磁场相互作用将产生频率为100Hz的振动。

(5) 定子铁芯组合缝松动或定子铁芯松动。这种原因引起的振动，其特征为振动随机组转速变化较明显，且当机组加上一定负荷后，其振幅又随时间增长而减小，对因定子铁芯组合缝松动所引起的振动，其频率一般为电流频率的两倍。

(6) 定子绕组固定不良。在较高电气负荷和电磁负荷作用下，绕组及机组产生振动。其特点为振动随转速、负荷运行工况变化而变化，上机架处振动亦较为明显，但不会出现加上某一负荷后其振动随时间增长而减小的情况。

9.3 水 力 振 动

引起抽水蓄能电站机组及厂房结构振动的振源主要来自水力振源、机械振源、电磁振源三个方面。其中水力振源最为突出。根据理论分析，水力机组水力振动原因可分为两个方面：一是由于过流部件中流场的速度分布不均匀所产生的压力脉动是零部件的激振源，例如非全包角蜗壳的不均匀出流等；二是水流流过某些绕流体（如导叶及叶片）后，脱流的旋涡所诱发出的压力脉动成为激振源，如卡门涡列所诱发的转轮叶片振动及水轮机尾水管中的涡带等。水力机组过流部件中的水流所产生的扰动力作用在机器各部件上，使其产生交变的机械应力及振动，也可能产生功率摆动。当水力扰动力的频率和水力机组的某个零部件或机组整体的固有振动频率相同时，引起共振，这对于机械结构是十分有害的。随着水电机组单机容量越来越大，对转速较低的大型机组，由于自振频率低，容易与某些低频率的水压力脉动吻合，从而产生共振。

鉴于水和固体相互作用所产生的振动现象及其原因均十分复杂，许多现象目前尚不能用理论系统地解释和计算，大量的问题仍依靠实验和实测的方法来解决。现场测试资料表明，水轮机在工作中，水流所引起的压力脉动大多能在尾水管体现出来，它具有多种不同的频谱，可以分为三大类。

（1）第一类是高频脉动（100Hz左右），主要是由导叶、叶片和转轮旋转频率叠加组成的压力脉动频率，即

$$f = \frac{Z_1 Z_2 n}{60K}$$

式中　Z_1、Z_2——导叶和转轮叶片数；

　　　　K——其最大公约数；

　　　　n——转速。

高频振动主要是由于径向导叶出口过渡到转轮室近底环转弯处，因为绕流曲率很大产生脱流，或因过流部件局部不平整表面所产生的脱流性旋涡。另外，导叶及叶片尾部脱流的旋涡所引起的脉动也可能是高频振动。

（2）第二类中频脉动，频率约为几赫兹或 $10\sim20$Hz，这种脉动是由转轮旋转引起的。脉动频率取决于转速和叶片数 $f = \frac{nZ_2}{60}$。

（3）第三类低频脉动，频率为旋转频率的 $1/4\sim1/2$。这一类脉动与转轮后产生旋进的涡带有关。第一、二类脉动实际上存在于所有工况中，而第三类低频脉动只在某些条件下出现。

此外，抽水蓄能机组"S"区特性对抽水蓄能机组的影响也较大，因为：一是水轮机空载工况的稳定性；二是水轮机甩负荷时导叶关闭过程中的不稳定现象。早在1982年比利时某抽水蓄能电站机组就出现并网困难问题，福伊特公司提出了加装非同步导叶开启装置的解决方案。我国惠州、黑麋峰、白莲河、张河湾、仙游等抽水蓄能电站也先后出现了

采用导叶全同步开启方式时空载并网不成功现象，同样采取的是加装导叶非同步开启装置解决该问题。如天荒坪机组低水头发电空载运行时水轮机进入"S"区，造成机组逆功率严重，机组并网困难，同样因为"S"区问题，机组在甩负荷后不能达到空载稳态。蓄能机组普遍甩满负荷后形成两次转速极值过程，这一过程形成的原因就是水泵水轮机的"S"区特性。由于水泵水轮机固有的"S"特性，蓄能电站已发生多起事故。例如宜兴机组调试期间，在机组过速时尾水管直锥段出现的异常噪音以及顶盖、底环和尾水锥管段的异常振动、导叶失步现象均是因为"S"区特性导致。

卡门涡街是阻流体后交替脱落的不稳定涡现象。卡门涡振动频率和幅值受多种因素影响。较大负荷工况时，水轮机叶片卡门涡频率与叶片固有频率接近或相等时，可能导致共振，在流速变化过程中共振更易发生。卡门涡引发强烈振动的实例很多，如洪门水电站转轮叶片裂纹，大朝山水电站异常噪声和转轮叶片裂纹都被证明是由卡门涡共振所致。卡门涡共振危害大：一方面是其共振噪声；另一方面是长期交替应力导致结构破坏。前者影响运行环境，后者影响水轮机安全与寿命。为尽量避免出现卡门涡共振，可以通过优化叶片机翼、修改和刨光出水边，以改变叶片可能的最高共振频率、降低卡门涡强度来实现；同时还可通过增加结构强度来排除共振风险。

输水系统水力振荡也是抽水蓄能机组经常出现的一种振动现象。其根本原因是因某种扰动导致的压力、流量的周期性波动，通常可分为自激振荡和强迫振荡，前者是系统内扰导致波动，后者是系统外扰强迫形成的波动。振荡特性与系统的自振特性和扰动源特性相关，两者频率一致或相近时可导致共振，振荡幅值会很大。水泵水轮机不稳定流态是抽水蓄能机组输水系统水力振荡的扰动因素。尾水管涡带和旋转失速通常表现为低频脉动，能向上下游传播，最可能引发系统的水力共振。"S"区振荡会引起机组转速、流量等低频周期性振荡，也可能与输水系统发生响应，加剧水力振荡，造成过渡过程事故。

抽水蓄能机组在水泵启动或调相运行时还会出现"水环"的振动现象。主要原因是因为转轮在空气中旋转，为冷却上、下止漏环，在顶盖和底环的上、下止漏环处通入冷却水，冷却水从端面间隙进入转轮室，在转轮离心力的作用下甩向无叶区形成水环。水环起到冷却转轮和密封压缩空气的作用。而当设计不合理时，水环过厚将导致转轮叶片与水环的摩擦，造成机组的振动加剧。张河湾机组在调试初期由于水环管路设计问题，曾发生水环排水管频繁振裂的现象，造成机组安全稳定性的重大安全隐患。限于篇幅，本书主要对无叶区振动、尾水管振动、球阀自激振荡和卡门涡四种典型水力振动现象进行介绍。

9.3.1 无叶区振动

水泵水轮机既可以在抽水时作为水泵运行，也可以在发电时作为水轮机运行，和常规的离心泵不同，其设置有导水机构；和常规的混流式水轮机也不同，其转轮按水泵设计，转速高，叶片少。在活动导叶和转轮之间（常称为"无叶区"）常遇到比常规水轮机严重得多的压力脉动问题。该压力脉动幅值大，频率高，是水泵水轮机面临的主要稳定性威胁。由于抽水蓄能电站厂房振动的频率多为该压力脉动频率的倍频，许多研究者认为：无叶区压力脉动对机组及厂房振动有显著的影响，张河湾、桐柏、仙居、蒲石河等电站机组与厂房的振动测试结果也证明了这一结论。

我国部分已运行抽水蓄能电站混流可逆式水泵水轮机模型试验的无叶区压力脉动幅值特性见表9-3。

表9-3　　　　　　　　　部分水泵水轮机无叶区压力脉动幅值特性

电站名称	水泵工况压力脉动相对幅值/%			水轮机工况压力脉动相对幅值/%	
	最优工况	正常运行	0流量	额定负荷	部分负荷
十三陵	7.9	8.4		9.8	
广蓄Ⅱ	2.5	3	18.7	5.1	7
天荒坪	4.6	6.8			14
西龙池		4.6			11.2
张河湾		7.8			16
宝泉		5	20		9
白莲河		8			7
蒲石河		3.1	24.5	5.6	10.1
泰山		7.54	39.5		13.2
桐柏		6.1	10.6	12.5	13.5
仙游		4.5	9	5.2	7.8
响水涧		3.8	8.4（30）	2.6	5.8
宜兴		3.8	46.3	13.1	25
白山		6.9			7
琅琊山	<5	<7			13
惠州		6.6	11.5	7.5	8.6
清远		4.1	8	5.8	10.8
黑麋峰		4.5		6.9	8.3

根据对上述抽水蓄能电站不同水头、不同测量位置和不同工况下的压力脉动信号分析，认为无叶区压力脉动多呈现中间低、两头高的状态，其最低点多出现在水泵工况最优扬程附近。无叶区压力脉动幅值最大，比尾水管、蜗壳进口大得多。顶盖、活动导叶和固定导叶之间的压力脉动，其幅值也小于无叶区。水轮机工况无叶区压力脉动幅值均大于水泵工况（不包括0流量工况），许多电站差别还比较大。水泵0流量工况是无叶区压力脉动幅值比较大的工况之一，比常规水泵工况大得多，个别电站甚至高达46.3%。飞逸工况是无叶区压力脉动幅值最大的工况，最大者（张河湾）可达92.8%，多个抽水蓄能电站超过70%。部分电站比较低，可能是因为飞逸试验时导叶开度比较小，只在空载开度测量了飞逸转速的压力脉动。

混流可逆式水泵水轮机流道形状和常规混流式水轮机非常相似，但水泵水轮机工况的无叶区压力脉动幅值特性却和混流式水轮机差别非常大。对混流式水轮机而言，无叶区压力脉动和尾水管压力脉动相比并不突出，在不同负荷互有高低；但是，对混流可逆式水泵水轮机的水轮机工况来说，无叶区压力脉动比其他任何位置的压力脉动大得多。此外，单独就无叶区压力脉动进行比较，混流可逆式水泵水轮机的水轮机工况也比常规混流式水轮机的压力脉动幅值高得多，尤其是在低水头工况。

总体来说，得出以下结论：

（1）水泵水轮机无叶区压力脉动幅值远大于尾水管等其他位置，且水轮机工况大于水泵工况，在水轮机工况，低水头工况幅值更大，飞逸工况最大；混流可逆式水泵水轮机在水轮机工况无叶区压力脉动远大于常规混流式水轮机。

（2）无论是水轮机工况还是水泵工况，水泵水轮机无叶区压力脉动的主频多数为叶片通过频率，是高压侧压力分布不均匀的转轮旋转通过无叶区造成的；该不均匀越严重，无叶区压力脉动幅值越大。

（3）水轮机工况无叶区大幅值压力脉动由转轮叶片进口脱流漩涡引起，该自由涡可带来非常低的压力，在无叶区形成高幅值压力脉动。

（4）电站所有发电水头均低于水泵水轮机最优工况水头，这应是水泵水轮机在水轮机工况无叶区压力脉动幅值大的主要原因。

9.3.2　尾水管振动

抽水蓄能电站的机组一般为高水头混流式结构，由于混流式水轮机转轮出口的水流，在部分负荷工况下运行时，不可避免地存在周向旋回分速度，再加上弯肘形管道的作用，涡动水流所产生的压力脉动往往是难以避免的。当尾水管内部压力低于空化压力时，出现空腔涡核和螺旋状涡带，产生低频压力脉动、出力摆动及机组与结构振动。相比较其他因素引起的机组稳定性问题，抽水蓄能机组尾水管涡带振动并不突出，目前尚未发现因尾水管涡带导致的机组及厂房稳定性问题。与常规混流式水轮机相比，水泵水轮机在水轮机工况尾水管振动不突出有两个原因：一是因为抽水蓄能电站多为地下电站，尾水吸出高度 H_s 大多低于 -30m，尾水管环境压力高；二是因为抽水蓄能电站水头较高，尾水管涡带相对幅值也应低于低水头电站。一般可以在尾水管结构上设置稳流片、阻流栅、导流栅、同轴圆柱等来减小尾水管涡带引起的振动。我国部分已运行抽水蓄能电站混流可逆式水泵水轮机模型试验的尾水管压力脉动幅值特性见表 9-4。

表 9-4　　　　　　　部分水泵水轮机尾水管压力脉动幅值特性

电站名称	水泵工况压力脉动相对幅值/%	水轮机工况压力脉动相对幅值/%		
	正常运行	最优工况	额定负荷	部分负荷
十三陵	≤1		1.4	4.2
广蓄Ⅱ	0.6	1		6.3
天荒坪	≤5		≤2	≤4
西龙池	0.6			3
张河湾	1.5			3.3
宝泉	1.8	1.1		4.5
白莲河	0.8			5.7
蒲石河	1.7		1.7	3.8
泰山	1.36			4.66

电站名称	水泵工况压力脉动相对幅值/%	水轮机工况压力脉动相对幅值/%		
	正常运行	最优工况	额定负荷	部分负荷
桐柏	1.9			6
仙游	1.8	1		2.6
响水涧	1.6	1.1		6.4
宜兴	1.6			
白山	1.6			7
琅琊山	<2			9
惠州	2	0.4	2.5	2.1
清远	1.4	0.4	1.3	3.5
黑麋峰	1.4		3	4.9

从负荷角度区分，尾水管涡带可分为部分负荷、高部分负荷和过负荷涡工况下的涡带。部分负荷下的螺旋状涡带是尾水管涡的最典型形式，常发生在 50%～80% 最优点流量、40%～70% 导叶开度范围。由于流量小于最优流量，转轮出口绝对速度的切向分量是与转轮同向的正向旋转环量，当环量达到一定值时，就会在转轮下方形成螺旋状涡带，该涡带与转轮同向旋转。螺旋涡带回旋摆动，主导了尾水管流动结构，产生与其旋转频率一致的周期性压力脉动。螺旋涡带频率与转轮旋转频率相关，随流量和负荷的增大而减小，一般在 0.1～0.4 倍转轮频率之间。高部分负荷涡发生在部分负荷区的上限区域，一般在最优点流量的 70% 以上，此时尾水管压力脉动频谱中可能出现几个不同的窄带宽频率。除涡带旋转引起的低频及其谐波之外，还有更高频的压力脉动分量，一般是 2～4 倍转频，但该较高频部分的起因尚未明确。随流量进一步增大，机组越过最优工况点到达过负荷区，转轮出口绝对速度切向环量方向改变，变为与转轮方向相反，此时不再出现螺旋涡带，但旋流会在尾水管内形成锥形空化涡。这种空化涡一般具有轴对称性，故无旋进运动及伴随的非同步脉动分量，而呈现出轴向或同步分量。锥形空化涡周期振荡，导致 0.2～0.4 倍转频的压力脉动。随涡的直径增加，压力脉动幅值增大。

9.3.3 球阀自激振荡

对于水头较高的水电站，球阀是除导叶外第二套导通和截断水流的挡水设备，是防止导叶关闭故障引起机组事故扩大的最后一道保障。球阀有三个用途：①蓄能机组检修时通过球阀阻挡水流以保障检修安全；②蓄能机组发生异常时通过球阀截断水流，即动水关闭球阀，避免事故扩大；③与调速器紧密配合，参与调节以降低水锤压力，减轻水力振荡。球阀的稳定性对其功能的实现具有至关重要的作用。目前，在我国已建成的 34 座抽水蓄能电站中，发生不同程度主进水阀自激振动现象的电站已经达到 4 座，占比为 12%。

抽水蓄能电站球阀在正常运行时，密封性能良好，球阀属于刚性阀门，不会发生自激振动现象。若球阀密封破坏成为柔性阀门，其关闭后，有一个微小扰动引起主进水阀的渗漏面积减小，渗漏量减小。由水击理论可知，渗漏面积减小导致上游管道水压增大，而该压力增大将进一步增大球阀密封的受迫压力，并减小渗漏面积，于是又导致上游管道压力进一步增大；当半周期后由水库端反射回到球阀的水击波，使球阀工作密封压力减小，渗漏量增大，上游管道负压会进一步增大。该过程会随着水击波沿压力管道来回传播。正负水击压力的振幅将不断增大，最终可能导致球阀自激振动的发生。

球阀密封异常是引起水力自激振动的常见原因。某抽水蓄能电站上游输水系统采用"一洞两机"布置，"两洞"由 4 条高压引水支管分别与机组球阀相连。球阀由阀体部分和液压控制部分组成，采取双接力器操作机构。球阀设有两道密封，上游侧为检修密封、下游侧为工作密封，两道密封投退操作用水取自上游侧压力钢管。机组正常启停时，只有工作密封进行投退。机组备用或运行时检修密封保持退出状态。球阀旁通阀设检修旁通阀和工作旁通阀，用于蜗壳充水使球阀两侧平压。机组正常备用及运行时，检修旁通阀均在全开位置；工作旁通阀在机组备用时关闭、开机时开启，以实现球阀两侧平压。2019 年 3 月 21 日，1 号、2 号机组引水系统发生水力自激振动，压力脉动最大值 7.4MPa，约为正常值的 1.4 倍，超过调保计算值 7.14MPa，且水力自激振报警到压力升至 7.14MPa 的时间间隔为 2min40s，压力上升速率很快。工作人员将 1 号机球阀工作旁通阀打开后，水力自激振动现象很快消失，但 2 号机组的球阀工作密封仍存在很大漏水声。2 号机组的球阀工作密封漏水是由于定检工作所需将操作水源隔离泄压，密封投入腔保压能力降低、压力水泄漏，工作密封无法可靠压紧密封所致。恰逢 1 号机停机后压力钢管内存在轻微压力波动，导致 2 号机组的球阀工作密封处压力及漏水波动，引发水力自激振动。当恢复球阀操作水源后，2 号机组的球阀工作密封漏水声立刻消失，再关闭 1 号机组的球阀工作旁通阀，观察水力自激振动消失。后为避免此类现象，电站新增了水力自激振判断报警逻辑，装设球阀工作密封投退腔压力变送器、基座位移传感器，并在上位机画面新增手动开工作旁通阀选项。

此外，影响球阀自激振动的主要因素是管道的长度、水击波速和球阀阀门间隙。有压管道的水击波速及长度对自激振动的振幅增长速率以及周期影响极大；球阀阀门间隙对系统的振幅增长速率及幅值影响大，但对自激振动的周期影响小。

9.3.4　卡门涡

卡门涡是雷诺数增大到一定程度后流体绕流产生的重要现象。在一定条件下的定常来流绕过物体时，物体两侧周期性的脱落出旋转方向相反排列规则的双列线涡，经过非线性作用后形成卡门涡。卡门涡的存在与相对速度、圆柱体等效直径、旋转脱落频率以及斯特鲁哈数之间有关，卡门涡频率与相对流速成正比，与特征尺寸成反比。卡门涡的存在对机组存在两方面的影响：一是卡门涡使导叶两侧交替并周期地承受卡门涡作用力，导致固定部件产生振动；二是当导叶或周围水体的固有频率与卡门涡频率一致，当激振力足够大时，在导叶对卡门涡的调制作用下产生严重的共振现象。卡门涡在常规水电机组及蓄能机组中均有出现。三峡右岸 ALSTOM 水轮机在毛水头 82.00m 负荷区间 550～590MW 时发生异常啸叫声，通过对水车室噪音及顶盖振动测试结果表明转轮叶片出口存在严重的卡门涡，后经叶片修型解决这一问题。云南大朝山、贵州董箐等水电站也出现过这一现象。宜兴蓄能电站机组在 2009 年调试期间发生泵工况小开度活动导叶卡门涡共振现象，从而导致活动导叶严重振动失稳，后通过对导叶进行修型解决了这一问题。

由于模型与原型的差异，卡门涡并不能够通过模型试验进行判断，卡门涡频率计算公式中的各个参数精度也影响着频率的计算，而通流部件中存在三种叶片（转轮叶片、活动导叶与固定导叶），卡门涡的脱流点及频率需分别计算，因此对水泵水轮机中的卡门涡需要进一步研究，以避免卡门涡出现造成对机组的损伤。

某抽水蓄能电站安装 4 台单机容量为 250MW 的抽水蓄能机组，电站接入河北南网，在系统中担负调峰填谷、调频调相和紧急事故备用等任务。自机组投入运行后，电站厂房楼板一直存在着强烈的振动并伴有高频噪声，不仅对厂房结构有一定的破坏作用，还影响仪器设备的正常运行，导致设备损坏和错误动作，对设备安全存在很大的隐患。后经详尽的测试分析和有限元仿真计算后，确认是水泵水轮机的转轮与导叶之间动静干涉产生的压力脉动造成了局部厂房结构的共振，考虑到改变厂房结构的固有频率很困难以及现转轮的压力脉动较大，于是决定采用更换转轮的方式来消除过大的厂房振动。转轮优化设计的思路是转轮叶片数不变，通过减小无叶区压力脉动的幅值即激振能量的方式来消除过大的厂房振动。2017 年首台 3 号机组进行了水泵水轮机转轮的更换。在转轮更换改造后进行了相关调试试验，试验结果发现厂房振动过大的问题得到成功解决，不过在准备甩 75% 负荷试验的升负荷过程出现了异常振动和嗡嗡蜂鸣声。3 号机组先在 100MW 负荷工况稳定运行了一段时间，然后升负荷准备进行甩 75% 负荷试验，当负荷升至 180MW 稳定一段时间后出现了异常振动和嗡嗡蜂鸣声，在 180MW 负荷观察近 2min 时间，随后降负荷至 100MW 左右，为了确认当前水头下异常振动出现的负荷点及大致负荷范围，再次缓慢升负荷（考虑到 180MW 负荷振动剧烈，升负荷未超过 180MW），当负荷升至 170MW 稳定一段时间后再次出现了异常振动和噪声。从 120MW 缓慢升负荷的过程中，压力脉动先随着负荷的增大而减小，在负荷大于 160MW 后压力脉动出现明显增大的现象，转轮出口压力脉动增大幅度最为明显。在 160MW、170MW 和 180MW 的 3 个稳态负荷工况点均出现了顶盖水平与垂直振动幅值突然增大的现象，且 180MW 负荷工况振动最为强烈，其中顶盖水平振动有效值为 2.3mm/s，顶盖垂直振动有效值为 4.8mm/s，于是停机。考虑到上述异常振动现象只在负荷大于 160MW 后出现，由此可知不是机械和电气因素引起的，而是水力因素造成的，且与过机流量存在关系。初步认为异常振动是由转轮叶片出水边的卡门涡频率与转轮的固有频率相接近而引发的水力共振现象，其中卡门涡频率可计算为

$$f = Sr \frac{v}{d} \qquad (9-3)$$

式中　f——卡门涡频率；

　　Sr——斯特劳哈尔数，对于混流式水轮机常取值 0.22～0.25；

　　v——卡门涡脱离处的相对流速；

　　d——卡门涡脱离处的特征尺寸，通常为转轮叶片出水边的厚度加边界层的厚度。

转轮制造厂家利用有限元计算了转轮在水中的固有频率，其中有两阶固有频率与 196.5Hz 和 202Hz 相接近，最大振动区域位于叶片出水边中部。卡门涡频率与转轮固有频率相近，卡门涡对转轮叶片做正功，由于时间短，做功能量未能激发共振，而此时负荷增大或减小，卡门涡频率变化，相位也发生变化，使得做功方向发生变化，叶片上的振动

能量不增反减，从而未出现异常振动现象。为了进一步证实上述分析判断，后来在发生异常振动的工况下进行了高压补气测试，通过无叶区压力测压管路补气后异常振动消失，这是因为高压气体对卡门涡形成了破坏作用。后来对转轮叶片出水边进行了修型处理，修型后顶盖异常振动频率成分幅值大幅度减小，异常振动现象消失。卡门涡诱发的共振问题得到成功解决。

第 10 章　智能抽水蓄能电站

21 世纪以来，随着科学技术发展，系统优化、决策支持系统和专家系统等相关理论已达到满足实际工程应用需求的水平，传感器技术、测控技术、计算机技术、通信技术等相关技术也取得长足的进步，抽水蓄能电站将向数字化、智能化方向发展。本章针对智能抽水蓄能电站系统层次架构及应用功能实现等相关内容进行介绍。

10.1　智能抽水蓄能电站概述

国家"十三五"规划中明确了各行业信息化发展必须紧紧围绕"互联网＋"行动计划实施。为响应国家信息化发展战略规划，国家能源局出台了《能源互联网行动计划大纲》（简称《大纲》），根据《大纲》要求，传统水电及新能源开发建设和运营不再基于现有的建设、生产、运营模式，而是要通过能源互联网技术革命，推动相关体制变革和能源结构调整。2016 年，国家能源局在发布的《水电发展"十三五"规划》中指出，我国将进行水电科技、装备和生态技术研发，建设"互联网＋"智能水电厂。重点推动水电工程设计、建造和管理数字化、网络化、智能化，充分利用物联网、云计算和大数据等技术，研发和建立数字流域和数字水电，促进智能水电厂、智能电网、智能能源网友好互动。为进一步推动数字化智能型电站建设工作，国家电网有限公司于 2018 年制定了《国网新源控股有限公司数字化智能型抽水蓄能电站建设规划》，并于 2019 年发布《智能抽水蓄能电站技术导则》《智能抽水蓄能电站数据中心技术规范》等技术标准。2021 年 3 月，《中华人民共和国国民经济和社会发展第十四个五年规划和 2035 年远景目标纲要》明确指出，构建现代能源体系，加快电网基础设施智能化改造和智能微电网建设，提高电力系统互补互济和智能调节能力。2021 年 10 月，中共中央国务院印发《关于完整准确全面贯彻新发展理念做好碳达峰碳中和工作的意见》，文件指出：加快抽水蓄能电站建设和新型储能技术规模化应用，构建以新能源为主体的新型电力系统，加快智能电网等先进适用技术研发和推广。抽水蓄能电站作为智能电网的发电环节和"电网级"的储能调节工具，是实现新能源电力系统的重点发展方向，做好智能抽水蓄能电站的试点建设和推广工作，是响应智能电网建设的必然要求。

《变电站通信网络和系统协议》（IEC61850）和《变电站通信网络和系统》（DL/T 860—2019）等系列标准的颁布以及在智能电网的应用也为智能抽水蓄能电站建设和改造奠定了基础。而且，智能抽水蓄能电站建设在抽水蓄能发展史上具有里程碑意义，将极大地推动抽水蓄能自动化技术的发展与进步，引领世界抽水蓄能监控技术的发展方向。因此，应该积极开展智能抽水蓄能电站关键技术研究，综合应用最新的理论和技术研究成果，提升抽水蓄能电站的网源协调能力及智能决策能力，保障水电厂安全、可靠、经济、高效运行。

智能抽水蓄能电站由先进、可靠、节能、环保、集成的设备组合而成，以高速网络通信平台为信息传输基础，自动完成信息采集、测量、控制、保护、计量和监测等基本功能，并可根据需要支持电网实时自动控制、智能调节、在线分析决策、协调互动等高级应用功能的抽水蓄能电站。

由于国内抽水蓄能行业大规模发展时间不长，因此在抽水蓄能发展上还存在一些薄弱环节。一是缺乏电站级信息一体化平台的整体规划设计，电站大多数应用均以信息孤岛方式运行，生产管理与实时信息系统应用尚未实现集成；二是电站状态监测、辅助决策等智能分析决策能力和水平不高，在应对智能电网调度应用等方面缺乏深入研究；三是对抽水蓄能建设发展经验总结的系统性和深度不够，需要进一步开展科技创新和管理创新，探索建立面向未来、技术先进、引领发展的技术标准体系。

在抽水蓄能电站高速发展的形势下，依托抽水蓄能机组二次自动化设备国产化已取得的重大研究成果，借鉴智能电网的技术，提出智能抽水蓄能电站的基本要求：智能抽水蓄能电站是建立在集成的、高速双向通信网络的基础上，通过先进的传感和测量技术、先进的设备、先进的控制方法以及先进的辅助决策系统技术的应用，实现抽水蓄能电站的可靠、安全、经济、高效、环境友好的目标。

智能抽水蓄能电站以坚强智能电网为服务对象，以网源协调发展的"无人值班、少人值守"模式为基础，以通信平台为支撑，具有信息化、自动化、互动化的特征，实现"电力流、信息流、业务流"的高度一体化融合，建立适应智能化调度应用的一体化平台，建立符合智能电网要求的监控系统设计、调试和试验的技术规范体系，建立抽水蓄能电站控制设备的试验和运行维护规范，提高智能分析和决策水平，为电网安全稳定运行提供有力服务和坚强支撑。

10.1.1　智能抽水蓄能电站内涵

（1）坚强可靠：通过先进技术的应用，提高设备质量，提升设备运行水平，延长使用寿命；同时，随着相关技术的发展，智能控制成为可能，可以大幅提高辅助决策能力，逐步实现相关系统自愈功能，提高安全稳定运行水平。

（2）经济高效：通过优化调度，确定机组科学合理运行方式，提高发电效益；实现状态检修，提高设备可用率、降低检修成本；通过整合业务流程、简化管理程序，提高管理效率、降低管理成本。

（3）集成开放：智能抽水蓄能电站通过不断的流程优化，信息整合，实现企业管理、生产管理、自动化与电力市场业务的集成，形成全面的辅助决策支持体系，提供高品质的附加增值服务。

（4）友好互动：即抽水蓄能电站与电网之间，和谐互动，协同配合，相互促进。

10.1.2　智能抽水蓄能电站特征

（1）全厂信息数字化：基于 DL/T 860—2019 系列标准的体系架构，形成标准的现场总线，实现测控信息数字化。

（2）通信平台网络化：基于开放标准协议，以光纤以太网部署全厂网络环境，实现数据的可靠高速传输。

（3）信息集成标准化：遵循标准先行的原则，制定统一的建模规范与命名规范。实现全厂模型资源的统一管理。

（4）业务应用一体化：基于标准的服务总线和消息总线，构建统一的业务平台，实现对智能抽水蓄能电站各类业务的支持。

（5）辅助决策智能化：具有辅助决策支持的数据分析能力，提高可靠性、降低成本、提高收益和效率。

10.1.3 智能抽水蓄能电站系统建设原则

（1）安全可靠：首先必须遵守安全可靠的原则。应采用成熟可靠的技术和产品，确保系统能安全、稳定、可靠地运行。

（2）开放性：广泛采用国际、国家或行业标准和规范，如 DL/T 860—2019，提高系统的开放性。尽量选用拥有自主知识产权、符合标准的标准化产品，以方便后续维护、备品备件及升级改造。

（3）先进性：追求技术先进和一定的超前性，但不盲目追求先进而损害安全可靠性。要考虑已建抽水蓄能电站的改造需求和新建在建抽水蓄能电站的建设要求，充分考虑技术先进性与生产安全性的平衡。

（4）经济性：在确保智能化目标的前提下，对已有设备尽量通过局部升级改造实现智能化运行，避免投资浪费。

10.1.4 智能抽水蓄能电站优点

（1）更高的安全性和可靠性。智能抽水蓄能电站按照电力行业及企业相关安全规定对二次系统进行整体规划和设计，确保了安全保障技术体系的系统性和全面性，能够最大限度地保障网络信息安全以及设备操作安全，确保电力生产过程安全可靠稳定运行。通过二次系统整体在出厂前的集成测试和验证，避免在抽水蓄能电厂调试过程中出错带来的潜在安全隐患，保障系统现场调试期间的安全性。在偶发设备故障时，能够更好地对故障原因进行分析和定位，避免不同厂商产品集成带来的故障定位难题，有效提高故障处置速度，为电力生产提供强有力的技术服务保障。

（2）更低的运行维护成本。智能抽水蓄能电站可采用统一的通信协议，采用一体化管控平台支撑不同业务应用，并且实现了机组监控系统与辅机监控系统的一体化。调速系统、励磁系统等设备均自带状态在线监测及故障自诊断能力，能够在实时运行过程中对自身运行状态进行动态监视，在发生故障时对故障原因进行自动定位，指导运维人员正确处置故障。因此，可以减少系统投运后的运行人员和维护人员，有效降低后期运维工作量和费用。

（3）缩短投运时间，提升运行效率。智能抽水蓄能电站可以有效减少客户在多个二次设备或系统厂商之间的协调工作量，在二次系统出厂前就完成各类所有二次设备及系统的整体集成和联合调试，减少系统在现场的联调工作量和时间，缩短项目现场投运周期。系统集成度高，各类设备具有良好的互换性和互操作性，能够自动配合完成设备操作和故障隔离等操作。利用一体化管控平台实现了全景监控和业务协同互动，有效提升用户业务操作效率，降低运行人员工作强度。

（4）减少电缆，增强抗干扰能力。抽水蓄能电站监控系统涉及水电站生产运行中各种类型传感器、装置与其他子系统，包括调速、励磁、SFC、辅控、保护、在线监测等多个子系统。常规电站建设中，各子系统、现地传感器、控制终端等均有大量的输入/输出信号传送至监控系统。大量的信号电缆增加了电站建设投资，同时抽水蓄能电站恶劣的电磁干扰现场环境对信号电缆的干扰也是影响监控系统设备正常运行的重要故障源之一。除干扰外，传统的数据采集根据类型的不同自成系统，传输链路、网络、协议标准均有差异，难以形成统一的数字化信息传输。采用 DL/T 860—2019 标准建设灵活、可扩展、符合国际标准的统一数据采集标准，将各个子系统的关联数据在监控系统统一平台上接入共享，实现采集和测量数据的同源化，避免各个系统均有采集回路、各个采集回路误差各不相同而导致"同源不同值"的问题。制定接入标准后，监控系统与各系统间无需采用大量不同的通信规约，避免了规约调试复杂、接口方式众多、维护难度大的问题，同时节约大量二次电缆，解决电站抗干扰问题，提高设备及系统的可靠性和实时性。

（5）实现统一建模。统一建模是抽水蓄能电站的核心内容。由于 DL/T 860—2019 标准中关于设备数据模型的实现有很大的灵活性，同一点数据可以用不同的数据定义和方式上送，因此不同厂家的设备模型实现会有较大差异。实现统一建模不仅可以解决不同厂家设备的不兼容问题，而且利于工程调试和工程维护，同时也是实现不同厂家设备装置互换的前提条件。因此需要根据抽水蓄能电站监视和生产实际运行情况，针对监控系统所需要监视和控制的各子系统如调速、励磁、辅控、保护等设备建立一种或几种标准化数据模型，规范数据访问接口，提供监控系统与各子系统间数据的统一规范管理。除各子系统外，还需要针对大量传统的传感器、控制器、采集器、智能组件等与监控系统日常运行密切相关的各类数据源或装置等建立标准数据模型，实现稳定可靠和通用唯一的数据交互过程。智能抽水蓄能电站实现了现地测控设备的体系化和一体化，实现了各现地测控设备之间的友好互动。构建了能够支撑抽水蓄能电站各类业务需求的一体化管控平台，解决传统系统架构面临的信息孤岛和业务协同难题。在传统分析决策技术的基础上，采用了大数据、云计算、物联网、移动互联网、人工智能、专家知识库等新兴技术，进一步提升了抽水蓄能电站分析决策能力，能够更好地支撑抽水蓄能电站智能化建设，且能够随新兴技术发展而长期演化升级，其智能化水平可获得持续提升。

10.2　智能抽水蓄能电站基本框架

10.2.1　基本架构介绍

智能抽水蓄能电站采用纵向分层、横向分区的体系结构，如图 10-1 所示。其中现地级自动化系统主要完成现地级设备运行控制，采用 DL/T 860—2019 电力标准协议实现基于统一总线的数字化信息采集，从而保证运行数据在智能抽水蓄能电站平台内的全局共享。对于重要数据监控点设置冗余设备，确保运行过程的可控性，提高系统的可靠性。

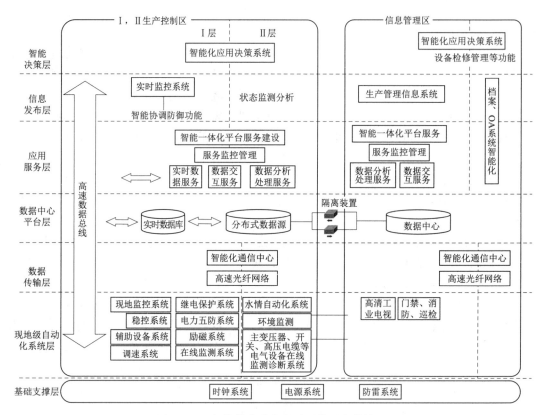

图 10-1　智能抽水蓄能电站系统层次结构图

现地各系统通过标准的接口接入电站网络，通过防火墙与网络安全隔离装置实现工作区的资源隔离，保证各区的应用安全。系统网络分为控制网与管理网，控制网与管理网之间由网络安全隔离装置隔离。控制网主要承载计算机监控系统的信息，管理网主要承载工程管理类信息。通过网络环境的建设，保证现地、控制中心间的无缝安全连接。

在生产控制区Ⅰ区、Ⅱ区和管理信息大区分别建设相应的数据中心，采用标准的数据建模规范对抽水蓄能电站各类资源进行建模，同时在现地提供数据源备份，以保证在网络出现问题时可方便地切换到现地。此外，利用同步机制实现Ⅰ区、Ⅱ区与管理信息大区之间的数据信息同步。

智能抽水蓄能电站一体化平台，采用分布式面向服务的组件架构，提供统一的服务容器管理，部署多个应用管理分析组件，为各种应用提供服务支持，通过网络配置，用户可在控制中心或现地等不同工作环境使用一体化平台的各种应用功能。此外，一体化平台通过标准接口实现与第三方系统的交互。

总体系统结构是以一体化平台为核心，可靠的高速光纤传输网络为主干架构，现地自动化系统为基础，一体化平台为载体的面向服务的智能分布式结构。在此基础之上，管理和发布调度控制、信息管理、实时监控、状态检修等运行环节的智能化应用。

10.2.2 系统层次划分

抽水蓄能电站运行管理涉及的现地自动化系统众多，需合理规划各种软硬件设备及相关数据信息。根据系统的框架设计，自下而上划分为多个结构层，分别为基础支撑层、现地级自动化系统层、数据传输层、数据中心平台层、应用服务层、信息发布层、智能决策层，各层之间通过高速数据总线实现贯通。具体层次结构如图10-1所示。

（1）基础支撑层。该层为抽水蓄能电站现地各类设备提供运行电源、防雷、时钟同步等基础应用，是整个智能抽水蓄能电站平台建设的基础。系统各类设备通过电源与防雷系统实现基础安全运行，同时各类运行设备通过时钟系统统一校正时间标签，从而为保证智能抽水蓄能电站稳定可靠运行提供基础支撑。

（2）现地级自动化系统层。该层为抽水蓄能电站现地各类设备的自动化控制系统，主要在Ⅰ区、Ⅱ区以及管理信息大区应用，由各类设备、传感器、控制模件、控制柜、上位机等组成，主要完成各类现地级系统的监控功能；包含了机组在线监测系统、机组调速系统、继电保护系统、现地监控系统、励磁系统、时钟系统、直流电源系统、工程安全监测系统、高清视频监视系统等各种现地级应用自动化系统。其智能化体现在采用各类标准协议的智能化设备的互动，如在发电电动机采用电子互感器、智能开关、合并单元等。

（3）数据传输层。该层为基础物理设备层，横跨Ⅰ区、Ⅱ区和管理信息大区，主要负责各种智能抽水蓄能电站信息的传输，各种现地级数据通过该层物理设备（光纤网络）向上传递并在整个抽水蓄能电站信息平台中共享与交互。同时一体化平台的基础网络数据应用也依赖于此应用层，是系统信息化与智能化的基础。

（4）数据中心平台层。该层主要负责智能抽水蓄能电站监测、调度等数据的存储、调用等，可屏蔽平台运行底层物理数据库的差异，提供各种通用的数据访问服务，为平台数据分析与发布提供数据源支持。数据中心的建设根据应用需求可采取集中存储与分布式存储的方式，利用冗余机制保证突发应急处理，通过隔离装置从Ⅰ区、Ⅱ区数据平台向管理信息大区数据中心平台同步信息。系统主要分为实时库与关系库两大类，前者主要负责存储各类实时数据，如各类机组运行监测量等，后者主要负责历史数据的统筹管理与存储，通过数据中心平台可实现各种监测数据的统一管理。

（5）应用服务层。该层为智能抽水蓄能电站的基础服务平台，应用服务层的建设主要在Ⅰ区、Ⅱ区、管理信息大区。各种不同类型的应用，如数据交互服务、数据分析处理服务、稳定分析等，均在此应用层进行统一的管理与发布。每个模件的生命周期，异常处理等基本运行信息均由统一的微内核服务管理器负责，实现插件式、动态加载的分布式面向服务组件模件应用管理，保证了各种应用功能的灵活组合与动态行为决策，为智能抽水蓄能电站提供了服务支持。

（6）高速数据总线。抽水蓄能电站运行设备的监控或调度信息实时性要求较高，高速数据总线贯穿现地自动化系统层、数据中心平台层、应用服务层，在整个智能化平台中提供统一的纵向实时数据源支持，各种实时信息均可通过高速数据总线获得，是系统数据服务的实时应用组成部分。高速数据总线的建设主要是在Ⅰ区、Ⅱ区进行。

（7）信息发布层。该层为智能抽水蓄能电站系统平台的人机界面，如实时监控、智能协调防御、培训仿真、在线诊断与状态检修等，其中非 Web 客户端类应用主要在Ⅰ区、Ⅱ区中，Web 信息主要在管理信息大区中发布。信息发布通过应用服务层进行各种类型数据的动态分析与决策评判，从而实现智能化的监控与调度展示，是系统最终的信息界面，各种类型的应用服务均可在此层进行结果展示与信息互动。

（8）智能决策层。该层为整个系统的智能化信息处理层，处理业务不局限于根据类型区分的各类信息系统资源。该层功能以抽水蓄能电站智能化运维为目标，综合实时监控数据、分析模型、经济运行调度方案、设备在线诊断信息等各种类型的资源，为智能抽水蓄能电站的日常运维提供智能化的决策支持，作为智能化的动态代理，是系统提高智能化运维的载体。

10.2.3 系统应用功能

系统应用功能结构根据总体设计分为现地站级自动化系统、一体化管控平台、基于平台的电厂业务应用三个层次，如图 10-2 所示。各站级自动化系统负责底层硬件设备的监视与控制，通过统一的现地数据总线，以标准协议进行通信，是智能抽水蓄能电站的基本应用单元。各种标准化信息与数据汇总至一体化管控平台，一体化管控平台具备数据统一存储、访问接口，提供一体化的应用服务、组件发布、信息对外交互等基础功能，是整个智能抽水蓄能电站的核心。在此基础之上，在控制中心开发统一的智能抽水蓄能电站应用功能，以满足抽水蓄能电站生产运行的各种需求，如实时监控、经济安全运行、信息管理

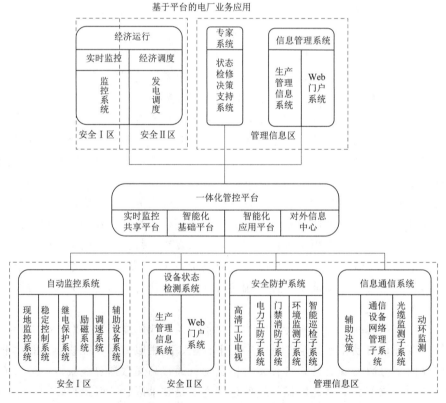

图 10-2 智能抽水蓄能电站系统应用功能示意图

等。在控制中心实现各种电厂功能的发布与组合，同时由于统一平台具备全视景的数据提取能力，因此可在基础功能的应用之上根据专家知识库建立各种智能化的分析评估专家系统，利用先进的分析技术与专业模型，提供安全、调度、设备检修等各种分析与决策辅助功能，从而有效提升抽水蓄能电站的运行效益。

1. 一体化管控平台

系统通过面向服务的基础平台向各类应用提供支持和服务，主要功能包括数据库管理与访问、数据交换机制、应用服务和系统管理等基本功能。平台需要全面支撑智能抽水蓄能电站实时监控、调度管理、状态监测等核心应用，并具有标准、开放、可靠、安全的技术特征。

一体化管控平台的功能主要包括以下方面：

（1）系统管理：提供进程管理、网络管理、安全管理、应用管理、冗余机制、任务分担和异步管理等基础技术手段，为系统运行提供各种可靠性、安全性保障及相关监护手段。

（2）信息交换：构建实时数据总线和服务总线，提供跨计算机、跨机构的数据传输手段，保障各类数据在整个电厂范围的交换和共享。

（3）数据库的管理和访问：建立科学的实时数据库和商用数据库的层次结构和管理机制，提供通用的数据访问接口，实现电厂各类数据库存储信息的关联和共享。

（4）统一模型管理：统筹考虑电厂模型的统一管理和充分共享，按照设备统一命名、存储分布实施、属性有效关联、信息充分共享、维护科学分工的原则，实现电厂模型的统一管理和充分共享。

（5）公共服务：包括状态分析服务、监控调度服务、公共模型服务、公用历史数据服务、报警服务、数据分析统计服务等多种应用所需的基本服务功能。

（6）纵深安全防护：按照国家信息安全等级保护要求，防护策略从重点以边界防护为基础过渡到全过程安全防护，形成具有安全预警、安全监控、安全防护和安全管理的纵深防护体系。

智能抽水蓄能电站平台根据不同的应用、安全分区和运行环境，可根据其需要有选择地动态部署和使用平台的功能。

2. 应用业务结构

应用业务结构在一体化管控平台的基础架构之上，实现系统的各种应用功能，其功能应覆盖智能抽水蓄能电站日常运行调度等各领域。按照智能抽水蓄能电站运行的核心业务，系统应用的业务架构分为以下应用：

（1）监控系统应用。监控中心实时监控系统的安全分区位于生产控制区的Ⅰ区，接收上级电网调度机构的调度命令和要求，作用到各现地控制单元，实现遥控、遥调、遥测、遥信及经济运行执行。同时控制系统作为电力系统安全稳定防线的一个重要部分，需实现在线稳定控制系统的控制策略，完成具有"自愈"功能的安全稳定控制系统。

（2）智能报警应用。现有监控系统报警方式单一，仅通过屏幕刷新报警信号和语音播放方式推送至运行人员。且现有监控系统对大部分信息无关联性分析，不能有效屏蔽正常不重要的无关信息，重要的事件报警信息容易淹没，整个监控系统报警信息的可靠性和有效性不高。

建立智能报警应用，以信号的实时信息、历史数据为基础，通过智能报警、趋势报警、专家知识库等功能模块，实现电站大量报警信息的自动分析和筛选，屏蔽无效或无需关注的信息，向运行人员实时推送需要运行人员关注的事件信息，提高电站自动化管理水平及预防性维护决策能力，保障设备安全稳定运行。

基于大数据挖掘技术，针对数据本身特性进行高维度关联性分析，通过快速挖掘复杂、高维度的机组运行数据中的特征模式，利用状态参量相关性分析方法，挖掘机组运行数据内在的规律，判断出设备故障模式，提出设备预警信息，实现具有数据自适应性的设备故障预警，保证设备的安全有效运行。

（3）经济运行应用。经济运行涉及发电调度、经济调度与控制等各方面内容，主要利用各类预测、调度、控制智能模型与算法，提高机组发电效率并进一步加强与电网的友好互动。

（4）生产管理应用。生产管理应用以设备管理为核心，包括从设备投运到设备退役的全过程闭环管理。生产管理业务主要包括设备管理（包括设备评价管理）、运行管理、修试管理、大修技改管理等。应用通过基础平台获取或存储的各种设备相关信息，进行各种分析与处理，同时通过高清视频监视监控实现实时监视、报警等应用，各种信息汇总处理后，通过企业门户网站进行信息发布。

（5）安全防护管理。针对电厂运行中的各种日常操作流程进行安全防范管理，涉及电力五防、无线巡检、门禁、消防、视频监视等多个环节，其目标是保证电厂的日常生产运行的安全，应用通过安全管理的一体化设计实现各防护监控间的互动，如故障与视频的联动等，实现局部异常，统一防范的应用框架。

（6）状态监测与状态检修。基于设备的实际工况，根据其在正常运行下各种特性参数的变化，通过分析比较来确定设备是否需要检修；同时根据设备的运行状态对设备进行评估，通过对设备的评估，掌握设备的完好率情况，及时消除设备缺陷，提高设备的完好率和健康水平，保证设备的安全运行。通过对设备状态的监控预警，使设备主人和管理人员及时掌握设备的运行状态，对存在问题的设备进行维护，保证电厂的设备安全运行。

（7）多系统联动。多系统联动是基于各系统标准通信接口的系统信息、策略的交互，其交互策略由具体应用业务确定，系统联动包括视频监视系统、门禁系统、消防系统、巡检系统、防误系统等各类不同应用的系统，联动策略作为统一控制与管理的模件负责管理各系统与平台间的联动模式，根据具体工程定制相应的功能。

10.3 智能抽水蓄能电站应用功能的实现

当前，抽水蓄能电站除了完成传统的电网调峰、调频、事故备用任务外，还肩负着越来越重要的保障清洁能源消纳的功能。本章从智能运行、智能检修、智能状态评价决策、智能设备资产管理、智能工程项目管理等具体应用功能的实现来介绍抽水蓄能电站全寿命周期的智能化。

10.3.1 智能运行

随着抽水蓄能电站机组容量日益扩大，机组运行数据繁多且日趋复杂，仅依靠传统运行手段难以取得理想效果。信息化条件下，应当大力推进大数据、云计算、人工智能等信息技术在执行领域的广泛应用，形成系统化的"智慧运行"新模式，即通过数据全景展示，实现水电工程建设、电站运行、流域调度、设备检修与生产管理一体化，提高抽水蓄能电站在运行维护中的效率，使电厂运行更加高效化，更加可视化。抽水蓄能电站智能运行数据平台搭建如图 10-3 所示。

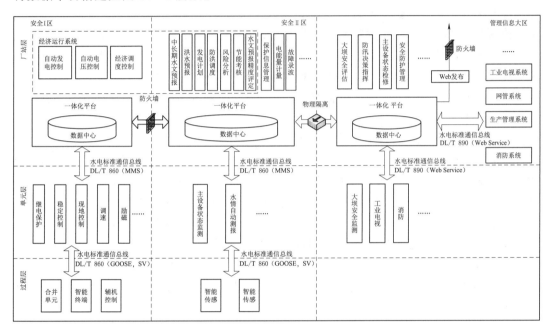

图 10-3　抽水蓄能电站智能运行数据平台搭建

10.3.1.1　在线监测

实现抽水蓄能电站在线监测，即在自动控制域的基础上增加了状态监测域，能更加深入地感知水电厂实时运行状态，扩大不同信息在各种应用之间的共享范围，通过相关信息集中展示，更加全面地掌控水电厂实时运行状态。抽水蓄能电站发电电动机具有运行工况复杂、工况变化频繁、双向高速运行等特点，因此对发电电动机的运行状态进行全面监测，实时掌握机组的健康状况，对于保障机组的安全稳定运行具有十分重要的意义。

1. 系统组成

目前抽水蓄能电站监测系统包括机组稳定性监测系统和发电电动机监测系统组成。机组稳定性监测内容包括大轴摆度、机架振动、轴向位移和压力脉动等参数，发电电动机监测内容集中于发电电动机空气间隙、铁芯振动、线棒振动、局部放电等。

在机组设置时进行监测设备同步安装，可以实现对发电电动机的状态监测，配置相应的网络设备，系统将监测到的机组状态数据发送到现地 LCU 和电站其他系统。通过数据采集箱配置的报警继电器输出模块和模拟量输出模块，将在线监测系统监测的特征参数和报警状态以硬接线方式连接至现地 LCU 实现保护功能。现地数据采集站还支持各种常见的试验功能。

2. 发电电动机气隙监测技术应用

水轮发电机定子与转子之间的空气间隙由于制造质量、安装工艺等因素，导致气隙的不均匀，从而影响发电机的电气特性和机械性能的稳定。对于抽水蓄能机组的发电电动机而言，其由于转速较高且双向运转，更容易出现转子磁极松动、转子机械强度不足等缺陷，故对发电电动机的气隙进行监测具有更重要的实际应用价值。

空气间隙在线监测系统由空气间隙传感器、数据采集单元和监测分析软件组成。在智能化水电站的设计中，要考虑常规的传感器以及执行元件的二次设备如何标准化和智能化。传感器采集的数据在气隙监测系统中进行分析、处理，该系统通过对在发电机定子内壁的空气间隙传感器信号的采集处理，自动监测稳态运行、开机过程、甩负荷、停机过程等工况转换过程中各参数及其所反映的发电机定转子结构的变化过程，并提供定转子圆度曲线、磁极形貌、气隙波形等多种监测分析工具，从不同的角度、分层次展现发电机气隙的状态信息。

3. 发电电动机线棒振动监测技术应用

发电机定子线棒端部承受着正常运行时的交变电磁力作用和突然短路时的巨大电磁力冲击，长期过大的振动会造成发电机定子绕组端部紧固结构件松动、线棒绝缘磨损。在发电机运行中测量线棒端部振动，可及时了解线棒状态，可有效避免应线棒振动过大导致机组绝缘破坏和异常停机，测量发电机端部振动对于抽水蓄能电站机组有很大的必要性。发电机线棒端部振动主要监测成分为 100Hz 的电磁振动。以泰山抽水蓄能电站为例，每台发电电动机随主机配套安装了 12 个线棒端部振动测点，发电机定子上部和下部各安装了6 个线棒振动测点。由于振动在定子铁芯的端部较明显，因此传感器多装于发电机上部或下部第二片槽锲处。

4. 压力脉动监测子系统

对抽水蓄能机组各过流部件的压力脉动进行监测分析，可以全面掌握机组的水力特性，监视水力激振因素，了解水力激振对机组稳定性的影响。压力脉动监测系统可监测过流部件的压力脉动，实时显示压力脉动的波形和频谱，分析压力脉动的频率成分以及压力脉动随工况转换的变化情况，同时获得各点压力脉动及其频域特性与导叶开度的关系。压力脉动监测点位置如图 10 - 4 所示。

10.3.1.2 智能巡检

抽水蓄能电站在电网运行中承担调峰填谷、调频调相和事故备用等作用，功能多样，结构复杂，设备种类繁多，检修过程中通常需要大量的工具。目前，工具的管理系统仍以企业资源计划（enterprise resource planning，ERP）系统为主，操作流程、操作方式较为繁琐，信息交换渠道不畅，无法满足基层工具管理人员的实

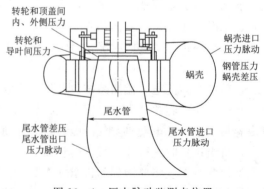

图 10 - 4　压力脉动监测点位置

际工作需要。工具借出、归还及使用情况仍采用人工登记方式，在工具借用量较大时，这种管理模式效率低下，经常出现工具遗漏、遗失、损坏等现象，风洞等工作重点区域一旦出现工具遗漏将造成重大安全隐患。

智能巡检系统在原有的抽水蓄能电站工具管理技术上，更新相关技术，使操作流程简单化，效率提高，减少使用过程中经常存在工具遗漏、遗失等，降低安全隐患及财产损失。鉴于此，基于无线射频识别（radio frequency identification，RFID）技术，构建了智慧工具管理系统，通过工具预约、工具借还、工具盘点等工具管理工作的移动化、自动化应用，工具使用过程的实时定位追踪，以及工具柜的远程控制管理，减轻了工具管理人员的工作量，消除了工具使用过程中的遗失、遗漏以及由此引起的安全隐患，实现了抽水蓄能电站工具的精细化、高效化、智能化和全过程追踪管理，提升了电站的运维管理水平。智能巡检设备如图 10-5 所示。

（a）无人机　　　　　　　　　（b）巡检机器人　　　　　　　　（c）无人船

图 10-5　智能巡检设备

智能巡检通过 RFID 技术和无线通信网络，实现智能化的人工巡检系统，并结合无人机、无人船、巡检机器人的应用，实现流域全线全覆盖的智能化立体式巡查管理，提升巡检工作的便捷性，提高巡检工作效率。

1. RFID

RFID 是一种非接触式的自动识别技术。通过射频信号自动识别目标对象并获取相关数据，识别过程中无需人工干预，并且能同时识别多个标签。其基本原理是利用射频信号和空间耦合（电感或电磁耦合）或雷达反射的传输特性，实现对被识别物体的自动识别。由于其数据存储量大、无线无源、小巧轻便、使用寿命长、防水、防磁等特点，已广泛应用于身份识别、交通管理、军事与安全、资产管理、防盗与防伪、金融、物流、工业控制等领域。

RFID 工作原理如图 10-6 所示，阅读器将要发送的信号，经编码后加载在某一频率的载波信号上经天线向外发送，进入阅读器工作区域的电子标签接收此脉冲信号，卡内芯片中的有关电路对此信号进行调制、解码、解密，然后对命

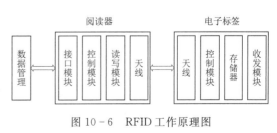

图 10-6　RFID 工作原理图

令请求、密码、权限等进行判断。

2. RFID 技术架构

智慧工具管理系统由云服务器、电脑桌面系统、手机 APP、手持机和 RFID 标签组成。云服务器是智慧工具管理系统的数据中心，将桌面系统、手机 APP、手持机和 RFID 关联起来，保存、接受、处理、分析工具管理过程中的各种静态及动态数据。桌面客户端用于整个系统的统筹管理，实现工具借出、归还、维修等主要管理功能。手机 APP 主要用于 android 终端或者 ios 终端，方便运维管理人员随时查看工具位置、作业指导文件及工具的生命周期信息。手持机主要用来采集信息有工具进行入库管理。RFID 标签通过条码和 EPC 码记录工具名称、规格等工具信息，完成入库操作。智慧工具管理系统架构如图 10 - 7 所示。

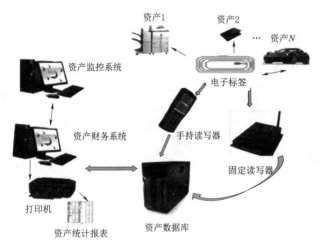

图 10 - 7 智慧工具管理系统架构

远程控制及管理系统分为二层架构，包括中心系统和工具柜系统。工具柜系统与中心系统的连接采用广域网，默认采用无线通信连接，使工具柜管理不受网络条件的限制，工具柜管理采用以太网方式，扩容方便，维护简单。利用网络间的协议转换，实现工具柜的远程控制及管理。RFID 系统远程管理方案如图 10 - 8 所示。

3. RFID 技术实现

抽水蓄能电站的检修工具柜

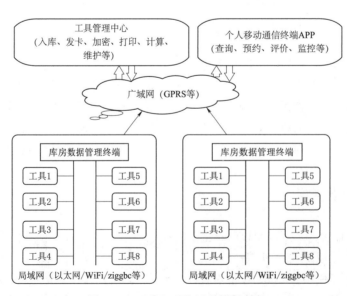

图 10 - 8 RFID 系统远程管理方案

具有分散、数量多、信息量大、管理复杂、数据传输困难等特点，在综合分析的基础上，提出了 RFID＋WiFi＋GPRS 的数据传输模式，利用 GPRS 进行远距离通信，采用 WiFi 进行近距离信息传递，通过 RFID 技术对工具及使用人的身份进行识别。系统整体采用"集中管理，独立控制"模式，通过 GPRS 和 WiFi 无线网络技术实现信息的通信，通过嵌入式技术完成系统的控制。智慧工具管理系统基本功能如图 10-9 所示。

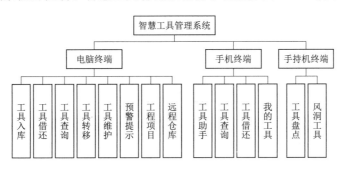

图 10-9　智慧工具管理系统基本功能

抽水蓄能电站的检修工具种类繁多，使用环境恶劣，工具表面易沾污、磨损；工具盘点任务量大，对 RFID 识别距离、速度及群读识别有很高的要求。因此，电子标签需要根据工具的形状、大小、材质、使用方式和应用环境等进行设计和制造，包括天线设计、芯片绑定方式、标签封装及粘贴位置等。

10.3.1.3　智能诊断

故障检修主要是针对设备发生功能性故障的情况，通常只有当设备因发生故障而无法运行时，才会相应进行检修。这种检修方式最大程度利用了设备，也是当前环境下最为经济的一种检修模式。但是这种检修方式依旧有其风险，检修时设备停机，一定要有其他功能相同的设备及时顶上，否则整个电力系统将陷入瘫痪。在故障不严重时采用这种检修方式，如果是整个电力系统的关键设备，则有可能带来安全隐患，进而影响电力系统的安全性。

1. 故障检测点及检测数据

真实可靠、能够反映抽水蓄能机组故障状态的检测信息是进行故障诊断和状态检修决策的前提条件。监测点一般依据抽水蓄能机组各种传感器的实际安装配置情况，其中应注意选择转子轴承、机架结构、推力轴承、过流部件、电动发电机的位置作为故障检测点。

故障预警对于保障抽水蓄能电站机组设备的安全生产和日常维护非常重要，由于机组极易发生由于工况复杂、启停及工况转换频繁造成的故障，需要深入挖掘状态监测数据，通过对机组的真实运行状态进行预警，及早地排查可能出现的故障，才能有效地避免抽蓄机组故障发生。

2. 故障检测类型

振动检测：对振动信号的检测是机械故障诊断中应用最广泛，也是最行之有效的方法。根据以上分析，采用振幅分析、频谱分析和轴心轨迹图三种振动检测方法对振动信号。

温度检测：温度可以直观地反映出某些部件的故障情况，如部件间的摩擦、匝间短路等。因而温度是检测机组某些特定部件故障的重要物理参数，可以采用幅值法对温度参数进行检测。

电气量检测：电气量检测主要是针对电动发电机的基本电量进行的。电动发电机的电流、电压、功率等物理参数直接反映了电动发电机当前的运行状态，对这些物理参数进行实时检测，可以准确及时地判断电动发电机的当前状态。其中，对电压、电流采用幅值法和频谱分析法进行检测；对有功功率、无功功率、功率因数等采用幅值法进行检测。

3. 故障诊断模型

故障检测模块对机组的遥测遥信量进行故障检测，一旦发现故障征兆则向用户报警并启动故障诊断模块。

故障诊断与状态检修的 Petri 模型的建立如图 10-10 所示。

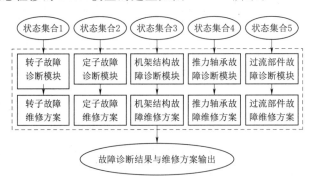

图 10-10　故障诊断与状态检修的 Petri 模型的建立

每类组件都包含许多具体的故障，根据国内外的运行经验，抽水蓄能机组出现的典型故障如下：①泄水锥松动；②尾水管涡带振动大；③导水机构传动件松动；④调速器故障引起接力器抽动；⑤大轴密封润滑不良；⑥大轴密封偏磨或过度磨损；⑦水轮机迷宫环碰磨；⑧大轴弯曲或法兰不对中；⑨大轴法兰螺丝松动；⑩上、下水导轴承间不对中；⑪导轴承支承部件有松动或裂纹；⑫上、下导轴承间隙调整不当；⑬推力轴承润滑不良；⑭推力轴承弹性油箱状态恶化；⑮转子动平衡不良；⑯电磁拉力不平衡；⑰定子叠片松动等。

10.3.1.4　智能报警

抽水蓄能电站智能报警系统涉及业务逻辑报警、控制流程报警、系统关联报警、设备运行趋势分析、故障处置指导等。

在抽水蓄能电站传统报警系统基础上，依据智能系统中传感器监测数据进行故障诊断。报警系统依据数据的对象、阈值、流程及运行脚本对数据比较与分析，发现当数据异常时或存在潜在风险时，系统将发送报警信号至智慧运行系统电脑端或手机端。相较于传统报警系统，智慧报警系所获数据更具有实时性，并且可以监测到抽水蓄能发电机组核心部件的异常，并及时分析数据异常，在必要时进行检修，可降低故障发生率，减少资金损失。机组智能报警模块如图 10-11 所示。

10.3.2　智能检修

抽水蓄能除了承担调峰调频任务，还兼顾了电网的动态运行要求，如作电网紧急事故

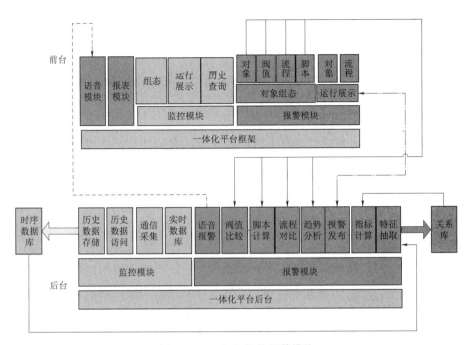

图 10-11　机组智能报警模块

备用和快速爬坡等，因此保证电厂的安全运行状态尤为重要。抽水蓄能电站水电机组原来的大修和小修大多采用周期性检修方式，这种"到时必修"的方式确实存在着许多弊端，不仅减少了机组的有效发电时间，还造成大量的人力、物力、财力浪费。为了能掌握设备的实时状态信息，以实施"状态检修"。抽水蓄能电站智能检修集中于水电主设备以及电站重要的二次设备上。

　　智慧检修模块基于 BIM、GIS、VR/AR、数字孪生等技术，对流域进行全景的信息查询、浏览操作、统计分析、虚拟仿真以及模拟运行分析，实现真实图像及视频与物理模型、监测数据的多源信息融合，为用户提供形象化、直观化、交互式的全景展示和系统仿真。智慧检修模块数据展示界面如图 10-12 所示。

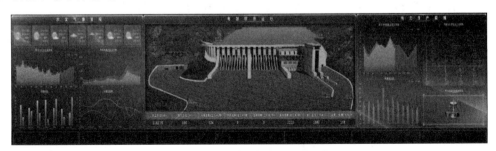

图 10-12　智慧检修模块数据展示界面

　　智能检修系统在设备对象建模、设备监测分析、设备状态评价、设备风险评估、设备故障诊断方面，进行数据采集、分析并诊断水电厂主设备状态，为设备状态检修提供可靠的技术保障，提升水电厂设备安全管理水平。

10.3.2.1　对象建模

抽水蓄能机组故障诊断与状态检修使用 Petri 网模型的分解与分层方法，将抽水蓄能机组分解成转子、定子、机架结构、推力轴承、过流部件 5 个模块和故障诊断层、状态检修层 2 个层次，以解决抽水蓄能机组故障部位和故障现象过多带来的矩阵维数过大，求解过于复杂的问题。

1. Petri 网模型构建矩阵表示

Petri 网主要用于表达系统的逻辑关系，完成知识表示和诊断推理。对系统中同时发生、次序发生或循环发生的各种活动不仅可以用网络直观地表示出来，而且可以用矩阵运算来描述，是一种优良的系统建模方法，在故障诊断中得到了广泛运用。

基本 Petri 网是由节点和边组成的有向图 G＝（V，E），如图 10－13 所示。节点 V 分

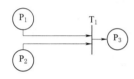

图 10－13　Petri 网结构
示意图

为两类：位置 P（place）和变迁 T（transition），位置表示系统发生变化的条件，变迁表示四通八达的状态改变。在图中，位置用圆圈表示，变迁用画线表示，而边用有向线段表示，每条边将一个位置连接到一个变迁，或将一个变迁连接到一个位置。位置中可以包含令牌（token），表示与该位置相连的条件是否成立。位置和所含的令牌构成系统的一个标识。如果一个变迁的所有指向它的位置都至少含有一个令牌，那么该变迁是可以发生的。如果变迁是可以发生的，并且使它发生的外部逻辑条件也得到了满足，则称这个变迁是可发射的。变迁发射后，从这个变迁的各输入位置中取出一个令牌，并在这个变迁的各输出位置中放入一个令牌，系统进入一个新的标识状态。

2. Petri 网模型构建方法

（1）模型的分解与分层。抽水蓄能机组故障部位和故障现象较多，利用 Petri 网直接进行故障诊断与状态检修建模会出现矩阵维数过高，需要降低故障诊断和状态检修效率和实时性的问题。为了减少关联矩阵的维数，利用 Petri 网的并发特性，根据抽水蓄能机组不同部件的故障往往关联性较小的特点，将抽水蓄能机组按照组件分解为转子、定子、机架结构、推力轴承、过流部件 5 个模块分别建立并行的 Petri 网模型。

针对抽水蓄能机组故障诊断与状态检修 Petri 模型的多层次性，为了便于建模和理解，降低其复杂性和矩阵的维数。将 Petri 网模型按照功能不同分为 2 层：第 1 层为故障诊断层，第 2 层为状态检修层。

（2）知识的提取与表示方法。知识的提取是故障诊断与状态检修的重要内容，直接影响着系统的性能。通过对抽水蓄能机组故障征兆、故障原因与状态检修方案等信息进行加工、整理、挑选、概括等过程完成知识提取。Petri 网不关心系统变化的过程，仅关心变化的条件及变化发生后对系统的影响，其推理方法可归结为 if－then 结构的产生式规则。用 Petri 网的一个变迁的输入库所表示规则的前提部分，输出库所表示规则的结论部分。输入事实或信息与命题相匹配用库所中的一个令牌来表示。如果一个变迁所有的输入库所都有一个令牌，那么此变迁是可发射的，并将令牌传送到它的所有输出库所。推理输出一个结论就相当于在相应的 Petri 网中由相关事实或信息得到网络的初始标识状态，并通过一系列变迁的发射将令牌传播到其后的库所中得到网络新的标识状态，与命题相关的

Petri 网模型输出库所的令牌就是命题的结论。

抽水蓄能电站智能检修采用从机组故障征兆到设备故障原因，再到状态检修方案的产生式规则来进行知识的表示、知识库的组织与推理的建立。即将每条知识表示成 if<故障征兆>，then<故障原因>，then<状态检修方案>这种通用形式。例如：it<振动方向为径向 and 特征频率为基频 and 轴心轨迹为椭圆 or 振动随转速增加而增加较明显>，then<转子质量偏心>，then<转子除垢，进行修复，按技术要求对转子进行动平衡>。

根据这种模式对抽水蓄能机组故障征兆、故障原因与状态检修方案进行提取和规则化表示后，形成抽水蓄能机组故障诊断与状态检修知识库。

10.3.3 智能状态评价决策

10.3.3.1 智能状态评价

1. 获取设备运行特征参数

选择确定能反映设备运行状态的特征参数，并对这些特征参数在不同运行工况下的数值和变化趋势进行分析并统计其规律，建立设备运行状态模型。

2. 建立设备运行状态标准模型

内容主要包括：

（1）建立阈值模型：特征量是否超过规定阈值。长期以来电力系统采用的预防性试验制度就属于阈值诊断范畴。例如《电力设备预防性试验规程》，就对电气设备的一些特征量阈值进行了规定。如果相互关系比较简单，限值直接可以作为阈值模型使用；如果特征量和状态较多，可以采用逻辑运算制定阈值模型。

（2）建立时域波形模型：基于一段时间某一工况或某变化工况下，参数信号值的时域波形趋势变化，制订相应的时域波形模型。如某开机过程中，推导轴承温度变化趋势，可经统计和数据挖掘后，作为推导轴承温度的开机过程时域波形模型。建立频域特性模型，根据测量信号的频率特性，或者将测量某信号的频谱与样板频率（如转频）对照，来判断设备的状态和故障。

（3）建立数学模型：如果水电机组的故障反映在某些物理参数的变化上，但是这些变化又不像阈值、时域和频域模型那样简单明显，那么就可以根据这些物理参数和机组部件的数学模型之间的参数关系，来判断系统是否出现了故障。这个模型有可能是微分方程函数，也有可能是矢量样本空间。

3. 跟踪比较特征参数变化的方法

跟踪比较特征参数变化的方法有四种，包括①基于阈值模型进行常规阈值对比和动态阈值对比；②基于时域波形模型进行趋势分析和时域波形变化率对比；③基于频域波形模型进行频域成分对比、频域成分幅值阈值对比和频域成分幅值变化率对比；④基于数学模型，采用多种模式识别方法，如专家系统与人工神经网络结合。

4. 评估和判别设备的运行状态

判别设备运行状态的分析方法有时域分析法、频域分析法和趋势分析法等。

（1）时域分析法：观测时域波形的形状，读取有效值、峰峰值、平均值等参数。根据这些参数判断设备总体运行状态。

（2）频域分析法：观察频谱图中各频率分量的大小和分布。既要关注各频率分量幅值具体量的大小，又要注意各频率分量幅值的相对大小。从频率分布及其结构判断故障的类型，并结合设备总体状态判断其严重程度。

（3）趋势分析法：监视机组的劣化过程，预测机组的失效时间。通过幅值和频谱趋势分析，能较快判定故障发生的部位。报警值和危险值的确定方法，根据现行技术标准及机组正常状态的振动值来确定。

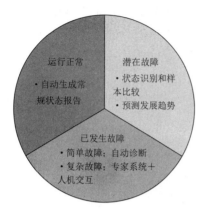

图 10-14 智能检修评估与判别设备运行状态图

将设备评估结果分为运行正常、异常（潜在故障）、已发故障三种，如图 10-14 所示。对评估结果正常的设备，自动生成常规运行状态报表；对出现异常的设备，根据建立的趋势预测模型进行相关参数的状态识别和样本比较，给出潜在故障后期发展的趋势，并给出对应的处理和预防办法；对已经发生故障的设备，如故障特征明显，采用智能故障诊断系统自动识别，对于复杂故障将运用专家系统和人机交互式的远程专家诊断，最终确定故障类型、可能产生的原因，以及对应的处理和解决办法。

10.3.3.2　智能辅助决策

以可靠性为中心的维修（reliability-centered maintenance，RCM）是 20 世纪 60 年代末起源于美国航空业的一种维修分析方法，其理论逐渐发展完善并且广泛应用于航空、核电、军工、船舶、化工等众多领域。目前，RCM 已成为国际上通用的、用以确定资产预防性维修需求、优化维修制度的一种系统工程方法。RCM 的基本思路是：

（1）对系统进行功能与故障分析，明确系统内可能发生的故障、故障原因及其后果。

（2）用规范化的逻辑决断方法，确定出针对各故障后果的预防性对策。

（3）通过现场故障资料统计、专家评估、定量化建模等手段在保证安全性和完好性的前提下，以维修停机损失最小为目标优化系统的维修策略。

RCM 是一种方法或过程，用来确定必须完成哪些作业才能确保某种有形资产或系统能够继续完成用户所需的各种功能，同时是一种用于确定为确保设备在现有的使用环境下保持实现其设计功能状态所必须的活动的方法。

10.3.4　智能设备资产管理

10.3.4.1　总体介绍

设备资产管理是对电站水工建筑物、主机设备、辅助设备等资产进行管理，包括设备设计、制造、安装调试、设备运维检修信息等。目前采用纸质文件归档、电子文件归档和档案管理系统等手段进行管理，管理成果均为非结构化数据，查询和追溯困难，设备资产成果无法得到有效利用。

抽水蓄能电站三维数字化设备资产管理系统通过轻量化三维数字电站、编码及台账管理、资产管理、资产三维可视化查询、资产位置检索等功能构建三维数字电站，建立重要设备的三维台账及资产数据库，实现设备台账的可视化，以及模型和属性数据的互查、双向检索定位，改变传统的以卷宗、图纸为载体的设备基础信息管理模式，信息的集成度更高，在查询过程中体现方式也更加直观。

10.3.4.2 主要功能

1. 轻量化三维数字电站

将电站数字化移交模型成果进行轻量化处理，使用数字地图相关技术建设电站地形，基于电站运行期 KKS 编码构建重要建筑物及设备的设备树，通过设备树对场景和模型进行控制和管理，构建电站三维数字设备资产管理系统的三维台账和数据承载基础。同时提供第一人称、飞行模式、热点位置、路径巡航等多种漫游方式，实现电站 360°浏览。

2. 编码及台账管理

构建系统统一编码，将模型、KKS、设备、二维码、移交成果物等进行关联，构建模型集成信息的数据关联通道，实现三维台账功能。

3. 资产管理

基于设备台账进行设备资产的增删改查，支持批量导入和批量删除，支持资产成果打包下载。提供多维度的资产统计方式，使得用户可以轻松统计资产状况，结合模型的选择可以实现资产的定向统计。

4. 资产三维可视化查询

基于三维模型的数字资产查询，点击目标模型之后，可以查询模型携带的资产数据，包括移交成果物、设备资产信息、设备巡检记录等内容。还可以关联附带设备信息，实现相关资产的关联查询。

5. 资产位置检索

提供资产模糊检索功能，通过关键字搜索，可以搜索相关资产文件，通过点击还可以查看资产文件所在的模型和位置。

10.3.4.3 应用价值

（1）实现三维可视化的资产管理，使用户能够快速找到相应的设备，以及查看设备对应的现场位置、所处环境、关联设备、设备参数、相关资料文档（包括设计图纸、设备照片、视频文件）等真实情况。

（2）点击设备模型，就可以获取设备的基本信息、运维记录、备件情况，形成设备的活档案。

（3）在现场检修时，有权限的人员通过智能终端就可以随时获取，提高检修效率。

10.3.5 智能工程项目管理

伴随着信息技术的快速发展，为满足建筑行业的高质量发展需求，越来越多的信息技术、多维建模技术被大量运用到复杂、巨大的工程项目管理过程中，以实现工程项目的全寿命周期管理。

1. 建筑信息模型技术

建筑信息模型（building information modeling，BIM）是一种基于智能三维模型的流程，其综合各类建筑工程项目信息来建立三维建筑模型，实现了工程项目设施实体与功能特性的数字化表达。BIM 中的主要核心内容是信息。BIM 综合建筑的几何模型信息、功能特性和运营管理等，将整个工程项目在全生命周期中各个不同阶段的工程信息、过程资源集成在一个模型，从而消除了信息孤岛现象。变电站 BIM 模型图如图 10 - 15 所示。

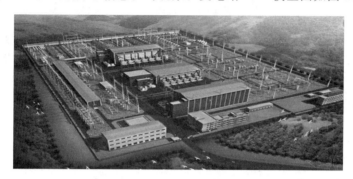

图 10 - 15　变电站 BIM 模型图

BIM 技术核心在于使用计算机技术，通过三维虚拟技术进行数据库的创建，实现数据的动态变化和建筑施工状态的同步。BIM 技术可以准确无误地调用数据库中的系统参数，加快决策速度，达到项目高质量的目的，有效降低成本和资金投入。最终实现建筑施工的全程控制，控制施工进度，节约资源，降低成本，提高工作效率。

2. BIM 技术的特点

BIM 是以建筑工程项目的各项相关信息数据为基础而建立的建筑模型。通过数字信息仿真，模拟建筑物所具有的真实信息。BIM 是以从设计、施工到运营协调、项目信息为基础而构建的集成流程，它具有可视化、完备性、协调性、互用性、优化性 5 大特点。利用 BIM，可以在整个流程中统一信息创新、设计，并绘制出项目，还可以通过真实性模拟和建筑可视化来更好地沟通，以便让项目各方了解工期、现场实时情况、成本和环境影响等项目基本信息。

（1）操作的可视化。对于建筑行业来说，可视化的作用非常大，可视化是 BIM 技术最显而易见的特点，BIM 技术操作在可视化的环境下完成，在可视化环境下进行设计、施工模拟、路线分析等一系列操作。

现在建筑物的规模不断地扩大，空间划分越来越复杂，人们对建筑物功能的要求也越来越高。BIM 技术的出现为实现可视化操作开辟了广阔的前景，其附带的构件信息为可视化操作提供了有力的支持，不但使一些比较抽象的信息，如应力、温度、热舒适性等，以可视化方式表现出来，还可以将项目建设过程及各种相互关系动态地表现出来。

（2）信息的完备性。BIM 技术使项目具有很好的数字化表达功能特性，它包含了项目中的所有信息。信息的完备性还体现在创建建筑信息模型行为的过程。在这个过程中，项目的前期策划、设计、施工、运营维护各个阶段都可以连接起来，把各阶段产生的信息都存储进 BIM 模型中，使得 BIM 模型的信息不只是单一的工程数据源，模型内的所有信息均以数字化形式保存在数据库中，以便更新和共享。

信息的完备性使得 BIM 模型能够具有良好的基础条件，支持可视化操作，优化分析，模拟仿真等功能，为在可视化条件下进行各种优化分析和模拟仿真提供了方便的条件。

（3）信息的协调性。这个方面是建筑行业中的重点内容，不管是对于施工单位还是业主及设计单位，它主要体现在两个方面：一是在数据之间创建实时的、一致性的关联，对数据库中数据的任何改变，在其他关联的地方马上就会反映出来；二是在各构建实体之间实现关联显示、智能互动。

这个技术特点很重要。对设计师来说，设计建立起的信息化建筑模型就是设计的成果，至于各种平面、立面、剖面 2D 图纸以及门窗表等图表都可以根据模型随时生成。这些源于同一数字化模型的所有图纸、图表均相互关联，避免了用 2D 绘图软件画图时会出现的不一致现象，而且在任何视图（平面图、立面图、剖视图）上对模型的任何修改，就视同为对数据库的修改，都会马上在其他视图或图表上关联的地方反映出来，而且这种关联变化是实时的。这样就保持了 BIM 模型的完整性，在实际工作中大大提高了项目的工作效率，消除了不同视图之间的不一致现象，保证项目的工程质量。

（4）信息的互用性。BIM 技术可以实现信息的互用性，充分保证信息在经过传输与交换以后的一致性。具体来说，实现互用性就是 BIM 模型中所有数据只需要一次性采集或输入，就可以在项目的整个生命周期中实现信息在不同专业、不同品牌的软件应用中的共享、交换与流动。

这一点也表明 BIM 技术提供了良好的信息共享环境。BIM 技术的应用不应当因为项目参与方所使用不同的专业软件或不同品牌的软件而产生信息交流的障碍，更不应当在信息的交流过程中发生损耗，导致部分信息的丢失，应保证信息自始而终的一致性。

（5）信息的优化性。事实上，整个设计、施工和运营的过程就是一个不断优化的过程，在 BIM 的基础上，可以更好地进行优化。优化通常受信息、复杂程度和时间的制约。信息的准确性影响优化的最终结果，BIM 模型提供了建筑物实际存在的信息，包括几何信息、物理信息以及规则信息。对于高度复杂的项目，由于参与人员本身的原因，往往无法掌握所有的信息，因此需要借助一定的科学技术和设备的帮助。现代建筑物的复杂程度大多超过参与人员本身的能力极限，BIM 及与其配套的各种优化工具提供了对复杂项目进行优化的服务。

3. BIM 技术在抽水蓄能电站中的应用

目前施工领域的 BIM 应用主要包括碰撞检查、设计优化、性能分析、图纸检查、三维设计、建筑方案推敲、施工图深化、协同设计、工程量统计、施工过程三维动画展示、施工方案优化、管线综合、虚拟现实、施工模拟、模板放样、备工备料、定义工作界面等。

BIM 技术运用在抽水蓄能工程中能够实现的效益主要有四个方面。

（1）数字化模拟。抽水蓄能工程建设中可以实现对各专业重点难点工作的数字模拟。例如由于地形地质条件不同，土建施工往往存在很大不确定性，通过 BIM 的施工可视化仿真可以为实际施工带来决策支持，规避部分施工风险、节约部分施工成本。抽水蓄能电站蜗壳层三维 BIM 模型如图 10-16 所示。

（2）协同专业搭接。对于各专业之间出现的施工搭接和施工组织问题，BIM 也能提供相应的支持与帮助。例如，在抽水蓄能工程机电安装以及调试过程中，涉及土建专业、电气专业以及机械专业的协同工作。如何科学地设计工作方案，规避各专业在协同工作中

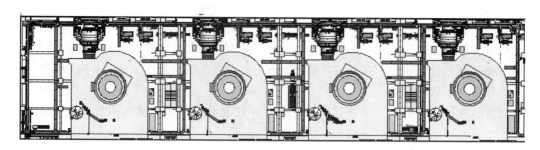

图 10-16 抽水蓄能电站蜗壳层三维 BIM 模型

产生的矛盾，是施工过程首要的问题，BIM 的应用正是解决这些问题的有效方法，油系统管路碰撞检查如图 10-17 所示。

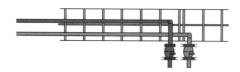

图 10-17 油系统管路碰撞检查

（3）设计方案优化。BIM 的使用能够优化设计方案，节约投资。BIM 从工程前期的可研、预可研阶段就介入，从初步设计开始进入高峰期。由于设计阶段决定了项目 70％以上的投资，从设计阶段的方案比选开始就控制项目成本，为节约投资提供了更大的空间。

地下厂房 GIS 设备、电气盘柜布置图如图 10-18 所示。抽水蓄能电站水机系统透视图如图 10-19 所示。

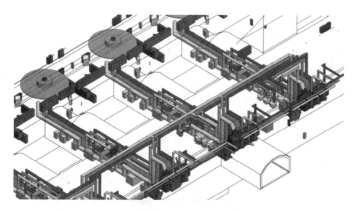

图 10-18 地下厂房 GIS 设备、电气盘柜布置图

（4）全寿命周期控制。BIM 的跨度是工程的全寿命周期，这种模式下能够保证设计、采购和施工的良好搭接。由于设计和采购之间的过渡能够依托 BIM 平台，因此能够科学地制订采购计划。基建期到运营期是抽水蓄能项目开始资金回笼的转折点。在这个阶段，大型基建项目基本结束，生产准备人员已经进厂，部分机组开始发电出现收入，财务上开始进行生产期的相关财务处理。BIM 在基建期基本结束的时候，形成了对整个项目的构建级模拟，这使得项目信息得到了更好地保留，为生产人员以后的运行维护留下了完整的资料参考。

314

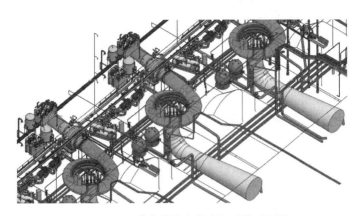

图 10 - 19　抽水蓄能电站水机系统透视图

参 考 文 献

[1] 曹永闯，罗胤，靳国云，等. 大型抽水蓄能机组大轴折线分析及处理 [J]. 水电与抽水蓄能，2020，6（2）：67 - 70.

[2] 狄洪伟，莫亚波，张政，等. 某250 MW抽水蓄能机组轴系振动特性分析 [J]. 四川水力发电，2019，38（6）：1 - 6.

[3] 丁光，安学利，王开，等. 抽水蓄能机组水轮机工况启动时机组及厂房振动时频分析 [J]. 中国水利水电科学研究院学报，2017，15（6）：444 - 448.

[4] 冯雁敏. 基于综合运行特性模型的某抽水蓄能机组发电工况运行区域划分 [J]. 水电能源科学，2018，36（5）：127 - 132.

[5] 冯雁敏. 一洞三机式抽水蓄能机组发电工况甩负荷试验分析 [J]. 水电能源科学，2019，37（11）：160 -165，184.

[6] 冯雁敏，于粟. 某抽水蓄能机组动水关闭球阀试验分析 [J]. 东北电力技术，2020，41（4）：36 - 40.

[7] 付婧，张飞. 抽水蓄能机组工况转换过程中无叶区压力特性 [J]. 中国水利水电科学研究院学报，2017，15（5）：376 - 381.

[8] 季怀杰，杨梦起，陈泓宇. 蓄能电站技术供水系统异响与剧烈振动处理 [J]. 水电站机电技术，2018，41（4）：39 - 41.

[9] 李红辉，周建中，张勇传，等. 基于EWT和修正Morris法的抽水蓄能电站主进水阀自激振动研究 [J]. 振动与冲击，2019，38（19）：52 - 57，76.

[10] 李琪飞，龙世灿，周峰，等. 导叶不同开度下水泵水轮机内流特性分析 [J]. 排灌机械工程学报，2020，38（2）：133 - 138.

[11] 刘紫蕊，杨峰，程永光，等. 抽水蓄能电站输水系统水力振荡可能性分析 [J]. 水力发电学报，2019，38（9）：111 - 120.

[12] 路建，胡清娟，谷振富，等. 张河湾抽水蓄能电站水泵水轮机动静干涉问题及处理 [J]. 水电与抽水蓄能，2019，5（2）：82 - 86.

[13] 罗成宗，丁光，潘罗平，等. 抽水蓄能机组过渡过程振动特性研究 [J]. 大电机技术，2017（6）：66 - 70.

[14] 罗成宗，张飞. 大型抽水蓄能机组水力稳定性分析及其预控措施 [J]. 水电站机电技术，2018，41（3）：1 - 5，15，71.

[15] 马运翔，彭辉，刘晓锋，等. 抽水蓄能机组推力外循环润滑油系统异常振动故障治理 [J]. 水电与抽水蓄能，2019，5（1）：108 - 112.

[16] 马运翔，彭辉，倪海梅，等. 溧阳抽水蓄能电站机组振动和摆度异常治理 [J]. 水力发电，2018，44（10）：47 - 50.

[17] 莫亚波，狄洪伟，李海波，等. 抽水蓄能机组摆度异常原因分析与处理 [J]. 四川水力发电，2020，39（1）：73 - 77.

[18] 唐拥军，樊玉林. 张河湾抽蓄电站3号机组异常振动分析与处理 [J]. 中国水利水电科学研究院学报，2020，18（2）：155 - 160.

[19] 唐拥军，周喜军. 江西洪屏抽水蓄能电站1号机组振动分析与处理 [J]. 水力发电，2016，42（8）：87 - 89.

316

[20] 汪志强，陈泓宇，李华，等. 抽水蓄能电站一洞多机同时甩负荷试验分析 [J]. 水电与抽水蓄能，2017，3（1）：55-62，68.

[21] 王小建，肖先照. 抽水蓄能机组动平衡试验及振摆特性 [J]. 大电机技术，2019（2）：59-62.

[22] 魏力，章存建，高丛闯，等. 潭蓄推力轴承外循环系统噪声和振动问题分析与处理 [J]. 大电机技术，2017（6）：22-24，43.

[23] 温占营，梁睿光. 关于减小抽水蓄能机组尾水管振动的探讨 [J]. 水电站机电技术，2017，40（6）：12-14，25.

[24] 徐洪泉，陆力，王万鹏，等. 水泵水轮机无叶区压力脉动产生机理研究 [J]. 中国水利水电科学研究院学报，2020，18（4）：248-256.

[25] 杨梦起，季怀杰，莫莉，等. 大型抽水蓄能机组振动特性分析与评价 [J]. 水电能源科学，2019，37（8）：141-145.

[26] 袁寿其，方玉建，袁建平，等. 我国已建抽水蓄能电站机组振动问题综述 [J]. 水力发电学报，2015，34（11）：1-15.

[27] 张飞，樊玉林，祝宝山，等. 模型可逆式水泵水轮机 S 区压力脉动测试 [J]. 流体机械，2019，47（6）：6-11，28.

[28] 张飞，潘伟峰，江献玉，等. 基于反时限方法的抽水蓄能机组振动保护模型 [J]. 机械工程学报，2020，18：188-196.

[29] 张飞，唐拥军，王国柱，等. 球阀动水关闭过程中球阀与机组稳定性分析 [J]. 振动与冲击，2017，36（8）：244-249.

[30] 张鹏，宋志强. 蜗壳脉动压力作用下抽水蓄能电站的振动路径研究 [J]. 水资源与水工程学报，2019，30（2）：154-160.

[31] 郑仕任. 抽水蓄能电站水力自激振动及预控处置 [J]. 福建水力发电，2020（1）：25-27.

[32] 胡万飞，姜忠见. 抽水蓄能电站地下厂房内部布置标准化研究及应用 [C] //中国水力发电工程学会电网调峰与抽水蓄能专业委员会. 抽水蓄能电站工程建设文集（2010）. 北京：中国电力出版社，2010.

[33] 刘观标. 智能水电厂技术及应用 [M]. 北京：中国电力出版社，2018.

[34] 冯焕. 基于可靠性的抽水蓄能机组维修决策研究 [D]. 广州：华南理工大学，2019.

[35] 白鹏. 试论抽水蓄能电站机组的状态检修方法 [J]. 城市建设理论研究，2018（23）：197.

[36] 胡玉梅，桂中华，孙慧芳. 基于分布式大数据平台的水电站群设备状态监测与评价系统设计与建设 [C] //中国水力发电工程学会电网调峰与抽水蓄能专业委员会，中国水力发电工程学会电网调峰与抽水蓄能专业委员会. 中国水力发电工程学会电网调峰与抽水蓄能专业委员会. 抽水蓄能电站工程建设文集. 2017.

[37] 刘丽娜，麻志成，吴健. 基于运行工况的抽水蓄能机组状态分析研究 [J]. 水电厂自动化，2014，35（4）：29-30，33.

[38] 李小飞. 抽水蓄能电站机组状态检修方案研究 [D]. 北京：华北电力大学，2014.

[39] 冯辅周，褚福磊，张伟，张正松，李承军. 水电机组状态监测分析诊断系统的研制及应用实例 [J]. 水力发电，1999（5）：3-5.

[40] 田弟巍. 抽水蓄能机组状态趋势预测与系统集成应用研究 [D]. 武汉：华中科技大学，2019.

[41] 付晓月. 抽水蓄能机组检修管理的优化 [J]. 中外企业家，2020（21）：242.

[42] 闫双庆. 抽水蓄能机组运行状态分析与智能故障诊断研究 [D]. 武汉：华中科技大学，2019.

[43] 孙永，孙勇，王磊，王洪博. 水力不平衡故障诊断模型在抽蓄机组故障预警中的应用 [C] //中国电力科学研究院. 中国电力科学研究院. 2019 智能电网新技术发展与应用研讨会论文集，2019.

[44] 白鹏. 试论抽水蓄能电站机组的状态检修方法 [J]. 城市建设理论研究（电子版），2018（23）：197.

［45］ 王春明，郑凯，黄勇，姜丰，游光华，赵毅锋，朱中山，李沈明，沈浩，王海涛. 基于 RFID 的抽水蓄能电站检修工具智慧管理系统研究及开发 ［J］. 土木建筑工程信息技术，2018，10（4）：108－112.

［46］ 桂中华，陈瑞，张浩，孙慧芳，齐远航. 抽水蓄能机群远程在线监测与状态评价系统研究 ［J］. 大电机技术，2017（4）：48－51.

［47］ 周坤，王洪博，胡欣辰. 发电电动机在线监测技术在泰山抽水蓄能电站的应用 ［J］. 水电站机电技术，2012，35（6）：65－68.

［48］ 魏臻珠，蒋建东，王洪亮，杨海波. 抽水蓄能机组故障诊断与状态维修的 Petri 网模型 ［J］. 郑州大学学报（理学版），2012，44（3）：106－110.

［49］ 蒋建东，魏臻珠，朱明嘉，程志平. 抽水蓄能机组故障诊断与状态维修系统开发 ［J］. 河南科技大学学报（自然科学版），2011，32（5）：20－23，5.

［50］ 蒋建东，张松. 抽水蓄能机组故障诊断的 Petri 网方法 ［J］. 微计算机信息，2009，25（10）：146－147，158.

［51］ 何晓冬. 大型抽水蓄能机组局部放电在线监测的分析 ［J］. 高电压技术，2004（12）：30－31.

［52］ 黎平，刘德祥，王书华，韩钊，石天磊. 洪屏抽水蓄能电站火灾自动报警系统设计综述 ［C］// 中国水力发电工程学会电网调峰与抽水蓄能专业委员会，中国水力发电工程学会电网调峰与抽水蓄能专业委员会. 中国水力发电工程学会电网调峰与抽水蓄能专业委员会. 抽水蓄能电站工程建设文集，2018.

［53］ 张云飞，肖程宸. EPC 模式下抽水蓄能工程 BIM 应用研究 ［J］. 中国电力企业管理，2016（15）：44－50.

［54］ 葛军强，魏春雷，胡清娟，张林. 抽水蓄能电站设备智能化关键技术及发展趋势分析 ［J］. 水电与抽水蓄能，2019，5（4）：15－17，26.

［55］ 王胜军. 抽水蓄能电站建设项目设计管理研究 ［D］. 北京：华北电力大学，2015.

［56］ 中国国家标准化管理委员会. 抽水蓄能电厂标识系统（KKS）编码导则：GB/T 32510—2016 ［S］，2016.

［57］ 中国国家标准化管理委员会. 智能水电厂技术导则：DL/T 1547—2016 ［S］，2016.

［58］ 中国国家标准化管理委员会. 智能抽水蓄能电站技术导则：Q/GDW46 10026—2019 ［S］，2019.

［59］ 中国国家标准化管理委员会. 智能水电厂设备状态检修决策支持系统技术导则：DL/T 1809—2018 ［S］. 2018.

［60］ 中国国家标准化管理委员会. 智能抽水蓄能电站应用技术标准：Q/GDW46 10033—2019 ［S］，2019.

［61］ 国网新能源控股有限公司. 抽水蓄能机组及其辅助设备技术计算机监控系统 ［M］. 北京：中国电力出版社，2019.